U0368884

高等数学

（第二版）

主　编　周明儒

编写成员（以姓氏笔画为序）

　　　王　慈　　张晓岚

　　　周明儒　　戴朝寿

南京大学出版社

高等学校小学教育专业教材
编写委员会名单

第二版前言

本书于 2000 年 3 月出版第一版,至今已有 13 年了. 期间,五年制师范小学教育专业有了长足的发展,数学教育教学也出现了一些新情况和一些需要解决的问题,南京大学出版社建议我们对本教材作一次修订. 为此,我们听取了多年使用该书的一些老师的意见,参看了 2009 年南京大学出版社出版的五年制高等师范《数学》教材,结合这些年来我们在教学改革实践中的体会,对原教材作了较大的修订.

现在的《高等数学(第二版)》是作为师范小学教育专业学生应有的素质教育教材编写的,供四年级文、理科学生使用. 新版本除改正了原书中的一些错误,删去了一些需要物理学知识的应用例题,以及作了文字上的修改外,比较大的改动有:

1. 考虑到学生的实际需求,我们将原书的第六章"一些数学分支简介"替换为"线性代数简介",作为第二版的第五章.

2. 为了加强数学与人文的融合,增加了六篇"数学史话":"欧拉与数 e","微积分的创立","分析学的发展","中国传统数学的辉煌与衰退","概率论的起源与公理化概率论的建立","高斯与正态分布". 删去了原书绪论和§4.6."数学史话"可在课上介绍,也可让学生课外自己阅读,具体如何处理由任课教师视具体情况而定.

3. 积分学中涉及极坐标和参数方程的内容,以及幂级数在收敛区间内的性质,作为选学内容,用小号字排印,并以"＊"号标出;删去了无界函数积分的内容.

4. 考虑到小学教学实践的需要,将第五章"概率论初步"改为第六章"概率统计初步",删去§5.7"极限定理简介",替换为§6.7"总体的估计".

5. 增加了少量难度较大的习题,以"＊"号标出,供学有余力的同学选做.

6. 书末增加了"习题答案与提示",供读者参考.

7. 鉴于现有多种数学软件可查,删去了附录一"不定积分表".

8. 为了控制全书篇幅,删去了附录三"外国学者人名索引".

9. 更换"参考书目"为"主要参考书".

第二版写作分工仍如同第一版,由王慈负责第一、二章,张晓岚负责第三章的大部分内容和第四章,戴朝寿负责第六章,周明儒负责第三章中§3.10、第五章和"数学史话".

在本书的修改过程中,我们得到了很多同志的帮助,在此表示衷心的感谢.特别要感谢徐州高等师范学校曾宪安、张兴朝、谭良军、孙虎、杨铮,阜宁高等师范学校张守江,盐城高等师范学校李军,南京幼儿高等师范学校鲍文瀚等老师的大力帮助和提出的宝贵意见.我们也特别感谢南京大学出版社胡豪、吴华编辑的宝贵帮助和指导.

我们虽有良好的愿望,但囿于学术水平有限和欠缺小教专业数学课程实际教学经验,书中的缺点和错误仍然难免,衷心欢迎使用本书的老师、同学和同行专家们提出意见,不胜感激!

编　者

2013 年 2 月 28 日于

江苏师范大学

目　　录

预 备 知 识

一、实数与数轴

我们知道,实数由有理数与无理数两大类组成.每一个有理数都可以表示为 $\frac{p}{q}$,而无理数不能表示为 $\frac{p}{q}$(其中 p,q 为整数,$q \neq 0$).所以,有理数可以用有限十进小数或无限十进循环小数表示,而无理数为无限十进不循环小数.

设有一条水平直线,在这条直线上取定一点 O,称为原点,指定一个方向为正方向(习惯上指定由原点向右的方向为正方向),再规定一个单位长度,这种具有原点、正方向和单位长度的直线称为**数轴**.于是,任一实数都对应数轴上唯一的一点;反之,数轴上每一点也都唯一地代表一个实数.这就是说,全体实数与数轴上的全体点形成一一对应的关系.在本课程中,我们所研究的数都是实数,故在今后的叙述中,常常对实数与数轴上与它对应的点不加区别,用相同符号表示,如"实数 a"与"点 a"是相同的意思.

二、绝对值

设 a 是一个实数,a 的绝对值记为 $|a|$,定义为

$$|a| = \begin{cases} a, & a \geqslant 0, \\ -a, & a < 0. \end{cases}$$

$|a|$ 的几何意义:$|a|$ 在数轴上表示点 a 与原点 O 之间的距离.

绝对值及其运算有下列性质:

(1) $|a| = |-a| \geqslant 0$,当且仅当 $a = 0$ 时,有 $|a| = 0$.

(2) $-|a| \leqslant a \leqslant |a|$.

(3) 如果 $h > 0$,则有下列集合等式成立:

$$\{a \mid |a| < h\} = \{a \mid -h < a < h\},$$
$$\{a \mid |a| \leqslant h\} = \{a \mid -h \leqslant a \leqslant h\}.$$

(4) 对于任何实数 a 和 b,成立
$$|a+b| \leqslant |a| + |b|,$$
即和的绝对值不大于各项绝对值的和.

证 由性质(2),有
$$-|a| \leqslant a \leqslant |a|, \quad -|b| \leqslant b \leqslant |b|.$$
两式相加,得
$$-(|a| + |b|) \leqslant a+b \leqslant |a| + |b|.$$
再根据性质(3),即有
$$|a+b| \leqslant |a| + |b|.$$

(5) 对于任何实数 a 和 b,成立
$$|a| - |b| \leqslant |a-b|,$$
即差的绝对值不小于各项绝对值的差.

证 由 $|a| = |(a-b)+b|$,利用性质(4),得
$$|a| \leqslant |a-b| + |b|,$$
于是
$$|a| - |b| \leqslant |a-b|.$$

(6) $|ab| = |a||b|$.

(7) $\left| \dfrac{a}{b} \right| = \dfrac{|a|}{|b|} (b \neq 0)$.

三、区间与邻域

1. 区间

设 a, b 为实数,且 $a < b$,则数集 $\{x \mid a < x < b\}$ 称为以 a, b 为端点的**开区间**,记作 (a, b);数集 $\{x \mid a \leqslant x \leqslant b\}$ 称为以 a, b 为端点的**闭区间**,记作 $[a, b]$;数集 $\{x \mid a \leqslant x < b\}$ 和 $\{x \mid a < x \leqslant b\}$ 都称为以 a, b 为端点的**半开半闭区间**,分别记作 $[a, b)$ 和 $(a, b]$.

上述三类区间统称为**有限区间**,有限区间右端点 b 与左端点 a 的差 $b-a$ 称为区间的长.

同样,还有下面几类无限区间:
$$[a, +\infty) = \{x \mid x \geqslant a\},$$
$$(a, +\infty) = \{x \mid x > a\},$$
$$(-\infty, b] = \{x \mid x \leqslant b\},$$
$$(-\infty, b) = \{x \mid x < b\},$$

$(-\infty,+\infty)=\{x\mid-\infty<x<+\infty\}=\mathbf{R}$（全体实数集合）.

2. 邻域

由绝对值的性质(3)得,实数集合

$$\{x\mid|x-a|<\delta,\delta>0\}$$

在数轴上是一个以点 a 为中心、长度为 2δ 的开区间 $(a-\delta,a+\delta)$,称为**点 a 的 δ 邻域**,点 a 称为邻域的中心,δ 称为邻域的半径.

在微积分中,经常用到实数集合

$$\{x\mid0<|x-a|<\delta,\delta>0\},$$

这是在点 a 的 δ 邻域内去掉点 a 所成集合,即集合 $(a-\delta,a)\bigcup(a,a+\delta)$,称为**点 a 的空心 δ 邻域**.

点 a 的空心邻域与点 a 的邻域的差别在于点 a 的空心邻域不包含点 a.

第一章 极限与连续

数学极限法的创造是对那些不能够用算术、代数及初等几何的简单方法来求解的问题进行了许多世纪的顽强探索的结果.

拉夫纶捷夫

要想获得真理和知识,唯有两件武器,那就是清晰的直觉和严格的演绎.

笛卡尔

微积分这门学科研究的对象是函数(主要是连续函数),而研究函数的方法是极限法. 就方法论来说,这是高等数学区别于初等数学的显著标志. 本章讲授极限概念与连续函数概念. 在极限部分,为了求抛物线下的面积问题和曲线的切线问题引入数列和函数的极限,介绍极限的定义、性质、运算法则以及两个重要极限. 在连续函数部分,简明地叙述连续的概念、初等函数的连续性以及闭区间上连续函数的基本性质.

§1.1 数列极限

极限概念是微积分中最基本的概念,微积分学中几乎所有的概念,如导数、积分,都是用极限概念来表达的. 极限方法贯穿于微积分的始终,马克思在数学手稿中指出,微积分从一开始就"提供了一种奇特的、不同于普通代数的计算方法". 这一方法经历了漫长的历史,特别是经过 17 世纪众多数学家的努力,才成为现在的表达形式.

一、极限思想

引例(抛物线下的面积) 设给了一个如图 1.1 所示的曲边梯形,其

4

中只有一个曲边,它是抛物线 $y=x^2$ 的一段.试计算这个曲边梯形的面积 S.

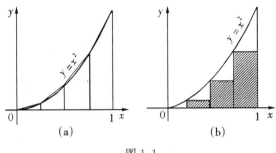

图 1.1

由于图形的一边是曲的,其面积不能用初等数学方法计算,我们设想把 x 轴上从 0 到 1 那一段分成许多小段,再从所有分点引平行于 y 轴的直线,将曲边梯形分成许多很窄的竖条.虽然每一个竖条的上面那个边还是曲的,但由于竖条很窄,从计算面积的角度来看,我们可以像图 1.1(a)近似地把它看作小梯形.或者,思想更放开一点,像图 1.1(b)中那样把它看作小矩形.若以第二种方法计算,用分点

$$0,\frac{1}{n},\frac{2}{n},\cdots,\frac{n-1}{n},1$$

把线段 $[0,1]$ 分成 n 个相等的小段,在每个小段上作一矩形,得到 n 个小矩形,它们的底边长都是 $\frac{1}{n}$,而高度分别为

$$0,\left(\frac{1}{n}\right)^2,\left(\frac{2}{n}\right)^2,\cdots,\left(\frac{n-1}{n}\right)^2.$$

因此,它们的面积分别等于

$$0\cdot\frac{1}{n},\left(\frac{1}{n}\right)^2\cdot\frac{1}{n},\left(\frac{2}{n}\right)^2\cdot\frac{1}{n},\cdots,\left(\frac{n-1}{n}\right)^2\cdot\frac{1}{n}.$$

n 个小矩形面积的总和(如图 1.1(b)中阴影部分)S_n 为

$$\begin{aligned}
S_n &=0\cdot\frac{1}{n}+\left(\frac{1}{n}\right)^2\cdot\frac{1}{n}+\left(\frac{2}{n}\right)^2\cdot\frac{1}{n}+\cdots+\left(\frac{n-1}{n}\right)^2\cdot\frac{1}{n}\\
&=\frac{1}{n^3}\left[1^2+2^2+\cdots+(n-1)^2\right]\\
&=\frac{1}{n^3}\cdot\frac{(n-1)n(2n-1)}{6}\\
&=\frac{1}{3}+\left(\frac{1}{6n^2}-\frac{1}{2n}\right)=\frac{1}{3}+a_n,
\end{aligned}$$

其中 $a_n = \dfrac{1}{6n^2} - \dfrac{1}{2n}$. 分别取 n 等于 $10,100,1000$, 得

$$a_{10} \approx -0.048, \quad a_{100} \approx -0.005, \quad a_{1000} \approx -0.0005.$$

可见, 随着 n 的增大, $|a_n|$ 越来越小, 最后趋于 0, 而 S_n 就越来越趋近于 $\dfrac{1}{3}$. 从几何直观看, 分割越细, 即份数 n 越大, 所求面积 S 与 S_n 的差的绝对值就越小; 随着 n 趋于 ∞, S 与 S_n 的差别就消失了, 面积 S 就是 $\dfrac{1}{3}$, 或者说 S_n 的极限就是 $\dfrac{1}{3}$.

这种全新的数学方法就是极限方法. 我国魏晋时(公元 3 世纪)杰出数学家刘徽的"割圆术"就含有朴素的极限思想. 他首先作圆的内接正六边形, 然后平分每个边所对的弧, 再作圆的内接正十二边形, 由此, 继续作圆的内接正二十四边形、内接正四十八边形等等(如图 1.2). 用这些多边形的周长来近似表示圆周长, 随着边数的增多, 多边形周长越来越接近圆周长. 刘徽说:"割之弥细, 所失弥少; 割之又割, 以至于不可割, 则与圆周合体而无所失矣."即随着边数的无限增加, 多边形周长与圆周长之差越来越小, 多边形周长的极限就是圆周长.

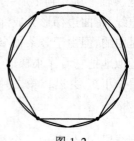

图 1.2

二、数列极限的概念

1. 数列

定义 1 以正整数 n 为自变量的函数 $a_n = f(n)$, 当 n 依次取 $1, 2, \cdots, n, \cdots$ 时所得到的一列数

$$a_1, a_2, \cdots, a_n, \cdots$$

称为无穷数列, 简称为**数列**. 数列中的每个数称为数列的**项**, a_n 称为数列的**通项**. 数列可简记为 $\{a_n\}$.

下面举一些数列的例子.

(1) $a_n = 2n$: $\quad 2, 4, 6, \cdots, 2n, \cdots$

(2) $a_n = \dfrac{1}{2^n}$: $\quad \dfrac{1}{2}, \dfrac{1}{4}, \dfrac{1}{8}, \cdots, \dfrac{1}{2^n}, \cdots$

(3) $a_n = (-1)^{n-1} \dfrac{1}{n}$: $\quad 1, -\dfrac{1}{2}, \dfrac{1}{3}, \cdots, (-1)^{n-1} \dfrac{1}{n}, \cdots$

(4) $a_n = (-1)^{n+1}$: $\quad 1, -1, 1, \cdots, (-1)^{n+1}, \cdots$

(5) $a_n = \dfrac{n}{n+1}$： $\dfrac{1}{2}, \dfrac{2}{3}, \dfrac{3}{4}, \cdots, \dfrac{n}{n+1}, \cdots$

(6) $a_n = 1 + (-1)^n \dfrac{1}{2^n}$： $\dfrac{1}{2}, \dfrac{5}{4}, \dfrac{7}{8}, \cdots, 1 + (-1)^n \dfrac{1}{2^n}, \cdots$

由这些例子可以看出，当 n 无限增大时，它们有着各自的变化趋势．下面，我们通过对几个具体数列的变化趋势从直观到精确的分析，引进数列极限的定义.

2. 数列极限的概念

首先，在上述六个数列中，有的数列，如(2)，(3)，(5)，(6)，"当 n 无穷增大时，a_n 能与某个常数 a 任意接近". 这时我们就说数列 a_n 为收敛数列，a 称为它的极限，记为 $a_n \to a$ ($n \to \infty$). 例如 $\dfrac{1}{2^n} \to 0$ ($n \to \infty$)，$(-1)^{n-1} \dfrac{1}{n} \to 0$ ($n \to \infty$)，$\dfrac{n}{n+1} \to 1$ ($n \to \infty$). 有的数列就不具备这种特性，如 $\{2n\}$，$\{(-1)^{n+1}\}$ 均不收敛，这是因为当 $n \to \infty$ 时，数列 $\{2n\}$ 的通项 $2n$ 也无限制地增大，从而不能无限地接近于任何一个确定的数. 至于 $\{(-1)^{n+1}\}$，由于它各项的值随着 n 的改变而在 -1 与 1 这两个数值上跳来跳去，也不能无限地接近于某一个确定的数.

收敛数列的特性是"当 $n \to \infty$ 时，a_n 能与某个常数 a 任意接近". 从几何上说就是"当 $n \to \infty$ 时，a_n 与 a 的距离可任意小"，即"当 $n \to \infty$ 时，$|a_n - a|$ 可任意小". 说得更明确些，这就是说，"要使 $|a_n - a|$ 任意小，只要 n 充分大". 比如，对于数列 $a_n = \dfrac{n}{n+1}$，由于

$$|a_n - 1| = \left| \dfrac{n}{n+1} - 1 \right| = \dfrac{1}{n+1},$$

要使 $|a_n - 1| < \dfrac{1}{10}$，只要 $n > 9$ 便可；要使 $|a_n - 1| < \dfrac{1}{100}$，只要 $n > 99$ 便可.

一般说来，要使 $|a_n - 1|$ 小于任意给的无论多么小的正数 ε，只要 $n > \dfrac{1}{\varepsilon} - 1$ 便可. 这样，我们就可以给出一般收敛数列及其极限的概念.

定义 2（$\varepsilon\text{-}N$ 定义） 设 $\{a_n\}$ 是一个数列，a 是一个有限数. 若对任给的正数 ε（不管如何小），总存在着一个正整数 N，使得对于 $n > N$ 的一切 a_n，不等式

$$|a_n - a| < \varepsilon$$

成立，则称数列 $\{a_n\}$ **收敛**于 a，a 称为它的**极限**，并记作

7

$$\lim_{n \to \infty} a_n = a,$$

或

$$a_n \to a \ (n \to \infty).$$

若数列 $\{a_n\}$ 没有极限,则称它是**发散**的.

数列极限的 ε-N 定义并未提供如何去求已知数列极限的方法,求极限的方法,以后会不断学到.

为了真正掌握定义的实质,必须通过例题细心体会.

例 1 证明 $\lim\limits_{n \to \infty} \dfrac{n}{n+1} = 1$.

证 由于

$$| a_n - a | = \left| \frac{n}{n+1} - 1 \right| = \frac{1}{n+1},$$

为使 $|a_n - a|$ 小于事先给定的正数 ε,只需使不等式

$$\frac{1}{n+1} < \varepsilon$$

成立,或

$$n + 1 > \frac{1}{\varepsilon}, \quad 即 \quad n > \frac{1}{\varepsilon} - 1.$$

由此,可取正整数 $N \geqslant \dfrac{1}{\varepsilon} - 1$. 则当 $n > N$ 时,总有

$$\left| \frac{n}{n+1} - 1 \right| < \varepsilon.$$

依 ε-N 定义,证得

$$\lim_{n \to \infty} \frac{n}{n+1} = 1.$$

例 2 证明 $\lim\limits_{n \to \infty} \dfrac{1}{2^n} = 0$.

证 对于任给 ε>0(不妨设 ε<1),要使

$$\left| \frac{1}{2^n} - 0 \right| = \frac{1}{2^n} < \varepsilon$$

成立,只要

$$2^n > \frac{1}{\varepsilon}, \quad 即 \quad n \lg 2 > - \lg \varepsilon,$$

或 $n > -\dfrac{\lg \varepsilon}{\lg 2}$ 成立就可以了. 故可取 $N \geqslant -\dfrac{\lg \varepsilon}{\lg 2}$,则当 $n > N$ 时,总有

$$\left| \frac{1}{2^n} - 0 \right| < \varepsilon.$$

结论得证.

一般地,可以证明 $\lim\limits_{n\to\infty} q^n = 0 \ (|q| < 1)$.

例 3 证明 $\lim\limits_{n\to\infty} \sqrt[n]{a} = 1 \ (a > 1)$.

证 令 $a^{\frac{1}{n}} - 1 = \alpha$,则 $\alpha > 0$.由二项式定理推得

$$a = (1 + \alpha)^n \geqslant 1 + n\alpha = 1 + n(a^{\frac{1}{n}} - 1),$$

或

$$a^{\frac{1}{n}} - 1 \leqslant \frac{a-1}{n}.$$

现任给 $\varepsilon > 0$,只需 $\dfrac{a-1}{n} < \varepsilon$,或 $n > \dfrac{a-1}{\varepsilon}$,就有 $|a^{\frac{1}{n}} - 1| < \varepsilon$. 今取正整数 $N \geqslant \dfrac{a-1}{\varepsilon}$,则当 $n > N$ 时,总有

$$|a^{\frac{1}{n}} - 1| < \varepsilon,$$

从而结论成立.

数列极限的几何意义:从几何上说,定义中"使得对于 $n > N$ 的一切 a_n,不等式 $|a_n - a| < \varepsilon$ 成立"就是凡下标大于 N 的一切 a_n,都落在 a 的 ε 邻域内(如图 1.3 所示),而在这个邻域之外,至多有 N(有限)个项. 或者说收敛于 a 的数列 $\{a_n\}$,在点 a 的任何邻域内聚集着 $\{a_n\}$ 中几乎所有点. 数列 $\{2n\}$ 与 $\{(-1)^{n+1}\}$ 不收敛,正是因为它们不可能在某点的任意小邻域内凝聚它们中的几乎所有点.

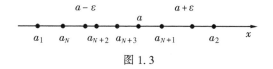

图 1.3

3. **无穷小数列**

在收敛数列中,有一类重要数列,称为无穷小数列.

定义 3 若数列 $\{a_n\}$ 收敛,且以 0 为极限,则称 $\{a_n\}$ 为**无穷小数列**或**无穷小**.

前面的数列(2),(3)都是无穷小数列.

由无穷小的定义,容易证明收敛数列与无穷小数列有如下的关系:数列 $\{a_n\}$ 收敛于 a 的充分必要条件是 $\{a_n - a\}$ 是无穷小数列. 因而,对数列收敛性的研究,可归结为对相应无穷小数列的讨论. 所以,极限论也称为无穷小分析. 如例 3,由于 $\{a^{\frac{1}{n}} - 1\}$ 是无穷小数列,所以 $\{a^{\frac{1}{n}}\}$ 必收敛于 1.

三、收敛数列的性质

下面所列的收敛数列的性质是十分基本的,在函数极限中也有相对应的结果.

定理1(唯一性) 若数列$\{a_n\}$收敛,则它的极限是唯一的.

证 假设数列$\{a_n\}$有两个极限a与b,即$\lim\limits_{n\to\infty}a_n=a$与$\lim\limits_{n\to\infty}a_n=b$,则根据数列极限定义,对任给$\varepsilon>0$,分别有

存在正整数N_1,当$n>N_1$时,有$|a_n-a|<\varepsilon$;

存在正整数N_2,当$n>N_2$时,有$|a_n-b|<\varepsilon$.

令$N=\max\{N_1,N_2\}$($\max\{N_1,N_2\}$表示N_1与N_2中较大者),则当$n>N$时,同时有

$$|a_n-a|<\varepsilon \quad 与 \quad |a_n-b|<\varepsilon.$$

此时必有

$$|a-b|=|a-a_n+a_n-b|$$
$$\leqslant|a-a_n|+|a_n-b|<\varepsilon+\varepsilon=2\varepsilon.$$

由于2ε是任意小的正数,$a-b$是常数,所以必有$a=b$,即数列$\{a_n\}$的极限是唯一的.

定理2(有界性) 若数列$\{a_n\}$收敛,则数列$\{a_n\}$有界,即存在数$M>0$,对任意正整数n,有$|a_n|\leqslant M$.

证 设$\lim\limits_{n\to\infty}a_n=a$,由数列极限的定义,取$\varepsilon=1$,存在正整数$N$,对一切$n>N$,有

$$|a_n-a|<1.$$

又$|a_n|-|a|\leqslant|a_n-a|$,所以,对一切$n>N$,有$|a_n|<|a|+1$.今取$M=\max\{|a_1|,|a_2|,\cdots,|a_N|,|a|+1\}>0$,则对任意正整数$n$,有$|a_n|\leqslant M$.

注 定理2指出收敛数列必有界,反之,有界数列未必收敛.例如,数列$\{(-1)^{n+1}\}$有界,但它是发散的.换句话说,有界是数列收敛的必要条件,而不是充分条件.

定理3(保号性) 若$\lim\limits_{n\to\infty}a_n=a>0$(或$a<0$),则存在正整数$N$,当$n>N$时,有$a_n>0$(或$a_n<0$).

证 由$\lim\limits_{n\to\infty}a_n=a>0$,根据数列极限定义,取定正数$\varepsilon_0=\dfrac{a}{2}$,总存在正整数$N$,当$n>N$时,有

$$| a_n - a | < \frac{a}{2},$$

即

$$a_n > a - \frac{a}{2} = \frac{a}{2} > 0.$$

当 $a < 0$ 时,证法相同.

为了讨论和计算较复杂的数列极限,必须掌握关于极限的四则运算.

四、收敛数列的四则运算

定理 4 若数列 $\{a_n\}$ 与 $\{b_n\}$ 皆收敛,则数列 $\{a_n \pm b_n\}$、$\{a_n b_n\}$ 与 $\left\{\dfrac{a_n}{b_n}\right\}$

($\lim\limits_{n\to\infty} b_n \neq 0$)也收敛,且

(1) $\lim\limits_{n\to\infty}(a_n \pm b_n) = \lim\limits_{n\to\infty} a_n \pm \lim\limits_{n\to\infty} b_n$;

(2) $\lim\limits_{n\to\infty} a_n b_n = \lim\limits_{n\to\infty} a_n \cdot \lim\limits_{n\to\infty} b_n$;

(3) $\lim\limits_{n\to\infty} \dfrac{a_n}{b_n} = \dfrac{\lim\limits_{n\to\infty} a_n}{\lim\limits_{n\to\infty} b_n}$ ($\lim\limits_{n\to\infty} b_n \neq 0$).

证(2) 设 $\lim\limits_{n\to\infty} a_n = a$,$\lim\limits_{n\to\infty} b_n = b$. 根据数列极限定义,对任给 $\varepsilon > 0$,分别有

存在正整数 N_1,当 $n > N_1$ 时,有 $|a_n - a| < \varepsilon$;

存在正整数 N_2,当 $n > N_2$ 时,有 $|b_n - b| < \varepsilon$.

令 $N = \max\{N_1, N_2\}$,则当 $n > N$ 时,同时有

$$|a_n - a| < \varepsilon \quad \text{与} \quad |b_n - b| < \varepsilon.$$

已知数列 $\{a_n\}$ 收敛,根据定理 2,数列 $\{a_n\}$ 有界,即存在 $M > 0$,对任意正整数 n,有 $|a_n| \leqslant M$. 于是,当 $n > N$ 时,有

$$\begin{aligned}
|a_n b_n - ab| &= |a_n b_n - a_n b + a_n b - ab| \\
&\leqslant |a_n| |b_n - b| + |b| |a_n - a| \\
&< M\varepsilon + |b|\varepsilon \\
&= (M + |b|)\varepsilon,
\end{aligned}$$

所以

$$\lim\limits_{n\to\infty} a_n b_n = ab = \lim\limits_{n\to\infty} a_n \cdot \lim\limits_{n\to\infty} b_n.$$

公式(1),(3)可同法证明.

注 和与积的运算公式(1)与(2)可以推广到含任意有限多项的情

11

况;公式(2)中,若 a_n 是常数 c,则有 $\lim\limits_{n\to\infty} cb_n = c\lim\limits_{n\to\infty} b_n$.

例 4 计算 $\lim\limits_{n\to\infty} \dfrac{2n^2 - 2n + 3}{3n^2 + 1}$.

解 将分子分母同除以 n^2,得

$$\lim_{n\to\infty} \frac{2n^2 - 2n + 3}{3n^2 + 1} = \lim_{n\to\infty} \frac{2 - \dfrac{2}{n} + \dfrac{3}{n^2}}{3 + \dfrac{1}{n^2}}.$$

因为

$$\lim_{n\to\infty} \left(2 - \frac{2}{n} + \frac{3}{n^2}\right) = \lim_{n\to\infty} 2 - \lim_{n\to\infty} \frac{2}{n} + \lim_{n\to\infty} \frac{3}{n^2} = 2,$$

$$\lim_{n\to\infty} \left(3 + \frac{1}{n^2}\right) = \lim_{n\to\infty} 3 + \lim_{n\to\infty} \frac{1}{n^2} = 3 \neq 0,$$

所以

$$\lim_{n\to\infty} \frac{2n^2 - 2n + 3}{3n^2 + 1} = \frac{\lim\limits_{n\to\infty} \left(2 - \dfrac{2}{n} + \dfrac{3}{n^2}\right)}{\lim\limits_{n\to\infty} \left(3 + \dfrac{1}{n^2}\right)} = \frac{2}{3}.$$

例 5 计算 $\lim\limits_{n\to\infty} \dfrac{1^2 + 2^2 + \cdots + n^2}{n^3}$.

解
$$\lim_{n\to\infty} \frac{1^2 + 2^2 + \cdots + n^2}{n^3} = \lim_{n\to\infty} \frac{n(n+1)(2n+1)}{6n^3}$$
$$= \lim_{n\to\infty} \frac{1}{6}\left(1 + \frac{1}{n}\right)\left(2 + \frac{1}{n}\right)$$
$$= \frac{1}{6} \lim_{n\to\infty} \left(1 + \frac{1}{n}\right) \cdot \lim_{n\to\infty} \left(2 + \frac{1}{n}\right)$$
$$= \frac{1}{6} \times 1 \times 2 = \frac{1}{3}.$$

例 6 证明 $\lim\limits_{n\to\infty} \sqrt[n]{a} = 1$ $(a > 0)$.

证 当 $a = 1$ 时,结论显然成立.

当 $a > 1$ 时,例 3 已证.

当 $0 < a < 1$ 时,令 $b = \dfrac{1}{a}$,则 $b > 1$. 由商的极限及例 3 结论,有

$$\lim_{n\to\infty} \sqrt[n]{a} = \lim_{n\to\infty} \sqrt[n]{\frac{1}{b}} = \frac{1}{\lim\limits_{n\to\infty} \sqrt[n]{b}} = \frac{1}{1} = 1,$$

所以

$$\lim_{n \to \infty} \sqrt[n]{a} = 1 \ (a > 0).$$

习 题 1.1

1. 用观察法判断下列各数列是否收敛？如果收敛，极限是什么？

(1) $\left\{ \dfrac{2n-1}{n} \right\}$;   (2) $\left\{ \dfrac{1}{n} \sin \dfrac{\pi}{n} \right\}$;

(3) $\{3\}$;   (4) $\{1+(-1)^n\}$;

(5) $\{2^n\}$;   (6) $\{ \sqrt{n+1} - \sqrt{n} \}$.

2. 用 ε-N 定义证明上题中收敛数列的极限.

3. 下列数列极限存在的有(　　　　).

(1) $10, 10, 10, \cdots$;

(2) $\dfrac{3}{2}, \dfrac{2}{3}, \dfrac{5}{4}, \dfrac{4}{5}, \dfrac{7}{6}, \dfrac{6}{7}, \cdots$;

(3) $a_n = \begin{cases} \dfrac{n}{1+n}, & n \text{ 为奇数}, \\ \dfrac{n}{1-n}, & n \text{ 为偶数}; \end{cases}$

(4) $a_n = \begin{cases} 1 + \dfrac{1}{n}, & n \text{ 为奇数}, \\ (-1)^n, & n \text{ 为偶数}. \end{cases}$

4. 下列数列收敛的有(　　　　).

(1) $0.9, 0.99, 0.999, 0.9999, \cdots$;

(2) $1, \dfrac{1}{2}, 1+\dfrac{1}{2}, \dfrac{1}{3}, 1+\dfrac{1}{3}, \dfrac{1}{4}, 1+\dfrac{1}{4}, \cdots$;

(3) $a_n = (-1)^n \dfrac{n}{n+1}$;

(4) $a_n = \begin{cases} \dfrac{2^n - 1}{2^n}, & n \text{ 为奇数}, \\ \dfrac{2^n + 1}{2^n}, & n \text{ 为偶数}. \end{cases}$

5. 下列数列是否为无穷小？

(1) $a_n = \dfrac{1}{n^2}$;

(2) $a_n = \dfrac{1+(-1)^n}{n}$;

(3) $\dfrac{1}{2},0,\dfrac{1}{4},0,\dfrac{1}{8},0,\cdots$;

(4) $1,\dfrac{1}{3},\dfrac{1}{2},\dfrac{1}{5},\dfrac{1}{3},\dfrac{1}{7},\dfrac{1}{4},\dfrac{1}{9},\cdots$.

* 6. 计算由曲线 $y=x^3$、直线 $x=1$ 及 x 轴所围的曲边梯形的面积.

7. 求下列极限:

(1) $\lim\limits_{n\to\infty}\dfrac{n^3+2}{3n^3+4}$;

(2) $\lim\limits_{n\to\infty}\dfrac{6n^2+(-1)^n n}{3n^2+n}$;

(3) $\lim\limits_{n\to\infty}(\sqrt{n+2}-\sqrt{n+1})\sqrt{n}$;

(4) $\lim\limits_{n\to\infty}\left(\dfrac{1}{1\times 2}+\dfrac{1}{2\times 3}+\cdots+\dfrac{1}{n(n+1)}\right)$;

(5) $\lim\limits_{n\to\infty}\dfrac{1+2+3+\cdots+n}{n^2}$;

* (6) $\lim\limits_{n\to\infty}\left(1-\dfrac{1}{2^2}\right)\left(1-\dfrac{1}{3^2}\right)\cdots\left(1-\dfrac{1}{n^2}\right)$.

* 8. 若 $\lim\limits_{n\to\infty}a_n=a$,证明 $\lim\limits_{n\to\infty}|a_n|=|a|$.并举例说明,在数列 $\{|a_n|\}$ 收敛时,未必有数列 $\{a_n\}$ 收敛.

§1.2 函数极限

一、函数极限

1. 例（曲线的切线）

许多实际问题都要求确定曲线的切线. 历史上,求切线的问题是微积分学最早的起源问题之一. 它不仅是一个几何问题,许多力学、化学、物理学、生物学以及社会科学的问题用几何术语来描述,就是求切线问题.

下面考虑一个具体问题:求抛物线 $y=2x^2$ 在点 $M_0(1,2)$ 处的切线.

首先,我们考察一下用直尺画曲线的切线过程. 开始,将直尺放在曲线上,除了点 M_0 外,与曲线上的另一点 M 相交,直尺成了曲线的割线(图1.4).直尺上的点 M_0 固定,而不断改变直尺的位置,使点 M 沿着曲线越

来越靠近点 M_0，直尺的位置也就越来越接近曲线在点 M_0 处的切线．当 M 到达 M_0 时，直尺的位置就转化为切线．这样我们就找到了求切线位置的方法．

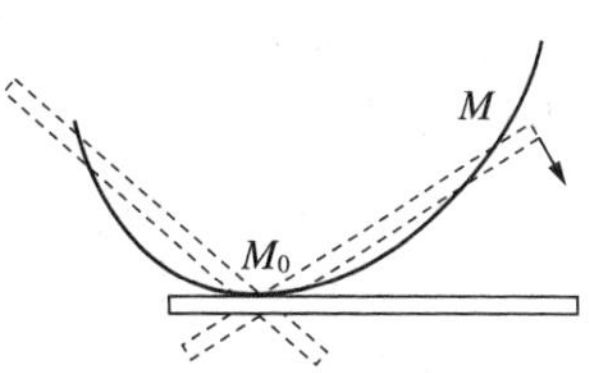

图 1.4

根据上述思想方法，即通过割线求切线的方法来解决上面提出的问题．在点 $M_0(1,2)$ 的附近任取一点 $M(x,y)$，它也在抛物线 $y=2x^2$ 上(图 1.5)．过点 $M_0(1,2)$ 与点 $M(x,y)$ 画一条割线，让点 $M(x,y)$ 沿抛物线 $y=2x^2$ 趋于点 $M_0(1,2)$，这条动割线的极限位置就是所求切线的位置．就数量上看，动割线的斜率的极限就是切线的斜率．割线 M_0M 的斜率是

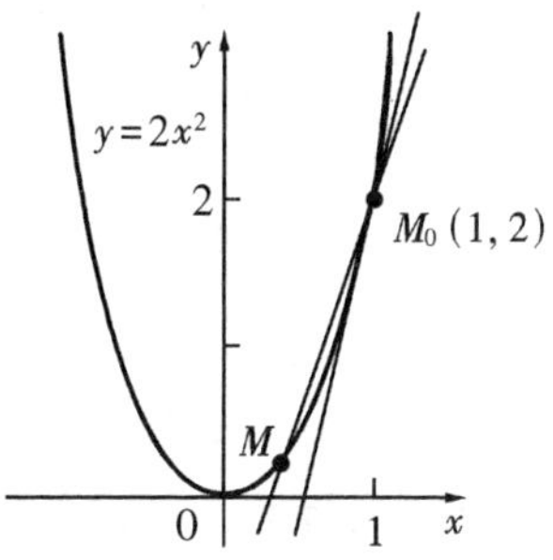

$$k = \frac{y-2}{x-1} \quad (x \neq 1),$$

以 $y=2x^2$ 代入，有

$$k(x) = \frac{2x^2-2}{x-1} = 2(x+1) \quad (x \neq 1).$$

显然，当 $M \to M_0$，$x \to 1$ 时，$k(x) \to 4$，记为

$$\lim_{x \to 1} k(x) = 4,$$

从而所求切线为

$$y = 4(x-1) + 2 = 4x - 2.$$

图 1.5

因此，求曲线的切线可归结为求出曲线在给定点的切线斜率，或者说归结为求函数极限．下面讨论函数极限的一般概念．

2. 函数极限的概念

数列是定义于正整数集合上的函数，它的极限只是一种特殊函数的极限，或者说是 $n \to \infty$ 的极限．对于定义于某实数集合上的函数 $y=f(x)$ 的极限，自变量 x 的变化趋势就丰富得多了．现在分三种情况讨论．

(1) 当 $x \to a$ (a 为有限实数)时，函数 $f(x)$ 的极限

我们考察这样一个问题：" 当 x 趋近于 a 时，$f(x)$ 以 A 为极限" 是什么意思？这一极限过程可描述为" 当 x 与 a 充分靠近(但 $x \neq a$)时，$f(x)$ 与 A 可以任意靠近，要多近就能有多近"．或者说" 当 x 与 a 的距离 $|x-a|$ 充分小时，$f(x)$ 与 A 的距离 $|f(x)-A|$ 可任意小，要多小就有多小"．这样，"$f(x)$ 与 A 可任意靠近，要多近就能多近" 可以用事先指定的

一个任意小正数 ε,使 $|f(x)-A|<\varepsilon$ 来表示;而"当 x 充分靠近 a(但 $x\neq a$)"则可以用 $0<|x-a|<\delta$ 来表示,其中 δ 是一个仅仅与 ε 有关的正数. 由此给出如下函数极限的精确概念.

定义 1(ε-δ 定义) 设函数 $f(x)$ 在点 a 的某空心邻域内有定义,A 是一个确定的数. 若对任给的正数 ε,总存在某一正数 δ,使得对于满足条件 $0<|x-a|<\delta$ 的一切 x,都有

$$|f(x)-A|<\varepsilon,$$

则称当 $x\to a$ 时,函数 $f(x)$ 以 A 为极限,记作

$$\lim_{x\to a}f(x)=A,$$

或

$$f(x)\to A \quad (x\to a).$$

定义中"$0<|x-a|<\delta$"指出 $x\neq a$,这说明,当 $x\to a$ 时,函数 $f(x)$ 有没有极限与 $f(x)$ 在点 a 有无定义无关. 极限概念侧重于描述 $f(x)$ 在 $x\to a$ 且 $x\neq a$ 时的变化趋势. 正因为如此,这个概念能解决切线问题,许多重要的微积分概念才得以在函数极限的基础上成功地建立起来.

极限 $\lim\limits_{x\to a}f(x)=A$ 有明显的几何意义. 对任意给定的 $\varepsilon>0$,作出相应两条直线 $y=A-\varepsilon$ 与 $y=A+\varepsilon$ 间的带形区域,总可找到点 a 的一个 δ 邻域 $(a-\delta,a+\delta)$,当 $x\in(a-\delta,a+\delta)$,但 $x\neq a$ 时,这些点的纵坐标 $f(x)$ 满足不等式

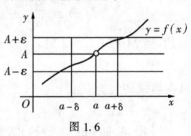

图 1.6

$$|f(x)-A|<\varepsilon, \quad 即 \quad A-\varepsilon<f(x)<A+\varepsilon,$$

表明这些点 $(x,f(x))$ 都落在上面所作的带形区域内(图 1.6).

例 1 证明 $\lim\limits_{x\to a}c=c$(c 为常数).

证 任给 $\varepsilon>0$,恒可取任意正数 δ,当 $0<|x-a|<\delta$ 时,总有

$$|f(x)-c|=|c-c|=0<\varepsilon.$$

依 ε-δ 定义,有 $\lim\limits_{x\to a}c=c$.

例 2 证明 $\lim\limits_{x\to 2}(3x-2)=4$.

证 任给 $\varepsilon>0$,由于

$$|f(x)-4|=|(3x-2)-4|=|3x-6|=3|x-2|,$$

今取 $\delta=\dfrac{\varepsilon}{3}$,则当 $0<|x-2|<\delta$ 时,总有

$$|f(x)-4|<\varepsilon.$$

按 $\varepsilon\text{-}\delta$ 定义,有 $\lim\limits_{x\to2}(3x-2)=4$.

(2) 单侧极限

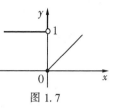

图 1.7

前面所讲 $x\to a$ 时 $f(x)$ 的极限,我们并未指明 x 是在 a 的左侧还是在 a 的右侧,即 x 可以任意方式趋于 a,即 x 既可在 a 的左侧,又可在 a 的右侧. 但有时只能考虑取 x 从 a 的左侧($x<a$),或取 x 从 a 的右侧($x>a$)趋于 a 时 $f(x)$ 的变化趋势. 例如函数

$$f(x)=\begin{cases}1, & x<0,\\ x, & x\geqslant0.\end{cases}$$

由图 1.7 容易观察出,当 x 从左侧趋于 0 时,$f(x)$ 以 1 为极限. 当 x 从右侧趋于 0 时,$f(x)$ 以 0 为极限. 它们分别称为 x 趋于 0 时 $f(x)$ 的左极限和右极限.

定义 2 若 x 从左侧($x<a$)趋于 a,$f(x)$ 以 A 为极限,即对于任意给定的 $\varepsilon>0$,总存在一个正数 δ,使得对于满足条件 $0<a-x<\delta$ 的一切 x,都有

$$|f(x)-A|<\varepsilon,$$

则称 A 为函数 $f(x)$ 当 $x\to a$ 时的左极限. 记作

$$\lim\limits_{x\to a^-}f(x)=A,\text{或} \quad f(a-0)=A.$$

类似地,若 x 从右侧($x>a$)趋于 a,$f(x)$ 以 A 为极限,这个极限 A 叫作函数 $f(x)$ 当 $x\to a$ 时的右极限. 记作

$$\lim\limits_{x\to a^+}f(x)=A,\text{或} \quad f(a+0)=A.$$

由左、右极限的定义不难看出,函数 $f(x)$ 当 $x\to a$ 时极限存在的充分必要条件是左极限与右极限均存在且相等,即

$$\lim\limits_{x\to a^-}f(x)=\lim\limits_{x\to a^+}f(x).$$

据此可判断函数极限的存在性.

例如,图 1.7 中有 $\lim\limits_{x\to0^+}f(x)=0$,$\lim\limits_{x\to0^-}f(x)=1$,所以 $\lim\limits_{x\to0}f(x)$ 不存在.

例 3 证明函数

$$f(x)=\operatorname{sgn}x=\begin{cases}-1, & x<0,\\ 0, & x=0,\\ 1, & x>0.\end{cases}$$

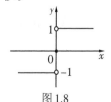

图 1.8

当 $x\to0$ 时极限不存在(图 1.8).

证　事实上，$f(x)$ 的左极限

$$\lim_{x \to 0-} f(x) = \lim_{x \to 0-}(-1) = -1,$$

而右极限

$$\lim_{x \to 0+} f(x) = \lim_{x \to 0+} 1 = 1.$$

但左、右极限不相等，所以 $\lim\limits_{x \to 0} f(x)$ 不存在.

（3）当 $x \to \infty$ 时，函数 $f(x)$ 的极限

这时，设函数 $f(x)$ 对于绝对值无论多么大的 x 都有定义. 如果当 $|x|$ 无限增大时，$f(x)$ 的值与某常数 A 的值任意接近，则 A 叫作函数 $f(x)$ 当 $x \to \infty$ 时的极限. 精确地说

定义 3　若对于任意给定的 $\varepsilon > 0$，总存在一个 $M > 0$，使得对于满足不等式 $|x| > M$ 的一切 x，均有不等式

$$|f(x) - A| < \varepsilon$$

成立，则称 A 为 $f(x)$ 当 $x \to \infty$ 时的极限. 记作

$$\lim_{x \to \infty} f(x) = A, \text{或} \quad f(x) \to A \ (x \to \infty).$$

同样可以定义

$$\lim_{x \to +\infty} f(x) = A \quad \text{与} \quad \lim_{x \to -\infty} f(x) = A.$$

例 4　证明 $\lim\limits_{x \to \infty} \dfrac{1}{x^2} = 0$.

证　任意给定 $\varepsilon > 0$，要使

$$\left| \frac{1}{x^2} - 0 \right| = \frac{1}{x^2} < \varepsilon,$$

只需 $|x| > \dfrac{1}{\sqrt{\varepsilon}}$. 如果取 $M = \dfrac{1}{\sqrt{\varepsilon}}$，则对一切满足不等式 $|x| > M$ 的 x，均有

$$\left| \frac{1}{x^2} - 0 \right| < \varepsilon,$$

证毕.

二、函数极限的性质

函数极限 $\lim\limits_{x \to a} f(x)$ 与收敛数列具有类似的性质和四则运算法则，概述如下.

定理 1（唯一性）　若函数 $f(x)$ 在点 a 存在极限，则它的极限是唯一的.

定理 2(局部有界性) 若 $\lim\limits_{x \to a} f(x) = A$,则存在某个 $\delta_0 > 0$ 和常数 $M > 0$,当 $0 < |x-a| < \delta_0$ 时,有 $|f(x)| < M$.

证 根据函数极限的定义,对某个 $\varepsilon_0 > 0$,存在某个 $\delta_0 > 0$,使当 $0 < |x-a| < \delta_0$ 时,有

$$|f(x) - A| < \varepsilon_0.$$

由于

$$|f(x)| - |A| \leqslant |f(x) - A| < \varepsilon_0,$$

所以

$$|f(x)| < |A| + \varepsilon_0.$$

今取 $M = |A| + \varepsilon_0$,则当 $0 < |x-a| < \delta_0$ 时,有

$$|f(x)| < M.$$

注 如果一个数列收敛,则整个数列是有界的.但函数 $f(x)$ 在点 a 处有极限,只能断言它在某个局部范围,即在点 a 的某空心邻域内有界,称之为局部有界性.

定理 3(局部保号性) 若 $\lim\limits_{x \to a} f(x) = A$,且 $A > 0$(或 $A < 0$),则存在 $\delta_0 > 0$,使当 $0 < |x-a| < \delta_0$ 时,有 $f(x) > 0$(或 $f(x) < 0$).

证 设 $A > 0$,取 $\varepsilon_0 = \dfrac{A}{2}$,则由 $\lim\limits_{x \to a} f(x) = A$,对上述 ε_0,总存在 $\delta_0 > 0$,使当 $0 < |x-a| < \delta_0$ 时,总有

$$|f(x) - A| < \varepsilon_0,$$

因而

$$f(x) > A - \varepsilon_0 = A - \frac{A}{2} = \frac{A}{2} > 0.$$

类似地可证 $A < 0$ 的情形.

定理 4(四则运算) 设 $\lim\limits_{x \to a} f(x)$ 和 $\lim\limits_{x \to a} g(x)$ 存在,则

(1) $\lim\limits_{x \to a} [f(x) \pm g(x)] = \lim\limits_{x \to a} f(x) \pm \lim\limits_{x \to a} g(x)$;

(2) $\lim\limits_{x \to a} f(x) g(x) = \lim\limits_{x \to a} f(x) \cdot \lim\limits_{x \to a} g(x)$,特别地,有

$$\lim\limits_{x \to a} c g(x) = c \lim\limits_{x \to a} g(x) \ (c \text{ 为常数});$$

(3) $\lim\limits_{x \to a} \dfrac{f(x)}{g(x)} = \dfrac{\lim\limits_{x \to a} f(x)}{\lim\limits_{x \to a} g(x)}$ (设 $\lim\limits_{x \to a} g(x) \neq 0$).

证 (1) 设 $\lim\limits_{x \to a} f(x) = A, \lim\limits_{x \to a} g(x) = B$.由极限定义,任给 $\varepsilon > 0$,分别存在 $\delta_1 > 0$ 与 $\delta_2 > 0$,满足

当 $0<|x-a|<\delta_1$ 时,有 $|f(x)-A|<\dfrac{\varepsilon}{2}$;

当 $0<|x-a|<\delta_2$ 时,有 $|g(x)-B|<\dfrac{\varepsilon}{2}$.

令 $\delta=\min\{\delta_1,\delta_2\}$($\min\{\delta_1,\delta_2\}$ 表示 δ_1 与 δ_2 中较小者),则当 $0<|x-a|<\delta$ 时,有

$$|[f(x)\pm g(x)]-[A\pm B]|$$
$$=|[f(x)-A]\pm[g(x)-B]|$$
$$\leqslant|f(x)-A|+|g(x)-B|$$
$$<\frac{\varepsilon}{2}+\frac{\varepsilon}{2}=\varepsilon,$$

即

$$\lim_{x\to a}[f(x)\pm g(x)]=A\pm B=\lim_{x\to a}f(x)\pm\lim_{x\to a}g(x).$$

注 和与积的公式(1)和(2)可以推广到任意有限个函数的情况. 特别地,有
$$\lim_{x\to a}[(f(x))^n]=[\lim_{x\to a}f(x)]^n.$$

例 5 求 $\lim\limits_{x\to 2}[(3x^2-2x+1)(x^3+3)]$.

解
$$\lim_{x\to 2}[(3x^2-2x+1)(x^3+3)]$$
$$=\lim_{x\to 2}(3x^2-2x+1)\cdot\lim_{x\to 2}(x^3+3)$$
$$=(3\lim_{x\to 2}x^2-2\lim_{x\to 2}x+\lim_{x\to 2}1)(\lim_{x\to 2}x^3+\lim_{x\to 2}3)$$
$$=[3(\lim_{x\to 2}x)^2-2\lim_{x\to 2}x+1][(\lim_{x\to 2}x)^3+3]$$
$$=(3\times 2^2-2\times 2+1)(2^3+3)$$
$$=9\times 11=99.$$

例 6 求 $\lim\limits_{x\to 1}\dfrac{x^2-3x+2}{x^3-1}$.

解
$$\lim_{x\to 1}\frac{x^2-3x+2}{x^3-1}=\lim_{x\to 1}\frac{(x-1)(x-2)}{(x-1)(x^2+x+1)}$$
$$=\lim_{x\to 1}\frac{x-2}{x^2+x+1}$$
$$=\frac{\lim\limits_{x\to 1}(x-2)}{\lim\limits_{x\to 1}(x^2+x+1)}$$
$$=-\frac{1}{3}.$$

例 7 求 $\lim\limits_{x\to\infty}\dfrac{2x^3+1}{x^3+8x^2+7x}$.

解 将分子分母同除以 x^3，即

$$\lim_{x \to \infty} \frac{2x^3 + 1}{x^3 + 8x^2 + 7x} = \lim_{x \to \infty} \frac{2 + \dfrac{1}{x^3}}{1 + \dfrac{8}{x} + \dfrac{7}{x^2}}$$

$$= \frac{\lim_{x \to \infty} \left(2 + \dfrac{1}{x^3}\right)}{\lim_{x \to \infty} \left(1 + \dfrac{8}{x} + \dfrac{7}{x^2}\right)}$$

$$= \frac{2}{1} = 2.$$

例 8 设 $f(x) = \begin{cases} x - 1, & x < 0, \\ \dfrac{x^2 + 3x - 1}{x^3 + 1}, & x \geqslant 0, \end{cases}$ 求 $\lim_{x \to 0} f(x), \lim_{x \to \infty} f(x)$.

解 由于

$$\lim_{x \to 0-} f(x) = \lim_{x \to 0-}(x - 1) = -1,$$

$$\lim_{x \to 0+} f(x) = \lim_{x \to 0+} \frac{x^2 + 3x - 1}{x^3 + 1} = -1,$$

所以

$$\lim_{x \to 0} f(x) = -1,$$

$$\lim_{x \to \infty} f(x) = \lim_{x \to \infty} \frac{x^2 + 3x - 1}{x^3 + 1} = \lim_{x \to \infty} \frac{\dfrac{1}{x} + \dfrac{3}{x^2} - \dfrac{1}{x^3}}{1 + \dfrac{1}{x^3}} = 0.$$

习 题 1.2

1. 用极限定义证明下列极限：

(1) $\lim_{x \to 1}(2x + 1) = 3$；　　　　(2) $\lim_{x \to -1}\dfrac{x^2 - 1}{x + 1} = -2$；

(3) $\lim_{x \to \infty}\dfrac{2x + 3}{x} = 2$；　　　　*(4) $\lim_{x \to -\infty} 2^x = 0$.

2. 设 $f(x) = \begin{cases} x, & x < 3, \\ 3x - 1, & x \geqslant 3, \end{cases}$ 作函数 $f(x)$ 的图形，并讨论当 $x \to 3$ 时，$f(x)$ 的左极限、右极限以及极限.

3. 证明 $\lim_{x \to 0}\dfrac{|x|}{x}$ 不存在.

4. 用极限定义证明:若 $\lim\limits_{x \to a} f(x) = A$,且 $A < 0$,则存在点 a 的某个邻域,在这个邻域内,且 $x \neq a$ 时,有 $f(x) < 0$.

*5. 利用题 4 结论证明:若 $f(x) \geqslant 0$,且 $\lim\limits_{x \to a} f(x) = A$,则 $A \geqslant 0$.

6. 计算下列极限:

(1) $\lim\limits_{x \to 1} |x|$;

(2) $\lim\limits_{x \to 2} \dfrac{|x-1|}{x-1}$;

(3) $\lim\limits_{t \to 2} \dfrac{t^2-4}{t-2}$;

(4) $\lim\limits_{x \to 1} \dfrac{x^3-1}{2x+1}$;

(5) $\lim\limits_{x \to +\infty} (\sqrt{x+2} - \sqrt{x})$;

(6) $\lim\limits_{x \to 1} \dfrac{\sqrt{x+2} - \sqrt{3}}{x-1}$.

7. 对下列 $f(x)$,在指定点 a 求 $\lim\limits_{x \to a} \dfrac{f(x) - f(a)}{x-a}$:

(1) $f(x) = x^2$, $a = 2$;

(2) $f(x) = \sqrt{x}$, $a = 1$.

8. 设

$$f(x) = \begin{cases} \dfrac{1}{x^2}, & x < 0, \\ 0, & x = 0, \\ x^2 - 2x, & 0 < x \leqslant 2, \\ 3x - 6, & x > 2, \end{cases}$$

讨论 $x \to 0$ 及 $x \to 2$ 时,$f(x)$ 的极限是否存在,并讨论 $\lim\limits_{x \to +\infty} f(x)$ 与 $\lim\limits_{x \to -\infty} f(x)$.

§1.3 极限存在准则,两个重要极限

前面介绍了极限的证明与一些计算问题,但对于一些较复杂的极限问题,常常先要判断其极限是否存在,如果存在,再设法寻求其极限值. 本节介绍判断极限存在的两个准则,在此基础上,给出两个重要极限,它们在微分学中是不可缺少的.

一、极限存在的两个准则

准则 I(迫敛定理) 设

(1) $f(x) \leqslant g(x) \leqslant h(x)$ $(0 < |x-a| < \delta_0)$;

(2) $\lim\limits_{x \to a} f(x) = \lim\limits_{x \to a} h(x) = A$,

则

$$\lim\limits_{x \to a} g(x) = A.$$

证 由条件(2),对于任给 $\varepsilon>0$,存在正数 δ_1,使当 $0<|x-a|<\delta_1$ 时,同时成立不等式

$$|f(x)-A|<\varepsilon \quad \text{与} \quad |h(x)-A|<\varepsilon,$$

即

$$A-\varepsilon<f(x)<A+\varepsilon \quad \text{与} \quad A-\varepsilon<h(x)<A+\varepsilon.$$

取 $\delta=\min\{\delta_0,\delta_1\}$,于是当 $0<|x-a|<\delta$ 时,有

$$A-\varepsilon<f(x)\leqslant g(x)\leqslant h(x)<A+\varepsilon,$$

即有

$$|g(x)-A|<\varepsilon.$$

由此证得

$$\lim_{x\to a}g(x)=A.$$

注 对于数列也有类似的迫敛定理:设

(1) $b_n\leqslant a_n\leqslant c_n \quad (n\geqslant N_0)$;

(2) $\lim\limits_{n\to\infty}b_n=\lim\limits_{n\to\infty}c_n=a$,

则

$$\lim_{n\to\infty}a_n=a.$$

准则 Ⅱ(单调有界定理) 单调有界数列必有极限.

定理的几何意义十分明显.若数列 $\{a_n\}$ 单调递增有上界,即

$$a_n\leqslant a_{n+1},且 a_n\leqslant M,M 是某一正常数.$$

设 a_n 在数轴上对应的点仍记作 a_n,当 $n\to\infty$ 时,点 a_n 在数轴上向右方移动.因为有上界,所以这些点必无限接近于某个点 a,仍记点 a 的坐标为 a,则 a 就是数列 $\{a_n\}$ 的极限(图 1.9).

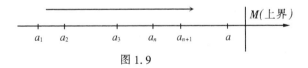

图 1.9

例如,数列 $a_n=\dfrac{n}{n+1}:\dfrac{1}{2},\dfrac{2}{3},\dfrac{3}{4},\cdots$ 单调递增,且 $a_n<1$.由准则 Ⅱ,它存在极限.事实上,由于

$$a_n=1-\frac{1}{n+1}\to 1 \ (n\to\infty),$$

所以

$$\lim_{n\to\infty} a_n = 1.$$

下面,以这两个准则为基础,介绍两个重要极限.

二、两个重要极限

1. $\lim\limits_{x\to 0}\dfrac{\sin x}{x}=1$

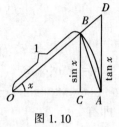

图 1.10

分三步证明.

(1) 先建立一个初等不等式.作单位圆(图 1.10).

设 $0<x<\dfrac{\pi}{2}$,则

$$\triangle AOB \text{ 的面积} < \text{扇形 } AOB \text{ 的面积} < \triangle AOD \text{ 的面积}.$$

因为

$$\triangle AOB \text{ 的面积} = \frac{1}{2}OA \cdot BC = \frac{1}{2} \cdot 1 \cdot \sin x,$$

$$\text{扇形 } AOB \text{ 的面积} = \frac{1}{2}OB \cdot \overset{\frown}{AB} = \frac{1}{2} \cdot 1 \cdot x,$$

$$\triangle AOD \text{ 的面积} = \frac{1}{2}OA \cdot AD = \frac{1}{2} \cdot 1 \cdot \tan x,$$

所以

$$\frac{1}{2}\sin x < \frac{1}{2}x < \frac{1}{2}\tan x,$$

即

$$\sin x < x < \tan x \left(0<x<\frac{\pi}{2}\right). \tag{1}$$

(2) 将(1)式除以 $\sin x$(>0),得

$$1<\frac{x}{\sin x}<\frac{1}{\cos x}, \text{ 或 } 1>\frac{\sin x}{x}>\cos x \left(0<x<\frac{\pi}{2}\right).$$

又 $\dfrac{\sin x}{x}$,$\cos x$ 均是偶函数,所以

$$\cos x < \frac{\sin x}{x} < 1 \left(0<|x|<\frac{\pi}{2}\right). \tag{2}$$

（3）因为 $\lim\limits_{x\to 0} 1=1, \lim\limits_{x\to 0} \cos x=1$[①]. 所以由迫敛定理及（2）式,证得

$$\lim_{x\to 0}\frac{\sin x}{x}=1.$$

例 1 求 $\lim\limits_{x\to 0}\dfrac{\tan x}{x}$.

解 $\lim\limits_{x\to 0}\dfrac{\tan x}{x}=\lim\limits_{x\to 0}\dfrac{\sin x}{x\cos x}=\dfrac{\lim\limits_{x\to 0}\dfrac{\sin x}{x}}{\lim\limits_{x\to 0}\cos x}=\dfrac{1}{1}=1.$

例 2 求 $\lim\limits_{x\to 0}\dfrac{1-\cos x}{x^2}$.

解 $\lim\limits_{x\to 0}\dfrac{1-\cos x}{x^2}=\lim\limits_{x\to 0}\dfrac{2\sin^2\dfrac{x}{2}}{x^2}=\dfrac{1}{2}\lim\limits_{x\to 0}\left(\dfrac{\sin\dfrac{x}{2}}{\dfrac{x}{2}}\right)^2$

$$=\frac{1}{2}\times 1^2=\frac{1}{2},$$

或

$$\lim_{x\to 0}\frac{1-\cos x}{x^2}=\lim_{x\to 0}\frac{(1-\cos x)(1+\cos x)}{x^2(1+\cos x)}$$

$$=\lim_{x\to 0}\frac{1-\cos^2 x}{x^2}\cdot\frac{1}{1+\cos x}$$

$$=\lim_{x\to 0}\left(\frac{\sin x}{x}\right)^2\cdot\lim_{x\to 0}\frac{1}{1+\cos x}$$

$$=1^2\times\frac{1}{2}=\frac{1}{2}.$$

2. $\lim\limits_{n\to\infty}\left(1+\dfrac{1}{n}\right)^n=\mathrm{e}$

这是数列的极限问题,当 $n\to\infty$ 时,虽然 $1+\dfrac{1}{n}\to 1$,但不能判定 $\left(1+\dfrac{1}{n}\right)^n\to 1$,因为 $\left(1+\dfrac{1}{n}\right)^n$ 的次方 n 也在无限增大. 这个极限是否存在,需要观察研究. 今将数列 $\left(1+\dfrac{1}{n}\right)^n$ 的值列表如下：

[①] $\lim\limits_{x\to 0}\cos x=1$ 的证明:因为 $|\cos x-1|=1-\cos x=2\sin^2\dfrac{x}{2}\leqslant 2\left(\dfrac{x}{2}\right)^2=\dfrac{x^2}{2}$,故对任给 $\varepsilon>0$,可令 $\delta=\sqrt{2\varepsilon}$,则当 $0<|x|<\delta$ 时,总有 $|\cos x-1|<\varepsilon$.

n	1	2	3	10	100	1000	10000
$\left(1+\dfrac{1}{n}\right)^n$	2	2.25	2.488	2.594	2.705	2.717	2.718

由表看出,随着 n 的增加,数列 $\left(1+\dfrac{1}{n}\right)^n$ 单调递增,且从 $n=100$ 起,

值 $\left(1+\dfrac{1}{n}\right)^n$ 的前 2 位数字已保持不变,可以证明其值不会超过 3. 于是,

由单调有界定理,可以断定,当 $n\to\infty$ 时,数列 $\left(1+\dfrac{1}{n}\right)^n$ 的极限一定存在.

通常以字母 e 表示该极限,即

$$\lim_{n\to\infty}\left(1+\frac{1}{n}\right)^n = \mathrm{e}. \tag{3}$$

e 是一个无理数,它的近似值是

$$\mathrm{e} = 2.71828\cdots$$

在(3)式中,将自然数 n 换成实数 x 也是成立的,亦即有公式

$$\lim_{x\to\infty}\left(1+\frac{1}{x}\right)^x = \mathrm{e}. \tag{4}$$

若令 $\alpha=\dfrac{1}{x}$,则 $x\to\infty$ 时,$\alpha\to0$. 上面的极限可改写为

$$\lim_{\alpha\to0}(1+\alpha)^{\frac{1}{\alpha}} = \mathrm{e}. \tag{5}$$

注 以 e 做底的对数,叫作自然对数,记作 $\ln x$. 在高等数学中,常用以 e 为底的对数函数 $y=\ln x$ 和以 e 为底的指数函数 $y=\mathrm{e}^x$.

例 3 求 $\lim\limits_{n\to\infty}\left(1+\dfrac{1}{n}\right)^{-n}$ 与 $\lim\limits_{n\to\infty}\left(1-\dfrac{1}{n}\right)^n$.

解 $\lim\limits_{n\to\infty}\left(1+\dfrac{1}{n}\right)^{-n} = \dfrac{1}{\lim\limits_{n\to\infty}\left(1+\dfrac{1}{n}\right)^n} = \dfrac{1}{\mathrm{e}}$,

$\lim\limits_{n\to\infty}\left(1-\dfrac{1}{n}\right)^n = \dfrac{1}{\lim\limits_{n\to\infty}\left(1-\dfrac{1}{n}\right)^{-n}} = \dfrac{1}{\mathrm{e}}$.

例 4 求 $\lim\limits_{x\to\infty}\left(1+\dfrac{2}{x}\right)^x$.

解 令 $u=\dfrac{x}{2}$,则 $x=2u$. 当 $x\to\infty$ 时,$u\to\infty$. 于是

$$\lim_{x\to\infty}\left(1+\frac{2}{x}\right)^x=\lim_{u\to\infty}\left(1+\frac{1}{u}\right)^{2u}=\left[\lim_{u\to\infty}\left(1+\frac{1}{u}\right)^u\right]^2=\mathrm{e}^2.$$

熟练以后,可以省略变量代换步骤,直接写成

$$\lim_{x\to\infty}\left(1+\frac{2}{x}\right)^x=\lim_{x\to\infty}\left[\left(1+\frac{2}{x}\right)^{\frac{x}{2}}\right]^2=\mathrm{e}^2.$$

例 5(连续复利问题) 公式(3)、(4)的数学模型在现实世界中广泛存在. 例如计算复利问题:设本金为 A_0,利率为 r,期数为 t,如果每期结算一次,则 t 个计息期后的本利和为

$$A_t=A_0(1+r)^t.$$

如果每期结算 m 次,t 期本利和为

$$A_m=A_0\left(1+\frac{r}{m}\right)^{mt}.$$

如果结算的次数趋于无穷大,即 $m\to\infty$,意味着每个瞬时"立即存入,立即结算",这样的复利称为连续复利. 在现实世界中,有许多事物都是属于这种模型的,例如镭的衰变、细胞的繁殖、树木的生长等,都是"立即产生,立即结算",最终要归结为下面的极限

$$\lim_{m\to\infty}A_0\left(1+\frac{r}{m}\right)^{mt}.$$

这个极限式反映了现实世界中的一些事物生长或消失的数量规律. 因此,它不仅在数学理论上,而且在实际应用中都是很有用的. 为简单起见,在上式中,令 $n=\dfrac{m}{r}$,则 $m=nr$. 当 $m\to\infty$ 时,$n\to\infty$,于是得

$$\lim_{m\to\infty}A_0\left(1+\frac{r}{m}\right)^{mt}=A_0\lim_{n\to\infty}\left(1+\frac{1}{n}\right)^{nrt}$$
$$=A_0\lim_{n\to\infty}\left[\left(1+\frac{1}{n}\right)^n\right]^{rt}$$
$$=A_0\mathrm{e}^{rt}.$$

可见,其结果符合以 e 为底的指数函数的变化规律.

习 题 1.3

1. 应用迫敛定理,证明

(1) $\lim\limits_{n\to\infty}\left[\dfrac{1}{n^2}+\dfrac{1}{(n+1)^2}+\cdots+\dfrac{1}{(2n)^2}\right]=0$;

(2) $\lim\limits_{n\to\infty}\sqrt[n]{a^n+b^n}=b\ (b>a>0)$.

2. 求下列极限:

(1) $\lim\limits_{x\to0}\dfrac{x}{\sin x}$; (2) $\lim\limits_{x\to0}\dfrac{\sin 2x}{\sin 3x}$;

(3) $\lim\limits_{n\to\infty}n\sin\dfrac{1}{n}$; (4) $\lim\limits_{\alpha\to0}\dfrac{1-\cos\alpha}{\alpha\cos\alpha}$;

(5) $\lim\limits_{x\to0}\dfrac{x-\sin x}{x+\sin x}$; (6) $\lim\limits_{x\to0}\dfrac{\tan x-\sin x}{\sin^3 x}$.

3. 求下列极限:

(1) $\lim\limits_{x\to\infty}\left(1+\dfrac{2}{x}\right)^{3x}$; (2) $\lim\limits_{x\to0}(1+3x^2)^{1/x^2}$;

(3) $\lim\limits_{n\to\infty}\left(\dfrac{n}{1+n}\right)^n$; (4) $\lim\limits_{x\to\infty}\left(\dfrac{x-1}{x+1}\right)^x$.

*4. 设 $\lim\limits_{x\to\infty}\left(\dfrac{x+2a}{x-a}\right)^x=8$,则 $a=$_____.

§1.4 无穷小与无穷大

在§1.1中介绍过无穷小数列,由于无穷小在理论和应用上的重要性,有必要在讨论过函数极限后更加系统地对其进行研究.

一、无穷小

定义1 如果函数 $f(x)$ 当 $x\to a$(或 $x\to\infty$)时的极限为 0,则称函数 $f(x)$ 为 $x\to a$(或 $x\to\infty$)时的无穷小量,简称**无穷小**. 例如:

当 $x\to0$ 时,函数 $x^2,\sin x,\tan x$ 都是无穷小;

当 $x\to1$ 时,函数 $x-1,x^3-2x+1$ 都是无穷小;

当 $x\to+\infty$时,函数 $\dfrac{1}{x}$,q^x($|q|<1$),$\dfrac{\pi}{2}-\arctan x$ 都是无穷小;

当 $n \to \infty$ 时,数列 $\left\{ \dfrac{1}{n} \right\}$, $\left\{ \dfrac{n^2}{n^3+1} \right\}$ 都是无穷小.

下面定理给出了函数极限与无穷小的关系.

定理 1 极限 $\lim\limits_{x \to a} f(x) = A$ 存在的充分必要条件是函数 $f(x)$ 可表示为 $f(x) = A + \alpha$, 其中 α 是 $x \to a$ 时的无穷小.

证 由 $\lim\limits_{x \to a} f(x) = A$, 得 $\lim\limits_{x \to a} [f(x) - A] = 0$. 令 $\alpha = f(x) - A$, 则 α 是 $x \to a$ 时的无穷小, 且

$$f(x) = A + \alpha.$$

这表明, $f(x)$ 等于它的极限和一个无穷小之和.

反之, 若 $f(x) = A + \alpha$, 其中 α 是 $x \to a$ 时的无穷小, 于是

$$\lim_{x \to a} [f(x) - A] = \lim_{x \to a} \alpha = 0,$$

即

$$\lim_{x \to a} f(x) = A.$$

类似地可以证明当 $x \to \infty$ 时的情形.

这样, 函数极限的问题可转化为对无穷小问题的讨论.

二、无穷大

在实际问题中, 经常出现当 $x \to a$ (或 $x \to \infty$) 时, 对应的函数值的绝对值 $|f(x)|$ 无限增大的情况, 这时我们说函数 $f(x)$ 当 $x \to a$ (或 $x \to \infty$) 时为**无穷大**. 例如函数 $f(x) = \dfrac{1}{x-1}$, 当 $x \to 1$ 时为无穷大; 函数 $g(x) = e^x$, 当 $x \to +\infty$ 时为无穷大. 为了论证的方便, 下面给出无穷大的一般定义.

定义 2 如果对任意给定的正数 M (不论它如何大), 总存在正数 δ, 使得对满足不等式 $0 < |x-a| < \delta$ 的一切 x, 均有

$$|f(x)| > M,$$

则称函数 $f(x)$ 当 $x \to a$ 时为**无穷大**.

按通常意义, 此时极限是不存在的. 但为了表达函数的这一性态, 我们也说"函数的极限是无穷大", 并记作

$$\lim_{x \to a} f(x) = \infty.$$

同样可以定义

$$\lim_{x \to a} f(x) = +\infty, \qquad \lim_{x \to a} f(x) = -\infty.$$

例 1 证明 $\lim\limits_{x \to 1} \dfrac{1}{x-1} = \infty$.

证 设任意给定 $M>0$,要使

$$\left|\frac{1}{x-1}\right|>M,$$

只需 $|x-1|<\frac{1}{M}$. 取 $\delta=\frac{1}{M}>0$,则对于满足不等式 $0<|x-1|<\delta$ 的一切 x,恒有

$$\left|\frac{1}{x-1}\right|>M,$$

依定义 2,证得 $\lim\limits_{x\to 1}\frac{1}{x-1}=\infty$.

无穷大与无穷小有如下的简单关系:

定理 2 如果 $f(x)$ $(x\to a)$ 为无穷大,则 $\frac{1}{f(x)}$ $(x\to a)$ 为无穷小;反之,如果 $f(x)$ $(x\to a)$ 为无穷小,且 $f(x)\neq 0$,则 $\frac{1}{f(x)}$ $(x\to a)$ 为无穷大.

这一结果是十分直观的,我们略去不证. 根据这一定理,对无穷大的研究往往可归结为对无穷小的讨论.

三、无穷小的比较

无穷小是以 0 为极限的变量,但收敛于 0 的速度是有快有慢的. 例如,三个无穷小 $\left\{\frac{1}{n}\right\}$,$\left\{\frac{1}{n^2}\right\}$,$\left\{\frac{1}{n^3}\right\}$ $(n\to\infty)$ 收敛于 0 的速度就很不一样. 直观地看,$\left\{\frac{1}{n^2}\right\}$ 比 $\left\{\frac{1}{n}\right\}$ 快,而 $\left\{\frac{1}{n^3}\right\}$ 又比 $\left\{\frac{1}{n^2}\right\}$ 快. 那么到底什么叫"快",快到什么程度? 下面给出定量的定义.

定义 3 设 $f(x)$ 与 $g(x)$ $(x\to a)$ 都是无穷小,且 $g(x)\neq 0$.

(1) 若 $\lim\limits_{x\to a}\frac{f(x)}{g(x)}=0$,则称当 $x\to a$ 时,$f(x)$ 是比 $g(x)$ 高阶的无穷小,记作 $f(x)=o(g(x))$ $(x\to a)$;

(2) 若 $\lim\limits_{x\to a}\frac{f(x)}{g(x)}=b\neq 0$,则称当 $x\to a$ 时,$f(x)$ 与 $g(x)$ 是同阶无穷小.

特别地,若 $\lim\limits_{x\to a}\frac{f(x)}{g(x)}=1$,则称当 $x\to a$ 时,$f(x)$ 与 $g(x)$ 是等价无穷小,记作 $f(x)\sim g(x)$ $(x\to a)$.

例如,因为 $\lim\limits_{n\to\infty}\frac{\frac{1}{n^2}}{\frac{1}{n}}=0$,所以,当 $n\to\infty$ 时,$\left\{\frac{1}{n^2}\right\}$ 是比 $\left\{\frac{1}{n}\right\}$ 高阶的无穷

小,也就是说,当 $n \to \infty$ 时,$\left\{\dfrac{1}{n^2}\right\}$ 比 $\left\{\dfrac{1}{n}\right\}$ 趋于 0 的速度更快,记作 $\dfrac{1}{n^2} = o\left(\dfrac{1}{n}\right)$ $(n \to \infty)$.

因为 $\lim\limits_{x \to 1} \dfrac{x^2-1}{x-1} = 2$,所以,当 $x \to 1$ 时,x^2-1 与 $x-1$ 是同阶无穷小,也就是说,它们趋于 0 的速度"差不多".

因为 $\lim\limits_{x \to 0} \dfrac{\sin x}{x} = 1$,所以,当 $x \to 0$ 时,$\sin x$ 与 x 是等价无穷小,就是说它们趋于 0 的速度"基本相同",记作 $\sin x \sim x$ $(x \to 0)$. 又如 $\lim\limits_{x \to 0} \dfrac{\tan x}{x} = 1$,所以 $\tan x \sim x$ $(x \to 0)$.

运用等价无穷小,可以求函数的极限.

定理 3 设当 $x \to a$ 时,$f(x) \sim \widetilde{f}(x)$,$g(x) \sim \widetilde{g}(x)$,且 $\lim\limits_{x \to a} \dfrac{\widetilde{f}(x)}{\widetilde{g}(x)}$ 存在,则

$$\lim_{x \to a} \frac{f(x)}{g(x)} = \lim_{x \to a} \frac{\widetilde{f}(x)}{\widetilde{g}(x)}.$$

证 依假设,$\lim\limits_{x \to a} \dfrac{f(x)}{\widetilde{f}(x)} = 1$,$\lim\limits_{x \to a} \dfrac{g(x)}{\widetilde{g}(x)} = 1$,所以

$$\lim_{x \to a} \frac{f(x)}{g(x)} = \lim_{x \to a} \frac{f(x)}{\widetilde{f}(x)} \cdot \frac{\widetilde{f}(x)}{\widetilde{g}(x)} \cdot \frac{\widetilde{g}(x)}{g(x)}$$

$$= \lim_{x \to a} \frac{f(x)}{\widetilde{f}(x)} \cdot \lim_{x \to a} \frac{\widetilde{f}(x)}{\widetilde{g}(x)} \cdot \lim_{x \to a} \frac{\widetilde{g}(x)}{g(x)}$$

$$= \lim_{x \to a} \frac{\widetilde{f}(x)}{\widetilde{g}(x)}.$$

定理 3 表明,求两个无穷小之比的极限,分子及分母都可用等价无穷小来代替,这样一来,常常可使计算简化.

例 2 求 $\lim\limits_{x \to 0} \dfrac{\sin 2x}{\sin 3x}$.

解 由于当 $x \to 0$ 时,$\sin 2x \sim 2x$,$\sin 3x \sim 3x$,依定理 3,有

$$\lim_{x \to 0} \frac{\sin 2x}{\sin 3x} = \lim_{x \to 0} \frac{2x}{3x} = \frac{2}{3}.$$

例 3 求 $\lim\limits_{x \to 0} \dfrac{\tan 2x}{x^3 + 5x}$.

解 当 $x \to 0$ 时，$\tan 2x \sim 2x$，所以

$$\lim_{x \to 0} \frac{\tan 2x}{x^3 + 5x} = \lim_{x \to 0} \frac{2x}{x^3 + 5x} = \lim_{x \to 0} \frac{2}{x^2 + 5} = \frac{2}{5}.$$

习 题 1.4

1. 下列变量在给定的变化过程中，哪些是无穷小，哪些是无穷大？

(1) $y = 1 - \cos x$ $(x \to 0)$；　　(2) $y = \sin \dfrac{1}{x}$ $(x \to \infty)$；

(3) $x = \dfrac{1 + (-1)^n}{n}$ $(n \to \infty)$；　　(4) $y = 2^x - 1$ $(x \to 0)$；

(5) $y = \dfrac{x+5}{x^3-1}$ $(x \to 1)$；　　(6) $y = \ln x$ $(x \to 0^+)$．

2. 设 $x \to 0$，证明：

(1) $x^3 + x^2 = o(x)$；　　(2) $x \sin x \sim x^2$．

3. 运用等价无穷小代换，求下列极限：

(1) $\lim\limits_{x \to 0} \dfrac{\sin 3x}{x}$；　　(2) $\lim\limits_{x \to 0} \dfrac{\tan 2x}{\sin 3x}$；

(3) $\lim\limits_{x \to 0} \dfrac{1 - \cos 2x}{x^2}$；　　(4) $\lim\limits_{x \to \infty} x \sin \dfrac{1}{x}$．

§1.5　函数的连续性

现实世界的许多现象和事物不仅是运动变化的，而且其运动过程是连续不断的，如每日气温的变化、物体运动路程的变化、金属丝加热或冷却时长度的变化等．这种连续不断变化的现象和事物在数量上的描述就是函数的连续性，它是微积分的又一重要概念．

一、改变量

设函数 $y = f(x)$ 定义在某个区间 I 上，x_0 是定义区间 I 内的一点，再取一点 x $(x \neq x_0)$，用记号 Δx 表示自变量从 x_0 到 x 的改变量，即

$$\Delta x = x - x_0.$$

这样一来

$$x = x_0 + \Delta x.$$

当自变量从 x_0 变到 x 时,函数 y 相应的改变量是 $f(x_0 + \Delta x) - f(x_0)$. 我们用 Δy 表示函数的改变量,记为

$$\Delta y = f(x_0 + \Delta x) - f(x_0).$$

若令 $y_0 = f(x_0)$,上式又可记为

$$f(x_0 + \Delta x) = y_0 + \Delta y.$$

注 改变量也称为增量,函数增量可以是正数,也可以是零或负数. 根据图 1.11,可以研究改变量之间的关系.

例1 设 $y = f(x) = x^2$,$x_0 = 1$,于是

$$y_0 = f(x_0) = 1^2 = 1.$$

若取 $\Delta x = \dfrac{1}{2}$,则

$$x_0 + \Delta x = \frac{3}{2},$$

$$f(x_0 + \Delta x) = \left(\frac{3}{2}\right)^2 = \frac{9}{4},$$

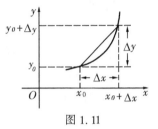

图 1.11

故得

$$\Delta y = f(x_0 + \Delta x) - f(x_0)$$
$$= \frac{9}{4} - 1 = \frac{5}{4}.$$

若取 $\Delta x = -1$,同样可得

$$\Delta y = f(1-1) - f(1) = f(0) - f(1)$$
$$= 0 - 1 = -1.$$

二、连续性

1. 函数连续概念

气温、物体运动的路程、金属丝加热或冷却时长度都是时间的函数. 所谓它们是连续变化的,是指当时间变化不大时,相应的气温、路程、长度变化也不大,反映到数量上,其特征就是自变量变化很小时,函数值的变化也很小. 运用改变量的符号,我们先给出函数在一点连续的定义.

定义1 若

$$\lim_{\Delta x \to 0} \Delta y = 0, \tag{1}$$

则称函数 $f(x)$ 在点 x_0 **连续**.

若取 $x=x_0+\Delta x$，当 $\Delta x\to 0$ 时，有 $x\to x_0$. 则(1)式取下述形式

$$\lim_{x\to x_0}\big[f(x)-f(x_0)\big]=0,$$

即

$$\lim_{x\to x_0}f(x)=f(x_0). \tag{2}$$

下面说明左连续与右连续的概念.

若函数 $f(x)$ 满足条件

$$\lim_{x\to x_0^-}f(x)=f(x_0)\ \big(\lim_{x\to x_0^+}f(x)=f(x_0)\big),$$

则称函数 $f(x)$ 在点 x_0 左(右)连续.

若函数 $f(x)$ 在定义域 X 上的每一点都连续,则称函数 $f(x)$ 在 X 上连续. 若 $X=[a,b]$, $f(x)$ 在左端点 a 连续是指右连续,即满足 $\lim\limits_{x\to a+}f(x)=f(a)$, $f(x)$ 在右端点 b 连续是指左连续,即满足 $\lim\limits_{x\to b-}f(x)=f(b)$.

例 2 证明函数 $y=f(x)=x^3$ 在点 $x_0=1$ 连续.

证 对于任意 $\Delta x\neq 0$,有

$$\Delta y=f(x_0+\Delta x)-f(x_0)=(1+\Delta x)^3-1^3$$
$$=3\Delta x+3(\Delta x)^2+(\Delta x)^3\to 0\quad(\Delta x\to 0),$$

所以,由连续的定义(1)式知 $y=x^3$ 在点 $x_0=1$ 处连续.

下面运用(2)式证明. 由于

$$\lim_{x\to 1}f(x)=\lim_{x\to 1}x^3=1\quad 与\quad f(1)=1^3=1,$$

所以

$$\lim_{x\to 1}f(x)=f(1).$$

依定义, $y=x^3$ 在 $x_0=1$ 连续.

例 3 证明正弦函数 $y=\sin x$ 在 $(-\infty,+\infty)$ 内连续.

证 对于 $(-\infty,+\infty)$ 内任一点 x_0 及增量 Δx,有

$$\Delta y=\sin(x_0+\Delta x)-\sin x_0=2\cos\Big(x_0+\frac{\Delta x}{2}\Big)\sin\frac{\Delta x}{2}.$$

注意到

$$\Big|\cos\Big(x_0+\frac{\Delta x}{2}\Big)\Big|\leqslant 1,\quad \Big|\sin\frac{\Delta x}{2}\Big|\leqslant\Big|\frac{\Delta x}{2}\Big|,$$

于是

$$|\Delta y|\leqslant 2\times 1\times\Big|\frac{\Delta x}{2}\Big|=|\Delta x|.$$

34   故有

$$\lim_{\Delta x \to 0} \Delta y = 0,$$

所以 $y = \sin x$ 在点 x_0 处连续. 又因为 x_0 是 $(-\infty, +\infty)$ 内任一点, 所以 $y = \sin x$ 在 $(-\infty, +\infty)$ 内连续.

同法可证余弦函数 $y = \cos x$ 在 $(-\infty, +\infty)$ 内连续.

2. 函数的间断点

客观现象与事物不总是连续变化的, 作为日常用语, 连续的对立面就是间断. 连续与间断正是客观事物变化中渐变与突变的一种反映. 例如火箭在发射过程中, 随着燃料的燃烧, 质量逐渐减少, 而当每一级火箭的外壳自行脱落时, 质量则突然减小, 质量的变化如图 1.12. 该图形象地描绘了火箭发射过程中, 质量从渐变到突变的情况, t_0 时刻是一个间断点.

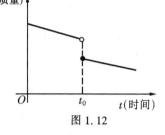

图 1.12

定义 2 若函数 $f(x)$ 在点 x_0 不满足连续条件, 则称 $f(x)$ 在点 x_0 不连续 (或**间断**), 并称点 x_0 为 $f(x)$ 的**间断点**.

显然, 如果在点 x_0 有下列三种情形之一, 则点 x_0 为 $f(x)$ 的间断点:

(1) $f(x)$ 在点 x_0 没有定义;

(2) $\lim\limits_{x \to x_0} f(x)$ 不存在;

(3) 虽然 $f(x_0)$ 有定义, 且 $\lim\limits_{x \to x_0} f(x)$ 存在, 但 $\lim\limits_{x \to x_0} f(x) \neq f(x_0)$.

例 4 设

$$f(x) = \begin{cases} x+1, & -1 \leqslant x < 0, \\ 0, & x = 0, \\ 1-x, & 0 < x \leqslant 1, \end{cases}$$

研究 $f(x)$ 在 $x_0 = 0$ 的连续性.

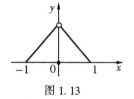

图 1.13

解 由于

$$\lim_{x \to 0^-} f(x) = \lim_{x \to 0^-} (x+1) = 1,$$
$$\lim_{x \to 0^+} f(x) = \lim_{x \to 0^+} (1-x) = 1,$$

所以

$$\lim_{x \to 0} f(x) = 1.$$

又 $f(0) = 0$, $\lim\limits_{x \to 0} f(x) \neq f(0)$, 所以 $f(x)$ 在 $x_0 = 0$ 间断 (图 1.13).

例 5 设

35

$$f(x)=\begin{cases}x-1, & x<0, \\ x^2, & x\geqslant0,\end{cases}$$

研究 $f(x)$ 在 $x_0=0$ 的连续性.

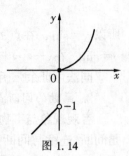

解 由于

$$\lim_{x\to0-}f(x)=\lim_{x\to0-}(x-1)=-1,$$

$$\lim_{x\to0+}f(x)=\lim_{x\to0-}x^2=0,$$

所以 $\lim\limits_{x\to0}f(x)$ 不存在，$f(x)$ 在 $x_0=0$ 间断（图 1.14）.

图 1.14

注意，该例中 $f(0+0)=f(0)$，$f(0-0)\neq f(0)$，故 $f(x)$ 在 $x_0=0$ 处右连续而左间断.

三、连续函数的运算法则与初等函数的连续性

由函数极限的四则运算法则，有

定理 1 若函数 $f(x)$ 与 $g(x)$ 在点 x_0 连续，则两个函数的和或差

$f(x)\pm g(x)$、积 $f(x)g(x)$、商 $\dfrac{f(x)}{g(x)}$ $(g(x_0)\neq0)$ 在点 x_0 也连续.

证 以积 $f(x)g(x)$ 为例加以证明，其他情况的证明类似.

因为 $f(x)$ 和 $g(x)$ 在 x_0 连续，所以有

$$\lim_{x\to x_0}f(x)=f(x_0) \quad 与 \quad \lim_{x\to x_0}g(x)=g(x_0).$$

由极限运算法则，有

$$\lim_{x\to x_0}f(x)g(x)=\lim_{x\to x_0}f(x)\cdot\lim_{x\to x_0}g(x)=f(x_0)g(x_0),$$

即 $f(x)g(x)$ 在点 x_0 连续.

例如，已知 $\sin x,\cos x$ 在 $(-\infty,+\infty)$ 内连续，由定理 1 可知，正切函数 $y=\tan x$ 是在其定义的区间 $\left(k\pi-\dfrac{\pi}{2},k\pi+\dfrac{\pi}{2}\right)$（$k$ 为整数）内的连续函数. 同理，余切函数 $y=\cot x$ 在其定义区间内也连续. 同样，多项式函数

$$y=a_0x^n+a_1x^{n-1}+\cdots+a_{n-1}x+a_n$$

在 $(-\infty,+\infty)$ 内连续；分式函数

$$y=\frac{a_0x^n+a_1x^{n-1}+\cdots+a_{n-1}x+a_n}{b_0x^m+b_1x^{m-1}+\cdots+b_{m-1}x+b_m}$$

在分母不为 0 的点处都连续.

可以证明**基本初等函数**（幂函数、指数函数、对数函数、三角函数、反

三角函数)在其定义域内都是连续函数.

定理 2(复合函数的连续性) 两个连续函数的复合函数仍是连续函数.

证 设 $y=f(u)$ 是 u 的连续函数,$u=\varphi(x)$ 是 x 的连续函数. 依连续定义,有

$$\lim_{x \to x_0} \varphi(x) = \varphi(x_0),$$
$$\lim_{u \to \varphi(x_0)} f(u) = f[\varphi(x_0)],$$

从而

$$\lim_{x \to x_0} f[\varphi(x)] = \lim_{u \to \varphi(x_0)} f(u) = f[\varphi(x_0)],$$

即复合函数 $f[\varphi(x)]$ 是连续函数.

例 6 求 $\lim\limits_{x \to 1} \cos(1-x^3)$.

解 由于 $\cos(1-x^3)$ 可看作函数 $f(u)=\cos u$ 与 $u=\varphi(x)=1-x^3$ 的复合,而函数 $\cos u$ 与 $1-x^3$ 都是连续函数,所以复合函数 $\cos(1-x^3)$ 也连续,故有

$$\lim_{x \to 1} \cos(1-x^3) = \cos(1-1^3) = \cos 0 = 1.$$

由基本初等函数经有限次四则运算和复合运算得到的函数统称为**初等函数**. 所以,一切初等函数在其定义区间内都是连续的.

四、闭区间上连续函数的性质

闭区间上的连续函数有许多重要性质,这些性质是研究许多问题的基础. 这里只介绍两个基本性质,其几何意义是十分明显的,但证明并不容易,我们略去不证.

先引入最大值与最小值的概念.

定义 3 设函数 $f(x)$ 定义于数集 D 上,若存在一点 $x_1 \in D$,使对一切 $x \in D$,都有

$$f(x) \geqslant f(x_1),$$

则称 $f(x_1)$ 为 $f(x)$ 在 D 上的**最小值**,点 x_1 为 $f(x)$ 的**最小值点**. 若存在一点 $x_2 \in D$,使对一切 $x \in D$,都有

$$f(x) \leqslant f(x_2),$$

则称 $f(x_2)$ 为 $f(x)$ 在 D 上的**最大值**,点 x_2 为 $f(x)$ 的**最大值点**.

例如,函数 $y=\cos x$ 在 $(-\infty, +\infty)$ 上的最大值为 1,最小值为 -1;

函数 $y=x^2$ 在$[0,1]$上有最大值 1,最小值 0. 但是,并非每一个函数在其定义域上都有最大值与最小值. 例如,连续函数 $y=x^2$ 在$(0,1)$上取不到最小值(图 1.15),又如 $y=\dfrac{1}{x}$ 在$(0,1]$上取不到最大值(图 1.16). 这是由于定义区间不是闭区间. 再看例 4 中的函数在闭区间$[-1,1]$上取不到最大值,这是由于函数 $f(x)$ 在 $x_0=0$ 不连续. 闭区间上的连续函数就不可能发生这样的情况.

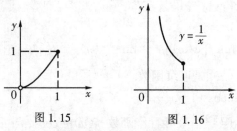

图 1.15   图 1.16

定理 3(最大值与最小值定理) 若函数 $f(x)$ 在闭区间$[a,b]$上连续,则 $f(x)$ 在$[a,b]$上一定有最大值与最小值,即至少存在两点 $x_1,x_2\in[a,b]$,使得对一切 $x\in[a,b]$,有

$$f(x_1)\leqslant f(x)\leqslant f(x_2).$$

这里 $f(x_1)$ 是 $f(x)$ 在$[a,b]$上的最小值,记为 m,即

$$m=\min_{x\in[a,b]}f(x);$$

$f(x_2)$ 是 $f(x)$ 在$[a,b]$上的最大值,记为 M,即

$$M=\max_{x\in[a,b]}f(x).$$

定理 3 反映了现实世界中连续变化量的规律. 比如,一昼夜的温度变化,总有两个时刻分别达到最高温度和最低温度;又如抛射一个物体总可以达到最高点,也可以达到最低点. 在几何上看,一段连续曲线上,必有一点最高,也有一点最低. 在图 1.17 中,x_1 和 x_2 就分别是函数 $f(x)$ 的最小值点和最大值点.

仔细观察图 1.17 可以看到,连续函数 $y=f(x)$ 取到其最小值 m 与最大值 M 之间的一切值,即对于介于 m 与 M 之间的任一数 c,连续曲线 $y=f(x)$ 与直线 $y=c$ 至少有一个交点. 这就是闭区间上连续函数的介值性.

定理 4(介值定理) 如果函数 $f(x)$ 在闭区间$[a,b]$上连续,则 $f(x)$ 取到它的最大值 M 与最小值 m 之间的一切中间值,即对介于 m 与 M 之

间的任一实数 c ($m<c<M$),至少存在一点 $\xi\in(a,b)$,使得

$$f(\xi)=c.$$

这个性质在物理上也是十分明显的. 例如,温度随时间连续变化,从 1 ℃变到 15 ℃,中间要经过 1 ℃与 15 ℃之间的一切温度;又如,自由落体是连续运动,从 5 米高的地方下落到地面,中间要经过 5 米以下的一切高度.

当然,如果 $y=f(x)$ 不连续,比如 $f(x)$ 在 $[a,b]$ 上哪怕只有一个间断点(图 1.18),则直线 $y=c$ 就不一定与 $y=f(x)$ 的图像相交了.

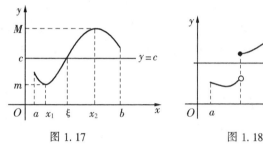

图 1. 17 图 1. 18

从几何直观看,当最大值与最小值异号时,连续曲线 $y=f(x)$ 必至少与 x 轴相交于一点. 一般地,有如下结果.

推论(**根的存在定理**) 如果函数 $f(x)$ 在闭区间 $[a,b]$ 上连续,且 $f(a)$ 与 $f(b)$ 异号,则至少存在一点 $\xi\in(a,b)$,使得

$$f(\xi)=0.$$

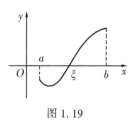

图 1. 19

结论表明,若方程 $f(x)=0$ 中的函数 $f(x)$ 在闭区间 $[a,b]$ 上连续,且在两个端点处的函数值异号,则该方程在开区间 (a,b) 内至少存在一个根 ξ(图1.19). 这个结果,在确定一个方程的根时是十分有用的.

例 7 证明方程 $x-2\sin x=0$ 在区间 $\left(\dfrac{\pi}{2},\pi\right)$ 内至少有一个根.

证 令 $f(x)=x-2\sin x$,显然,$f(x)$ 在闭区间 $\left[\dfrac{\pi}{2},\pi\right]$ 上连续,且

$$f\left(\frac{\pi}{2}\right)=\frac{\pi}{2}-2\sin\frac{\pi}{2}=\frac{\pi}{2}-2<0,$$

$$f(\pi)=\pi-2\sin\pi=\pi-0=\pi>0,$$

所以,由根的存在定理知,方程 $x-2\sin x=0$ 在 $\left(\dfrac{\pi}{2},\pi\right)$ 内至少存在一

个根.

例 8 估计方程 $x^3-6x+2=0$ 的根的大概位置.

解 令 $f(x)=x^3-6x+2$，$f(x)$ 是多项式函数，显然连续. 考察 $f(x)$ 在整数点的值，有

$$f(-3)=-7<0, \quad f(-2)=6>0,$$
$$f(-1)=7>0, \quad f(0)=2>0,$$
$$f(1)=-3<0, \quad f(2)=-2<0, \quad f(3)=11>0.$$

由推论知，上述方程在 $(-3,-2),(0,1)$ 和 $(2,3)$ 内各至少有一根. 又因三次方程最多只能有三个实根. 所以，三个根的大概位置就全部知道了.

如果要求估计根的更确切位置，比如在 $(0,1)$ 中的根，可将 $(0,1)$ 十等分，再运用上法.

五、利用函数连续性求函数极限

若 $f(x)$ 在 x_0 连续，则

$$\lim_{x\to x_0} f(x)=f(x_0).$$

例 9 求 $\lim\limits_{x\to 0} \dfrac{\ln(1+x^2)}{\cos x}$.

解 $\lim\limits_{x\to 0} \dfrac{\ln(1+x^2)}{\cos x}=\dfrac{\ln(1+0^2)}{\cos 0}=0.$

例 10 求 $\lim\limits_{x\to 0} \dfrac{e^x\tan x}{\arcsin(x^3+1)}$.

解 $\lim\limits_{x\to 0} \dfrac{e^x\tan x}{\arcsin(x^3+1)}=\dfrac{e^0\tan 0}{\arcsin 1}=\dfrac{1\cdot 0}{\dfrac{\pi}{2}}=0.$

***例 11** 证明 $\lim\limits_{x\to 0} \dfrac{\ln(1+x)}{x}=1$，即 $\ln(1+x)\sim x \ (x\to 0)$.

证 函数 $\dfrac{\ln(1+x)}{x}=\ln(1+x)^{\frac{1}{x}}$ 在 $x=0$ 处不连续（无定义）. 令 $(1+x)^{\frac{1}{x}}=u$，则当 $x\to 0$ 时，$u\to e$. 所以

$$\lim_{x\to 0} \frac{\ln(1+x)}{x}=\lim_{x\to 0}\ln(1+x)^{\frac{1}{x}}=\lim_{u\to e}\ln u=\ln e=1.$$

***例 12** 证明 $\lim\limits_{x\to 0} \dfrac{e^x-1}{x}=1$，即 $e^x-1\sim x \ (x\to 0)$.

证 令 $y=e^x-1$，则 $x=\ln(1+y)$. 于是

$$\lim_{x \to 0} \frac{e^x - 1}{x} = \lim_{y \to 0} \frac{y}{\ln (1+y)} = \frac{1}{\lim\limits_{y \to 0} \dfrac{\ln (1+y)}{y}} = 1.$$

最后两例给出了两个常用的极限,它们有广泛的应用.

习 题 1.5

1. 求下列函数在定义域内点 x_0 处的增量:

(1) $y = \dfrac{1}{x+1}$;　　　　　　(2) $y = \log_a x$.

2. 证明下列函数在其定义域内连续:

(1) $y = 2x^2 + 1$;　　　　　　(2) $y = \sqrt{x}$;

(3) $y = \cos x$.

3. 讨论下列函数在点 $x_0 = 0$ 处的连续性:

(1) $y = \dfrac{1}{x^2}$;　　　　　　(2) $y = |\sin x|$;

(3) $y = \begin{cases} \dfrac{\sin x}{x}, & x \neq 0, \\ 1, & x = 0; \end{cases}$　(4) $y = \begin{cases} x^3 + 1, & x \geq 0, \\ 0, & x < 0. \end{cases}$

4. 求下列函数的间断点:

(1) $y = \dfrac{1}{(x-1)^2}$;　　　　　　(2) $y = \dfrac{x^2 - 1}{x^2 - 3x + 2}$;

(3) $y = \begin{cases} \dfrac{1-x^3}{1-x}, & x \neq 1, \\ 0, & x = 1; \end{cases}$

(4) $y = \begin{cases} 0, & 0 < x < 1, \\ 2x+1, & 1 \leq x < 2, \\ 1 + x^2, & 2 \leq x. \end{cases}$

5. 函数 $f(x) = \begin{cases} 2x, & 0 \leq x < 1, \\ 3-x, & 1 \leq x \leq 2 \end{cases}$ 在闭区间 $[0, 2]$ 上是否连续? 作出 $f(x)$ 的图形.

6. 函数 $f(x) = \begin{cases} |x|, & |x| \leq 1, \\ \dfrac{x}{|x|}, & 1 < x \leq 3 \end{cases}$ 在其定义域内是否连续? 作出 $f(x)$ 的图形.

7. 下列函数在 $x_0 = 0$ 处是否连续:

(1) $f(x)=\begin{cases} x^2\sin\dfrac{1}{x}, & x\neq 0, \\ 0, & x=0; \end{cases}$

(2) $f(x)=\begin{cases} e^x, & x\leqslant 0, \\ \dfrac{\sin x}{x}, & x>0. \end{cases}$

*8. 设函数 $f(x)=\begin{cases} e^x, & x<0, \\ a+x, & x\geqslant 0. \end{cases}$ 应怎样选择数 a, 使得 $f(x)$ 在 $(-\infty, +\infty)$ 内连续?

9. 利用连续性, 求下列极限:

(1) $\lim\limits_{x\to 5}(x+\sqrt{x^2-9})$; (2) $\lim\limits_{x\to 0}\left[\cos x-\dfrac{\ln(x+1)}{x}\right]$;

(3) $\lim\limits_{x\to 1}\arcsin(2x-1)$; (4) $\lim\limits_{x\to 5}\dfrac{\sqrt{x-1}-2}{x-5}$;

(5) $\lim\limits_{x\to +\infty}\left(\dfrac{\pi}{2}-\arctan\sqrt{x+1}\right)$;

(6) $\lim\limits_{x\to +\infty}\dfrac{\sqrt{x+1}-\sqrt{x-1}}{x}$.

10. 证明方程 $x^5-3x=1$ 在 1 与 2 之间至少存在一个实根.

11. 证明曲线 $y=x^4-3x^2+7x-10$ 在 $x=1$ 与 $x=2$ 之间与 x 轴至少有一个交点.

*12. 设 $f(x)=e^x-2$, 求证在区间 $(0,2)$ 内至少有一点 x_0, 使 $e^{x_0}-2=x_0$.

数学史话一　欧拉与数 e

一、最多产的伟大数学家欧拉

数 e 是欧拉首先发现并以其姓氏的第一个字母命名的.

欧拉(L. Euler, 1707—1783)是有史以来最多产的伟大数学家, 他生前得以保存下来的书籍和论文共有 886 件之多, 瑞士自然科学协会于 1911 年开始出版《欧拉全集》, 现已出版 70 多卷, 计划出齐 84 卷.

1707 年 4 月 15 日, 欧拉出生在瑞士一个牧师家庭, 13 岁时父亲送他进巴塞尔大学学习神学, 他却迷上了约翰·伯努利(John Bernoulli, 1667—1748)的数学讲座. 欧拉在数学上的天赋也引起了伯努利的关注, 每个星期六下午伯努利在家里单独给欧拉授课. 名师的精心指导, 使欧拉的数学突飞猛进. 19 岁时,欧拉关于海船桅杆问题的论文获得了巴黎科学院提名奖,从而在欧洲数学界崭露头角.

1727 年,圣彼得堡科学院向欧拉发出了邀请. 1733 年他成为数学教授和圣彼得堡科学院数学部领导人.

1741 年,欧拉应腓特烈大帝的邀请担任柏林科学院院士、物理数学所所长. 1759 年成为柏林科学院领导人.

欧拉

1766 年,在叶卡捷琳娜女皇的热情邀请下,欧拉重回圣彼得堡科学院,直到 1783 年逝世. 欧拉在俄国一共工作了 32 年,他的卓越工作促进了俄国数学的发展,深受俄国人民爱戴.

由于过度工作,1735 年欧拉 28 岁时就右眼失明. 重回圣彼得堡后,严寒和劳累使他患有白内障的左眼视力迅速恶化,1771 年动手术失败后完全失明. 祸不单行的是,1771 年夏天,街区民房大火又殃及欧拉的住宅,仆人冒着生命危险将他从大火中背了出来,可是欧拉的书库、大量的文稿和研究成果却化为灰烬. 沉重的打击,并没有使欧拉屈服. 当他右眼失明时,他说:"现在我将更少分心了."而在他意识到自己的左眼也难保时,就开始练习闭上眼睛进行书写,因此在他完全失明后,一度仍能自己工作,后来则通过口述让子女记下他的研究成果. 在生命的最后十多年里,他以惊人的毅力与黑暗作斗争,凭着超常的记忆力和非凡的心算能力,竟完成了 400 多篇数学论文.

欧拉被誉为**"分析学的化身"**. 牛顿(I. Newton,1642—1727)和莱布尼兹(G. W. Leibniz,1646—1716)创造了微积分的基本方法,但要让更多的人掌握它,需要排除从研究常量的数学过渡到研究变量的数学的重重障碍. 为此,欧拉在 20 多年间出版了微积分史上三部里程碑式的经典著作:《无穷小分析引论》(1748)、《微分学》(1755)和《积分学》(1768—1770,共 3 卷). 这些著作包含了欧拉本人的大量创造,同时引进了一批标准的数学符号,对分析表述的规范化起了重要作用,长期被当作分析课本的典范. 拉格朗日(J. L. Lagrange,1736—1813)、拉普拉斯(P. S. Laplace,1749—1827)、高斯(K. F. Gauss,1777—1855)、柯西(A. L. Cauchy,1789—1857)、黎曼(G. F. B. Riemann,1826—1866)等大数学家都从欧拉的著作中获益.

欧拉是复变函数论、变分法的先驱,而 1770 年出版的《代数学完整引论》则是欧洲几代人的教科书. 他在微积分、微分方程、函数理论、变分法、无穷级数、坐标几何、微分几何以及数论等领域都留下了永恒的成就.

欧拉的名字几乎出现在数学的各个分支中,如最常见的数学常数 e,联系三角函数和指数函数的欧拉公式,关于简单凸多面体面、顶、棱的欧拉公式,数论中的欧拉函数和欧拉定理;微积分中的欧拉变换,概率论中的欧拉积分,微分方程、变分法中的欧拉方程等. 在其他学科中也有很多以他名字命名的术语.

欧拉创造了许多数学符号,例如 $f(x)$(1734 年),π(1736 年),e(1748 年),i(1777 年),$\sin$ 和 $\cos$(1748 年),$\tan$(1753 年),Δx (1755 年),$\sum$(1755 年),以及用 a,b,c 表示三角形的边,用 A,B,C 表示它们的对角等等.

他还有大量关于天文学、物理学、建筑学、弹道学,以及哲学、音乐和神学的著作. 他对化学、地质学、制图学也有兴趣,他还画了一张俄国地图. 欧拉的文学修养深厚,其文笔生动优美,被誉为"**数学界的莎士比亚**".

与有些学者不同,欧拉进行大量的科学研究并没有牺牲自己的天伦之乐. 他非常喜欢孩子,常常一边怀抱婴儿一边写他的论文,大一点的孩子们则在他身边嬉戏. 他亲自布置和检查子女们的作业,还编了许多数学趣题启发他们的思考.

1783 年 9 月 18 日的傍晚,欧拉请朋友吃晚饭,当时天王星刚刚被发现,吃饭时欧拉向朋友介绍了对天王星轨道的计算,然后喝茶,在逗孙子玩的时候,突然中风,烟斗从他的手上掉了下来,他停止了计算,也停止了生命.

欧拉为科学增添了无限的光彩,高斯说"**对欧拉工作的研究,是科学中不同领域的最好学校,没有任何别的可以代替**""**学习欧拉的著作乃认识数学的最好途径**". 拉普拉斯也说:"**读读欧拉,他是我们大家的老师.**"欧拉虽然没有直接给学生讲课,但他的书产生了深远的影响. 在他晚年,欧洲几乎所有的数学家都尊称他为老师.

欧拉的卓越贡献和高尚品质为世人敬仰. 拉格朗日学习欧拉的著作开始研究变分法,19 岁时他把自己关于变分问题的研究寄给欧拉,欧拉立刻看出了它们的价值,鼓励这个才气焕发的年轻人继续做下去. 当四年后,拉格朗日写信把解决等周问题的纯解析方法告诉欧拉时,欧拉回信称赞说新方法使他得以克服了困难,因为在这以前,欧拉使用的是半解析半几何的方法.但欧拉一直等到拉格朗日发表其成果之后才发表自己寻求已久的解答,用欧拉自己的话说:"这样做就不会剥夺你所理应享有的全部光荣."而且在论文中强调说他是怎样被困难挡住了,在拉格朗日指出克服困难的途径之前,它们是难以越过的障碍.这使得拉格朗日的工作引起了欧洲数学界的注意.在他的举荐下,1756 年,20 岁的拉格朗日被任命为普鲁士科学院通讯院士,不久被选为副院士.欧拉高尚的品质、博大的胸怀和对年轻人才的举荐成为数学史上隽永的美谈.

人们以各种方式纪念着欧拉,在流通广泛的 10 瑞士法郎纸币上印有欧拉的肖像,能够享有如此殊荣的数学家还有英国的牛顿、德国的高斯、法国的笛卡尔(R. Descartes,1596—1650)、挪威的阿贝尔(N. H. Abel,1802—1829)等.

二、欧拉是如何得到数 e 的

在研究如何才能使得对数计算比较方便的过程中,人们遇到了求极限

$$\lim_{n \to \infty} \left(1 + \frac{1}{n}\right)^n$$

的问题.根据二项式定理,对于正整数 n,有

$$\left(1 + \frac{1}{n}\right)^n = 1 + \frac{n}{1!} \cdot \frac{1}{n} + \frac{n(n-1)}{2!} \cdot \frac{1}{n^2} + \cdots + \frac{n!}{n!} \cdot \frac{1}{n^n}. \tag{1}$$

欧拉注意到上式右端从第二项起,每一项中有如下规律:

$$\frac{n}{n} = 1,$$

$$\frac{n(n-1)}{n^2} = \frac{n}{n} \cdot \frac{n-1}{n} = 1 \cdot \left(1 - \frac{1}{n}\right),$$

$$\frac{n(n-1)(n-2)}{n^3} = 1 \cdot \left(1 - \frac{1}{n}\right)\left(1 - \frac{2}{n}\right),$$

$$\cdots$$

如果令 $n \to \infty$,它们都趋于 1.因此,如果对(1)式右端的每一项取极限,则它的前 $n+1$ 项成为

$$1 + \frac{1}{1!} + \frac{1}{2!} + \cdots + \frac{1}{n!},$$

再令项数 n 趋于无穷,就有

$$\lim_{n\to\infty}\left(1+\frac{1}{n}\right)^n=1+\frac{1}{1!}+\frac{1}{2!}+\cdots+\frac{1}{n!}+\cdots \tag{2}$$

欧拉手算得到(2)式的右端近似等于 2.718281828459045235 36028,他在 1748 年出版的《无穷小分析引论》一书中说:"为简单计,我们用符号 e 表示此数:e = 2.718281828459……它是自然对数或称双曲对数的底……"欧拉特别用自己姓氏的小写字母 e 来表示这一结果,可见他对这一发现的满意和珍爱.

他还用类似的方法处理 $\lim\limits_{n\to\infty}\left(1+\frac{1}{n}\right)^n$,得到了(本书 § 4.5(6)式)

$$\mathrm{e}^t = 1+\frac{t}{1!}+\frac{t^2}{2!}+\cdots+\frac{t^n}{n!}+\cdots \tag{3}$$

当然,在现在看来,上述处理是不严格的,也是无法接受的,但他得到的结果却是正确的. 在欧拉所处的时代,人们对无穷多个数相加是否一定有一个确定的和的问题还不当回事,真正严肃地注意到这一问题的数学家是高斯和阿贝尔,那已是 19 世纪初的事了.欧拉的伟大在于他对数学公式推演的非凡才能和对正确结论的超乎常人的洞察力.

第二章　导数与微分

只有微分学才能使自然科学有可能用数学来不仅仅表明状态,并且也表明过程:运动.

恩格斯

微积分学,或者数学分析,是人类思维的伟大成果之一,它处于自然科学与人文科学之间的地位,使它成为高等教育的一种特别有效的工具.

柯朗

上一章介绍了微积分学研究的主要对象 ——连续函数,以及研究函数性质的主要方法——极限运算. 从本章起开始进入微积分学的主体——微分学与积分学的讨论.

微分学是从数量关系上描述物质运动的数学工具,基本概念是导数与微分. 导数的思想最初是法国数学家费马为解决极大、极小问题而引入的,但导数作为微分学的最主要概念,却是牛顿和莱布尼兹分别在研究力学与几何学的过程中建立的. 掌握这个概念并不困难,然而这个概念却成为数学与实践相结合的典范. 正如恩格斯在《自然辩证法》中所指出的:"只有微分学才能使自然科学有可能用数学来不仅仅表明状态,并且也表明过程:运动."

在这一章中,主要内容是两个基本概念——导数与微分、一套运算法则、微分学中的几个基本定理以及微分学在求极限和几何问题上的简单应用.

§2.1 导数概念

一、变化率问题举例

在现实世界中,经常要研究一个变量相对于另一个变量变化的快慢程度,即所谓的变化率问题. 先看两个例子.

1. 自由落体运动的速度

已知自由落体的运动方程为

$$s = \frac{1}{2}gt^2, \qquad t \in [0, T].$$

试讨论自由落体运动在时刻 $t_0 (0 < t_0 < T)$ 的速度 v_0.

首先,对于速度保持不变的匀速直线运动,其速度有公式

$$速度 = \frac{路程}{时间},$$

即用走过的路程除以经历的时间就得出各个时刻的速度,这是初等数学的除法. 而自由落体运动,其速度是随时间变化的,下降速度越来越大,每个时刻的速度是不同的. 求每一时刻的速度,初等数学就无能为力了,因为路程除以时间只能得出这段时间内的平均速度. 总之,我们遇到了速度的"变"与"不变"的矛盾,或者说"匀"与"不匀"的矛盾. 这对矛盾在一定条件下是可以转化的,在整段时间内,速度是变的,但在一段很小的时间间隔内,速度可近似地看成不变的,通常称之为"以不变代变",或"以匀代不匀".

运用这种思想方法,当时间从 t_0 变到 $t_0 + \Delta t$ 时,路程的改变量为

$$\Delta s = \frac{1}{2}g(t_0 + \Delta t)^2 - \frac{1}{2}gt_0^2$$

$$= \frac{1}{2}g[t_0^2 + 2t_0\Delta t + (\Delta t)^2] - \frac{1}{2}gt_0^2$$

$$= \left(gt_0 + \frac{1}{2}g\Delta t\right)\Delta t.$$

差商

$$\frac{\Delta s}{\Delta t} = gt_0 + \frac{1}{2}g\Delta t$$

是自由落体在 t_0 到 $t_0 + \Delta t$ 这段时间内的平均速度. 如果 Δt 很小,在这段

时间内,运动就可以近似地看成是匀速的,因而,$\dfrac{\Delta s}{\Delta t}$近似地作为运动在时刻 t_0 的瞬时速度 v_0,Δt 越小,近似程度越高. 但是,不论 Δt 多么小,这个平均速度只是瞬时速度 v_0 的近似值,而不是它的精确值. 为了从近似值过渡到精确值,令 $\Delta t \to 0$,平均速度 $\dfrac{\Delta s}{\Delta t}$ 就转化为瞬时速度,即

$$\lim_{\Delta t \to 0} \frac{\Delta s}{\Delta t} = v_0 .$$

由此得到

$$v_0 = \lim_{\Delta t \to 0} \frac{\Delta s}{\Delta t} = \lim_{\Delta t \to 0} \left(g t_0 + \frac{1}{2} g \Delta t \right) = g t_0 ,$$

这就是自由落体运动在时刻 t_0 的瞬时速度.

对于一般的变速直线运动,设其运动方程为 $s = f(t)$,则求该运动在任一时刻 t_0 的瞬时速度 v_0 可由以下三步实现:

(1) 取差 Δt,求增量 $\Delta s = f(t_0 + \Delta t) - f(t_0)$;

(2) 作差商 $\dfrac{\Delta s}{\Delta t} = \dfrac{f(t_0 + \Delta t) - f(t_0)}{\Delta t}$;

(3) 取极限,得瞬时速度

$$v_0 = \lim_{\Delta t \to 0} \frac{\Delta s}{\Delta t} = \lim_{\Delta t \to 0} \frac{f(t_0 + \Delta t) - f(t_0)}{\Delta t}. \tag{1}$$

2. 曲线的切线

在 §1.2,讨论过求抛物线上某一点处的切线问题. 现在,进一步讨论一般曲线的切线,并找出解决切线问题的数学模型.

设 $M_0(x_0, y_0)$ 是曲线 $y = f(x)$ 上的一个定点,在曲线上另取一点 $M(x_0 + \Delta x, y_0 + \Delta y)$,点 M 是曲线上的一个动点,其位置取决于 Δx. 由图 2.1 易见,割线 $\overline{M_0 M}$ 的倾角(即与 x 轴的夹角)为 φ,斜率为 $\tan \varphi = \dfrac{\Delta y}{\Delta x}$.

当 $\Delta x \to 0$ 时,动点 M 沿曲线 $y = f(x)$ 趋于定点 M_0,割线 $\overline{M_0 M}$ 的极限位置 $\overline{M_0 T}$ 就是曲线在点 M_0 处的切线,倾角 φ 趋向于切线 $\overline{M_0 T}$ 的倾角 α,即切线 $\overline{M_0 T}$ 的斜率为

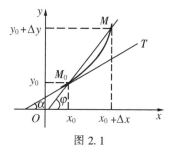

图 2.1

$$\tan \alpha = \lim_{\Delta x \to 0} \tan \varphi = \lim_{\Delta x \to 0} \frac{\Delta y}{\Delta x} = \lim_{\Delta x \to 0} \frac{f(x_0 + \Delta x) - f(x_0)}{\Delta x}. \qquad (2)$$

这就彻底解决了求曲线上某一点处的切线问题.

上面两个实例的具体含义是很不相同的,但从中抽象出的数学模型是一样的:求一个变量相对于另一变量的变化快慢程度,即变化率问题. 换言之,即归结为计算当自变量改变量趋于 0 时,函数改变量与自变量改变量之比的极限,如(1),(2)两式. 这种特殊的极限叫作函数的导数.

二、导数概念

1. 导数的定义

定义 1　函数 $y = f(x)$ 在点 x_0 的某邻域内有定义,当自变量在点 x_0 取得改变量 $\Delta x (\neq 0)$ 时,函数 $f(x)$ 取得相应的改变量 $\Delta y = f(x_0 + \Delta x) - f(x_0)$. 如果极限

$$\lim_{\Delta x \to 0} \frac{\Delta y}{\Delta x} = \lim_{\Delta x \to 0} \frac{f(x_0 + \Delta x) - f(x_0)}{\Delta x} \qquad (3)$$

存在,则称函数 $f(x)$ 在点 x_0 **可导**(或**可微**),此极限称为函数 $f(x)$ 在点 x_0 的**导数**(或**微商**),记作

$$f'(x_0), \quad y' \big|_{x=x_0}, \quad \frac{\mathrm{d}y}{\mathrm{d}x}\bigg|_{x=x_0}, \text{或} \quad \frac{\mathrm{d}f}{\mathrm{d}x}\bigg|_{x=x_0}.$$

如果极限(3)不存在,则称函数 $f(x)$ 在点 x_0 **不可导**.

应当注意 $\dfrac{\Delta y}{\Delta x}$ 反映的是自变量 x 从 x_0 变到 $x_0 + \Delta x$ 时,函数 $y = f(x)$ 的平均变化率,而 $f'(x_0) = \lim\limits_{\Delta x \to 0} \dfrac{\Delta y}{\Delta x}$ 是函数 $y = f(x)$ 在点 x_0 的变化率.

如果函数 $y = f(x)$ 在区间 (a,b) 内每一点都可导,则称 $f(x)$ 在区间 (a,b) 内可导. 此时,对于区间 (a,b) 内每一点 x,都有函数 $y = f(x)$ 的一个导数值与它对应,这就定义了一个新的函数,称为函数 $y = f(x)$ 在区间 (a,b) 内对 x 的**导函数**,简称导数,记作

$$f'(x), \quad y', \quad \frac{\mathrm{d}y}{\mathrm{d}x}, \text{或} \quad \frac{\mathrm{d}f}{\mathrm{d}x}.$$

注　由引进导数概念的两个例子,得到下面两个重要结论:

(1) 导数的物理意义是瞬时速度,即若质点运动的路程 s 是时间 t 的函数 $s = f(t)$,则它的瞬时速度为

$$v = \frac{\mathrm{d}s}{\mathrm{d}t} = f'(t).$$

（2）导数的几何意义是曲线在一点处切线的斜率，即函数 $y=f(x)$ 在点 x_0 的导数 $f'(x_0)$ 是曲线 $y=f(x)$ 在点 $M_0(x_0,y_0)$ 的切线 $\overline{M_0T}$ 的斜率（图 2.1）：

$$f'(x_0) = \lim_{\Delta x \to 0} \frac{\Delta y}{\Delta x} = \tan \alpha \quad \left(\alpha \neq \frac{\pi}{2}\right).$$

由导数的几何意义以及直线的点斜式方程，曲线 $y=f(x)$ 在点 $M_0(x_0,y_0)$ 的切线方程为

$$y - y_0 = f'(x_0)(x - x_0),$$

法线方程为

$$y - y_0 = -\frac{1}{f'(x_0)}(x - x_0) \quad (f'(x_0) \neq 0).$$

例 1 求函数 $y=2x^2$ 在点 $x_0=1$ 处的导数.

解 按以下三步进行.

（1）求增量 $\Delta y = 2(1+\Delta x)^2 - 2 \times 1^2 = 2[2\Delta x + (\Delta x)^2]$；

（2）作差商 $\dfrac{\Delta y}{\Delta x} = 2(2+\Delta x)$；

（3）取极限，得

$$f'(1) = \lim_{\Delta x \to 0} \frac{\Delta y}{\Delta x} = \lim_{\Delta x \to 0} 2(2+\Delta x) = 4.$$

例 2 求函数 $y=\dfrac{1}{x}$ 的导数.

解 （1）$\Delta y = \dfrac{1}{x+\Delta x} - \dfrac{1}{x} = -\dfrac{\Delta x}{x(x+\Delta x)}$；

（2）$\dfrac{\Delta y}{\Delta x} = -\dfrac{1}{x(x+\Delta x)}$；

（3）$y' = \lim_{\Delta x \to 0} \dfrac{\Delta y}{\Delta x} = \lim_{\Delta x \to 0} \left[-\dfrac{1}{x(x+\Delta x)}\right] = -\dfrac{1}{x^2}$.

例 3 求过抛物线 $y=2x^2$ 上点 $M_0(1,2)$ 的切线方程与法线方程.

解 由例 1 知，$y'|_{x=1}=4$. 因此，所求切线方程为

$$y - 2 = 4(x-1), \quad \text{或} \quad y = 4x - 2.$$

法线方程为

$$y - 2 = -\frac{1}{4}(x-1), \quad \text{或} \quad y = -\frac{1}{4}x + \frac{9}{4}.$$

2. 左、右导数

在（3）式中，如果自变量的改变量 Δx 只从大于 0 的方向或只从小于

0 的方向趋近于 0,则有如下单侧导数的概念.

定义 2 如果极限

$$\lim_{\Delta x \to 0+} \frac{\Delta y}{\Delta x} = \lim_{\Delta x \to 0+} \frac{f(x_0 + \Delta x) - f(x_0)}{\Delta x} \quad \left(\text{或} \lim_{\Delta x \to 0-} \frac{\Delta y}{\Delta x}\right)$$

存在,则称函数 $f(x)$ 在点 x_0 **右可导**(或**左可导**),其极限称为函数 $f(x)$ 在点 x_0 的**右导数**(或**左导数**),记为 $f'_+(x_0)$ (或 $f'_-(x_0)$).

左导数和右导数统称为**单侧导数**.

根据 §1.2 介绍的函数极限存在的充分必要条件,当且仅当函数在一点的左、右导数都存在且相等时,函数在该点才是可导的.

函数 $f(x)$ 在闭区间 $[a,b]$ 上可导,是指 $f(x)$ 在开区间 (a,b) 内处处可导,在端点只需单侧可导,即 $f'_+(a)$ 与 $f'_-(b)$ 均存在.

三、可导与连续的关系

定理 1 若函数 $y = f(x)$ 在点 x_0 可导,则它在点 x_0 连续.

证 若 $y = f(x)$ 在点 x_0 可导,则有

$$\frac{\Delta y}{\Delta x} \to f'(x_0) \quad (\Delta x \to 0),$$

从而

$$\Delta y = \frac{\Delta y}{\Delta x} \cdot \Delta x \to f'(x_0) \cdot 0 = 0 \quad (\Delta x \to 0),$$

这就是说,函数 $y = f(x)$ 在 x_0 连续.

定理 1 可简述为可导必连续. 但这个定理的逆命题不成立,即函数 $y = f(x)$ 在点 x_0 连续,但在点 x_0 不一定可导.

例 4 证明函数

$$y = f(x) = |x| = \begin{cases} x, & x \geqslant 0, \\ -x, & x < 0 \end{cases}$$

在点 $x = 0$ 处是连续的(图 2.2),但在点 $x = 0$ 不可导.

证 因为

$$\lim_{x \to 0+} f(x) = \lim_{x \to 0+} x = 0,$$
$$\lim_{x \to 0-} f(x) = \lim_{x \to 0-} (-x) = 0,$$

从而

$$\lim_{x \to 0} f(x) = 0 = f(0),$$

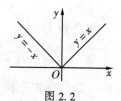

图 2.2

即 $f(x)$ 在 $x=0$ 处是连续的.

但是,由于 $\dfrac{\Delta y}{\Delta x}=\dfrac{|\Delta x|}{\Delta x}$,得

$$f'_+(0)=\lim_{\Delta x\to 0+}\frac{\Delta y}{\Delta x}=\lim_{\Delta x\to 0+}\frac{\Delta x}{\Delta x}=1,$$

$$f'_-(0)=\lim_{\Delta x\to 0-}\frac{\Delta y}{\Delta x}=\lim_{\Delta x\to 0-}\frac{-\Delta x}{\Delta x}=-1,$$

即左、右导数存在但不相等,所以 $f(x)$ 在点 $x=0$ 没有导数. 函数 $y=|x|$ 在 $x=0$ 不可导的几何意义是此折线在点$(0,0)$不存在切线.

这个定理说明,连续是可导的必要条件,但不是充分条件,即可导一定连续,但连续不一定可导.

利用函数 $y=|x|$ 在 $x=0$ 处连续但不可导的性质,可以构造一个除有限个点,甚至无限个点外都是可导的连续函数. 人们从直观上很难想象出有处处连续但处处不可导函数的存在. 1872 年维尔斯特拉斯应用无穷级数理论构造出了这样的例子,震惊了数学界和思想界. 这就促使人们在微积分研究中从依赖直观向理性思维发展,大大促进了微积分学基础理论的创建工作.

例 5 证明函数

$$f(x)=\begin{cases} x\sin\dfrac{1}{x}, & x\neq 0, \\ 0, & x=0 \end{cases}$$

(图 2.3)在 $x=0$ 处连续但不可导.

证 由于

$$\left| x\sin\frac{1}{x} \right|\leqslant |x|,$$

即

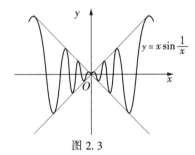

图 2.3

$$-|x|\leqslant x\sin\frac{1}{x}\leqslant |x|,$$

所以

$$\lim_{x\to 0}f(x)=\lim_{x\to 0}x\sin\frac{1}{x}=0=f(0),$$

即 $f(x)$ 在 $x=0$ 处连续. 但由于

$$\frac{\Delta y}{\Delta x}=\frac{f(\Delta x)-f(0)}{\Delta x}=\frac{\Delta x\sin\dfrac{1}{\Delta x}}{\Delta x}=\sin\frac{1}{\Delta x},$$

53

极限 $\lim\limits_{\Delta x \to 0} \dfrac{\Delta y}{\Delta x} = \lim\limits_{\Delta x \to 0} \sin \dfrac{1}{\Delta x}$ 不存在(因为当 $\Delta x \to 0$ 时,$\sin \dfrac{1}{\Delta x}$ 在 -1 与 1 之间无限次振动),所以函数 $f(x)$ 在 $x=0$ 处不可导.

四、求导举例

例 6 求常数函数 $y=c$ (c 为常数)的导数.

因为恒有 $\Delta y = c - c = 0$,于是 $\dfrac{\Delta y}{\Delta x} = 0$,故

$$y' = \lim_{\Delta x \to 0} \frac{\Delta y}{\Delta x} = 0, \quad \text{或} \quad c' = 0,$$

即常数函数的导数为 0.

例 7 求幂函数 $y = x^n$ (n 为自然数)的导数.

由二项式定理,有

$$\Delta y = (x + \Delta x)^n - x^n$$

$$= \left[x^n + n x^{n-1} \Delta x + \frac{n(n-1)}{2!} x^{n-2} (\Delta x)^2 + \cdots + (\Delta x)^n \right] - x^n$$

$$= n x^{n-1} \Delta x + \frac{n(n-1)}{2!} x^{n-2} (\Delta x)^2 + \cdots + (\Delta x)^n,$$

$$\frac{\Delta y}{\Delta x} = n x^{n-1} + \frac{n(n-1)}{2!} x^{n-2} \Delta x + \cdots + (\Delta x)^{n-1},$$

$$y' = \lim_{\Delta x \to 0} \frac{\Delta y}{\Delta x} = n x^{n-1},$$

即

$$(x^n)' = n x^{n-1}.$$

特别地,当 $n=1$ 时,有 $(x)' = 1$. 今后还可证明:当 n 为任何实数时,公式都成立. 例如

$$(\sqrt{x})' = \left(x^{\frac{1}{2}} \right)' = \frac{1}{2} x^{\frac{1}{2}-1} = \frac{1}{2\sqrt{x}}.$$

例 8 求正弦函数 $y = \sin x$ 的导数.

解 由三角函数和差化积公式,有

$$\Delta y = \sin(x + \Delta x) - \sin x = 2\cos\left(x + \frac{\Delta x}{2} \right) \sin \frac{\Delta x}{2},$$

$$\frac{\Delta y}{\Delta x} = \frac{2\cos\left(x + \frac{\Delta x}{2} \right) \sin \frac{\Delta x}{2}}{\Delta x} = \cos\left(x + \frac{\Delta x}{2} \right) \cdot \frac{\sin \frac{\Delta x}{2}}{\frac{\Delta x}{2}},$$

$$y' = \lim_{\Delta x \to 0} \frac{\Delta y}{\Delta x} = \lim_{\Delta x \to 0} \cos\left(x + \frac{\Delta x}{2}\right) \cdot \lim_{\Delta x \to 0} \frac{\sin\frac{\Delta x}{2}}{\frac{\Delta x}{2}} = \cos x,$$

即

$$(\sin x)' = \cos x.$$

同样，可以证明

$$(\cos x)' = -\sin x.$$

例 9 求对数函数 $y = \log_a x$ $(0 < a \neq 1, x > 0)$ 的导数.

解 由对数运算性质，有

$$\Delta y = \log_a(x + \Delta x) - \log_a x = \log_a\left(1 + \frac{\Delta x}{x}\right),$$

$$\frac{\Delta y}{\Delta x} = \frac{1}{\Delta x}\log_a\left(1 + \frac{\Delta x}{x}\right) = \frac{1}{x}\log_a\left[1 + \frac{\Delta x}{x}\right]^{\frac{x}{\Delta x}},$$

则

$$y' = \lim_{\Delta x \to 0} \frac{\Delta y}{\Delta x}$$

$$= \lim_{\Delta x \to 0} \frac{1}{x}\log_a\left(1 + \frac{\Delta x}{x}\right)^{\frac{x}{\Delta x}} \quad (\text{对数函数的连续性})$$

$$= \frac{1}{x}\log_a\left[\lim_{\Delta x \to 0}\left(1 + \frac{\Delta x}{x}\right)^{\frac{x}{\Delta x}}\right]$$

$$= \frac{1}{x}\log_a \mathrm{e}$$

$$= \frac{1}{x\ln a},$$

即

$$(\log_a x)' = \frac{1}{x\ln a}.$$

特别地，对自然对数 $(a = \mathrm{e})$，有

$$(\ln x)' = \frac{1}{x\ln \mathrm{e}} = \frac{1}{x}.$$

五、高阶导数

我们知道，函数 $y = f(x)$ 的导数 $f'(x)$ 仍是 x 的函数，叫作导函数. 如果函数 $f'(x)$ 仍可对 x 求导数，它的导数称为函数 $y = f(x)$ 的二阶导

数,记作

$$y'', f''(x), \frac{\mathrm{d}^2 y}{\mathrm{d}x^2} \text{ 或} \frac{\mathrm{d}^2 f}{\mathrm{d}x^2}.$$

例如若 $y = \sin x$,则 $y' = \cos x$,$y'' = (\cos x)' = -\sin x$.

这一过程如果继续下去,就可以求出三阶导数 $f'''(x)$,四阶导数 $f^{(4)}(x)$,…,直至 n 阶导数 $f^{(n)}(x)$. 二阶及二阶以上的导数称为高阶导数,导数还可用如下记号表示:

$$y' = f'(x) = \frac{\mathrm{d}y}{\mathrm{d}x} = \frac{\mathrm{d}f}{\mathrm{d}x};$$

$$y'' = f''(x) = \frac{\mathrm{d}^2 y}{\mathrm{d}x^2} = \frac{\mathrm{d}^2 f}{\mathrm{d}x^2};$$

$$y''' = f'''(x) = \frac{\mathrm{d}^3 y}{\mathrm{d}x^3} = \frac{\mathrm{d}^3 f}{\mathrm{d}x^3};$$

$$\vdots$$

$$y^{(n)} = f^{(n)}(x) = \frac{\mathrm{d}^n y}{\mathrm{d}x^n} = \frac{\mathrm{d}^n f}{\mathrm{d}x^n}.$$

最后谈谈二阶导数的力学意义.

设一质点做变速直线运动,路程 s 是时间 t 的函数,$s = s(t)$,则一阶导数表示质点运动的速度

$$v = \frac{\mathrm{d}s}{\mathrm{d}t}.$$

在力学上,速度关于时间的变化率称为加速度,即

$$a = \frac{\mathrm{d}v}{\mathrm{d}t} = \frac{\mathrm{d}}{\mathrm{d}t}\left(\frac{\mathrm{d}s}{\mathrm{d}t}\right) = \frac{\mathrm{d}^2 s}{\mathrm{d}t^2}.$$

由此可见,函数 $s = s(t)$ 关于时间的二阶导数是质点运动的加速度,这就是二阶导数的力学意义.

例 10 设 $y = \ln x$,求 y',y'',y'''.

解 $y' = (\ln x)' = \dfrac{1}{x};$

$$y'' = \left(\frac{1}{x}\right)' = -\frac{1}{x^2};$$

$$y''' = \left(-\frac{1}{x^2}\right)' = (-x^{-2})' = -(-2)x^{-2-1} = \frac{2}{x^3}.$$

习 题 2.1

1. 已知自由落体运动方程为 $s = s(t) = \frac{1}{2}gt^2$，求

(1) 落体在 $t_0 = 10$(秒)到 $t_0 + \Delta t = 10.1$(秒)时间间隔内的平均速度 $\bar{v}$；

(2) 落体在 $t_0 = 10$(秒)到 $t_0 + \Delta t = 10 + \Delta t$(秒)间隔内的平均速度 $\bar{v}$；

(3) 落体在 $t_0 = 10$(秒)时的瞬时速度.

2. 过曲线 $y = x^2$ 上两点 $M_0(2, 4)$ 和 $M(2 + \Delta x, 4 + \Delta y)$ 作割线 $\overline{M_0 M}$，分别求当 $\Delta x = 1$ 及 $\Delta x = 0.1$ 时割线 $\overline{M_0 M}$ 的斜率，并求出曲线在点 M_0 处的切线斜率.

3. 从定义出发，求下列函数在 $x = 0$，$x = 1$ 处的导数：

(1) $y = \dfrac{1}{1+x}$；   (2) $y = \sqrt{1+x}$.

4. 根据导数的定义求下列函数的导数：

(1) $y = 1 - 2x^2$；   (2) $y = \dfrac{1}{x^2}$.

5. 自变量 x 取哪些值时，抛物线 $y = x^2$ 与 $y = x^3$ 的切线平行？

6. 函数 $f(x) = \begin{cases} x^2 + 1, & 0 \leqslant x < 1, \\ 3x - 1, & 1 \leqslant x \end{cases}$ 在点 $x = 1$ 处是否可导？为什么？

7. 函数 $f(x) = \begin{cases} x^2 \sin \dfrac{1}{x}, & x \neq 0, \\ 0, & x = 0 \end{cases}$ 在点 $x = 0$ 处是否连续？是否可导？

8. 求下列函数的三阶导数：

(1) $\sqrt{x}$；   (2) $\dfrac{1}{\sqrt{x}}$.

§2.2 求导法则

导数定义本身给出了求函数导数的方法. 但是，如果每次都从定义出发去求导数，那就过于麻烦了. 因此，希望能找到一些求导法则，借助它们可简化求导的计算.

一、导数的四则运算

定理 1 若函数 $u(x)$ 与 $v(x)$ 在 x 可导，则函数 $u(x) \pm v(x)$ 在 x 也

可导,且
$$[u(x)\pm v(x)]' = u'(x)\pm v'(x). \tag{1}$$

证 令 $y=u(x)\pm v(x)$,则
$$\Delta y = [u(x+\Delta x)\pm v(x+\Delta x)]-[u(x)\pm v(x)]$$
$$= [u(x+\Delta x)-u(x)]\pm[v(x+\Delta x)-v(x)]$$
$$= \Delta u\pm\Delta v,$$

$$\frac{\Delta y}{\Delta x}=\frac{\Delta u}{\Delta x}\pm\frac{\Delta v}{\Delta x}.$$

令 $\Delta x\to 0$,根据极限的四则运算法则和 $u(x),v(x)$ 在 x 可导,就得到

$$\lim_{\Delta x\to 0}\frac{\Delta y}{\Delta x}=\lim_{\Delta x\to 0}\frac{\Delta u}{\Delta x}\pm\lim_{\Delta x\to 0}\frac{\Delta v}{\Delta x}=u'(x)\pm v'(x),$$

即函数 $u(x)\pm v(x)$ 在 x 可导,且(1)式成立.

公式(1)可以推广到有限多个函数的代数和,即
$$[u_1(x)\pm u_2(x)\pm\cdots\pm u_n(x)]'$$
$$= u_1'(x)\pm u_2'(x)\pm\cdots\pm u_n'(x).$$

例 1 求函数 $y=x^3+\cos x-5$ 的导数.

解 $\quad y'=(x^3+\cos x-5)'=(x^3)'+(\cos x)'-(5)'$
$$= 3x^2-\sin x.$$

定理 2 若函数 $u(x)$ 与 $v(x)$ 在 x 可导,则函数 $u(x)v(x)$ 在 x 也可导,且
$$[u(x)v(x)]' = u(x)v'(x)+u'(x)v(x). \tag{2}$$

证 令 $y=u(x)v(x)$,则
$$\Delta y = u(x+\Delta x)v(x+\Delta x)-u(x)v(x).$$

这里还不能直接除以 Δx 求极限,需要采用所谓"加一项,减一项"的常用技巧,有

$$\Delta y = u(x+\Delta x)v(x+\Delta x)-u(x+\Delta x)v(x)+u(x+\Delta x)v(x)-u(x)v(x)$$
$$= u(x+\Delta x)[v(x+\Delta x)-v(x)]+v(x)[u(x+\Delta x)-u(x)]$$
$$= u(x+\Delta x)\Delta v+v(x)\Delta u,$$

$$\frac{\Delta y}{\Delta x}=u(x+\Delta x)\frac{\Delta v}{\Delta x}+\frac{\Delta u}{\Delta x}v(x).$$

令 $\Delta x\to 0$,根据极限的四则运算法则和 $u(x),v(x)$ 在 x 可导,并注意到 $\lim\limits_{\Delta x\to 0}u(x+\Delta x)=u(x)$ (可导必定连续),就得到

$$\lim_{\Delta x\to 0}\frac{\Delta y}{\Delta x}=\lim_{\Delta x\to 0}\left[u(x+\Delta x)\frac{\Delta v}{\Delta x}+\frac{\Delta u}{\Delta x}v(x)\right]$$

$$= \lim_{\Delta x \to 0} u(x + \Delta x) \cdot \lim_{\Delta x \to 0} \frac{\Delta v}{\Delta x} + \lim_{\Delta x \to 0} \frac{\Delta u}{\Delta x} \cdot v(x)$$

$$= u(x)v'(x) + u'(x)v(x),$$

即函数 $u(x)v(x)$ 在 x 可导,且公式(2)成立.

特别地,当 $v(x) \equiv c$(常数)时,有

$$[cu(x)]' = cu'(x),$$

即常数因子可以移到导数符号外面.

公式(2)可以推广到有限多个函数的乘积的情况. 例如

$$[u(x)v(x)w(x)]'$$
$$= u'(x)v(x)w(x) + u(x)v'(x)w(x) + u(x)v(x)w'(x).$$

例 2 求函数 $y = (1 + 2x)(3x^3 - 2x^2)$ 的导数.

解 由定理 1 和定理 2,有

$$\begin{aligned}
y' &= (1 + 2x)'(3x^3 - 2x^2) + (1 + 2x)(3x^3 - 2x^2)' \\
&= [1' + (2x)'](3x^3 - 2x^2) + (1 + 2x)[(3x^3)' - (2x^2)'] \\
&= [0 + 2(x)'](3x^3 - 2x^2) + (1 + 2x)[3(x^3)' - 2(x^2)'] \\
&= 2(3x^3 - 2x^2) + (1 + 2x)(9x^2 - 4x) \\
&= 24x^3 - 3x^2 - 4x.
\end{aligned}$$

例 3 设 $y = \cos x \ln x$,求 $y'|_{x=\pi}$.

解 由于

$$y' = (\cos x)' \ln x + \cos x (\ln x)' = -\sin x \ln x + \frac{\cos x}{x},$$

所以

$$y'|_{x=\pi} = -\sin \pi \ln \pi + \frac{\cos \pi}{\pi} = -\frac{1}{\pi}.$$

定理 3 若函数 $u(x)$ 与 $v(x)$ 在 x 可导,且 $v(x) \neq 0$,则函数 $\dfrac{u(x)}{v(x)}$ 在 x 也可导,且

$$\left[\frac{u(x)}{v(x)}\right]' = \frac{u'(x)v(x) - u(x)v'(x)}{[v(x)]^2}. \tag{3}$$

证 令 $y = \dfrac{u(x)}{v(x)}$,则

$$\begin{aligned}
\Delta y &= \frac{u(x + \Delta x)}{v(x + \Delta x)} - \frac{u(x)}{v(x)} \\
&= \frac{u(x + \Delta x)v(x) - u(x)v(x + \Delta x)}{v(x)v(x + \Delta x)}.
\end{aligned}$$

仍然运用"加一项,减一项"技巧,有

$$\Delta y = \frac{u(x+\Delta x)v(x)-u(x)v(x)+u(x)v(x)-u(x)v(x+\Delta x)}{v(x)v(x+\Delta x)}$$

$$= \frac{[u(x+\Delta x)-u(x)]v(x)-u(x)[v(x+\Delta x)-v(x)]}{v(x)v(x+\Delta x)}$$

$$= \frac{\Delta u \cdot v(x)-u(x) \cdot \Delta v}{v(x)v(x+\Delta x)},$$

$$\frac{\Delta y}{\Delta x} = \frac{\dfrac{\Delta u}{\Delta x} \cdot v(x)-u(x) \cdot \dfrac{\Delta v}{\Delta x}}{v(x)v(x+\Delta x)}.$$

令 $\Delta x \rightarrow 0$,根据极限的四则运算法则和 $u(x),v(x)$ 在 x 可导,再注意到 $\lim\limits_{\Delta x \rightarrow 0} v(x+\Delta x)=v(x)$,就得到

$$\lim_{\Delta x \rightarrow 0} \frac{\Delta y}{\Delta x} = \frac{\lim\limits_{\Delta x \rightarrow 0} \dfrac{\Delta u}{\Delta x} \cdot v(x)-u(x) \cdot \lim\limits_{\Delta x \rightarrow 0} \dfrac{\Delta v}{\Delta x}}{v(x) \cdot \lim\limits_{\Delta x \rightarrow 0} v(x+\Delta x)}$$

$$= \frac{u'(x)v(x)-u(x)v'(x)}{[v(x)]^2},$$

即函数 $\dfrac{u(x)}{v(x)}$ 在 x 可导,且公式(3)成立.

特别地,当 $u(x)\equiv 1$ 时,有

$$\left[\frac{1}{v(x)}\right]' = \frac{(1)'v(x)-1 \cdot v'(x)}{[v(x)]^2} = -\frac{v'(x)}{[v(x)]^2}. \tag{4}$$

例 4 设 $y=\dfrac{x^2-1}{x^2+1}$,求 y'.

解 由公式(3),有

$$y' = \frac{(x^2+1)(x^2-1)'-(x^2-1)(x^2+1)'}{(x^2+1)^2}$$

$$= \frac{(x^2+1) \cdot 2x-(x^2-1) \cdot 2x}{(x^2+1)^2}$$

$$= \frac{4x}{(x^2+1)^2}.$$

或者,由 $y=1-\dfrac{2}{x^2+1}$ 以及公式(1)、(4),得

$$y' = \left(1-\frac{2}{x^2+1}\right)' = \left(-\frac{2}{x^2+1}\right)'$$

$$= -2 \cdot \left(\frac{1}{x^2+1}\right)' = -2 \cdot \frac{-(x^2+1)'}{(x^2+1)^2}$$

$$= \frac{4x}{(x^2+1)^2}.$$

例 5 证明 $(x^{-n})' = -nx^{-n-1}$ (n 为正整数).

证 由公式(4)得

$$(x^{-n})' = \left(\frac{1}{x^n}\right)' = -\frac{(x^n)'}{(x^n)^2} = -\frac{nx^{n-1}}{x^{2n}} = -nx^{-n-1}.$$

例 6 证明 $(\tan x)' = \sec^2 x$, $(\cot x)' = -\csc^2 x$.

证
$$(\tan x)' = \left(\frac{\sin x}{\cos x}\right)' = \frac{\cos x (\sin x)' - \sin x (\cos x)'}{\cos^2 x}$$

$$= \frac{\cos^2 x + \sin^2 x}{\cos^2 x} = \frac{1}{\cos^2 x} = \sec^2 x;$$

$$(\cot x)' = \left(\frac{\cos x}{\sin x}\right)' = \frac{\sin x (\cos x)' - \cos x (\sin x)'}{\sin^2 x}$$

$$= \frac{-\sin^2 x - \cos^2 x}{\sin^2 x} = -\frac{1}{\sin^2 x} = -\csc^2 x.$$

例 7 证明 $(\sec x)' = \sec x \tan x$, $(\csc x)' = -\csc x \cot x$.

证
$$(\sec x)' = \left(\frac{1}{\cos x}\right)' = -\frac{(\cos x)'}{\cos^2 x} = \frac{\sin x}{\cos^2 x}$$

$$= \frac{1}{\cos x} \cdot \frac{\sin x}{\cos x} = \sec x \tan x.$$

第二式读者可仿此自证.

二、复合函数求导法则

考虑复合函数
$$y = f(g(x)).$$
引入中间变量 u,令 $u = g(x)$,则有
$$y = f(u), \quad u = g(x).$$

定理 4(链锁法则) 若函数 $u = g(x)$ 在 x 可导,函数 $f(u)$ 在相应点 u 可导,则复合函数 $y = f(g(x))$ 在 x 也可导,且

$$(f(g(x)))' = f'(u)g'(x), \text{或} \frac{\mathrm{d}y}{\mathrm{d}x} = \frac{\mathrm{d}y}{\mathrm{d}u} \cdot \frac{\mathrm{d}u}{\mathrm{d}x}. \tag{5}$$

这就是说,复合函数 y 对自变量 x 的导数等于 y 对中间变量 u 的导数乘上中间变量 u 对 x 的导数.

证 设 x 取得改变量 Δx. 由函数 $u = g(x)$,有 u 的改变量 Δu;再由

函数 $y=f(u)$，又有 y 的改变量 Δy，它们分别为

$$\Delta u = g(x+\Delta x) - g(x),$$
$$\Delta y = f(u+\Delta u) - f(u).$$

当 $\Delta u \neq 0$ 时，有

$$\frac{\Delta y}{\Delta x} = \frac{\Delta y}{\Delta u} \cdot \frac{\Delta u}{\Delta x},$$

因为 $u=g(x)$ 可导，则必连续，所以当 $\Delta x \to 0$ 时，$\Delta u \to 0$. 因此

$$\lim_{\Delta x \to 0} \frac{\Delta y}{\Delta x} = \lim_{\Delta x \to 0} \frac{\Delta y}{\Delta u} \cdot \lim_{\Delta x \to 0} \frac{\Delta u}{\Delta x} = \lim_{\Delta u \to 0} \frac{\Delta y}{\Delta u} \cdot \lim_{\Delta x \to 0} \frac{\Delta u}{\Delta x}.$$

依导数定义，就得到

$$(f(g(x)))' = f'(u)g'(x),$$

或

$$\frac{\mathrm{d}y}{\mathrm{d}x} = \frac{\mathrm{d}y}{\mathrm{d}u} \cdot \frac{\mathrm{d}u}{\mathrm{d}x},$$

也可表示为

$$y_x' = y_u' u_x'.$$

当 $\Delta u = 0$ 时，可以证明公式(5)仍然成立.

链锁法则在计算复杂函数导数的时候，是一个非常有效的工具，仅仅弄懂还远远不够，务必做到能熟练使用. 能否熟练地运用链锁法则是衡量导数计算的基本训练是否过关的一个主要标志.

下面举几个例子.

例8 求 $y=(1+2x^3)^5$ 的导数.

解 我们可以先将 $(1+2x^3)^5$ 展开成多项式，然后按多项式求导. 显然，这样做既复杂，又易出错.

今将函数 $y=(1+2x^3)^5$ 看成 $y=u^5$ 和 $u=1+2x^3$ 的复合函数，依链锁法则，有

$$\frac{\mathrm{d}y}{\mathrm{d}x} = \frac{\mathrm{d}y}{\mathrm{d}u} \cdot \frac{\mathrm{d}u}{\mathrm{d}x} = \frac{\mathrm{d}(u^5)}{\mathrm{d}u} \cdot \frac{\mathrm{d}(1+2x^3)}{\mathrm{d}x}$$

$$= 5u^4 \cdot 6x^2 = 5(1+2x^3)^4 \cdot 6x^2$$

$$= 30x^2(1+2x^3)^4.$$

显然，这样运算既简单又不易错.

例9 求函数 $y=\ln \sin x$ 的导数.

解 设 $y=\ln u, u=\sin x$，则

$$y' = (\ln u)'_u (\sin x)'_x = \frac{1}{u} \cos x = \frac{\cos x}{\sin x} = \cot x.$$

例 10 求 $y = \sin x^2$ 的导数.

解 设 $y = \sin u, u = x^2$,则

$$y' = (\sin u)'_u (x^2)'_x = \cos u \cdot 2x = 2x\cos x^2.$$

对链锁法则逐渐熟练之后,计算时就不必将中间变量写出来,将中间变量记在脑中就可以了.

例 11 求函数 $y = \left(\dfrac{x}{2x+1}\right)^n$ 的导数.

解 $y' = n\left(\dfrac{x}{2x+1}\right)^{n-1} \left(\dfrac{x}{2x+1}\right)'$

$$= n\left(\frac{x}{2x+1}\right)^{n-1} \cdot \frac{2x+1-2x}{(2x+1)^2}$$

$$= \frac{nx^{n-1}}{(2x+1)^{n+1}}.$$

例 12 证明:$(\ln |x|)' = \dfrac{1}{x}$ $(x \neq 0)$.

证 由于

$$|x| = \begin{cases} x, x > 0, \\ -x, x < 0, \end{cases}$$

所以,当 $x > 0$ 时,$y = \ln |x| = \ln x, y' = \dfrac{1}{x}$;而当 $x < 0$ 时,$y = \ln |x| = \ln (-x)$,依链锁法则,有

$$y' = \frac{1}{-x} \cdot (-x)' = \frac{1}{x}.$$

合之,证得 $(\ln |x|)' = \dfrac{1}{x}$ $(x \neq 0)$.

最后,链锁法则可以推广到有限次复合的情况. 例如,设

$$y = f(u), u = g(v), v = \varphi(x),$$

则复合函数 $y = f(g(\varphi(x)))$ 对 x 的导数是

$$\frac{\mathrm{d}y}{\mathrm{d}x} = \frac{\mathrm{d}y}{\mathrm{d}u} \cdot \frac{\mathrm{d}u}{\mathrm{d}v} \cdot \frac{\mathrm{d}v}{\mathrm{d}x}, \text{或 } y'_x = y'_u u'_v v'_x.$$

例 13 求 $y = \tan [\ln(1+x^2)]$ 的导数.

解 将 $y = \tan [\ln(1+x^2)]$ 看成 $y = \tan u, u = \ln v, v = 1+x^2$ 的复合函数,则

63

$$y'_x = (\tan u)'_u (\ln v)'_v (1+x^2)'_x$$

$$= \frac{1}{\cos^2 u} \cdot \frac{1}{v} \cdot 2x$$

$$= \frac{1}{\cos^2 [\ln (1+x^2)]} \cdot \frac{1}{1+x^2} \cdot 2x$$

$$= \frac{2x}{(1+x^2)\cos^2 [\ln (1+x^2)]}.$$

三、隐函数的导数

前面讨论的求导法则是对显函数,即因变量已写成自变量 x 的明显表达式的函数

$$y = f(x)$$

给出的.

当然,实际问题中的两个变量的对应关系也可能是由一个方程确定的,函数关系隐含在这个方程中. 例如方程

$$x^2 + y^2 - r^2 = 0 \ (r \text{ 为常数}) \tag{6}$$

就确定了 x, y 之间的某种函数关系. 这种函数叫作**隐函数**.

下面利用复合函数求导公式来求出隐函数的导数.

设方程(6)确定 y 是 x 的隐函数,为了求 y 对 x 的导数,将(6)两边逐项对 x 求导,并将 y^2 看作 x 的复合函数,则有

$$\frac{\mathrm{d}}{\mathrm{d}x}(x^2) + \frac{\mathrm{d}}{\mathrm{d}x}(y^2) - \frac{\mathrm{d}}{\mathrm{d}x}(r^2) = 0,$$

即

$$2x + 2y \frac{\mathrm{d}y}{\mathrm{d}x} = 0.$$

解出

$$\frac{\mathrm{d}y}{\mathrm{d}x} = -\frac{x}{y}.$$

由上例可以看到,在等式两边逐项对自变量求导,得到一个包含 y' 的方程,解出 y',即为隐函数的导数.

运用隐函数求导法,可以确定基本初等函数中的幂函数、对数函数和反三角函数的导数.

例 14 证明指数函数的导数

$$(a^x)' = a^x \ln a.$$

证 对 $y = a^x$ 两边取对数,得

$$\ln y = x \ln a,$$

等式两边对 x 求导,并利用链锁法则,有

$$\frac{\mathrm{d}}{\mathrm{d}x}(\ln y) = \frac{\mathrm{d}}{\mathrm{d}x}(x \ln a),$$

$$\frac{1}{y} \cdot \frac{\mathrm{d}y}{\mathrm{d}x} = \ln a.$$

从而

$$\frac{\mathrm{d}y}{\mathrm{d}x} = y \ln a = a^x \ln a,$$

即

$$(a^x)' = a^x \ln a.$$

特别地,当 $a = \mathrm{e}$ 时,有

$$(\mathrm{e}^x)' = \mathrm{e}^x,$$

即以 e 为底的指数函数 e^x 的导数就是它本身.

例 15 幂函数的导数

$$(x^\alpha)' = \alpha x^{\alpha-1} \quad (x > 0, \alpha \text{ 为实数}).$$

证 对方程 $y = x^\alpha$ 的两边取对数,有

$$\ln y = \alpha \ln x,$$

两边求导数,有

$$\frac{\mathrm{d}}{\mathrm{d}x} \ln y = \frac{\mathrm{d}}{\mathrm{d}x}(\alpha \ln x), \text{ 或 } \frac{1}{y} \cdot \frac{\mathrm{d}y}{\mathrm{d}x} = \frac{\alpha}{x},$$

从而

$$\frac{\mathrm{d}y}{\mathrm{d}x} = \alpha \frac{y}{x} = \alpha x^{\alpha-1},$$

即

$$(x^\alpha)' = \alpha x^{\alpha-1}.$$

例 16 反三角函数的导数:

(1) 反正弦函数

$$(\arcsin x)' = \frac{1}{\sqrt{1-x^2}} \quad (-1 < x < 1);$$

(2) 反余弦函数

$$(\arccos x)' = -\frac{1}{\sqrt{1-x^2}} \quad (-1 < x < 1);$$

（3）反正切函数

$$(\arctan x)' = \frac{1}{1+x^2};$$

（4）反余切函数

$$(\operatorname{arccot} x)' = -\frac{1}{1+x^2}.$$

证 （1）$y = \arcsin x \ (-1 < x < 1)$ 等价于

$$x = \sin y \quad \left(-\frac{\pi}{2} < y < \frac{\pi}{2}\right),$$

对后一方程两边关于 x 求导，有

$$1 = \frac{\mathrm{d}}{\mathrm{d}x}(\sin y) = \cos y \cdot \frac{\mathrm{d}y}{\mathrm{d}x},$$

即

$$\frac{\mathrm{d}y}{\mathrm{d}x} = \frac{1}{\cos y}.$$

由于 $\cos y > 0 \ \left(-\frac{\pi}{2} < y < \frac{\pi}{2}\right)$，所以

$$\cos y = \sqrt{1 - \sin^2 y} = \sqrt{1 - x^2}.$$

最后得

$$\frac{\mathrm{d}y}{\mathrm{d}x} = \frac{1}{\sqrt{1-x^2}} \quad (-1 < x < 1).$$

（2）请读者自证.

（3）$y = \arctan x \ (-\infty < x < +\infty)$ 等价于

$$x = \tan y \quad \left(-\frac{\pi}{2} < y < \frac{\pi}{2}\right),$$

对后一方程两边关于 x 求导，有

$$1 = \frac{\mathrm{d}}{\mathrm{d}x}(\tan y) = \sec^2 y \cdot \frac{\mathrm{d}y}{\mathrm{d}x},$$

即

$$\frac{\mathrm{d}y}{\mathrm{d}x} = \frac{1}{\sec^2 y} = \frac{1}{1+\tan^2 y} = \frac{1}{1+x^2}.$$

这就是

$$(\arctan x)' = \frac{1}{1+x^2}.$$

（4）请读者自证.

例 17 由方程 $x^2 + xy + y^2 = 4$ 确定 y 是 x 的函数,求该曲线上点 $M_0(2, -2)$ 处的切线方程.

解 将方程两边对 x 求导,得
$$2x + y + xy' + 2yy' = 0,$$

解出 y',得
$$y' = -\frac{2x + y}{x + 2y}.$$

于是
$$y'\mid_{M_0} = \left(-\frac{2x + y}{x + 2y}\right)\Big|_{\substack{x=2 \\ y=-2}} = 1.$$

由此得过点 M_0 的切线方程为
$$y - (-2) = 1 \cdot (x - 2), \quad 即 \quad y = x - 4.$$

四、基本求导公式与法则

为了便于查阅、使用,现将已讲过的基本初等函数的求导公式和求导法则列举如下.

1. **基本初等函数的求导公式**

(1) $(c)' = 0$ (c 为常数).

(2) $(x^\alpha)' = \alpha x^{\alpha-1}$ (α 为任何实数,$x > 0$).

(3) $(\sin x)' = \cos x, \qquad (\cos x)' = -\sin x,$
$(\tan x)' = \sec^2 x, \qquad (\cot x)' = -\csc^2 x,$
$(\sec x)' = \sec x \tan x, \qquad (\csc x)' = -\csc x \cot x.$

(4) $(\arcsin x)' = \dfrac{1}{\sqrt{1-x^2}}, \qquad (\arccos x)' = -\dfrac{1}{\sqrt{1-x^2}},$
$(\arctan x)' = \dfrac{1}{1+x^2}, \qquad (\text{arccot } x)' = -\dfrac{1}{1+x^2}.$

(5) $(a^x)' = a^x \ln a, \qquad (e^x)' = e^x.$

(6) $(\log_a x)' = \dfrac{1}{x \ln a}, \qquad (\ln x)' = \dfrac{1}{x},$
$(\ln|x|)' = \dfrac{1}{x}.$

2. **基本求导法则**

(1) $(u \pm v)' = u' \pm v'.$

(2) $(uv)' = u'v + uv', \qquad (cu)' = cu'$ (c 为常数).

(3) $\left(\dfrac{u}{v}\right)' = \dfrac{u'v - uv'}{v^2}, \qquad \left(\dfrac{1}{v}\right)' = -\dfrac{v'}{v^2}.$

（4）链锁法则 若 $y=f(u),u=g(x)$，则
$$y'_x = f'(u) \cdot g'(x),$$
或
$$\frac{\mathrm{d}y}{\mathrm{d}x} = \frac{\mathrm{d}y}{\mathrm{d}u} \cdot \frac{\mathrm{d}u}{\mathrm{d}x}.$$

有了上面这些公式和法则，一切初等函数的求导问题均已解决．

五、对数求导法

在上面推导指数函数导数公式时，采用将函数 $y=a^x$ 两边先取对数，然后应用隐函数求导的方法．这种方法通常称为"对数求导法"．这种方法对一些特殊函数的求导是十分方便的．下面举几个典型例子来说明这个方法．

例 18 求函数 $y=x^x$ 的导数.

解 这个函数既不是幂函数，也不是指数函数，底和指数中均含有自变量 x，称为**幂指函数**，显然不能直接运用幂函数或指数函数的求导公式．运用对数求导法，对 $y=x^x$ 两边取对数，得
$$\ln y = x\ln x.$$
方程两边对 x 求导，得
$$\frac{1}{y} \cdot y' = \ln x + x \cdot \frac{1}{x} = \ln x + 1.$$
于是
$$y' = y(\ln x + 1) = x^x(\ln x + 1).$$

例 19 求函数 $y=\dfrac{(x+5)^2(x-4)^{\frac{1}{3}}}{(x+2)^5(x+4)^{\frac{1}{2}}}$ $(x>4)$的导数.

解 先对等式两边取对数，有
$$\ln y = \ln \frac{(x+5)^2(x-4)^{\frac{1}{3}}}{(x+2)^5(x+4)^{\frac{1}{2}}}$$
$$= 2\ln(x+5) + \frac{1}{3}\ln(x-4) - 5\ln(x+2) - \frac{1}{2}\ln(x+4).$$
再求导，得
$$\frac{y'}{y} = \frac{2}{x+5} + \frac{1}{3(x-4)} - \frac{5}{x+2} - \frac{1}{2(x+4)}.$$

从而

$$y' = \frac{(x+5)^2(x-4)^{\frac{1}{3}}}{(x+2)^5(x+4)^{\frac{1}{2}}} \cdot \left[\frac{2}{x+5} + \frac{1}{3(x-4)} - \frac{5}{x+2} - \frac{1}{2(x+4)} \right].$$

注　从上述两例可以看出,对数求导法应用于幂指函数以及若干个因子的幂的连乘积形式的函数是很有效的.

习　题　2.2

1. 求下列函数的导数:

(1) $y = ax + b\sqrt{x} + \dfrac{c}{x^2}$;　　　　　(2) $y = x^4 - \cos x$;

(3) $y = \sin x + 2\ln x$;　　　　　(4) $y = \sqrt[3]{x} + \mathrm{e}$;

(5) $y = (x-1)(x-2)(x-3)$;　　(6) $y = x\ln x$;

(7) $y = \dfrac{1+x^2}{1-x^2}$;　　　　　　　(8) $y = \dfrac{1+\sqrt{x}}{1-\sqrt{x}}$;

(9) $y = \sec x \tan x$;　　　　　(10) $y = \csc x \tan x$.

2. 求下列函数的导数:

(1) $y = (x^2+1)^3$;　　　　　(2) $y = \left(x + \dfrac{1}{x}\right)^4$;

(3) $y = \sqrt{2-x^2}$;　　　　　(4) $y = \ln \sin x$;

(5) $y = \sin(x^2-2x+1)$;　　(6) $y = \ln(x + \sqrt{1+x^2})$;

(7) $y = \ln \tan \dfrac{x}{2}$;　　　　　(8) $y = \sin \sin x$;

(9) $y = \log_a(1+x^2)$;　　　　(10) $y = x^2 \sin \dfrac{1}{x}$.

3. 求下列函数的导数:

(1) $y = \arcsin \dfrac{x}{2}$;　　　　　(2) $y = \operatorname{arccot} \dfrac{1}{x}$;

*(3) $y = \arctan \dfrac{2x}{1-x^2}$;　　(4) $y = x\sqrt{1-x^2} + \arcsin x$;

(5) $y = \arcsin x + \arccos x$;　　(6) $y = a^x \ln x$ $(a > 0,$ 且 $a \neq 1)$;

(7) $y = \mathrm{e}^{x^2}$;　　　　　　　(8) $y = 2^{\sin x}$.

4. 应用对数求导法求下列函数的导数:

(1) $y = (\ln x)^x$;　　　　　(2) $y = (1+x)^x$;

(3) $y = \sqrt{\dfrac{1+\sin x}{1-\sin x}}$;　　　　*(4) $y = x\sqrt{\dfrac{1-x}{1+x}}$.

*5. 设函数 y 由方程 $y = x + \ln y$ 所确定,求 y', y''.

6. 已知抛物线 $y = x^2 - 2x + 2$:

(1) 求抛物线在点 $M_0(2,2)$ 处的切线方程和法线方程;

(2) 抛物线上哪一点处的切线平行于直线 $y = -2x$?

7. 证明曲线 $y = \dfrac{x^2 + 5}{x^2}$ 与 $y = \dfrac{x^2 - 4}{x^2 + 1}$ 在 $x = 2$ 处的切线互相垂直.

§2.3　中值定理

导数是刻画函数在一点处变化率的数学概念,它只能反映函数在一点附近的局部性态. 但在理论研究和实际应用中,常常需要研究函数在区间上的整体性质,这时只知道计算导数是不够的. 本节介绍的微分学基本定理——中值定理,是从局部性质推断整体性质的有力工具,是今后一系列论证的依据和微分学应用的桥梁. 由中值定理得到的推论也是丰富而重要的.

一、费马定理

作为中值定理的预备知识,先定义函数的极值概念并证明一个预备定理——费马定理.

定义 1　设函数 $f(x)$ 在点 x_0 的某邻域 $(x_0 - \delta, x_0 + \delta)$ 内有定义. 若对任意 $x \in (x_0 - \delta, x_0 + \delta)$,恒有
$$f(x_0) \geqslant f(x) \quad (\text{或} f(x_0) \leqslant f(x)),$$
则称 $f(x_0)$ 为函数 $f(x)$ 的**极大值**(或**极小值**),称点 x_0 为**极大值点**(或**极小值点**). 极大值、极小值统称**极值**,极大值点、极小值点统称为**极值点**.

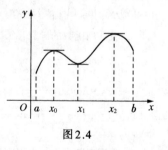

图2.4

图 2.4 所示函数,在 $x = x_0, x_2$ 处均取得极大值,在 $x = x_1$ 处取得极小值,x_0, x_1, x_2 均为极值点.

定理 1(费马定理)　设函数 $f(x)$ 在点 x_0 处可导,且在点 x_0 取得极值,则必有
$$f'(x_0) = 0.$$

证　不妨设 $f(x_0)$ 为极大值(对于极小值情形可类似证明). 按极大

值定义,存在点 x_0 的某邻域 $(x_0-\delta,x_0+\delta)$,有

$$f(x_0+\Delta x) \leqslant f(x_0) \quad (x_0+\Delta x \in (x_0-\delta,x_0+\delta)),$$

即

$$f(x_0+\Delta x) - f(x_0) \leqslant 0.$$

因此,

当 $\Delta x > 0$ 时,$\dfrac{f(x_0+\Delta x) - f(x_0)}{\Delta x} \leqslant 0$;

当 $\Delta x < 0$ 时,$\dfrac{f(x_0+\Delta x) - f(x_0)}{\Delta x} \geqslant 0.$

由 $f(x)$ 在点 x_0 可导及函数极限的不等式性质,得到

$$f'(x_0) = f'_+(x_0) = \lim_{\Delta x \to 0+} \frac{f(x_0+\Delta x) - f(x_0)}{\Delta x} \leqslant 0,$$

$$f'(x_0) = f'_-(x_0) = \lim_{\Delta x \to 0-} \frac{f(x_0+\Delta x) - f(x_0)}{\Delta x} \geqslant 0.$$

于是

$$f'(x_0) = 0.$$

注 费马定理的几何解释:若曲线 $y=f(x)$ 上处处有切线,且 $f(x)$ 在 x_0 处取得极值,则曲线 $y=f(x)$ 在点 $(x_0,f(x_0))$ 处有水平切线(图 2.4).

由导数概念知道,$f'(x_0)$ 是 $f(x)$ 在点 x_0 的变化率,因而 $f'(x_0)=0$ 就表明 $f(x)$ 在点 x_0 的变化率为 0,故使导数 $f'(x)$ 等于 0 的点称为函数 $f(x)$ 的**稳定点**. 费马定理给出了可导函数存在极值的必要条件(但不是充分条件),即可导函数的极值点一定是稳定点,但稳定点可能不是极值点. 例如函数 $y=x^3$,虽然 $x=0$ 是它的稳定点,但不是极值点.

二、中值定理

定理 2(罗尔定理) 若函数 $f(x)$ 满足

(1) 在闭区间 $[a,b]$ 上连续;

(2) 在开区间 (a,b) 内可导;

(3) 在两端点处的函数值相等,即 $f(a)=f(b)$,

则在 (a,b) 内至少存在一点 ξ,使得

$$f'(\xi) = 0.$$

注 罗尔定理的几何意义是明显的. 在闭区间 $[a,b]$ 上的连续曲线 $y=f(x)$,若曲线上每一点都存在切线,且曲线在两个端点的高度相等,

则曲线上至少有一点,过该点的切线平行于 x 轴(图2.5).

证 因为 $f(x)$ 在闭区间 $[a,b]$ 上连续,所以 $f(x)$ 在 $[a,b]$ 上一定取到最大值 M 和最小值 m.

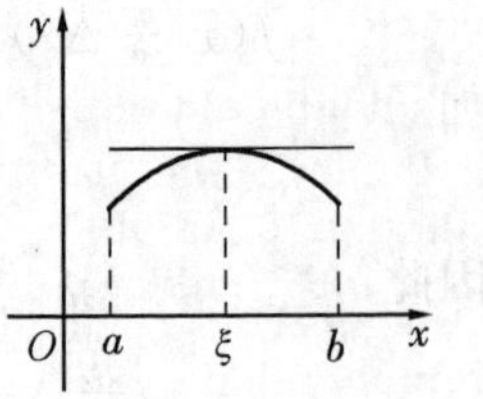

(1) 若 $M=m$,则 $f(x)$ 在 $[a,b]$ 上恒等于常数,即

$$f(x) = M \quad (x \in [a,b]).$$

从而 $f'(x)=0$. 因此,任取 $\xi \in (a,b)$,成立

$$f'(\xi) = 0.$$

图 2.5

(2) 若 $M \neq m$,因 $f(a)=f(b)$,则 M 与 m 中至少有一个不等于 $f(a)$. 设 $M \neq f(a)$. 因此,$f(x)$ 在 (a,b) 内某一点 ξ 处取到最大值 $f(\xi)=M$. 这样,函数 $f(x)$ 在 (a,b) 内可导,且 ξ 为它的极大值点. 依费马定理,必有

$$f'(\xi)=0.$$

例 1 不求导数,判断函数 $f(x)=(x-1)(x-2)(x-3)$ 的导函数有几个实根,以及其所在范围.

解 由于 $f(1)=f(2)=f(3)$ 以及多项式性质,$f(x)$ 在 $[1,2]$,$[2,3]$ 上满足罗尔定理条件. 因此,至少存在一点 $\xi_1 \in (1,2)$,使 $f'(\xi_1)=0$;同样,至少存在一点 $\xi_2 \in (2,3)$,使 $f'(\xi_2)=0$,即 ξ_1,ξ_2 是 $f'(x)$ 的两个实根.

又 $f'(x)$ 是二次多项式,故只能有两个实根,且分别在 $(1,2)$ 及 $(2,3)$ 两个区间内.

定理 3(拉格朗日中值定理) 若函数 $f(x)$ 满足

(1) 在闭区间 $[a,b]$ 上连续;

(2) 在开区间 (a,b) 内可导,

则在 (a,b) 内至少存在一点 ξ,使得

$$f'(\xi) = \frac{f(b)-f(a)}{b-a}, \tag{1}$$

或

$$f(b)-f(a) = f'(\xi)(b-a).$$

公式(1)称为**拉格朗日中值公式**.

注 拉格朗日中值定理的几何意义是:曲线段 $y=f(x)$ 上至少存在一点 $P(\xi,f(\xi))$,曲线在该点处的切线平行于曲线两端点的连线(图2.6).

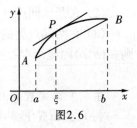

图2.6

拉格朗日中值定理是微分学中重要的定理之一,通称为**微分中值定理**.公式(1)的左端只涉及函数的导数,右端只涉及所论函数本身,通过中值公式,从一种形式转变到了另一种形式,正是这种转变使我们有可能运用导数来研究函数的某些特性.

在拉格朗日定理中,若函数 $f(x)$ 在区间 $[a,b]$ 两端点的函数值相等,即 $f(a)=f(b)$,则拉格朗日定理就是罗尔定理.换言之,罗尔定理是拉格朗日中值定理的一种特殊情形.因此,我们只需对函数 $f(x)$ 作适当变形,使新函数在两端点函数值相等,便可借助罗尔定理导出拉格朗日定理了.

证 若 $f(a)=f(b)$,由罗尔定理,结论成立.

若 $f(a)\neq f(b)$,设过 A,B 的直线方程是 $y=g(x)$,则该直线的斜率为 $\dfrac{f(b)-f(a)}{b-a}$,即 $g'(x)=\dfrac{f(b)-f(a)}{b-a}$.定义辅助函数

$$h(x) = f(x) - g(x),$$

则函数 $h(x)$ 在 $[a,b]$ 上连续,在 (a,b) 内可导,且

$$h(a) = f(a) - g(a) = 0,$$
$$h(b) = f(b) - g(b) = 0.$$

依罗尔定理,至少存在一点 $\xi\in(a,b)$,使 $h'(\xi)=0$,即

$$f'(\xi) = g'(\xi) = \frac{f(b)-f(a)}{b-a}.$$

三、中值定理的重要推论

我们已经知道,常数函数的导数是 0.反过来,导数为 0 的函数是否为常数函数呢? 应用拉格朗日定理容易证明其正确性.

推论 1 若函数 $f(x)$ 在 (a,b) 内可导,且 $f'(x)=0$,则在 (a,b) 内 $f(x)$ 为一常数.

证 任取 $x_1,x_2\in(a,b)$,由拉格朗日定理,有

$$f(x_2) - f(x_1) = f'(\xi)(x_2 - x_1) = 0,$$

即

$$f(x_1) = f(x_2).$$

这就是说,函数 $f(x)$ 在 (a,b) 内任意两点的函数值都相等,所以 $f(x)$ 是常数.

推论 1 表明,导数等于 0 是常数函数的特征,这一结论具有重要理论意义,在积分学中将会用到.下面给出其常用形式.

推论 2 若在 (a,b) 内函数 $f(x)$ 和 $g(x)$ 可导,且 $f'(x) \equiv g'(x)$,则
$$f(x) = g(x) + C,$$
其中 C 为常数.

证 设 $h(x) = f(x) - g(x)$,则
$$h'(x) = f'(x) - g'(x) \equiv 0 \ (x \in (a,b)).$$
由推论 1,$h(x) = C$,即
$$f(x) = g(x) + C \ (x \in (a,b)).$$

四、例子

中值定理有着广泛应用,下面仅举数例,说明如何利用中值定理证明某些不等式和函数为常值. 其主要应用放在下一节叙述.

例 2 证明 $\ln (1+h) < h \ (h > 0)$.

证 对于函数 $f(x) = \ln x$ 在 $[1, 1+h]$ 上运用拉格朗日中值定理,有
$$f(1+h) - f(1) = f'(\xi)(1+h-1),$$
即
$$\ln (1+h) - \ln 1 = \frac{1}{\xi} \cdot h \ (1 < \xi < 1+h).$$
由此证得
$$\ln (1+h) < h \ (h > 0).$$

例 3 证明不等式
$$\arctan x_2 - \arctan x_1 \leqslant x_2 - x_1 \quad (x_1 < x_2).$$

证 设 $f(x) = \arctan x$,显然,$f(x)$ 在 $[x_1, x_2]$ 上满足拉格朗日中值定理的条件,所以
$$\arctan x_2 - \arctan x_1 = \frac{1}{1+\xi^2}(x_2 - x_1) \ (\xi \in (x_1, x_2)).$$
又因 $\frac{1}{1+\xi^2} \leqslant 1$,从而
$$\arctan x_2 - \arctan x_1 \leqslant x_2 - x_1.$$

例 4 证明 $\arcsin x + \arccos x = \frac{\pi}{2} \ (x \in [-1, 1])$.

证 设 $f(x) = \arcsin x + \arccos x$,则 $f'(x) \equiv 0 \ (x \in (-1, 1))$. 由推论 1,得 $f(x) \equiv C \ (x \in (-1, 1))$. 因为 $f(0) = \frac{\pi}{2}$,所以 $C = \frac{\pi}{2}$. 又 $f(\pm 1) = \frac{\pi}{2}$,故有 $f(x) = \frac{\pi}{2} \ (x \in [-1, 1])$,即

$$\arcsin x + \arccos x = \frac{\pi}{2} \ (x \in [-1,1]).$$

同法可证，对任何实数 x，成立

$$\arctan x + \mathrm{arccot}\, x = \frac{\pi}{2}.$$

习　题　2.3

1. 就函数 $f(x) = \sin x$ 在 $[0, \pi]$ 上验证罗尔定理，并作出其图形.

2. 讨论下面问题（所举例子可以用图形表示）：

(1) 举例说明，罗尔定理中的条件是缺一不可的；

(2) 举例说明，罗尔定理中导数的零点不一定唯一.

3. 验证函数 $f(x) = \ln x$ 在 $[1,2]$ 上满足拉格朗日中值定理诸条件，求出中间值点 ξ，并作出其图形.

4. 运用拉格朗日中值公式证明下列不等式：

(1) $|\sin x_2 - \sin x_1| \leqslant |x_2 - x_1|$；

(2) $e^x > 1 + x \ (x \neq 0)$.

*5. 证明恒等式

$$2\arctan x + \arcsin \frac{2x}{1+x^2} = \pi \ (x > 1).$$

*6. 不用求出函数 $f(x) = (x-1)(x-2)(x-3)(x-4)$ 的导数，说明方程 $f'(x) = 0$ 有几个实根，并指出它们所在的区间.

§2.4　导数的应用

一、洛必达法则

在极限的计算中，经常遇到下面两种类型的极限. 例如

$$\lim_{x \to 0} \frac{1 - \cos x}{x^2}, \ \lim_{x \to +\infty} \frac{\ln x}{x}, \cdots,$$

它们都不能直接运用极限的运算法则.

当 $x \to 0$ 时，$\dfrac{1 - \cos x}{x^2}$ 的分子和分母都是无穷小，称这两个无穷小的

比为 $\dfrac{0}{0}$ 型不定式.

当 $x \to +\infty$ 时, $\dfrac{\ln x}{x}$ 的分子和分母都是无穷大,称这两个无穷大的比为 $\dfrac{\infty}{\infty}$ 型的不定式.

洛必达法则为我们提供了一种确定上述不定式的相当普遍且有效的方法.

1. $\dfrac{0}{0}$ 型不定式

定理 1(洛必达法则 Ⅰ) 设函数 $f(x)$ 与 $g(x)$ 满足

(1) $\lim\limits_{x \to a} f(x) = 0$ 与 $\lim\limits_{x \to a} g(x) = 0$;

(2) 在点 a 的某空心邻域内可导,且 $g'(x) \neq 0$;

(3) $\lim\limits_{x \to a} \dfrac{f'(x)}{g'(x)} = A$(或 ∞),

则

$$\lim_{x \to a} \frac{f(x)}{g(x)} = \lim_{x \to a} \frac{f'(x)}{g'(x)}.$$

在相应条件下,当 $x \to \infty$ 时的 $\dfrac{0}{0}$ 不定式,上述结论也成立.

注 洛必达法则的证明要用到较拉格朗日中值定理更一般的柯西中值定理,我们略去不证.

洛必达法则告诉我们,求 $\dfrac{0}{0}$ 型不定式极限, $\lim\limits_{x \to a} \dfrac{f(x)}{g(x)}$ 可化为两函数导数之比的极限 $\lim\limits_{x \to a} \dfrac{f'(x)}{g'(x)}$,而函数 $\dfrac{f'(x)}{g'(x)}$ 通常较函数 $\dfrac{f(x)}{g(x)}$ 简单,因此,洛必达法则为求极限化难为易提供了一条新的途径.

例 1 求 $\lim\limits_{x \to 2} \dfrac{x^3 - 8}{x - 2}$.

解 由于 $\lim\limits_{x \to 2} (x^3 - 8) = 0$ 与 $\lim\limits_{x \to 2} (x - 2) = 0$,极限为 $\dfrac{0}{0}$ 型不定式,利用洛必达法则,因为

$$\lim_{x \to 2} \frac{(x^3 - 8)'}{(x - 2)'} = \lim_{x \to 2} \frac{3x^2}{1} = 12,$$

所以

$$\lim_{x \to 2} \frac{x^3 - 8}{x - 2} = 12.$$

在具体解题时,通常可书写为

$$\lim_{x \to 2} \frac{x^3 - 8}{x - 2} = \lim_{x \to 2} \frac{(x^3 - 8)'}{(x - 2)'} = \lim_{x \to 2} \frac{3x^2}{1} = 12.$$

例 2 求 $\lim\limits_{x \to 0} \dfrac{\ln(1+x)}{x^2}$. $\left(\dfrac{0}{0} \text{型}\right)$

解
$$\lim_{x \to 0} \frac{\ln(1+x)}{x^2} = \lim_{x \to 0} \frac{[\ln(1+x)]'}{(x^2)'} = \lim_{x \to 0} \frac{\dfrac{1}{1+x}}{2x}$$
$$= \lim_{x \to 0} \frac{1}{2x(1+x)} = \infty.$$

如果 $\lim\limits_{x \to a} \dfrac{f'(x)}{g'(x)}$ 仍为 $\dfrac{0}{0}$ 型不定式,并且 $f'(x)$ 与 $g'(x)$ 也满足定理 1 的条件,则可继续使用洛必达法则,即

$$\lim_{x \to a} \frac{f(x)}{g(x)} = \lim_{x \to a} \frac{f'(x)}{g'(x)} = \lim_{x \to a} \frac{f''(x)}{g''(x)}.$$

例 3 求 $\lim\limits_{x \to 0} \dfrac{x - \sin x}{x^3}$. $\left(\dfrac{0}{0} \text{型}\right)$

解 连续两次运用洛必达法则,有

$$\lim_{x \to 0} \frac{x - \sin x}{x^3} = \lim_{x \to 0} \frac{(x - \sin x)'}{(x^3)'} = \lim_{x \to 0} \frac{1 - \cos x}{3x^2} \quad \left(\frac{0}{0} \text{型}\right)$$
$$= \lim_{x \to 0} \frac{(1 - \cos x)'}{(3x^2)'} = \frac{1}{6} \lim_{x \to 0} \frac{\sin x}{x}$$
$$= \frac{1}{6}.$$

2. $\dfrac{\infty}{\infty}$ 型不定式

定理 2(洛必达法则 II) 设函数 $f(x)$ 与 $g(x)$ 满足

(1) $\lim\limits_{x \to a} f(x) = \infty$ 与 $\lim\limits_{x \to a} g(x) = \infty$;

(2) 在点 a 的某空心邻域内可导,且 $g'(x) \neq 0$;

(3) $\lim\limits_{x \to a} \dfrac{f'(x)}{g'(x)} = A$(或 ∞),

则

$$\lim_{x \to a} \frac{f(x)}{g(x)} = \lim_{x \to a} \frac{f'(x)}{g'(x)}.$$

这里,将 $x \to a$ 换成 $x \to \infty$ 亦成立.

例 4 求 $\lim\limits_{x \to \frac{\pi}{2}} \dfrac{\tan x}{\tan 3x}$. $\left(\dfrac{\infty}{\infty} 型 \right)$

解 多次利用洛必达法则,得到

$$
\lim_{x \to \frac{\pi}{2}} \frac{\tan x}{\tan 3x} = \lim_{x \to \frac{\pi}{2}} \frac{(\tan x)'}{(\tan 3x)'} = \lim_{x \to \frac{\pi}{2}} \frac{\dfrac{1}{\cos^2 x}}{\dfrac{3}{\cos^2 3x}} = \lim_{x \to \frac{\pi}{2}} \frac{\cos^2 3x}{3\cos^2 x} \quad \left(\frac{0}{0} 型 \right)
$$

$$
= \lim_{x \to \frac{\pi}{2}} \frac{(\cos^2 3x)'}{3(\cos^2 x)'} = \lim_{x \to \frac{\pi}{2}} \frac{-6\cos 3x \sin 3x}{-6\cos x \sin x}
$$

$$
= \lim_{x \to \frac{\pi}{2}} \frac{\sin 6x}{\sin 2x} \quad \left(\frac{0}{0} 型 \right)
$$

$$
= \lim_{x \to \frac{\pi}{2}} \frac{(\sin 6x)'}{(\sin 2x)'} = \lim_{x \to \frac{\pi}{2}} \frac{6\cos 6x}{2\cos 2x}
$$

$$
= \frac{-6}{-2} = 3.
$$

例 5 证明 $\lim\limits_{x \to +\infty} \dfrac{\ln x}{x^\alpha} = 0$ $(\alpha > 0)$.

证 $\lim\limits_{x \to +\infty} \dfrac{\ln x}{x^\alpha} = \lim\limits_{x \to +\infty} \dfrac{(\ln x)'}{(x^\alpha)'} = \lim\limits_{x \to +\infty} \dfrac{\dfrac{1}{x}}{\alpha x^{\alpha-1}} = \lim\limits_{x \to +\infty} \dfrac{1}{\alpha x^\alpha} = 0.$

例 6 证明 $\lim\limits_{x \to +\infty} \dfrac{x^\alpha}{e^x} = 0$ $(\alpha > 0)$.

证 对于 $\alpha > 0$,总可找到自然数 m,使 $m > \alpha$,即 $m - \alpha > 0$,连续使用 m 次洛必达法则,有

$$
\lim_{x \to +\infty} \frac{x^\alpha}{e^x} = \lim_{x \to +\infty} \frac{\alpha x^{\alpha-1}}{e^x} = \lim_{x \to +\infty} \frac{\alpha(\alpha-1)x^{\alpha-2}}{e^x}
$$

$$
= \cdots = \lim_{x \to +\infty} \frac{\alpha(\alpha-1)\cdots(\alpha-m+1)x^{\alpha-m}}{e^x}
$$

$$
= \lim_{x \to +\infty} \frac{\alpha(\alpha-1)\cdots(\alpha-m+1)}{e^x x^{m-\alpha}} = 0.
$$

上述两例表明:当 $x \to +\infty$ 时,对数函数 $\ln x$、幂函数 x^α、指数函数 e^x 的值都无限增大,但它们增长的速度是不一样的. 从三个函数比较看,指数函数增长最快,幂函数次之,对数函数增长最慢. 在对工程技术和社会现象的数学表达中,常常归结为这三类函数,其增长速度是我们特别关注的.

3. 其他不定式

$\dfrac{0}{0}$ 型与 $\dfrac{\infty}{\infty}$ 型不定式是两种基本的不定式,除此以外,还有 $0 \cdot \infty$,

$\infty-\infty,1^{\infty},0^{0},\infty^{0}$ 等类型的不定式. 这些不定式都可经过适当的变换, 化为 $\dfrac{0}{0}$ 型或 $\dfrac{\infty}{\infty}$ 型不定式. 下面以例子加以说明.

例 7 求极限 $\lim\limits_{x \to 0+} x\ln x$. （$0 \cdot \infty$ 型）

解 当 $x \to 0^{+}$ 时, 函数 $x\ln x$ 是 $0 \cdot \infty$ 型的不定式, 但如果写成

$$\frac{\ln x}{\dfrac{1}{x}}$$

就是 $\dfrac{\infty}{\infty}$ 型的不定式了. 利用洛必达法则, 有

$$\lim_{x \to 0+} x\ln x = \lim_{x \to 0+} \frac{\ln x}{\dfrac{1}{x}} \quad \left(\frac{\infty}{\infty}\text{型}\right)$$

$$= \lim_{x \to 0+} \frac{\dfrac{1}{x}}{-\dfrac{1}{x^2}} = \lim_{x \to 0+} (-x) = 0.$$

例 8 求极限 $\lim\limits_{x \to +\infty} x\left(\dfrac{\pi}{2} - \arctan x\right)$. （$\infty \cdot 0$ 型）

解
$$\lim_{x \to +\infty} x\left(\frac{\pi}{2} - \arctan x\right) = \lim_{x \to +\infty} \frac{\dfrac{\pi}{2} - \arctan x}{\dfrac{1}{x}} \quad \left(\frac{0}{0}\text{型}\right)$$

$$= \lim_{x \to +\infty} \frac{-\dfrac{1}{1+x^2}}{-\dfrac{1}{x^2}} = \lim_{x \to +\infty} \frac{x^2}{1+x^2} = 1.$$

例 9 求极限 $\lim\limits_{x \to 0} \left(\dfrac{1}{\sin x} - \dfrac{1}{x}\right)$. （$\infty-\infty$型）

解
$$\lim_{x \to 0} \left(\frac{1}{\sin x} - \frac{1}{x}\right) = \lim_{x \to 0} \frac{x-\sin x}{x\sin x} \quad \left(\frac{0}{0}\text{型}\right)$$

$$= \lim_{x \to 0} \frac{1-\cos x}{\sin x + x\cos x} \quad \left(\frac{0}{0}\text{型}\right)$$

$$= \lim_{x \to 0} \frac{\sin x}{2\cos x - x\sin x} = 0.$$

例 10 求极限 $\lim\limits_{x \to 0+} x^{x}$. （$0^{0}$ 型）

解 应用恒等式 $x^{x} = e^{x\ln x}$ 和例 7 结果, 有

$$\lim_{x \to 0+} x^{x} = \lim_{x \to 0+} e^{x\ln x} = \exp\left(\lim_{x \to 0+} x\ln x\right) \quad （0 \cdot \infty\text{型}）$$

$$= e^0 = 1.$$

例 11 求极限 $\lim\limits_{x \to 1} x^{\frac{1}{1-x}}$. （$1^\infty$ 型）

解 因为

$$x^{\frac{1}{1-x}} = e^{\frac{\ln x}{1-x}}$$

与

$$\lim_{x \to 1} \frac{\ln x}{1-x} = \lim_{x \to 1} \frac{\frac{1}{x}}{-1} = -1,$$

所以

$$\lim_{x \to 1} x^{\frac{1}{1-x}} = \exp \left(\lim_{x \to 1} \frac{\ln x}{1-x} \right) = e^{-1} = \frac{1}{e}.$$

例 12 求 $\lim\limits_{x \to +\infty} x^{\frac{1}{x}}$. （$\infty^0$ 型）

解 因为 $x^{\frac{1}{x}} = e^{\frac{\ln x}{x}}$ 与 $\lim\limits_{x \to +\infty} \frac{\ln x}{x} = 0$（例 5），所以

$$\lim_{x \to +\infty} x^{\frac{1}{x}} = = \exp \left(\lim_{x \to +\infty} \frac{\ln x}{x} \right) = e^0 = 1.$$

二、函数的增减性

由函数单调增减性的定义，对于较为简单的单调函数可以依定义加以验证，但对形式较为复杂的函数，依定义确定其单调性是困难的. 本段我们运用拉格朗日中值定理给出用导数判定函数单调性的方法.

根据导数的几何意义，如果函数 $y = f(x)$ 在 (a,b) 上单调递增（或单调递减），那么它的图形是一条沿 x 轴正向上升（或下降）的曲线. 这时，如图 2.7，曲线上各点的切线斜率均为正（或负），即 $f'(x) > 0$（或 $f'(x) < 0$）. 这就表明，函数的增减性与导数的符号有紧密关系.

反过来，导数的符号能否确定函数的增减性呢？下面的定理 3 作出了肯定的回答.

定理 3 设函数 $f(x)$ 在区间 (a,b) 内可导，且导数 $f'(x)$ 不变号，那么

（1）若 $f'(x) > 0$，则 $f(x)$ 在 (a,b) 内是递增的；

（2）若 $f'(x) < 0$，则 $f(x)$ 在 (a,b) 内是递减的.

证 在区间 (a,b) 内任取两点 x_1, x_2，且 $x_1 < x_2$. 在 $[x_1, x_2]$ 上对函数 $f(x)$ 运用拉格朗日中值定理，必存在一点 $\xi \in (a,b)$，使得

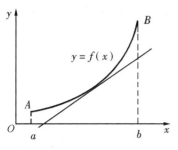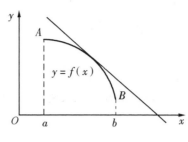

图 2.7

$$f(x_2) - f(x_1) = f'(\xi)(x_2 - x_1).$$

(1) 若 $f'(x) > 0$,则

$$f(x_2) - f(x_1) > 0, \quad 或 \quad f(x_1) < f(x_2),$$

即 $f(x)$ 在 (a,b) 内是单调递增的;

(2) 若 $f'(x) < 0$,则

$$f(x_2) - f(x_1) < 0, \quad 或 \quad f(x_1) > f(x_2),$$

即 $f(x)$ 在 (a,b) 内是单调递减的.

例 13　判定函数 $f(x) = x - \sin x$ 在 $[0, 2\pi]$ 上的单调性.

解　由于

$$f'(x) = 1 - \cos x > 0 \quad (x \in (0, 2\pi))$$

与 $f(x)$ 在区间 $(0, 2\pi)$ 的两端点连续,所以 $f(x)$ 在闭区间 $[0, 2\pi]$ 上单调递增.

例 14　确定函数 $f(x) = 2x^3 - 9x^2 + 12x - 3$ 的单调区间,并作出略图.

解　显然,$f(x)$ 的定义域为 $(-\infty, +\infty)$,且

$$f'(x) = 6x^2 - 18x + 12 = 6(x-1)(x-2).$$

为了确定 $f'(x)$ 的符号,令 $f'(x) = 0$,解出

$$6(x-1)(x-2) = 0$$

的两根为 $x_1 = 1, x_2 = 2$. 这两个根把定义域 $(-\infty, +\infty)$ 划分为三个区间 $(-\infty, 1], [1, 2]$ 及 $[2, +\infty)$. 列表讨论 $f'(x)$ 在这三个区间内的符号如下:

x	$(-\infty, 1)$	1	$(1, 2)$	2	$(2, +\infty)$
$f'(x)$	$+$	0	$-$	0	$+$

于是,由定理 3,函数 $f(x)$ 在 $(-\infty, 1], [2, +\infty)$ 内单调递增,在 $[1, 2]$

81

内单调递减,且曲线 $y=f(x)$ 在两点 $P_1(1,2)$,$P_2(2,1)$ 有水平切线. 又

$$\lim_{x \to -\infty} f(x) = \lim_{x \to -\infty}(2x^3 - 9x^2 + 12x - 3) = -\infty,$$

$$\lim_{x \to +\infty} f(x) = \lim_{x \to +\infty}(2x^3 - 9x^2 + 12x - 3) = +\infty.$$

由此我们可以作出函数 $y=f(x)$ 的略图 2.8. 显然,对函数讨论的几何性质越多,作出的图形就越精细.

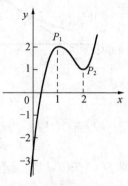

图 2.8

三、函数的极值

在 §2.3 中,费马定理给出了可导函数在一点取得极值的必要条件是函数在该点的导数为 0,即函数的极值点必为稳定点. 例 14 的讨论表明,x_1,x_2 均是 $f(x)$ 的稳定点,当 x 从点 x_1 的左邻域变到右邻域时,函数 $f(x)=2x^3-9x^2+$ $12x-3$ 的导数符号由正变负,函数值由单调递增变为单调递减,所以 $f(x_1)$ 是 $f(x)$ 的极大值,点 x_1 是其极大值点. 而当 x 从点 x_2 的左邻域变到右邻域时,函数 $f(x)$ 的导数 $f'(x)$ 符号由负变正,函数值由单调递减变为单调递增,所以 $f(x_2)$ 是 $f(x)$ 的极小值,点 x_2 是其极小值点. 一般结论见下面的定理 4.

定理 4(第一种充分条件) 设函数 $f(x)$ 在点 x_0 的某邻域 $(x_0-\delta$, $x_0+\delta)$ 内可导,并且 $f'(x_0)=0$ (即 x_0 是 $f(x)$ 的稳定点). 当 x 由小变大经过点 x_0 时,有

(1) 若 $f'(x)$ 的符号由正变负,则函数 $f(x)$ 在点 x_0 取得极大值;

(2) 若 $f'(x)$ 的符号由负变正,则函数 $f(x)$ 在点 x_0 取得极小值;

(3) 若 $f'(x)$ 的符号不变,则函数 $f(x)$ 在点 x_0 不取极值.

证明从略,参看图 2.9、2.10 和 2.11.

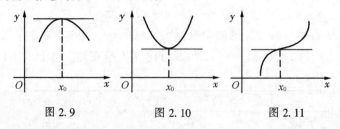

图 2.9　　　　图 2.10　　　　图 2.11

根据费马定理和定理 4,求可导函数 $f(x)$ 的极值可以按下述三个步

骤进行.

(1) 求函数 $f(x)$ 的导数 $f'(x)$;

(2) 令 $f'(x)=0$,解得稳定点;

(3) 判别导数 $f'(x)$ 在每个稳定点两侧的符号,再按定理 4,确定函数 $f(x)$ 在稳定点是否取得极值,如果取得极值,再确定是极大值还是极小值.

例 15 求函数 $f(x)=(x-1)^3\left(x+\dfrac{1}{3}\right)$ 的极值点和极值.

解 (1) $f'(x)=4x(x-1)^2$;

(2) 令 $f'(x)=0$,即 $4x(x-1)^2=0$,得稳定点 $x_1=0$,$x_2=1$;

(3) 定义域 $(-\infty,+\infty)$ 被两个稳定点分成三个区间 $(-\infty,0)$,$(0,1)$,$(1,+\infty)$. 由此列表讨论如下:

x	$(-\infty,0)$	0	$(0,1)$	1	$(1,+\infty)$
$f'(x)$	$-$	0	$+$	0	$+$
$f(x)$	$\searrow$	极小值 $f(0)=-\dfrac{1}{3}$	$\nearrow$	不取极值	$\nearrow$

所以,$x_1=0$ 是 $f(x)$ 的极小值点,极小值为 $-\dfrac{1}{3}$;$x_2=1$ 不是 $f(x)$ 的极值点.

当函数 $f(x)$ 在稳定点处的二阶导数存在且不为 0 时,有下列判别定理.

定理 5(第二种充分条件) 设 $f'(x_0)=0$(即 x_0 是 $f(x)$ 的稳定点),$f''(x_0)\neq0$,那么

(1) 当 $f''(x_0)<0$ 时,函数 $f(x)$ 在点 x_0 取得极大值;

(2) 当 $f''(x_0)>0$ 时,函数 $f(x)$ 在点 x_0 取得极小值.

证 (1) 由二阶导数定义以及 $f'(x_0)=0$,有

$$f''(x_0)=\lim_{x\to x_0}\frac{f'(x)-f'(x_0)}{x-x_0}=\lim_{x\to x_0}\frac{f'(x)}{x-x_0}<0.$$

由函数极限的局部保号性(§1.2,定理 3),存在点 x_0 的某邻域,使在该邻域内恒有

$$\frac{f'(x)}{x-x_0}<0.$$

所以,当 $x<x_0$ 时,$f'(x)>0$;当 $x>x_0$ 时,$f'(x)<0$. 由定理 4,函数 $f(x)$

在点 x_0 取得极大值.

同理可证(2).

注 若 $f''(x_0)=0$,定理 5 就不能应用. 事实上,当 $f'(x_0)=0$, $f''(x_0)=0$ 时,函数 $f(x)$ 在点 x_0 可能有极值,也可能没有极值. 例如函数 $f(x)=x^3$,有 $f'(0)=f''(0)=0$,但 $x=0$ 不是极值点;而对函数 $f(x)=x^4$,也有 $f'(0)=f''(0)=0$,但 $x=0$ 却是极小值点.

例 16 求函数 $f(x)=x^3-3x$ 的极值.

解 (1) $f'(x)=3x^2-3=3(x+1)(x-1)$,且 $f''(x)=6x$;

(2) 令 $f'(x)=0$,得稳定点 $x_1=-1,x_2=1$;

(3) 由于 $f''(-1)=-6<0$,所以 $f(x)$ 在点 $x=-1$ 取得极大值 $f(-1)=2$;又 $f''(1)=6>0$,所以 $f(x)$ 在点 $x=1$ 取得极小值 $f(1)=-2$.

四、最大值与最小值

1. 最大值与最小值问题

在工程技术、自然科学和社会生活中,常常要遇到在一定条件下寻求材料最省、效率最高、性能最好、利润最大、成本最小等问题. 这类问题概括地说就是在一定条件下,要从各种可能的方案中选择一种最佳方案. 在许多情况下,问题归结为求函数的最大值或最小值问题. 那么,如何求出函数 $f(x)$ 在闭区间 $[a,b]$ 上的最大值和最小值呢?

在日常生活中,要从一个班级里挑最高与最矮的学生,到一个商店买最便宜和最贵的铅笔,等等,就是最简单的最大值和最小值问题. 但这是在有限多个数值中求最大值和最小值,而有限个数中总有最大数和最小数,依常识,逐个加以比较就可以了.

然而,函数 $f(x)$ 在 $[a,b]$ 上的值有无穷多个,要在这无穷多个值中去找一个最大值或最小值,这就与有限多个数的情况很不一样了. 首先,在无穷多个数的数集中,可能根本就不存在最大数或最小数,也就是说函数的最大值或最小值可能不存在. 例如函数

$$f(x)=\begin{cases} x, & 0<x<2, \\ 1, & x=0 \text{ 或 } x=2. \end{cases}$$

(图 2.12)显然,在 $[0,2]$ 上的函数值充满开区间 $(0,2)$,但函数 $f(x)$ 在 $[0,2]$ 上既无最大值也无最小值. 其次,即使这样的最大值或最小值存在,如何去寻求呢? 显然,逐个加以比较的办法是行不通的.

对于第一个问题,§1.4 中的最值定理作出了回答,即闭区间上的连续函数必有最大值,也必有最小值. 第二个问题的讨论是本段的重点. 由于可导函数在定义区间内的最值点必是极值点,而极值点必是稳定点,所以稳定点可能是最值点. 另外,可导函数的最值也可能在区间的端点取得. 由此可见,求可导函数 $f(x)$ 在闭区间 $[a,b]$ 上的最大值与最小值可按下面三个步骤进行:

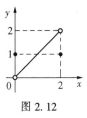

图 2.12

(1) 求出函数 $f(x)$ 的导数 $f'(x)$;

(2) 令 $f'(x)=0$,设有有限多个稳定点 $x_1,x_2,\cdots,x_n$;

(3) 比较函数 $f(x)$ 在稳定点与端点的函数值,得

最大值 $M=\max\{f(x_1),f(x_2),\cdots,f(x_n),f(a),f(b)\}$,

最小值 $m=\min\{f(x_1),f(x_2),\cdots,f(x_n),f(a),f(b)\}$.

例 17 求函数 $f(x)=2x^3+3x^2-12x+14$ 在 $[-3,4]$ 上的最大值与最小值.

解 因为函数 $f(x)$ 在闭区间 $[-3,4]$ 上连续,所以最大值与最小值都是存在的.

(1) $f'(x)=6x^2+6x-12=6(x+2)(x-1)$;

(2) 令 $f'(x)=0$,由 $6(x+2)(x-1)=0$ 得稳定点 $x_1=-2,x_2=1$;

(3) 由于 $f(-2)=34,f(1)=7$ 以及 $f(-3)=23,f(4)=142$,比较得到 $f(x)$ 在 $x=4$ 取得最大值 $f(4)=142$,在 $x=1$ 取得最小值 $f(1)=7$.

例 18 求函数 $f(x)=(x-1)^2(x-2)^2$ 在 $(-\infty,+\infty)$ 上的最小值.

解 由于函数 $f(x)$ 的定义域是 $(-\infty,+\infty)$,和前面讨论的问题有差别,但解决问题的办法是相同的. 因为 $\lim\limits_{x\to\infty}f(x)=+\infty$,所以 $f(x)$ 的最大值不存在,最小值点必定是 $f(x)$ 的极小值点. 又 $f(x)$ 可导,故极小值点必是稳定点. 由

$$f'(x)=2(x-1)(x-2)(2x-3),$$

知稳定点

$$x_1=1,\quad x_2=2,\quad x_3=\frac{3}{2}.$$

比较

$$f(1)=0,\quad f(2)=0,\quad f\left(\frac{3}{2}\right)=\frac{1}{16}$$

得 $x_1=1,x_2=2$ 都是 $f(x)$ 的最小值点,最小值为 0.

2. 应用问题举例

例 19 传说古代迦太基人建造城市的时候,允许居民占有一天犁出

85

的一条犁沟所围成的土地. 假设一人一天犁沟的长度是常数 l, 问所围土地是怎样的矩形时面积最大?

解 设矩形的长为 x, 宽为 y, 面积为 S, 则

$$l = 2(x+y), S = xy.$$

由此得

$$S = S(x) = x\left(\frac{l}{2} - x\right),$$

即

$$S(x) = -x^2 + \frac{l}{2}x, x \in \left(0, \frac{l}{2}\right).$$

问题归结为求函数 $S(x)$ 在开区间 $\left(0, \frac{l}{2}\right)$ 内的最大值. 由于 $S'(x) = -2x + \frac{l}{2}$, 得唯一稳定点 $x = \frac{l}{4}$. 当 $x \in \left(0, \frac{l}{4}\right)$ 时, $S'(x) > 0$; $x \in \left(\frac{l}{4}, \frac{l}{2}\right)$ 时, $S'(x) < 0$. 所以 $x = \frac{l}{4}$ 必为 $f(x)$ 在 $\left(0, \frac{l}{2}\right)$ 上的最大值点, 最大值是 $S\left(\frac{l}{4}\right) = \frac{l^2}{16}$.

因此, 当犁沟围成的矩形土地是正方形时, 面积最大, 最大面积是 $\frac{l^2}{16}$, 其中 l 是一人一天犁沟的长度.

注 在应用问题中, 如果求得的稳定点是唯一的, 那么常常可以由问题本身的性质直接确定在稳定点的函数值就是最大值或最小值. 例如, 例 19 中周长为定数 l 的矩形, 当长与宽的差数越来越大时, 矩形越来越窄, 面积越来越小, 所以不存在最小面积, 必存在最大面积, 且最大面积在其唯一稳定点处取得.

例 20 采矿、采石或取土, 常用炸药包进行爆破. 试问炸药包埋多深, 爆破体积最大?

解 首先, 由实践统计表明爆破部分呈圆锥状漏斗形(图2.13), 锥面的母线长就是炸药包的爆破半径 R, 而 R 是由炸药包所确定的常数.

设 h 为炸药包埋藏的深度, 则爆破体积为

$$V = V(h) = \frac{1}{3}\pi r^2 h = \frac{1}{3}\pi(R^2 - h^2)h \quad (0 \leqslant h \leqslant R).$$

问题就转化为求函数 $V(h)$ 的最大值点.

为此, 先算出导数, 再由

$$V'(h) = \frac{1}{3}\pi R^2 - \pi h^2 = 0,$$

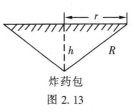

炸药包

图 2.13

求出唯一稳定点 $h = R\sqrt{\dfrac{1}{3}}$（因为 $x = -R\sqrt{\dfrac{1}{3}}$ 不

在区间 $[0,R]$ 内），所以 $h = R\sqrt{\dfrac{1}{3}}$ 是函数 $V(h)$

的最大值点，即当 $h = R\sqrt{\dfrac{1}{3}}$ 时，爆破体积为最大，最大爆破体积为

$\dfrac{2\sqrt{3}}{27}\pi R^3$.

例 21　要制造一个容积为 V 的圆柱形带盖圆桶. 试问底圆半径 r 和桶高 h 应如何确定，所用材料最省？（图 2.14）

解　要材料最省，就是要使圆桶的表面积 S 最小. 为此先建立表面积 S 与底圆半径之间的函数关系.

圆桶的表面积 S 包括三部分：底和盖的面积，它们都等于 πr^2，侧面积等于 $2\pi rh$，所以
$$S = S(r) = 2\pi r^2 + 2\pi rh.$$
由 $V = \pi r^2 h$，得 $h = \dfrac{V}{\pi r^2}$，将其代入上式，有

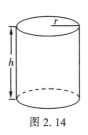

图 2.14

$$S(r) = 2\pi r^2 + \frac{2V}{r}, \quad 0 < r < +\infty.$$

问题就是求函数 $S(r)$ 的最小值点.

令 $S'(r) = 4\pi r - \dfrac{2V}{r^2} = 0$，即 $r^3 - \dfrac{V}{2\pi} = 0$，这是 r 的三次方程，有三个

根，但只有一个实根 $r = \sqrt[3]{\dfrac{V}{2\pi}}$ 在 $(0,+\infty)$ 内，即函数 $S(r)$ 在定义区间

$(0,+\infty)$ 内部只有一个稳定点. 根据问题的实际意义，$S(r)$ 不存在最大

值，所以 $r = \sqrt[3]{\dfrac{V}{2\pi}}$ 是函数 $S(r)$ 的最小值点.

当 $r = \sqrt[3]{\dfrac{V}{2\pi}}$ 时，$h = \dfrac{V}{\pi r^2} = \dfrac{2\pi r^3}{\pi r^2} = 2r$，即圆桶的高等于圆桶的直径时，所

用材料最省. 这种形状的圆柱形容器，在日常生活中被广泛采用，如贮油、

贮气罐、化学反应器、罐头盒等. 当然，日常生活中的圆柱形容器也经常采

用细长形或扁平形,这是由美学、流行趋势、使用方便以及创造品牌等因素决定,这恰恰表明社会生活的丰富多彩.

例 22 测量某个量 A,由于仪器的精度和测量的技术等原因,对量 A 作了 n 次测量,测得的数据分别是

$$a_1, a_2, \cdots, a_n.$$

取数 x 作为量 A 的近似值.试问 x 取何值才能使 x 与 $a_i(i=1,2,\cdots,n)$ 之差的平方和为最小?

解 依题意,问题归结为求函数

$$f(x) = (x-a_1)^2 + (x-a_2)^2 + \cdots + (x-a_n)^2$$

的最小值. 为此,先求 $f(x)$ 的导数

$$f'(x) = 2(x-a_1) + 2(x-a_2) + \cdots + 2(x-a_n)$$
$$= 2[nx - (a_1 + a_2 + \cdots + a_n)].$$

令 $f'(x)=0$,解得唯一稳定点 $x_0 = \dfrac{a_1+a_2+\cdots+a_n}{n}$,且

$$f''(x_0) = 2n > 0,$$

故函数 $f(x)$ 在稳定点 $\dfrac{a_1+a_2+\cdots+a_n}{n}$ 取最小值,亦即以 n 个数值 a_1, $a_2, \cdots, a_n$ 的算术平均值作为量 A 的近似值,才能使函数 $f(x)$ 取最小值. 这一结果说明为什么在社会生活中经常采用平均年龄、平均产量、平均收入等概念.

注 导数的概念在实际生活中应用十分广泛,例如经济学中的术语**边际成本**就是总成本 $c=c(x)$ 对产量 x 的变化率 $c'(x)$,而总收入 $R=R(x)$ 对产量 x 的变化率 $R'(x)$ 则称为**边际收入**,等等.

习　题　2.4

1. 求下列极限:

(1) $\lim\limits_{x\to 1} \dfrac{x^5-1}{x-1}$;　　　　(2) $\lim\limits_{x\to 0} \dfrac{e^x-e^{-x}}{x}$;

(3) $\lim\limits_{x\to 1} \dfrac{\ln x}{x-1}$;　　　　(4) $\lim\limits_{x\to +\infty} \dfrac{x^3}{e^x}$;

(5) $\lim\limits_{x\to+\infty}\dfrac{\ln x}{x^3}$；　　　　　(6) $\lim\limits_{x\to\frac{\pi}{2}^+}\dfrac{\ln\left(x-\dfrac{\pi}{2}\right)}{\tan x}$.

2. 求下列极限：

(1) $\lim\limits_{x\to0}(1+\sin x)^{\frac{1}{x}}$；　　　　(2) $\lim\limits_{x\to0}\left(\dfrac{1}{x}-\dfrac{1}{e^x-1}\right)$；

(3) $\lim\limits_{x\to0^+}xe^{\frac{1}{x}}$；　　　　　*(4) $\lim\limits_{x\to0^+}\left(\ln\dfrac{1}{x}\right)^x$；

(5) $\lim\limits_{x\to0^+}x^{\sin x}$；　　　　　*(6) $\lim\limits_{x\to+\infty}\left(\dfrac{\pi}{2}-\arctan x\right)^{\frac{1}{\ln x}}$.

3. 讨论题：

(1) 若 $\lim\limits_{x\to\infty}\dfrac{f'(x)}{g'(x)}$ 不存在，是否 $\lim\limits_{x\to\infty}\dfrac{f(x)}{g(x)}$ 也不存在？研究例子 $\lim\limits_{x\to\infty}\dfrac{x+\cos x}{x}$.

(2) 怎样使用洛必达法则来计算数列的不定式？试求 $\lim\limits_{n\to\infty}n^2e^{-n}$.

4. 求下列函数的单调区间、极值点和极值：

(1) $y=3x^2+6x+5$；　　　　(2) $y=x-e^x$；

(3) $y=\dfrac{x^2}{1+x^2}$；　　　　　(4) $y=2x^2-\ln x$.

5. 证明函数 $y=x-\ln(1+x^2)$ 单调递增.

6. 求下列函数的极值点与极值：

(1) $y=x^3-3x^2+7$；　　　　(2) $y=\dfrac{2x}{1+x^2}$；

(3) $y=x^2e^{-x}$；　　　　　*(4) $y=(x-1)\sqrt[3]{x^2}$.

7. 利用二阶导数，判断下列函数的极值：

(1) $y=(x-3)^2(x-2)$；　　(2) $y=2x-\ln(4x)^2$.

8. 求下列函数在给定区间上的最大值与最小值：

(1) $y=x^4-2x^2+5$，　$x\in[-2,2]$；

(2) $y=\ln(x^2+1)$，　$x\in[-1,2]$.

9. 把边长为 a 的正方形铁皮四角各剪去一个相同正方形，再把四边折起，做成一个无盖方盒，试问剪掉的小正方形的边长为多大时，方盒的容积最大？

10. 隧道的截面是矩形加半圆，周长是 15 米，问矩形的底为多少时，截面积为最大？

11. 有甲、乙两个自然村，位于 A 地和 B 地，A 和 B 距输电线路分别为 1 千米和 1.5 千米，A 和 B 相距 3 千米，两村庄合用一个变压器(设为 C)，试问 C 设在何处最省电线？

*12. 电影院的银幕高为 4 米，底边距地面为 2 米，试问在距离银幕多远的地方，视角 φ 最大？

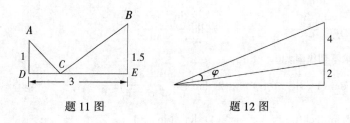

题 11 图　　　　　　题 12 图

§2.5　微　　分

微分是微分学的另一个基本概念,它是在解决"直"与"曲"的矛盾中产生的,通过在微小局部以直线来近似代替曲线,实现了函数的线性化.本节从导数出发引进微分概念,再介绍微分的运算以及在近似计算中的应用.

一、微分的定义

按导数定义,函数 $f(x)$ 的导数 $f'(x)$ 是指函数的改变量 $\Delta y = f(x + \Delta x) - f(x)$ 与自变量的改变量 Δx 之比 $\dfrac{\Delta y}{\Delta x}$ 当 $\Delta x \to 0$ 时的极限,即

$$f'(x) = \lim_{\Delta x \to 0} \frac{\Delta y}{\Delta x} = \lim_{\Delta x \to 0} \frac{f(x + \Delta x) - f(x)}{\Delta x}.$$

这里我们侧重于改变量之比 $\dfrac{\Delta y}{\Delta x}$ 的极限,而不是函数改变量 Δy. 然而,在许多情况下,我们需要考察和估算函数的改变量 Δy. 例如,在用卡尺测量圆钢直径时,由于直径的测量误差引起的圆钢截面积误差. 设圆钢直径为 d,测量误差为 Δd,则截面面积误差为

$$\Delta S = \frac{1}{4}\pi(d + \Delta d)^2 - \frac{1}{4}\pi d^2.$$

由上式,可计算出 ΔS 的精确值. 现在问,当 Δd 很小很小时,有没有一个简便的 ΔS 的估算法?

下面,我们从求函数改变量的近似值的角度来引进微分的定义.

设 $y = f(x)$ 是 x 的可导函数,则

$$\lim_{\Delta x \to 0} \frac{\Delta y}{\Delta x} = f'(x).$$

依 §1.4 定理 1,有

$$\frac{\Delta y}{\Delta x} = f'(x) + \alpha \quad (\alpha \to 0, 当 \Delta x \to 0).$$

由此得到

$$\Delta y = f'(x)\Delta x + \alpha\Delta x \quad (\Delta x \to 0),$$

或

$$\Delta y = f'(x)\Delta x + o(\Delta x) \quad (\Delta x \to 0).$$

由此可见,当 $|\Delta x|$ 很小时,上式中的第二项比 Δx 小得多,且是 Δx 的高阶无穷小. 这样,当 $f'(x) \neq 0$ 时,上式中的第一项在 Δy 中起主要作用,不妨称它为 Δy 的主要部分,略去高阶无穷小 $o(\Delta x)$,得近似公式

$$\Delta y \approx f'(x)\Delta x.$$

函数改变量 Δy 的这一主要部分,就叫作函数的微分.

定义 1 设 $y = f(x)$ 在点 x 可导,则 $f'(x)\Delta x$ 称为函数 $y = f(x)$ 在点 x 的**微分**,记作 $\mathrm{d}y$ 或 $\mathrm{d}f(x)$:

$$\mathrm{d}y = f'(x)\Delta x. \tag{1}$$

即函数在一点的微分等于它在这点的导数乘以自变量的改变量.

引入微分定义后,有

$$\begin{cases} \mathrm{d}y = f'(x)\Delta x, \\ \Delta y = \mathrm{d}y + o(\Delta x) \quad (\Delta x \to 0). \end{cases}$$

这样,微分有如下两个特点:

(1) 当 $\mathrm{d}y \neq 0$ 时,$\mathrm{d}y$ 是函数改变量 Δy 的主要部分. 因此,当 $|\Delta x|$ 很小时,有近似公式:

$$\Delta y \approx \mathrm{d}y.$$

(2) $\mathrm{d}y$ 是 Δx 的线性函数. 一般说来,$\mathrm{d}y$ 计算较 Δy 简单.

微分的这两个特点,是微分应用的依据.

现在看自变量的微分. 设 $y = x$,则

$$\mathrm{d}x = \mathrm{d}y = (x)'\Delta x = \Delta x,$$

即自变量 x 的微分就等于改变量:$\mathrm{d}x = \Delta x$. 由此,式(1)改写为

$$\mathrm{d}y = f'(x)\mathrm{d}x,$$

从而

$$\frac{\mathrm{d}y}{\mathrm{d}x} = f'(x).$$

在最初引进导数符号 $\dfrac{\mathrm{d}y}{\mathrm{d}x}$ 的时候,一直将它作为一个不可分割的记号来用,其中 $\mathrm{d}y$ 与 $\mathrm{d}x$ 是不允许拆开的. 现在,$\dfrac{\mathrm{d}y}{\mathrm{d}x}$ 就不只是导数的一个符号,也可看作函数微分与自变量微分之商. 所以,导数也称为**微商**. 在此亦可明白,微分与导数采用一致符号的精妙所在,这是数学中符号美的一个杰作.

二、微分的运算

由 $\mathrm{d}y=f'(x)\mathrm{d}x$ 可知,求微分 $\mathrm{d}y$,只要求出导数 $f'(x)$ 再乘上 $\mathrm{d}x$ 即可. 这样,求微分的问题就归结为求导数的问题. 因此,求导数与求微分的方法统称为**微分法**.

1. 基本初等函数微分公式

由基本初等函数的导数公式,可直接写出基本初等函数的微分公式:

(1) $\mathrm{d}(c)=0$ (c 为常数).

(2) $\mathrm{d}(x^{\alpha})=\alpha x^{\alpha-1}\mathrm{d}x$ (α 为任何实数).

(3) $\mathrm{d}(\sin x)=\cos x\mathrm{d}x$, $\qquad\qquad \mathrm{d}(\cos x)=-\sin x\mathrm{d}x$,

$\mathrm{d}(\tan x)=\dfrac{1}{\cos^2 x}\mathrm{d}x$, $\qquad \mathrm{d}(\cot x)=-\dfrac{1}{\sin^2 x}\mathrm{d}x$.

(4) $\mathrm{d}(\arcsin x)=\dfrac{1}{\sqrt{1-x^2}}\mathrm{d}x$, $\qquad \mathrm{d}(\arccos x)=-\dfrac{1}{\sqrt{1-x^2}}\mathrm{d}x$,

$\mathrm{d}(\arctan x)=\dfrac{1}{1+x^2}\mathrm{d}x$, $\qquad \mathrm{d}(\operatorname{arccot} x)=-\dfrac{1}{1+x^2}\mathrm{d}x$.

(5) $\mathrm{d}(a^x)=a^x\ln a\mathrm{d}x$, $\qquad\qquad \mathrm{d}(\mathrm{e}^x)=\mathrm{e}^x\mathrm{d}x$.

(6) $\mathrm{d}(\log_a x)=\dfrac{1}{x\ln a}\mathrm{d}x$, $\qquad\qquad \mathrm{d}(\ln x)=\dfrac{1}{x}\mathrm{d}x$.

2. 函数和、差、积、商的微分法则

由导数的四则运算法则,可以得到相应的微分四则运算法则.

定理 1 设函数 $u(x),v(x)$ 均在点 x 处可微,则

(1) $\mathrm{d}(u\pm v)=\mathrm{d}u\pm\mathrm{d}v$;

(2) $\mathrm{d}(uv)=u\mathrm{d}v+v\mathrm{d}u$,特别地,有 $\mathrm{d}(cu)=c\mathrm{d}u$ (其中 c 是常数);

(3) $\mathrm{d}\left(\dfrac{v}{u}\right)=\dfrac{u\mathrm{d}v-v\mathrm{d}u}{u^2}$ ($u\neq 0$).

证 我们只给出法则(2)、(3)的证明.

(2) $\mathrm{d}(uv) = (uv)' \mathrm{d}x = (uv' + u'v)\mathrm{d}x$

$= uv'\mathrm{d}x + vu'\mathrm{d}x = u\mathrm{d}v + v\mathrm{d}u.$

(3) $\mathrm{d}\left(\dfrac{v}{u}\right) = \left(\dfrac{v}{u}\right)' \mathrm{d}x = \dfrac{uv' - vu'}{u^2}\mathrm{d}x$

$= \dfrac{uv'\mathrm{d}x - vu'\mathrm{d}x}{u^2} = \dfrac{u\mathrm{d}v - v\mathrm{d}u}{u^2} \quad (u \neq 0).$

例 1 设 $y = x^3$,则

$$\mathrm{d}y = (x^3)' \mathrm{d}x = 3x^2 \mathrm{d}x.$$

当 $x = 2, \mathrm{d}x = 0.1$ 时,有

$$\mathrm{d}y = 3x^2 \mathrm{d}x \mid_{\substack{x=2 \\ \mathrm{d}x=0.1}} = 3 \times 2^2 \times 0.1 = 1.2.$$

而当 $x = 2, \mathrm{d}x = -0.01$ 时,有

$$\mathrm{d}y = 3x^2 \mathrm{d}x \mid_{\substack{x=2 \\ \mathrm{d}x=-0.01}} = 3 \times 2^2 \times (-0.01) = -0.12.$$

3. 复合函数的微分法则

定理 2 设函数 $u = \varphi(x)$ 在点 x 可微,$y = f(u)$ 在对应点 u 可微,则复合函数 $y = f[\varphi(x)]$ 在点 x 可微,且

$$\mathrm{d}y = f'(u)\mathrm{d}u, \tag{2}$$

其中 $\mathrm{d}u = \varphi'(x)\mathrm{d}x.$

证 由微分定义及复合函数求导法则,有

$$\mathrm{d}y = (f[\varphi(x)])'_x \mathrm{d}x = f'(u)\varphi'(x)\mathrm{d}x = f'(u)\mathrm{d}u.$$

公式(2)表明,不论 u 是自变量还是中间变量,函数 $y = f(u)$ 的微分都有相同的形式. 这个性质叫作**微分形式的不变性**.

例 2 设 $y = \mathrm{e}^{1-3x}\sin x$,求 $\mathrm{d}y$.

解 运用乘积的微分法则,得

$\mathrm{d}y = \mathrm{d}(\mathrm{e}^{1-3x}\sin x)$

$= \sin x \cdot \mathrm{d}(\mathrm{e}^{1-3x}) + \mathrm{e}^{1-3x}\mathrm{d}(\sin x)$

$= \sin x \cdot \mathrm{e}^{1-3x}(-3\mathrm{d}x) + \mathrm{e}^{1-3x}\cos x \mathrm{d}x$

$= \mathrm{e}^{1-3x}(\cos x - 3\sin x)\mathrm{d}x.$

例 3 设 $y = \sin(x^3 + 1)$,求 $\mathrm{d}y$.

解 把 $x^3 + 1$ 看成中间变量 u,运用微分形式不变性,有

$\mathrm{d}y = \mathrm{d}(\sin u) = \cos u \mathrm{d}u = \cos(x^3 + 1)\mathrm{d}(x^3 + 1)$

$= \cos(x^3 + 1) \cdot 3x^2 \mathrm{d}x = 3x^2\cos(x^3 + 1)\mathrm{d}x.$

例 4 求 $y = \ln(x + \sqrt{x^2+1})$ 的微分.

解

$$dy = d\ln(x + \sqrt{x^2+1})$$

$$= \frac{1}{x + \sqrt{x^2+1}} d(x + \sqrt{x^2+1})$$

$$= \frac{1}{x + \sqrt{x^2+1}} (dx + d\sqrt{x^2+1})$$

$$= \frac{1}{x + \sqrt{x^2+1}} \left(dx + \frac{x}{\sqrt{x^2+1}} dx \right)$$

$$= \frac{dx}{\sqrt{x^2+1}}.$$

例 5 在下列等式左端的括号中填入适当的函数,使等式成立:

(1) $d(\quad) = x^2 dx$;

(2) $d(\quad) = xe^{x^2} dx$.

解 (1) 由于

$$d(x^3) = 3x^2 dx,$$

所以

$$x^2 dx = \frac{1}{3} d(x^3) = d\left(\frac{x^3}{3}\right),$$

即

$$d\left(\frac{x^3}{3}\right) = x^2 dx.$$

一般地,有

$$d\left(\frac{x^3}{3} + C\right) = x^2 dx \quad (C \text{ 为任意常数}).$$

(2) 由于

$$d(e^{x^2}) = 2xe^{x^2} dx,$$

所以

$$xe^{x^2} dx = \frac{1}{2} d(e^{x^2}) = d\left(\frac{1}{2} e^{x^2}\right),$$

即

$$d\left(\frac{1}{2} e^{x^2}\right) = xe^{x^2} dx.$$

一般地,有

$$d\left(\frac{1}{2}e^{x^2}+C\right)=xe^{x^2}dx \quad (C \text{ 为任意常数}).$$

三、微分的应用

1. 微分的几何意义

如图 2.15,在曲线 $y=f(x)$ 上取定一点 $M(x,y)$,MT 是该曲线在点 M 的切线,则此切线的斜率为

$$\frac{dy}{dx}=f'(x)=\tan\alpha,$$

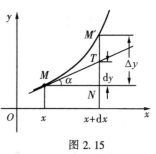

图 2.15

其中 α 是切线 MT 与 x 轴的夹角. 设自变量 x 有一个增量 $dx=MN$,则

$$dy=f'(x)dx=\tan\alpha dx=NT.$$

因此,函数 $y=f(x)$ 的微分 dy 就是过点 $M(x,y)$ 的切线的纵坐标的改变量. 这就是微分的几何意义.

由图 2.15 可见,当 dx 很小时,有

$$\Delta y=NM'\approx dy=NT,$$

且线段 TM' 是 Δy 与 dy 之差,它是较 dx 高阶的无穷小. 这样,“曲线”$y=f(x)$ 的改变量 Δy,可以用“直线”(即切线)的改变量 dy 来近似代替,或者说在局部上“以直代曲”. 这正如恩格斯所说的“在一定条件下,直线与曲线应当是一回事”,这是微积分学的基本思想之一.

2. 微分在近似计算中的应用

设函数 $y=f(x)$ 在区间 (a,b) 内可微,由微分意义,当 $|\Delta x|$ 很小时,有

$$\Delta y\approx dy,$$

即

$$f(x_0+\Delta x)-f(x_0)\approx f'(x_0)\Delta x,$$

或

$$f(x_0+\Delta x)\approx f(x_0)+f'(x_0)\Delta x. \tag{3}$$

特别地,取 $x_0=0$ 时,得近似公式

$$f(\Delta x)\approx f(0)+f'(0)\Delta x,$$

或记作

$$f(x) \approx f(0) + f'(0)x. \tag{4}$$

例 6 证明:当 $|x|$ 很小时,有近似公式

$$e^x \approx 1 + x.$$

证 取 $f(x) = e^x$,$x_0 = 0$,$f(0) = 1$,$f'(0) = 1$,由公式(4),得

$$e^x \approx 1 + x.$$

同理,可以得到一批常见的近似公式. 当 $|x|$ 很小时,有

(i) $\sin x \approx x$;

(ii) $\tan x \approx x$;

(iii) $\ln(1+x) \approx x$;

(iv) $e^x \approx 1 + x$;

(v) $(1+x)^a \approx 1 + ax$　(a 为实数).

我们将证明留给读者.

例 7 求 $\sqrt{1.05}$ 的近似值.

解 首先有 $\sqrt{1.05} = \sqrt{1 + 0.05}$,这里 $x = 0.05$,其值较小. 利用近似公式(v)(取 $a = \dfrac{1}{2}$)便得

$$\sqrt{1.05} \approx 1 + \frac{1}{2} \times 0.05 = 1.025.$$

如直接开方计算,可得

$$\sqrt{1.05} \approx 1.02470.$$

比较两个结果可知,以 1.025 作为 $\sqrt{1.05}$ 的近似值,其误差不超过 0.001,这样的近似值在一般应用中已够精确了. 如果开方次数较高,就更能体会出用微分进行近似计算的优越性.

例 8 求一球壳体积的近似值,设其内直径为 10 cm,球壳厚度为 $\dfrac{1}{16}$ cm.

解 直径为 D 的球体的体积是 $V = \dfrac{1}{6} \pi D^3$. 于是球壳体积是内外直径分别为 10 cm 和 $10\dfrac{1}{8}$ cm 的两个球体的体积之差 ΔV. 求 ΔV 的近似值,可用微分 dV 表示. 经过计算

$$dV = \frac{1}{2} \pi D^2 dD \bigg|_{\substack{D=10 \\ dD=\frac{1}{8}}} = \frac{1}{2} \pi (10)^2 \cdot \frac{1}{8} \approx 19.63.$$

所以球壳体积的近似值为 19.63 cm³.

习 题 2.5

1. 分别求出函数 $f(x)=x^3-2x+1$ 当 $x=1$,分别取 $\triangle x=1,0.1,0.01$ 时的改变量 $\Delta f(x)$ 和微分 $\mathrm{d}f(x)$,并加以比较. 能否得到"当 Δx 越小时,两者越接近"的结论?

2. 求下列各函数的微分:

(1) $y=3x^2+x$;　　　　　(2) $y=\sqrt{1-x^2}$;

(3) $y=\ln(\ln x)$;　　　　(4) $y=\sin(\sin x)$;

(5) $y=\mathrm{e}^x\arctan x+10$;　(6) $y=\arcsin\sqrt{x}$.

3. 设 u,v 是 x 的可微函数,求下列函数的微分:

(1) $y=\sqrt{u^2+v^2}$;　　　(2) $y=\mathrm{e}^{u+v}$.

4. 若 $|x|$ 很小,证明下列近似公式:

(1) $\sqrt[n]{1+x}\approx1+\dfrac{1}{n}x$;　　(2) $\dfrac{1}{1+x}\approx1-x$.

5. 利用微分,求下列近似值:

(1) $(1.05)^8$;　　　　　(2) $\sqrt[3]{996}$;

(3) $\mathrm{e}^{0.025}$;　　　　　(4) $\ln 0.99$.

6. 正立方体的棱长 $x=10$ 米,如果棱长增加 0.1 米,求此正立方体体积增长的精确值与近似值.

7. 一平面圆环形,其内半径为 10 厘米,宽为 0.1 厘米. 求此圆环面积的精确值与近似值.

第三章　积　分　学

在一切理论成就中，未必再有什么像 17 世纪下半叶微积分的发现那样被看作人类精神的最高胜利了．如果在某个地方我们看到人类精神的纯粹的和唯一的功绩，那就正是在这里．

恩格斯

牛顿和莱布尼茨的伟大功绩在于明确地认识到微分学的基本问题和积分学的基本问题之间的紧密联系．在他们参与下形成的崭新的统一方法使之成为科学发展的有力工具．

柯朗

积分学和微分学一起构成微积分学（Calculus），是高等数学的核心部分．积分学包含不定积分和定积分两部分．不定积分是微分运算的逆运算，在数学发展的长河中，任何逆运算都会带来新的困难，也会引出新的方法和新的结果；而定积分则是从求平面曲线所围图形的面积及大量科学、工程问题中提炼出来的一种极为有效的数学方法．著名的微积分学基本定理，建立起这两类积分问题的本质联系．

本章介绍不定积分与定积分的概念、性质和计算方法，证明了微积分学基本定理．介绍了积分在几何学方面的简单应用，阐述了微分方程的基本知识．最后简单介绍了反常积分．

§3.1 不定积分概念

一、原函数

微分学讨论的基本问题是:已知一个函数 $F(x)$,如何求出它的导函数 $F'(x)$? 在实际问题中,往往也需要研究与此相反的问题,即已知导函数 $F'(x)$,如何求出原来的函数 $F(x)$. 现举例如下.

例 1 已知从静止状态开始沿直线运动的物体的速度 v 与时间 t 的关系为

$$v(t) = kt, \quad k \text{ 为常数},$$

求物体的运动路程 s 与时间 t 的函数关系 $s(t)$.

解 由导数的物理意义知道,路程函数 $s(t)$ 的导数就是运动物体的瞬时速度,故有

$$\frac{\mathrm{d}s}{\mathrm{d}t} = v(t) = kt.$$

由求导法则可知,当

$$s(t) = \frac{1}{2}kt^2 + C, \quad C \text{ 为常数}$$

时,有 $\dfrac{\mathrm{d}s}{\mathrm{d}t} = kt$. 又已知当 $t=0$ 时 $s=0$,因而 $C=0$,故所求路程函数为

$$s = \frac{1}{2}kt^2.$$

例 2 已知曲线经过点 $A(0,1)$,且曲线上任一点 $P(x,y)$ 处的切线斜率为 $k=2x$,求此曲线的方程.

解 设所求曲线方程为 $y=F(x)$,于是在曲线上任意一点 $P(x,y)$ 处的切线斜率为

$$y' = F'(x) = 2x.$$

由求导法则可知,当 $y=F(x)=x^2+C$ 时,$y'=2x$. 又把点 $A(0,1)$ 的坐标代入曲线方程得 $C=1$,因此所求曲线方程为

$$y = x^2 + 1.$$

归纳上述两例所刻画的问题,给出下面的定义.

定义 1 设 $f(x)$ 是定义在区间 I 上的函数,如果存在定义在 I 上的函数 $F(x)$,使得对于 I 上的任何一点 x,都有

$$F'(x) = f(x) \quad \text{或} \quad \mathrm{d}F(x) = f(x)\mathrm{d}x,$$

则称 $F(x)$ 是 $f(x)$ 在区间 I 上的一个**原函数**.

例如,例 2 中的 x^2+1 是 $2x$ 的一个原函数. 又因为对于任何常数 C,$(\arctan x)' = \dfrac{1}{1+x^2}$, $(\arctan x + C)' = \dfrac{1}{1+x^2}$, 故 $\arctan x$ 和 $\arctan x + C$ 都是 $\dfrac{1}{1+x^2}$ 的原函数.

由定义知原函数和导函数是一对互逆的概念,即 $F(x)$ 是 $f(x)$ 的一个原函数,当且仅当 $f(x)$ 是 $F(x)$ 的导函数时. 因此要判断 $F(x)$ 是否是 $f(x)$ 的一个原函数,只要验证是否成立 $F'(x) = f(x)$.

当 $F(x)$ 是 $f(x)$ 的一个原函数时,对于任意常数 C, $F(x)+C$ 也是 $f(x)$ 的原函数. 反之,若 $F(x)$ 与 $G(x)$ 都是 $f(x)$ 的原函数,即 $F'(x) = G'(x) = f(x)$,则由 §2.3 微分中值定理的推论 2 得 $G(x) = F(x)+C$.

综合上面的讨论,可见如果 $f(x)$ 有原函数,只要求出其中一个原函数,便可把所有的原函数表示出来,即有下面的定理 1.

定理 1 如果 $F(x)$ 是 $f(x)$ 的一个原函数,则 $f(x)$ 的任一原函数都可以表达为 $F(x)+C$ 的形式.

那么,什么样的函数存在原函数呢?我们给出一个存在原函数的充分条件.

定理 2 若函数 $f(x)$ 在区间 I 上连续,则 $f(x)$ 在 I 上必存在原函数.

这个定理的证明,在学习了 §3.7 定理 1 后便可立即得出.

我们需要引入一个记号来表示 $f(x)$ 的全体原函数,这就是 $f(x)$ 的不定积分.

二、不定积分

1. 不定积分的概念

定义 2 函数 $f(x)$ 原函数的全体称为 $f(x)$ 的**不定积分**,记为

$$\int f(x)\mathrm{d}x,$$

其中 $\int$ 称为**积分号**,x 称为**积分变量**,$f(x)$ 称为**被积函数**,$f(x)\mathrm{d}x$ 称为**被积表达式**.

由定理 1 知,只要知道 $f(x)$ 的一个原函数 $F(x)$,就有

$$\int f(x)\mathrm{d}x = F(x) + C.$$

例如由 $(\cos x)' = -\sin x$，得

$$\int (-\sin x)\mathrm{d}x = \cos x + C;$$

由 $(\ln(1+x^2))' = \dfrac{2x}{1+x^2}$，得

$$\int \frac{2x}{1+x^2}\mathrm{d}x = \ln(1+x^2) + C.$$

求出 $f(x)$ 的原函数的方法叫作**积分法**，显然它是求导运算的逆运算，而且一般说来积分法要比微分法复杂得多.

2. **不定积分的基本性质**

由不定积分与微分互为逆运算，立得下面的定理 3.

定理 3（不定积分与微分的关系）

$$\left(\int f(x)\mathrm{d}x\right)' = f(x) \quad 或 \quad \mathrm{d}\!\int f(x)\mathrm{d}x = f(x)\mathrm{d}x;$$

$$\int F'(x)\mathrm{d}x = F(x) + C \quad 或 \quad \int \mathrm{d}F(x) = F(x) + C.$$

这就是说，若先积分后微分，则还原；若先微分后积分，则还原后相差一个任意常数.

3. **不定积分的简单运算性质**

(1) 不为零的常数因子可以提到积分号外，即

$$\int kf(x)\mathrm{d}x = k\!\int f(x)\mathrm{d}x, \quad k \neq 0.$$

证 只要证明等式两边的导数相等即可：

$$\left(\int kf(x)\mathrm{d}x\right)' = kf(x) = \left(k\!\int f(x)\mathrm{d}x\right)'.$$

(2) 两个函数的和或差的积分，等于这两个函数各自积分的和或差，即

$$\int [f(x) \pm g(x)]\mathrm{d}x = \int f(x)\mathrm{d}x \pm \int g(x)\mathrm{d}x.$$

证 因

$$\left(\int [f(x) \pm g(x)]\mathrm{d}x\right)' = f(x) \pm g(x),$$

$$\left(\int f(x)\mathrm{d}x \pm \int g(x)\mathrm{d}x\right)' = \left(\int f(x)\mathrm{d}x\right)' \pm \left(\int g(x)\mathrm{d}x\right)' = f(x) \pm g(x),$$

101

故等式成立.

显然,上述性质对于任意有限个函数的和或差的积分,也是成立的.

例 3 求积分 $\displaystyle\int (3e^x - 2\sin x)\mathrm{d}x$.

解

$$\int (3e^x - 2\sin x)\mathrm{d}x = \int 3e^x\mathrm{d}x - \int 2\sin x\mathrm{d}x$$

$$= 3\int e^x\mathrm{d}x - 2\int \sin x\mathrm{d}x$$

$$= 3e^x - 2(-\cos x) + C$$

$$= 3e^x + 2\cos x + C.$$

习 题 3.1

1. 函数 $f(x)$ 的原函数与不定积分有什么区别?

2. 积分常数是否一定要写成 C?能否写成 $\dfrac{C}{2}$,$-C$,C^2,$\ln C$,$\sin C$,e^C 等形式?为什么?

§3.2　基本积分表与简单积分法

一、基本初等函数的不定积分表

根据不定积分的定义,把导数基本公式逆过来,就得到基本初等函数的不定积分表:

(1) $\displaystyle\int 0\mathrm{d}x = C.$

(2) $\displaystyle\int x^{\alpha}\mathrm{d}x = \dfrac{1}{\alpha+1}x^{\alpha+1} + C \ (\alpha \neq -1).$

(3) $\displaystyle\int \dfrac{\mathrm{d}x}{x} = \ln |x| + C.$

(4) $\displaystyle\int e^x\mathrm{d}x = e^x + C.$

$$\int a^x \mathrm{d}x = \frac{1}{\ln a} a^x + C.$$

(5) $\displaystyle\int \cos x \mathrm{d}x = \sin x + C;$

$\displaystyle\int \sin x \mathrm{d}x = -\cos x + C.$

(6) $\displaystyle\int \sec^2 x \mathrm{d}x = \tan x + C;$

$\displaystyle\int \csc^2 x \mathrm{d}x = -\cot x + C.$

(7) $\displaystyle\int \frac{\mathrm{d}x}{\sqrt{1-x^2}} = \arcsin x + C.$

(8) $\displaystyle\int \frac{\mathrm{d}x}{1+x^2} = \arctan x + C.$

以上公式是求不定积分的基础,必须熟记.

二、简单积分法

当所求的积分没有列入基本积分表时,可对被积函数进行适当的恒等变形,并运用不定积分的简单运算性质,化为基本积分表所列类型的积分.

例 1 求积分 $\displaystyle\int \left(\sqrt{x} + \frac{2}{\sqrt[3]{x^2}}\right)\mathrm{d}x.$

解 $\displaystyle\int \left(\sqrt{x} + \frac{2}{\sqrt[3]{x^2}}\right)\mathrm{d}x = \int x^{\frac{1}{2}}\mathrm{d}x + 2\int x^{-\frac{2}{3}}\mathrm{d}x$

$$= \frac{1}{\frac{1}{2}+1} x^{\frac{1}{2}+1} + 2\times \frac{1}{-\frac{2}{3}+1} x^{-\frac{2}{3}+1} + C$$

$$= \frac{2}{3} x^{\frac{3}{2}} + 6x^{\frac{1}{3}} + C.$$

例 2 求积分 $\displaystyle\int \frac{x^4}{1+x^2}\mathrm{d}x.$

分析 被积函数 $\dfrac{x^4}{1+x^2}$ 不属于基本积分表所列的函数类型,故应作适当的恒等变换. 这是一个假分式,应当分离出它的整式部分,即

$$\frac{x^4}{1+x^2} = \frac{(x^4-1)+1}{1+x^2} = x^2 - 1 + \frac{1}{1+x^2},$$

右端每一项都可在基本积分表中找到积分公式.

解 $\displaystyle\int \frac{x^4}{1+x^2}\mathrm{d}x = \int \left[(x^2-1)+\frac{1}{1+x^2}\right]\mathrm{d}x$

$$= \int x^2 \mathrm{d}x - \int \mathrm{d}x + \int \frac{\mathrm{d}x}{1+x^2}$$

$$= \frac{1}{3}x^3 - x + \arctan x + C.$$

例 3 求积分 $\displaystyle\int \left(\tan^2 x + \sin^2 \frac{x}{2}\right)\mathrm{d}x.$

分析 在基本积分表中有 $\sec^2 x$ 的积分,而 $\tan^2 x = \sec^2 x - 1$;又由三角公式,$\sin^2 \dfrac{x}{2} = \dfrac{1}{2}(1-\cos x)$. 变形后的函数均可在基本积分表中查到其积分.

解 $\displaystyle\int \left(\tan^2 x + \sin^2 \frac{x}{2}\right)\mathrm{d}x$

$$= \int \left[(\sec^2 x - 1) + \frac{1}{2}(1-\cos x)\right]\mathrm{d}x$$

$$= \int \frac{1}{\cos^2 x}\mathrm{d}x - \frac{1}{2}\int \mathrm{d}x - \frac{1}{2}\int \cos x\mathrm{d}x$$

$$= \tan x - \frac{1}{2}x - \frac{1}{2}\sin x + C.$$

习　题　3. 2

求下列不定积分:

1. $\displaystyle\int \frac{1}{x^5}\mathrm{d}x$;　　　　2. $\displaystyle\int x^2 \sqrt[3]{x}\mathrm{d}x$;

3. $\displaystyle\int \frac{(1+x)^2}{\sqrt{x}}\mathrm{d}x$;　　　4. $\displaystyle\int e^x(e^{-x}-1)\mathrm{d}x$;

5. $\displaystyle\int (10^x - \tan^2 x)\mathrm{d}x$;　　6. $\displaystyle\int \cos^2 \frac{x}{2}\mathrm{d}x$;

7. $\displaystyle\int \frac{x^3-8}{x-2}\mathrm{d}x$;　　　8. $\displaystyle\int \frac{\mathrm{d}x}{\sin^2 x\cos^2 x}$ (提示:$1 = \sin^2 x + \cos^2 x$);

*9. $\displaystyle\int x\sqrt{x\sqrt{x}}\mathrm{d}x$;　　　*10. $\displaystyle\int \frac{e^{2x}-1}{e^x+1}\mathrm{d}x$.

§3.3 换元积分法

在上一节中,运用基本积分法,可以求出某些简单函数的不定积分.但仅凭这些方法,还有很多函数的不定积分无法求出,如

$$\int \cos 2x\mathrm{d}x,\ \int \frac{\mathrm{d}x}{1+x},\ \int x\mathrm{e}^{-x^2}\,\mathrm{d}x$$

等.下面我们引入一种重要的积分方法——换元积分法.

一、第一换元积分法

先看上面的例子$\int \cos 2x\mathrm{d}x$,在基本积分公式中只有$\int \cos x\mathrm{d}x = \sin x + C$. 如果生搬硬套,得出$\int \cos 2x\mathrm{d}x = \sin 2x + C$,是错误的.这是因为$(\sin 2x + C)' = 2\cos 2x \neq \cos 2x$. 但如果我们对被积函数作如下变形:

$$\int \cos 2x\mathrm{d}x = \frac{1}{2}\int \cos 2x\mathrm{d}(2x) \quad (令 u = 2x)$$

$$= \frac{1}{2}\int \cos u\mathrm{d}u \quad (由基本积分公式)$$

$$= \frac{1}{2}\sin u + C \quad (代回 u = 2x)$$

$$= \frac{1}{2}\sin 2x + C,$$

则由$\left(\frac{1}{2}\sin 2x + C\right)' = \cos 2x$ 知道上述计算是正确的.这种方法就是第一换元积分法.

定理 1(第一换元积分法) 若

$$\int f(x)\mathrm{d}x = F(x) + C,$$

则当$u = \varphi(x)$是x的连续可微函数时,有

$$\int f(u)\mathrm{d}u = F(u) + C.$$

亦即

$$\int f[\varphi(x)]\varphi'(x)\mathrm{d}x = F[\varphi(x)] + C.$$

证 由$\int f(x)\mathrm{d}x = F(x) + C$ 得 $\mathrm{d}F(x) = f(x)\mathrm{d}x$. 根据一阶微分形

式不变性,当 $u=\varphi(x)$ 为中间变量时,仍有 $\mathrm{d}F(u)=f(u)\mathrm{d}u$,因而

$$\int f(u)\mathrm{d}u = F(u) + C.$$

这条定理表明,在基本积分公式中,无论积分变量是自变量还是中间变量(即自变量的连续可微函数),公式都是正确的. 这样就大大拓宽了基本积分公式的应用范围.

例1 求 $\displaystyle\int \frac{\mathrm{d}x}{1+x}$.

解 因为 $\mathrm{d}(1+x)=\mathrm{d}x$,所以

$$\int \frac{\mathrm{d}x}{1+x} \quad \text{(配微分)}$$

$$=\int \frac{\mathrm{d}(1+x)}{1+x} \quad \text{(令 } u=1+x\text{)}$$

$$=\int \frac{\mathrm{d}u}{u} = \ln|u| + C \quad \text{(代回 } u=1+x\text{)}$$

$$=\ln|1+x| + C.$$

例2 求 $\displaystyle\int (ax+b)^n \mathrm{d}x, n\neq -1, a\neq 0$.

解 因为 $\mathrm{d}(ax+b)=a\mathrm{d}x$,所以

$$\int (ax+b)^n \mathrm{d}x \quad \text{(配微分)}$$

$$=\frac{1}{a}\int (ax+b)^n \mathrm{d}(ax+b) \quad \text{(令 } u=ax+b\text{)}$$

$$=\frac{1}{a}\int u^n \mathrm{d}u = \frac{1}{a}\cdot\frac{1}{n+1}u^{n+1} + C \quad \text{(代回 } u=ax+b\text{)}$$

$$=\frac{1}{a(n+1)}(ax+b)^{n+1} + C.$$

从上面的例子可以看出,用第一换元积分法求不定积分 $\displaystyle\int g(x)\mathrm{d}x$ 是分两步完成的:第一步从被积函数 $g(x)$ 中分离出一个因子 $\varphi'(x)$,使 $\varphi'(x)\mathrm{d}x$ 配成 u 的微分 $\mathrm{d}u$(其中 $u=\varphi(x)$);第二步把被积函数剩下的部分表示成 u 的函数 $f(u)$,并求出 $f(u)$ 的原函数 $F(u)$. 其中关键的一步是如何"凑"出微分 $\varphi'(x)\mathrm{d}x=\mathrm{d}u$,因此第一换元积分法又称为凑微分法,其解题步骤可以归结如下:

$$\int g(x)\mathrm{d}x \quad (凑微分)$$

$$= \int f[\varphi(x)]\varphi'(x)\mathrm{d}x \quad (令\ u = \varphi(x))$$

$$= \int f(u)\mathrm{d}u \quad (对\ u\ 积分)$$

$$= F(u) + C \quad (代回\ u = \varphi(x))$$

$$= F[\varphi(x)] + C.$$

例 2 中的技巧 $\mathrm{d}(ax + b) = a\mathrm{d}x$ 在凑微分时是经常用到的.

例 3 求 $\int x\mathrm{e}^{-x^2}\mathrm{d}x$.

解 如果令 $u = -x^2$，则 $x\mathrm{d}x = -\dfrac{1}{2}\mathrm{d}(-x^2)$，于是

$$\int x\mathrm{e}^{-x^2}\mathrm{d}x = -\frac{1}{2}\int \mathrm{e}^{-x^2}\mathrm{d}(-x^2) \quad (令\ u = -x^2)$$

$$= -\frac{1}{2}\int \mathrm{e}^u \mathrm{d}u = -\frac{1}{2}\mathrm{e}^u + C$$

$$= -\frac{1}{2}\mathrm{e}^{-x^2} + C.$$

例 4 求 $\int \dfrac{\mathrm{d}x}{a^2 + x^2}$.

解

$$\int \frac{\mathrm{d}x}{a^2 + x^2} = \frac{1}{a^2}\int \frac{\mathrm{d}x}{1 + \left(\dfrac{x}{a}\right)^2}$$

$$= \frac{1}{a}\int \frac{1}{1 + \left(\dfrac{x}{a}\right)^2}\mathrm{d}\left(\frac{x}{a}\right) \quad \left(令\ u = \frac{x}{a}\right)$$

$$= \frac{1}{a}\int \frac{\mathrm{d}u}{1 + u^2} = \frac{1}{a}\arctan u + C$$

$$= \frac{1}{a}\arctan \frac{x}{a} + C.$$

例 5 求 $\int \dfrac{\mathrm{d}x}{\sqrt{a^2 - x^2}}\ (a > 0)$.

解

$$\int \frac{1}{\sqrt{a^2 - x^2}}\mathrm{d}x = \frac{1}{a}\int \frac{1}{\sqrt{1 - \left(\dfrac{x}{a}\right)^2}}\mathrm{d}x$$

$$= \int \frac{1}{\sqrt{1 - \left(\frac{x}{a}\right)^2}} d\left(\frac{x}{a}\right) \quad \left(令\ u = \frac{x}{a}\right)$$

$$= \int \frac{du}{\sqrt{1 - u^2}} = \arcsin u + C$$

$$= \arcsin \frac{x}{a} + C.$$

例 6　求 $\int \dfrac{dx}{a^2 - x^2}$.

解　被积函数的分母可以分解因式,因此先把被积函数分解成两个一次分式(称为部分分式)的和:

$$\frac{1}{a^2 - x^2} = \frac{1}{2a}\left(\frac{1}{a-x} + \frac{1}{a+x}\right),$$

于是

$$\int \frac{dx}{a^2 - x^2} = \frac{1}{2a}\left(\int \frac{dx}{a-x} + \int \frac{dx}{a+x}\right)$$

$$= \frac{1}{2a}(-\ln|a-x| + \ln|a+x|) + C$$

$$= \frac{1}{2a}\ln\left|\frac{a+x}{a-x}\right| + C.$$

例 4、例 5、例 6 三个不定积分在计算积分时经常遇到. 如能熟记,可以作为公式直接运用.

例 7　求 $\int \dfrac{\ln x}{x} dx$.

解　因为 $\dfrac{dx}{x} = d(\ln x)$,所以

$$\int \frac{\ln x}{x} dx = \int \ln x\, d(\ln x) \quad (令\ u = \ln x)$$

$$= \int u du = \frac{1}{2}u^2 + C = \frac{1}{2}(\ln x)^2 + C.$$

当我们计算比较熟练时,可以不把换元过程写出来:

$$\int \frac{\ln x}{x} dx = \int \ln x\, d(\ln x) = \frac{1}{2}(\ln x)^2 + C.$$

例 8　求 $\int \sin^3 x dx$.

解　　　　　　　$$\int \sin^3 x dx = \int \sin^2 x \cdot \sin x dx$$

$$=-\int(1-\cos^2 x)\mathrm{d}\cos x$$

$$=-(\cos x-\frac{1}{3}\cos^3 x)+C$$

$$=\frac{1}{3}\cos^3 x-\cos x+C.$$

例 9　求 $\int\cos^2 x\mathrm{d}x.$

解　$\int\cos^2 x\mathrm{d}x=\frac{1}{2}\int(1+\cos 2x)\mathrm{d}x=\frac{1}{2}x+\frac{1}{4}\sin 2x+C.$

注　用例 8 和例 9 的方法,可以计算 $\sin x,\cos x$ 的奇次幂和偶次幂的积分.

例 10　求 $\int\tan x\mathrm{d}x.$

解　$\int\tan x\mathrm{d}x=\int\frac{\sin x}{\cos x}\mathrm{d}x=-\int\frac{\mathrm{d}\cos x}{\cos x}=-\ln|\cos x|+C.$
类似可得

$$\int\cot x\mathrm{d}x=\ln|\sin x|+C.$$

二、第二换元积分法

第一换元积分公式
$$\int f[\varphi(x)]\varphi'(x)\mathrm{d}x=\int f(u)\mathrm{d}u$$
是将上式左端的积分转换为右端的积分. 如果将此式从右向左使用,就得到第二换元积分公式,它适用于右端被积函数 $f(u)$ 的原函数不易求出,而左端被积函数 $f[\varphi(x)]\varphi'(x)=g(x)$ 的原函数 $G(x)$ 却比较容易求得的情形. 第二换元积分法的解题过程如下(其中 $x=\psi(t)$ 连续可微):

$$\int f(x)\mathrm{d}x\quad(令\ x=\psi(t))$$
$$=\int f([\psi(t)]\psi'(t)\mathrm{d}t\quad(整理被积函数)$$
$$=\int g(t)\mathrm{d}t\quad(积分)$$
$$=G(t)+C\quad(代回反函数\ t=\psi^{-1}(x))$$
$$=G[\psi^{-1}(x)]+C.$$

109

用第二换元积分法求解的一类主要题型是下面例 11、例 12 和例 13 所代表的二次根式的积分. 运用三角代换可以化去根号, 变为三角函数有理式的积分. 应当指出, 当求出 $g(t)$ 的原函数 $G(t)$ 以后代回原变量 x 时, 利用例题中所标示的直角三角形, 可以避免求反函数, 从而简化运算.

例 11 求 $\displaystyle\int \sqrt{a^2-x^2}\,\mathrm{d}x\ (a>0)$.

解 本题不同于例 5, 其原函数不是单一的反正弦函数. 为了化去根号, 可作三角变换(图 3.1)

$$x = a\sin t,\quad 0 < t < \frac{\pi}{2},$$

于是

$$\sqrt{a^2-x^2} = a\cos t,\ \mathrm{d}x = a\cos t\,\mathrm{d}t,\ t = \arcsin\frac{x}{a},$$

因此

$$\begin{aligned}
\int \sqrt{a^2-x^2}\,\mathrm{d}x &= \int a^2\cos^2 t\,\mathrm{d}t\\
&= \frac{a^2}{2}\int (1+\cos 2t)\,\mathrm{d}t\\
&= \frac{a^2}{2}\left(t+\frac{1}{2}\sin 2t\right)+C\\
&= \frac{a^2}{2}(t+\sin t\cos t)+C.
\end{aligned}$$

由图 3.1, $\sin t=\dfrac{x}{a}$, $\cos t=\dfrac{\sqrt{a^2-x^2}}{a}$, 代入上式后得到

$$\int \sqrt{a^2-x^2}\,\mathrm{d}x = \frac{a^2}{2}\arcsin\frac{x}{a}+\frac{1}{2}x\sqrt{a^2-x^2}+C.$$

例 12 求 $\displaystyle\int \frac{\mathrm{d}x}{\sqrt{a^2+x^2}}\ (a>0)$.

解 令 $x=a\tan t, 0<t<\dfrac{\pi}{2}$, 则

$$\sqrt{a^2+x^2} = \sqrt{a^2(1+\tan^2 t)} = \sqrt{a^2\sec^2 t} = a\sec t,$$

$$\mathrm{d}x = a\sec^2 t\,\mathrm{d}t,\quad t = \arctan\frac{x}{a},$$

于是

$$\int \frac{\mathrm{d}x}{\sqrt{a^2+x^2}} = \int \frac{1}{a\sec t}\cdot a\sec^2 t\,\mathrm{d}t = \int \sec t\,\mathrm{d}t = \int \frac{\mathrm{d}t}{\cos t}.$$

为了算出这个积分,将被积函数的分子分母同乘以 $\cos t$,并作如下变形:

$$\int \frac{\mathrm{d}t}{\cos t} = \int \frac{\mathrm{d}\sin t}{1-\sin^2 t} \quad (\diamondsuit\ u = \sin t)$$

$$= \int \frac{\mathrm{d}u}{1-u^2} \quad (\text{由例 } 6)$$

$$= \frac{1}{2}\ln\left|\frac{1+u}{1-u}\right| + C$$

$$= \frac{1}{2}\ln\left|\frac{1+\sin t}{1-\sin t}\right| + C.$$

由图 3.2 可以看出

$$\sin t = \frac{x}{\sqrt{a^2+x^2}},$$

代入上式并化简,求得

$$\int \frac{\mathrm{d}x}{\sqrt{a^2+x^2}} = \ln\left|x+\sqrt{a^2+x^2}\right| + C.$$

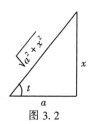

图 3.2

例 13 求 $\displaystyle\int \frac{\mathrm{d}x}{\sqrt{x^2-a^2}}$.

解 令 $x = a\sec t, 0 < t < \dfrac{\pi}{2}$,则

$$\sqrt{x^2-a^2} = a\tan t, \quad \mathrm{d}x = a\sec t\tan t\,\mathrm{d}t,$$

由图 3.3 可以看出 $\sin t = \dfrac{\sqrt{x^2-a^2}}{x}$,代入上式并应

用 $\displaystyle\int \frac{\mathrm{d}t}{\cos t}$ 的结果,有

$$\int \frac{\mathrm{d}x}{\sqrt{x^2-a^2}}$$

$$= \int \frac{\mathrm{d}t}{\cos t}$$

$$= \frac{1}{2}\ln\left|\frac{1+\sin t}{1-\sin t}\right| + C$$

$$= \ln\left|x+\sqrt{x^2-a^2}\right| + C.$$

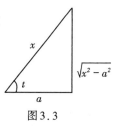

图 3.3

二次根式的积分,除去可以直接运用基本积分公式的,都可以选用上述三种三角代换计算.

例 14 求 $\displaystyle\int \frac{1}{1+\sqrt{x}}\mathrm{d}x$.

111

解 本例的难点在于被积函数中含有无理式$\sqrt{x}$,为化去根号,可令$\sqrt{x}=t$,则 $x=t^2$,$\mathrm{d}x=2t\mathrm{d}t$,于是化为

$$\int \frac{1}{1+\sqrt{x}}\mathrm{d}x=\int \frac{2t}{1+t}\mathrm{d}t=2\int \left(1-\frac{1}{1+t}\right)\mathrm{d}t$$

$$=2(t-\ln|1+t|)+C=2[\sqrt{x}-\ln(1+\sqrt{x})]+C.$$

习　题　3.3

1. 在等号右端空格线上填上适当的因子,使等式成立:

(1) $\mathrm{d}x=$ _____ $\mathrm{d}(3-4x)$；　　(2) $\dfrac{1}{\sqrt{x}}=$ _____ $\mathrm{d}\sqrt{x}$；

(3) $x\mathrm{d}x=$ _____ $\mathrm{d}(x^2+1)$；　　(4) $\sin 2x=$ _____ $\mathrm{d}\cos 2x$；

(5) $\mathrm{e}^{-\frac{x}{2}}\mathrm{d}x=$ _____ $\mathrm{d}(1+\mathrm{e}^{-\frac{x}{2}})$；　(6) $\dfrac{1}{x}\mathrm{d}x=$ _____ $\mathrm{d}(3-2\ln|x|)$.

2. 若$\int f(x)\mathrm{d}x=F(x)+C$,求下列积分:

(1) $\int f(2x)\mathrm{d}x$；　　　　　　(2) $\int xf(x^2)\mathrm{d}x$；

(3) $\int \dfrac{f(\ln x)}{x}\mathrm{d}x$；　　　　　(4) $\int f(\tan x)\sec^2 x\mathrm{d}x$.

3. 用第一换元积分法求下列积分:

(1) $\int (3x+2)^5\mathrm{d}x$；　　　(2) $\int \dfrac{\mathrm{d}x}{\sqrt{1-2x}}$；

(3) $\int \sin \dfrac{x}{2}\mathrm{d}x$；　　　　(4) $\int \dfrac{u}{3-2u^2}\mathrm{d}u$；

(5) $\int \cos^2 x\sin x\mathrm{d}x$；　　(6) $\int \dfrac{\cos t}{1+\sin t}\mathrm{d}t$；

(7) $\int \dfrac{\mathrm{d}x}{x\sqrt{1+\ln x}}$；　　(8) $\int \dfrac{\sqrt{x}+\ln x}{x}\mathrm{d}x$；

(9) $\int \sin^2 u\mathrm{d}u$；　　　　(10) $\int \dfrac{x^2}{1+x^6}\mathrm{d}x$；

(11) $\int \dfrac{\mathrm{d}x}{x(1+2\ln x)}$；　　(12) $\int \sin^2 x\cos^5 x\mathrm{d}x$；

*(13) $\int \dfrac{1}{x^2-5x+6}\mathrm{d}x$；　*(14) $\int \dfrac{1}{x^2}\cos \dfrac{2}{x}\mathrm{d}x$.

4. 用第二换元积分法求下列积分：

(1) $\displaystyle\int \frac{\mathrm{d}x}{\sqrt{3-x^2}}$; *(2) $\displaystyle\int \frac{\sin\sqrt{x}}{\sqrt{x}}\mathrm{d}x$;

*(3) $\displaystyle\int \frac{\mathrm{d}x}{\sqrt{x^2+2x+2}}$.

§3.4 分部积分法

换元积分法虽然十分有用，但在求积分 $\displaystyle\int xe^x\mathrm{d}x$，$\displaystyle\int \arctan x\mathrm{d}x$，$\displaystyle\int x\ln x\mathrm{d}x$ 时却无能为力. 求这类积分，有赖于本节介绍的分部积分法. 分部积分法是由函数乘积的微分公式转化而得到的. 设函数 $u=u(x)$ 和 $v=v(x)$ 连续可微，由

$$\mathrm{d}(uv) = u\mathrm{d}v + v\mathrm{d}u$$

可得

$$u\mathrm{d}v = \mathrm{d}(uv) - v\mathrm{d}u,$$

两边积分，得

$$\int u\mathrm{d}v = uv - \int v\mathrm{d}u, \tag{1}$$

或

$$\int uv'\mathrm{d}x = uv - \int vu'\mathrm{d}x, \tag{2}$$

公式(1)与(2)称为**分部积分公式**，它适用于某些被积函数可以表示成两个不同类型函数乘积的情形，其作用在于把求 $\displaystyle\int u\mathrm{d}v$ 转化为求 $\displaystyle\int v\mathrm{d}u$. 如果求 $\displaystyle\int v\mathrm{d}u$ 比求 $\displaystyle\int u\mathrm{d}v$ 容易，分部积分公式就起到了化难为易的作用.

例 1 求 $\displaystyle\int x\cos 2x\mathrm{d}x$.

解 取 $u=x, \mathrm{d}v=\cos 2x\mathrm{d}x$，则

$$\mathrm{d}u = \mathrm{d}x,\ v = \frac{1}{2}\sin 2x,$$

从而

$$\int x\cos 2x\mathrm{d}x = \int x\mathrm{d}\left(\frac{1}{2}\sin 2x\right)$$

$$= x \cdot \frac{1}{2}\sin 2x - \int \frac{1}{2}\sin 2x\mathrm{d}x$$

$$= \frac{1}{2}x\sin 2x + \frac{1}{4}\cos 2x + C.$$

例 2 求 $\int x\mathrm{e}^x\mathrm{d}x$.

解 取 $u = x, \mathrm{d}v = \mathrm{e}^x\mathrm{d}x$, 则

$$\mathrm{d}u = \mathrm{d}x, \ v = \mathrm{e}^x,$$

于是有

$$\int x\mathrm{e}^x\mathrm{d}x = \int x\mathrm{d}\mathrm{e}^x = x\mathrm{e}^x - \int \mathrm{e}^x\mathrm{d}x = x\mathrm{e}^x - \mathrm{e}^x + C.$$

在本例中如果选取 $u = \mathrm{e}^x, \mathrm{d}v = x\mathrm{d}x$, 则 $\mathrm{d}u = \mathrm{e}^x\mathrm{d}x, v = \frac{1}{2}x^2$, 而积分 $\int v\mathrm{d}u = \int \frac{1}{2}x^2\mathrm{e}^x\mathrm{d}x$ 反而比原积分 $\int u\mathrm{d}v = \int x\mathrm{e}^x\mathrm{d}x$ 更复杂. 由此可见在运用分部积分公式时, 怎样选择 u 和 $\mathrm{d}v$ 是十分关键的. 为达到化难为易的目的, 应当要求 u' 比 u 简单, 而 v 不比 v' 复杂, 这样就能够保证 $\int v\mathrm{d}u = \int vu'\mathrm{d}x$ 比 $\int u\mathrm{d}v = \int uv'\mathrm{d}x$ 易于积出. 通常我们可以遵循对数函数、反三角函数、幂函数、三角函数、指数函数的顺序, 即把被积函数的两个因子中, 排在前面的一类函数确定为 u, 这种确定 u 的顺序可以简记为"对、反、幂、三、指".

此外, 在运算比较熟练后, 可以把所求积分直接写成 $\int u\mathrm{d}v$ 的形式, 应用分部积分公式计算, 省去设出 u 和 $\mathrm{d}v$ 的中间过程.

例 3 求 $\int x\ln x\mathrm{d}x$.

解 $\int x\ln x\mathrm{d}x = \int \ln x\mathrm{d}\left(\frac{x^2}{2}\right) = \frac{1}{2}x^2\ln x - \int \frac{1}{2}x^2 \cdot \frac{1}{x}\mathrm{d}x$

$$= \frac{1}{2}x^2\ln x - \frac{1}{4}x^2 + C.$$

例 4 求 $\int \arctan x\mathrm{d}x$.

114

解 取 $u = \arctan x, v = x$, 则有

$$\int \arctan x \mathrm{d}x = x \arctan x - \int \frac{x}{1+x^2} \mathrm{d}x,$$

对右端的积分用第一换元积分法得

$$\int \frac{x}{1+x^2} \mathrm{d}x = \frac{1}{2} \int \frac{1}{1+x^2} \mathrm{d}(1+x^2) = \frac{1}{2} \ln (1+x^2),$$

代入上式得到

$$\int \arctan x \mathrm{d}x = x \arctan x - \frac{1}{2} \ln (1+x^2) + C.$$

例 5 求 $\int \mathrm{e}^{\sqrt{x}} \mathrm{d}x$.

解 被积函数中含有无理式 $\sqrt{x}$,通常要先用换元法化去根号. 可设 $\sqrt{x} = u$,则 $x = u^2, \mathrm{d}x = 2u\mathrm{d}u$,于是

$$\int \mathrm{e}^{\sqrt{x}} \mathrm{d}x = 2 \int u \mathrm{e}^{u} \mathrm{d}u \quad (\text{由例 2})$$
$$= 2\mathrm{e}^{u}(u-1) + C \quad (\text{代回 } u = \sqrt{x})$$
$$= 2\mathrm{e}^{\sqrt{x}}(\sqrt{x}-1) + C.$$

例 4 和例 5 表明,有时需要把分部积分法与换元积分法结合在一起应用. 而下面的例 6 则表明,有时需要连续应用分部积分法.

例 6 求 $\int x^2 \mathrm{e}^x \mathrm{d}x$.

解 $\int x^2 \mathrm{e}^x \mathrm{d}x = \int x^2 \mathrm{d}\mathrm{e}^x = x^2 \mathrm{e}^x - 2 \int x \mathrm{e}^x \mathrm{d}x,$

对右端的积分再用一次分部积分法(例 2),得到

$$\int x^2 \mathrm{e}^x \mathrm{d}x = x^2 \mathrm{e}^x - 2\mathrm{e}^x(x-1) + C$$
$$= \mathrm{e}^x(x^2 - 2x + 2) + C.$$

例 7 求 $\int \mathrm{e}^x \cos x \mathrm{d}x$.

解 取 $u = \cos x, \mathrm{d}v = \mathrm{e}^x \mathrm{d}x$,则

$$\mathrm{d}u = -\sin x \mathrm{d}x, v = \mathrm{e}^x,$$

于是有

$$\int \mathrm{e}^x \cos x \mathrm{d}x = \mathrm{e}^x \cos x + \int \mathrm{e}^x \sin x \mathrm{d}x, \tag{3}$$

再对右端的积分运用分部积分法,得

$$\int \mathrm{e}^x \sin x \mathrm{d}x = \mathrm{e}^x \sin x - \int \mathrm{e}^x \cos x \mathrm{d}x,$$

虽然右端的积分又还原了,但把上面的结果代入(3)式,便有

$$\int e^x \cos x \,dx = e^x \cos x + e^x \sin x - \int e^x \cos x \,dx,$$

从中可以解得

$$\int e^x \cos x \,dx = \frac{1}{2} e^x (\sin x + \cos x) + C.$$

类似可以得到

$$\int e^x \sin x \,dx = \frac{1}{2} e^x (\sin x - \cos x) + C.$$

最后还需指出,有些初等函数的积分,如

$$\int e^{-x^2} \,dx, \int \sin x^2 \,dx, \int \frac{\sin x}{x} \,dx, \int \sqrt{1 - k\sin^2 x} \,dx \ (0 < k < 1),$$

看起来并不复杂,但是在初等函数范围内是积不出来的. 这不是因为积分方法不够用,而是由于被积函数的原函数不是初等函数.

最后需要说明,数学家已经列出了非常详尽的积分表,只要掌握基本的积分方法,就可以使用积分表或相关软件求出所需要的积分.

习 题 3.4

计算下列不定积分:

1. $\int x\sin x \,dx$;

2. $\int x^3 \ln x \,dx$;

3. $\int \arcsin x \,dx$;

4. $\int \ln(1 + x^2) \,dx$;

5. $\int x e^{3x} \,dx$;

6. $\int x\arctan x \,dx$;

*7. $\int (x^2 - 3x) e^{-x} \,dx$;

*8. $\int x^5 \cos x^2 \,dx$;

*9. $\int \cos \sqrt{x} \,dx$;

*10. $\int \frac{\arcsin \sqrt{x}}{\sqrt{x}} \,dx$;

*11. 设 $F(x)$ 是 $f(x)$ 的一个原函数,求 $\int x f'(x) \,dx$.

§3.5　定积分的概念

前面讨论的不定积分,是求导运算的逆运算.现在我们从另一个角度来考虑微分方法的逆运算,即把积分看作是对连续变化过程中某种总量的度量,这种度量法即积分方法,可以概括成某种形式的和数的极限.下面所讨论的曲边梯形的面积与变速运动的路程,典型地表明几何学和物理学中的一些直观概念能够在积分过程中得到精确完美的数学表述,显示了即将引入的积分方法所具有的强大生命力.

一、两个实际问题

1. 曲边梯形的面积

在第一章我们曾经用极限的方法讨论了抛物线 $y = x^2$ 下方曲边梯形的面积,现在我们研究一般曲边梯形的面积.所谓曲边梯形是指由连续曲线 $y = f(x)(f(x) \geqslant 0)$ 与直线 $x = a, x = b (a < b)$ 及 x 轴所围成的图形,它可以看成是把直角梯形的斜腰换成连续曲线 $y = f(x)$ 后所得到的图形(图 3.4).由于这个图形有着随 x 而变化的"变高" $f(x)$,因此它的面积 A 不能简单地用矩形或梯形等直线形的面积公式来计算.一种简单的方法是用以区间 $[a,b]$ 为底、$f(a)$(或 $f(b)$) 为高的矩形的面积作为 A 的近似值,由于"变高" $f(x)$ 在 $[a,b]$ 上有较大的变化,这个近似值与 A 的误差可能会很大,如图 3.4 所示.但是如果我们把曲边梯形的底边变得很短,例如对应于 $[a,b]$ 的某个很小的子区间 $[x_{i-1}, x_i]$ 的窄条形曲边梯形,因为 $f(x)$ 是连续函数,故"变高" $f(x)$ 在小区间 $[x_{i-1}, x_i]$ 上的变化不会很大,因此用小矩形的面积近似代替小曲边梯形的面积,所产生的误差就比较小.把这一个个小矩形的面积相加,就比较接近 A 的值.显然每个小曲边梯形的底边愈短,所得出的结果就愈精确.当所有小曲边梯形的底边长都无限缩小时(此时小曲边梯形的个数无限增多),它们的面积之和就无限接近曲边梯形的面积 A,因此我们很自然地把 A 看作小矩形面积之

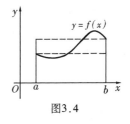

图3.4

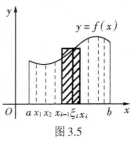

图3.5

和的极限.

上述分析过程可以用较准确的数学语言表述成三个步骤:

(1) 分割:用任意一组 $(n+1)$ 个分点

$$a = x_0 < x_1 < x_2 < \cdots < x_{n-1} < x_n = b$$

将区间 $[a,b]$ 分成 n 个子区间 $[x_0,x_1]$, $[x_1,x_2]$, $\cdots$, $[x_{i-1},x_i]$, $\cdots$, $[x_{n-1}, x_n]$,第 i 个子区间 $[x_{i-1},x_i]$ 的长度记作 $\Delta x_i = x_i - x_{i-1}$. 过各分点作 x 轴的垂线,将曲边梯形分为 n 个小曲边梯形(图3.5),第 i 个小曲边梯形的面积记为 ΔS_i,于是

$$A = \sum_{i=1}^{n} \Delta S_i.$$

(2) 近似求和:在每个子区间 $[x_{i-1},x_i]$ 上任取一点 $\xi_i (i = 1,2,\cdots, n)$,称为该子区间的一个介点. 以小区间 $[x_{i-1},x_i]$ 为底,ξ_i 处的函数值 $f(\xi_i)$ 为高的小矩形(图 3.5 中阴影部分)的面积作为第 i 个小曲边梯形面积 ΔS_i 的近似值,得到

$$\Delta S_i \approx f(\xi_i)\Delta x_i, \quad i = 1,2,\cdots,n,$$

再将这 n 个小矩形的面积相加,得到 A 的近似值

$$A = \sum_{i=1}^{n} \Delta S_i \approx \sum_{i=1}^{n} f(\xi_i)\Delta x_i.$$

(3) 取极限:以 $\|\Delta x\|$ 表示所有小区间的最大长度,即 $\|\Delta x\| = \max\{\Delta x_1, \Delta x_2, \cdots, \Delta x_n\}$,当 $\|\Delta x\| \to 0$ 时,上述和式的极限应当是曲边梯形的面积,即

$$A = \lim_{\|\Delta x\| \to 0} \sum_{i=1}^{n} f(\xi_i)\Delta x_i.$$

注1 当 $\|\Delta x\| \to 0$ 时,分点的个数也无限增多,即 $n \to \infty$. 但分点个数无限增多却不能保证 $\|\Delta x\| \to 0$. 例如我们取定 $x_1 = \dfrac{b+a}{2}$,那么无论分点如何增多,总归有 $\|\Delta x\| \geqslant \Delta x_1 = x_1 - x_0 = \dfrac{b-a}{2}$,因而 $\|\Delta x\|$ 不趋于 0,所以上述极限过程不能写成 $\lim\limits_{n \to \infty} \sum\limits_{i=1}^{n} f(\xi_i)\Delta x_i$.

注2 每个具体的和式 $\sum\limits_{i=1}^{n} f(\xi_i)\Delta x_i$ 的值都和区间 $[a,b]$ 的分割方法以及分点取定以后在每个小区间 $[x_{i-1},x_i]$ 上介点 ξ_i 的取法有关 $(i = 1, 2,\cdots,n)$. 但是当所有的小区间都很小时,由于 $f(x)$ 是连续函数,它在每

个小区间上函数值的变化就不大,因而介点 $\xi_i \in [x_{i-1}, x_i]$ 的取法对 $f(\xi_i)$ 的值的影响就很小. 当 $\| \Delta x \| \to 0$ 时,这无数个和式的值都趋于同一个极限,即曲边梯形的面积 A.

2. 变速直线运动的路程

设质点在直线上做变速运动,其速度 $v = v(t)$ 是时间 t 的连续函数,求从时刻 $t = a$ 到 $t = b$ 质点所走过的路程.

对于匀速直线运动,有路程公式

$$\text{路程} = \text{速度} \times \text{时间} \quad (\text{即 } s = vt),$$

现在面临的问题是,速度不是常量而是随着时间在变化,因而不能简单套用路程公式. 由于速度 $v(t)$ 是随时间 t 连续变化的量,在一小段时间内它的变化很小,因而可以用"以匀速代变速"的辩证思想,把它看成每个小段时间内的匀速运动,而且时间间隔愈短,这种近似替代的精确度就愈高. 仿照面积问题中的三个步骤,我们有:

(1) 分割:将时间区间 $[a, b]$ 任意分割成 n 个小区间,其分点为

$$a = t_0 < t_1 < t_2 < \cdots < t_{n-1} < t_n = b,$$

第 i 个子区间 $[t_{i-1}, t_i]$ 的长度记为 $\Delta t_i = t_i - t_{i-1}$.

(2) 近似求和:在每个子区间(即时间段)$[t_{i-1}, t_i]$ 上任意取一点 ξ_i,以在时刻 ξ_i 时的速度 $v(\xi_i)$ 作为质点在这个时间段上的速度,即把质点在时间段 $[t_{i-1}, t_i]$ 内看成以速度 $v(\xi_i)$ 做匀速运动,得到质点在这个时间段所走过的路程 Δs_i:

$$\Delta s_i \approx v(\xi_i) \Delta t_i, \quad i = 1, 2, \cdots, n,$$

将这些路程相加,得到质点从时刻 a 到时刻 b 所走的总路程 s:

$$s = \sum_{i=1}^{n} \Delta s_i \approx \sum_{i=1}^{n} v(\xi_i) \Delta t_i.$$

(3) 取极限:记 $\| \Delta t \| = \max\{\Delta t_1, \Delta t_2, \cdots, \Delta t_n\}$,令 $\| \Delta t \| \to 0$,就得到质点运动的路程

$$s = \lim_{\| \Delta t \| \to 0} \sum_{i=1}^{n} v(\xi_i) \Delta t_i.$$

上面两个例子,一个是几何问题,一个是物理问题,它们有着完全不同的实际背景,但在解决问题的过程中,都经过了先化整为零,再由部分求全体的转换,贯彻了在小范围内以直代曲、以均匀代不均匀、以近似代精确的辩证思想,最后通过取极限的方法使问题获得解决. 从数量关系上看,将它们转化为数学问题的方法和步骤都是相同的,最后都归结为计算

同一类型和式的极限. 在自然科学和工程技术中, 许多实际问题都可归结为求这种类型的极限. 因此我们有必要抓住这种方法的本质, 进行科学的抽象, 这就引出了定积分的概念.

二、定积分的定义

定义 1 设函数 $f(x)$ 定义在区间 $[a,b]$ 上, 任取一组分点

$$a = x_0 < x_1 < x_2 < \cdots < x_{n-1} < x_n = b,$$

把区间 $[a,b]$ 分成 n 个子区间 $[x_{i-1}, x_i]$ $(i=1,2,\cdots,n)$, 其长度记为 $\Delta x_i = x_i - x_{i-1}$. 在每个子区间 $[x_{i-1}, x_i]$ 上任取一点 ξ_i, 作和式

$$\sum_{i=1}^{n} f(\xi_i) \Delta x_i,$$

称为 $f(x)$ 在 $[a,b]$ 上的一个**积分和**. 记 $\| \Delta x \| = \max\{\Delta x_1, \Delta x_2, \cdots, \Delta x_n\}$, 如果当 $\| \Delta x \| \to 0$ 时, 上述积分和的极限 S 存在, 并且 S 的值与区间 $[a,b]$ 的分法和介点 $\xi_i \in [x_{i-1}, x_i]$ $(i=1,2,\cdots,n)$ 的取法都无关, 就称函数 $f(x)$ 在区间 $[a,b]$ 上**可积**, 并称此极限 S 为 $f(x)$ 在区间 $[a,b]$ 上的**定积分**, 记为 $\int_a^b f(x)\mathrm{d}x$, 即

$$\int_a^b f(x)\mathrm{d}x = \lim_{\| \Delta x \| \to 0} \sum_{i=1}^{n} f(\xi_i) \Delta x_i,$$

其中数 a 叫作**积分下限**, 数 b 叫作**积分上限**, $[a,b]$ 叫作**积分区间**, 其余名称与不定积分相同.

根据定积分的定义, 前面讨论过的一些例子可以表示成定积分的形式. 例如:

第一章中所讨论的抛物线 $y=x^2$ 下的面积可写为

$$A = \int_0^1 x^2 \mathrm{d}x = \frac{1}{3};$$

曲线 $y=f(x)$ $(f(x) \geqslant 0, a \leqslant x \leqslant b)$ 下方的曲边梯形的面积为

$$A = \int_a^b f(x)\mathrm{d}x;$$

具有变速 $v(t)$ 的质点从时刻 a 到时刻 b 运动的路程为

$$s = \int_a^b v(t)\mathrm{d}t.$$

函数 $f(x)$ 满足什么条件时在 $[a,b]$ 上可积, 即定积分 $\int_a^b f(x)\mathrm{d}x$ 存

在呢?下面的定理分别给出一个充分条件和一个必要条件,其证明略去.

定理1 若函数 $f(x)$ 在闭区间 $[a,b]$ 上连续,则定积分 $\int_a^b f(x)\mathrm{d}x$ 存在.

定理2 若定积分 $\int_a^b f(x)\mathrm{d}x$ 存在,则 $f(x)$ 必定是区间 $[a,b]$ 上的有界函数.

本书主要讨论连续函数,它们的定积分都是存在的.

三、定积分的几何意义

设 $f(x)$ 在 $[a,b]$ 上连续,当 $f(x) \geqslant 0$ 时,由前面的讨论知定积分 $\int_a^b f(x)\mathrm{d}x$ 表示曲线 $y = f(x)$,直线 $x = a, x = b$ 及 x 轴所围成的曲边梯形的面积(图 3.6).

当 $f(x) \leqslant 0$ 时,$-f(x) \geqslant 0$,于是曲边梯形的面积

$$A = \int_a^b [-f(x)]\mathrm{d}x = \lim_{\|\Delta x\| \to 0} \sum_{i=1}^n [-f(\xi_i)]\Delta x_i$$

$$= -\lim_{\|\Delta x\| \to 0} \sum_{i=1}^n f(\xi_i)\Delta x_i = -\int_a^b f(x)\mathrm{d}x,$$

这时,定积分 $\int_a^b f(x)\mathrm{d}x$ 表示曲边梯形面积的负值(图 3.7).

如果在 $[a,b]$ 上 $f(x)$ 的值有正有负,此时函数的图形有的在 x 轴上方,有的在 x 轴下方(如图 3.8),定积分 $\int_a^b f(x)\mathrm{d}x$ 的值表示各部分面积的代数和,即在 x 轴上方的面积取正号,在 x 轴下方的面积取负号:

$$\int_a^b f(x)\mathrm{d}x = A_1 - A_2 + A_3.$$

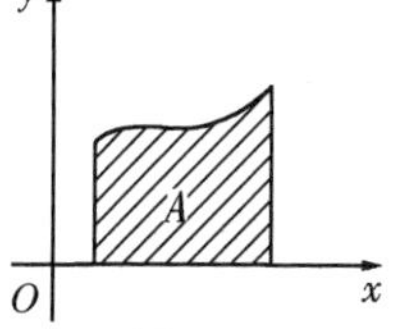

图 3.6 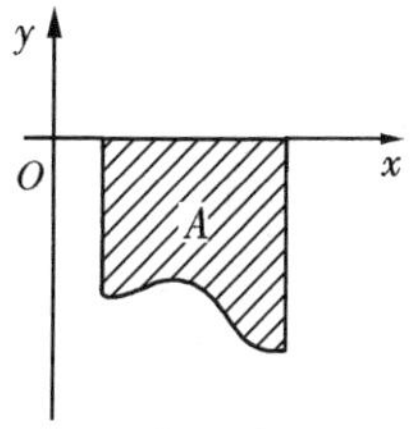　　　　　图 3.7 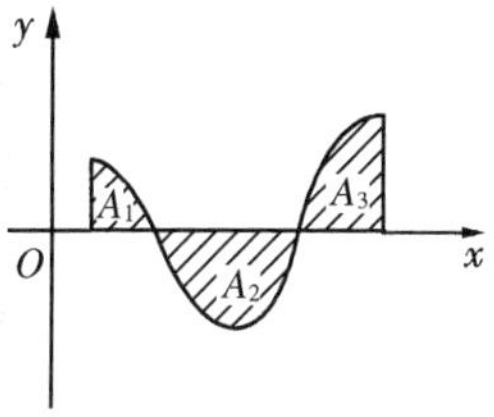　　　　　图 3.8

在结束本节之前,我们再对定积分的概念作几点说明.

(1)由定积分定义可见,当被积函数和积分区间给定后,不论积分变

量用什么记号,只要区间的分法及子区间上介点的取法一样,积分和式的数值就相同,因而其极限也相同. 这就是说,定积分的值只依赖于被积函数 f 和积分区间 $[a,b]$,而与积分变量用什么字母表示无关,即

$$\int_a^b f(x)\mathrm{d}x = \int_a^b f(t)\mathrm{d}t = \int_a^b f(u)\mathrm{d}u.$$

这个性质称为定积分的值与积分变量所用的记号无关. 今后我们将经常用到这条性质.

(2) 在定义定积分 $\int_a^b f(x)\mathrm{d}x$ 时,我们曾要求积分上限大于积分下限,即 $a < b$,今后为了应用方便,我们规定:

当 $a > b$ 时, $\int_a^b f(x)\mathrm{d}x = -\int_b^a f(x)\mathrm{d}x.$

又规定 $\int_a^a f(x)\mathrm{d}x = 0.$

(3) 当被积函数 $f(x) \equiv 1$ 时,由定义得到

$$\int_a^b \mathrm{d}x = b - a.$$

习　题　3.5

1. 以变速直线运动的路程为例,说明用定积分求解实际问题的过程中,将区间分成若干个子区间的作用是什么?将和式取极限的作用又是什么?

2. 试用定积分表示下列曲线所围图形面积:

(1) $x = 0, y = 0, y = 3x^2 - 1$;

(2) $x = 0, y = 0, x = \pi, y = \cos x$.

3. 根据定积分的几何意义,判断下列定积分的值是正还是负(不必计算):

(1) $\int_0^{\frac{\pi}{2}} \cos x\mathrm{d}x$;　　　　　　(2) $\int_{-1}^1 (x^2 - 1)\mathrm{d}x$;

(3) $\int_{-\frac{\pi}{2}}^0 \sin x\mathrm{d}x$;　　　　　　(4) $\int_{-3}^1 x\mathrm{d}x$.

4. 根据定积分的几何意义,说明下列等式的正确性:

(1) $\int_{-\pi}^{\pi} \sin x\mathrm{d}x = 0$;

(2) $\int_{-\frac{\pi}{2}}^{\frac{\pi}{2}} \cos t\mathrm{d}t = 2\int_0^{\frac{\pi}{2}} \cos t\mathrm{d}t.$

§3.6 定积分的基本性质

定积分概念的讨论显示了它在科学技术中的重要作用. 但是如果不能找出计算定积分的简单有效的方法, 而只能按照定义去计算繁杂的和式极限, 将会大大影响定积分的活力. 我们将在下节中解决定积分的计算, 而在本节中, 先由定积分的定义和极限的运算性质直接得出定积分的一些基本性质. 这些性质在有关定积分的计算和论证中经常用到.

定积分的性质大体上分为两类, 一类是用等式表示的性质, 另一类是用不等式表示的性质. 在下面的论述中, 我们假定 $f(x)$ 和 $g(x)$ 都是区间 $[a,b]$ 上的连续函数. 性质 1 和性质 2 可由定积分的定义直接得到.

性质 1(定积分的线性性质)

(1) 常数因子可以提到积分号外, 即

$$\int_a^b kf(x)\mathrm{d}x = k\int_a^b f(x)\mathrm{d}x,\ k\ \text{为常数}.$$

(2) 函数代数和的积分等于它们各自积分的代数和, 即

$$\int_a^b [f(x)\pm g(x)]\mathrm{d}x = \int_a^b f(x)\mathrm{d}x \pm \int_a^b g(x)\mathrm{d}x.$$

性质 2(积分区间的可加性) 设 c 是 (a,b) 内的任意一点, 则

$$\int_a^b f(x)\mathrm{d}x = \int_a^c f(x)\mathrm{d}x + \int_c^b f(x)\mathrm{d}x.$$

注 若 c 在区间 (a,b) 的外面, 按照上节末的说明, 本性质仍然成立.

性质 3(用不等式表示的性质)

(1) 若在 $[a,b]$ 上 $f(x)\leqslant g(x)$, 则

$$\int_a^b f(x)\mathrm{d}x \leqslant \int_a^b g(x)\mathrm{d}x.$$

证 由 $f(\xi_i)\leqslant g(\xi_i)$ 及 $\Delta x_i\geqslant 0$, 得

$$f(\xi_i)\Delta x_i \leqslant g(\xi_i)\Delta x_i,$$

相加得到

$$\sum_{i=1}^n f(\xi_i)\Delta x_i \leqslant \sum_{i=1}^n g(\xi_i)\Delta x_i,$$

取极限就得到所要证的不等式.

(2)(估值定理) 设 m,M 分别是 $f(x)$ 在 $[a,b]$ 上的最小值和最大值, 则

$$m(b-a) \leqslant \int_a^b f(x)\mathrm{d}x \leqslant M(b-a).$$

证 因 $m \leqslant f(x) \leqslant M$,由上面的性质,有

$$\int_a^b m\mathrm{d}x \leqslant \int_a^b f(x)\mathrm{d}x \leqslant \int_a^b M\mathrm{d}x.$$

但 $\int_a^b m\mathrm{d}x = m\int_a^b \mathrm{d}x = m(b-a)$, $\int_a^b M\mathrm{d}x = M\int_a^b \mathrm{d}x = M(b-a)$,代入即得.

(3) (关于绝对值的不等式) 函数积分的绝对值不超过函数绝对值的积分,即

$$\left| \int_a^b f(x)\mathrm{d}x \right| \leqslant \int_a^b |f(x)|\,\mathrm{d}x.$$

证 因 $-|f(x)| \leqslant f(x) \leqslant |f(x)|$,所以

$$-\int_a^b |f(x)|\,\mathrm{d}x \leqslant \int_a^b f(x)\mathrm{d}x \leqslant \int_a^b |f(x)|\,\mathrm{d}x,$$

这意味着

$$\left| \int_a^b f(x)\mathrm{d}x \right| \leqslant \int_a^b |f(x)|\,\mathrm{d}x.$$

性质 4(积分中值定理) 设函数 $f(x)$ 在 $[a,b]$ 上连续,则在 $[a,b]$ 中至少存在一点 ξ,使得

$$\int_a^b f(x)\mathrm{d}x = f(\xi)(b-a), \quad a \leqslant \xi \leqslant b.$$

证 由估值公式得到

$$m \leqslant \frac{1}{b-a}\int_a^b f(x)\mathrm{d}x \leqslant M,$$

这表明数值 $\dfrac{1}{b-a}\displaystyle\int_a^b f(x)\mathrm{d}x$ 是介于函数 $f(x)$ 在区间 $[a,b]$ 上的最小值 m 和最大值 M 之间的一个数,由闭区间上连续函数的介值性定理,在区间 $[a,b]$ 上至少存在一点 ξ,使

$$f(\xi) = \frac{1}{b-a}\int_a^b f(x)\mathrm{d}x,$$

即

$$\int_a^b f(x)\mathrm{d}x = f(\xi)(b-a).$$

积分中值定理的几何意义是:以曲线 $y = f(x)$ 为曲边的曲边梯形的面积,等于某一个同底而高为 $f(\xi)$ 的矩形的面积(图 3.9).

数值 $\dfrac{1}{b-a}\displaystyle\int_a^b f(x)\mathrm{d}x$ 称为函数 $f(x)$ 在区间 $[a,b]$ 上的**平均值**. 积分中值定理表明:闭区间 $[a,b]$ 上的连续函数 $f(x)$,至少在 $[a,b]$ 中一点 ξ 的函数值等于它在 $[a,b]$ 上的平均值.

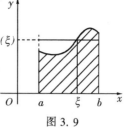

图 3.9

习　题　3.6

1. 不用计算,判定下列积分的大小:

(1) $\displaystyle\int_1^2 \ln x\mathrm{d}x$ 与 $\displaystyle\int_1^2 (\ln x)^2\mathrm{d}x$;

(2) $\displaystyle\int_3^4 \ln x\mathrm{d}x$ 与 $\displaystyle\int_3^4 (\ln x)^2\mathrm{d}x$.

2. 运用估值定理估计下列积分的值:

(1) $\displaystyle\int_1^3 (2x^2-1)\mathrm{d}x$;

(2) $\displaystyle\int_{\frac{\pi}{3}}^{\pi} (1+\sin^2 x)\mathrm{d}x$;

(3) $\displaystyle\int_{\sqrt{3}/3}^{\sqrt{3}} x^2\arctan x\mathrm{d}x$.

3. 求函数 $f(x)=x^2$ 在 $[0,1]$ 上的平均值.

§3.7　微积分学基本定理

原函数和定积分具有完全不同的背景,是作为互不相干的两个概念提出来的,然而它们有着深刻的内在联系. 根据这个联系,定积分的计算将通过求原函数而获得完满的解决.

一、变动上限积分的性质

设函数 $f(x)$ 在 $[a,b]$ 上连续,则对于 $[a,b]$ 上的任何一点 $x,f(x)$ 在 $[a,x]$ 上也连续,因而定积分 $\displaystyle\int_a^x f(t)\mathrm{d}t$ 存在(为了区别积分上限与积分变量,我们将积分变量改用 t 表示,根据第一节末的说明,这不影响定积分的

125

值). 这是一个上限为变数的定积分. 今让 x 在 $[a,b]$ 上任意变动, 则对于 x 的每一个值, 就有唯一确定的一个定积分值与之对应, 这样我们就在区间 $[a,b]$ 上定义了一个函数, 它以变动的积分上限 x 为自变量, 我们把这个函数记为 $\varPhi(x)$, 称为变动上限积分, 即

$$\phi(x) = \int_a^x f(t)\mathrm{d}t, \quad a \leqslant x \leqslant b.$$

这个函数的几何意义如图 3.10 所示, 它表示右侧直边可以变动的曲边梯形 (图中阴影部分) 的面积.

变动上限积分所表示的函数 $\varPhi(x) = \int_a^x f(t)\mathrm{d}t$ 有一个极为重要的性质: 它是 $f(x)$ 的一个原函数. 这个性质可表述为下面的重要定理.

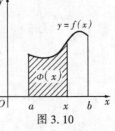

图 3.10

定理 1 若 $f(x)$ 在 $[a,b]$ 上连续, 则变动上限积分

$$\varPhi(x) = \int_a^x f(t)\mathrm{d}t$$

是 $f(x)$ 的一个原函数, 即

$$\varPhi'(x) = \frac{\mathrm{d}}{\mathrm{d}x}\int_a^x f(t)\mathrm{d}t = f(x).$$

证 由导数的定义, 只要证明

$$\lim_{\Delta x \to 0} \frac{\varPhi(x + \Delta x) - \varPhi(x)}{\Delta x} = f(x).$$

给 x 以增量 Δx, 由 $\varPhi(x)$ 的定义知

$$\varPhi(x + \Delta x) = \int_a^{x+\Delta x} f(t)\mathrm{d}t.$$

依据定积分的性质, 有

$$\varPhi(x + \Delta x) - \varPhi(x)$$
$$= \int_a^{x+\Delta x} f(t)\mathrm{d}t - \int_a^x f(t)\mathrm{d}t$$
$$= \int_a^x f(t)\mathrm{d}t + \int_x^{x+\Delta x} f(t)\mathrm{d}t - \int_a^x f(t)\mathrm{d}t$$
$$= \int_x^{x+\Delta x} f(t)\mathrm{d}t.$$

由积分中值定理, 存在一点 ξ 介于 x 与 $x + \Delta x$ 之间, 使

$$\int_x^{x+\Delta x} f(t)\mathrm{d}t = f(\xi)\Delta x,$$

令 $\Delta x \to 0$, 则 $x + \Delta x \to x$, 从而 $\xi \to x$. 由 $f(x)$ 的连续性, 得到

$$\Phi'(x) = \lim_{\Delta x \to 0} \frac{\Phi(x+\Delta x) - \Phi(x)}{\Delta x} = \lim_{\xi \to x} f(\xi) = f(x).$$

本定理也证明了 §3.1 定理 2，即若 $f(x)$ 在 $[a,b]$ 上连续，则 $f(x)$ 在 $[a,b]$ 上必有原函数，并且指出函数 $\int_a^x f(t)\mathrm{d}t$ 就是 $f(x)$ 的一个原函数.

例1　求 $\dfrac{\mathrm{d}}{\mathrm{d}x}\displaystyle\int_a^x \mathrm{e}^t \sin t \mathrm{d}t.$

解　$\dfrac{\mathrm{d}}{\mathrm{d}x}\displaystyle\int_a^x \mathrm{e}^t \sin t \mathrm{d}t = \mathrm{e}^x \sin x.$

例2　设 $y = \displaystyle\int_x^1 \sqrt{1+t^3}\,\mathrm{d}t$，求 $\dfrac{\mathrm{d}y}{\mathrm{d}x}.$

解　这里积分下限是变量，应先交换积分上、下限，再运用定理 1 求导：

$$\begin{aligned}
\frac{\mathrm{d}y}{\mathrm{d}x} &= \frac{\mathrm{d}}{\mathrm{d}x}\int_x^1 \sqrt{1+t^3}\,\mathrm{d}t \\
&= \frac{\mathrm{d}}{\mathrm{d}x}\Big(-\int_1^x \sqrt{1+t^3}\,\mathrm{d}t\Big)\cdot \\
&= -\sqrt{1+x^3}
\end{aligned}$$

例3　设 $f(x) = \displaystyle\int_a^{x^2} \mathrm{e}^{-t^2}\,\mathrm{d}t$，求 $\dfrac{\mathrm{d}f}{\mathrm{d}x}.$

解　变动上限不是 x，而是 x 的函数 x^2，它可以看成由 $f(u) = \displaystyle\int_a^u \mathrm{e}^{-t^2}\,\mathrm{d}t$ 与 $u = x^2$ 构成的复合函数，根据复合函数求导法则，有

$$\begin{aligned}
\frac{\mathrm{d}f}{\mathrm{d}x} &= \frac{\mathrm{d}f}{\mathrm{d}u}\cdot\frac{\mathrm{d}u}{\mathrm{d}x} = \frac{\mathrm{d}}{\mathrm{d}u}\Big(\int_a^u \mathrm{e}^{-t^2}\,\mathrm{d}t\Big)\cdot\frac{\mathrm{d}}{\mathrm{d}x}(x^2) \\
&= \mathrm{e}^{-u^2}\cdot 2x = 2x\mathrm{e}^{-x^4}.
\end{aligned}$$

二、牛顿-莱布尼茨公式

定理2　设 $f(x)$ 在 $[a,b]$ 上连续，$F(x)$ 是 $f(x)$ 的一个原函数，则

$$\int_a^b f(x)\mathrm{d}x = F(b) - F(a). \tag{1}$$

证　已知 $F(x)$ 是 $f(x)$ 的一个原函数，又由定理 1 知 $\Phi(x) = \displaystyle\int_a^x f(t)\mathrm{d}t$ 也是 $f(x)$ 的原函数，根据 §3.1 定理 1，$f(x)$ 的这两个原函数之间只相差一个常数，即

$$F(x) = \Phi(x) + C, \quad a \leqslant x \leqslant b.$$

令 $x=b$，得

127

$$F(b)=\Phi(b)+C=\int_a^b f(t)\mathrm{d}t+C, \tag{2}$$

为了确定常数 C,令 $x=a$,因 $\Phi(a)=\int_a^a f(t)\mathrm{d}t=0$,故有

$$F(a)=\Phi(a)+C=C.$$

把 $C=F(a)$代入(2)式并将积分变量换成 x,就得到

$$\int_a^b f(x)\mathrm{d}x=F(b)-F(a).$$

定理 2 中所建立的公式(1)称为**牛顿-莱布尼茨公式**,公式的右端也可记为 $F(x)\Big|_a^b$,它把定积分的计算转化为求原函数在积分上、下限的函数值之差. 定理 1 和定理 2 被称为**微积分学基本定理**,它们揭示了定积分和不定积分这两个来自完全不同领域的概念之间简单而又本质的联系,从根本上解决了定积分的计算,是高等数学中最重要、最著名的定理,也是人类科学史上一个伟大的里程碑. 可以说无论怎样评价微积分学基本定理的功绩,都不过分.

例 4 计算正弦曲线 $y=\sin x$ 从 $x=0$ 到 $x=\pi$ 一段与 x 轴所围图形的面积(图 3.11).

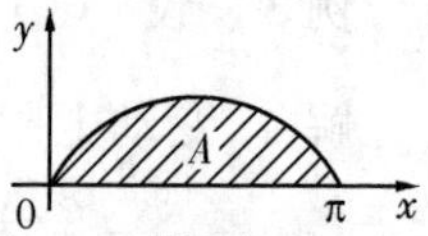

图 3.11

解 由定积分的几何意义知

$$A=\int_0^\pi \sin x\mathrm{d}x.$$

因为 $-\cos x$ 是 $\sin x$ 的一个原函数,所以

$$\begin{aligned}A&=\int_0^\pi \sin x\mathrm{d}x=-\cos x\Big|_0^\pi\\&=-(\cos\pi-\cos 0)=2.\end{aligned}$$

例 5 求 $\int_1^{\sqrt{3}}\frac{\mathrm{d}x}{1+x^2}$.

解 因为 $\arctan x$ 是 $\frac{1}{1+x^2}$ 的一个原函数,所以

$$\begin{aligned}\int_1^{\sqrt{3}}\frac{\mathrm{d}x}{1+x^2}&=\arctan x\Big|_1^{\sqrt{3}}=\arctan\sqrt{3}-\arctan 1\\&=\frac{\pi}{3}-\frac{\pi}{4}=\frac{\pi}{12}.\end{aligned}$$

例 6 计算定积分 $\int_{-2}^4\frac{\mathrm{d}x}{2x+1}$.

解 因为

$$\int \frac{\mathrm{d}x}{2x+1} = \frac{1}{2} \int \frac{1}{2x+1} \mathrm{d}(2x+1)$$
$$= \frac{1}{2} \ln |2x+1| + C,$$

所以

$$\int_{-2}^{4} \frac{\mathrm{d}x}{2x+1} = \frac{1}{2} \ln |2x+1| \Big|_{-2}^{4}$$
$$= \frac{1}{2} \big[\ln |2 \times 4 + 1| - \ln |2 \times (-2) + 1| \big]$$
$$= \frac{1}{2} (\ln 9 - \ln 3) = \frac{1}{2} \ln 3.$$

由上面的例题可以看出,计算定积分可分为两步:先用求不定积分的方法求出被积函数的一个原函数,再代入牛顿-莱布尼茨公式计算出定积分的值.

习 题 3.7

1. 设 $f(x)$ 连续,$\varphi(x)$ 与 $\psi(x)$ 都可导,问:

(1) $H(x) = \int_{x}^{a} f(t)\mathrm{d}t$ 是不是 $f(x)$ 的一个原函数?如果不是,$H(x)$ 又是哪个函数的原函数?

(2) 若 $F(x) = \int_{a}^{\varphi(x)} f(t)\mathrm{d}t$,则 $F'(x) = $ _____.

(3) 若 $G(x) = \int_{\psi(x)}^{\varphi(x)} f(t)\mathrm{d}t$,则 $G'(x) = $ _____.

2. 在牛顿-莱布尼茨公式中,如果选取 $f(x)$ 的两个不同的原函数来计算定积分,是否会得出不同的结果?为什么?

3. 求下列函数的导数:

(1) $y = \int_{0}^{x} \sqrt{1+t^2} \mathrm{d}t$;

(2) $F(x) = \int_{\sqrt{2}}^{x} \cos t^2 \ln (1+2t^2) \mathrm{d}t$;

(3) $y = \int_{x}^{-1} t \cos t^2 \mathrm{d}t$;

(4) $y = \int_{1}^{2x^2} \mathrm{e}^{-t} \sin \sqrt{t} \mathrm{d}t$.

4. 求下列极限:

(1) $\lim\limits_{x\to 0}\dfrac{\displaystyle\int_0^x \ln(1+t^2)\mathrm{d}t}{x^3}$;   (2) $\lim\limits_{x\to 0}\dfrac{\displaystyle\int_{2x}^0 \mathrm{e}^{-t^2}\mathrm{d}t}{\mathrm{e}^x-1}$.

5. 计算下列定积分：

(1) $\displaystyle\int_{-1}^2 \sqrt[3]{x}\,\mathrm{d}x$;   (2) $\displaystyle\int_0^{\frac{\pi}{2}} (\sin x+\cos x)\mathrm{d}x$;

(3) $\displaystyle\int_{-\frac{1}{2}}^{\frac{1}{2}} \dfrac{\mathrm{d}x}{\sqrt{1-x^2}}$;   (4) $\displaystyle\int_{-1}^2 \dfrac{\mathrm{d}x}{2x-1}$;

(5) $\displaystyle\int_{-\sqrt{3}}^1 \dfrac{\mathrm{d}x}{4+x^2}$;   (6) $\displaystyle\int_0^{\frac{\pi}{2}} \sin u\cos^2 u\,\mathrm{d}u$.

§3.8 定积分的换元积分法与分部积分法

计算某些定积分我们可以运用不定积分的换元积分法和分部积分法先求出原函数，再代入牛顿-莱布尼茨公式. 为了使计算更为简便，还可以直接应用定积分的换元积分法和分部积分法.

一、换元积分法

定理 1 设 $f(x)$ 在 $[a,b]$ 上连续，变换 $x=\varphi(t)$ 满足条件

(1) $\varphi(\alpha)=a,\varphi(\beta)=b$；

(2) 当 t 在 $[\alpha,\beta]$ 上变化时，$x=\varphi(t)$ 的值在 $[a,b]$ 上变化；

(3) $\varphi'(t)$ 在 $[\alpha,\beta]$ 上连续，

则成立定积分的换元积分公式

$$\int_a^b f(x)\mathrm{d}x=\int_\alpha^\beta f[\varphi(t)]\varphi'(t)\mathrm{d}t. \tag{1}$$

证 因为定积分的值是一个数，故只要证明 (1) 式左、右两边的值相等. 设 $F(x)$ 是 $f(x)$ 的一个原函数，则由牛顿-莱布尼茨公式和定理的条件 (1)，有

$$\int_a^b f(x)\mathrm{d}x=F(b)-F(a)=F[\varphi(\beta)]-F[\varphi(\alpha)].$$

另一方面，因为

$$(F[\varphi(t)])'=F'(x)\varphi'(t)=f[\varphi(t)]\varphi'(t),$$

这表明 $F[\varphi(t)]$ 是 $f[\varphi(t)]\varphi'(t)$ 的一个原函数. 由牛顿-莱布尼茨公式，又有

$$\int_{\alpha}^{\beta} f[\varphi(t)]\varphi'(t)\mathrm{d}t = F[\varphi(\beta)] - F[\varphi(\alpha)],$$

从而公式(1)得证.

例1 计算 $\int_0^2 \dfrac{x}{1+x^2}\mathrm{d}x$.

解 由"凑微分"法不难看出 $x\mathrm{d}x = \dfrac{1}{2}\mathrm{d}(1+x^2)$,令 $u = 1+x^2$,则

$x\mathrm{d}x = \dfrac{1}{2}\mathrm{d}u$,且当 $x=0$ 时 $u=1$;当 $x=2$ 时 $u=5$,并且当 x 在 $[0,2]$ 内

变化时 u 在 $[1,5]$ 内变化. 从而

$$\int_0^2 \frac{x}{1+x^2}\mathrm{d}x = \frac{1}{2}\int_1^5 \frac{\mathrm{d}u}{u} = \frac{1}{2}\ln|u|\Big|_1^5$$
$$= \frac{1}{2}(\ln 5 - \ln 1) = \frac{1}{2}\ln 5.$$

例2 计算 $\int_0^a \sqrt{a^2-x^2}\,\mathrm{d}x\ (a>0)$.

解 由定积分的几何意义,这个定积分表示圆 $x^2+y^2 \leqslant a^2$ 位于第一

象限的面积,显然是 $\dfrac{1}{4}\pi a^2$. 下面我们用定积分的换元积分法来计算并验证.

令 $x = a\sin t$,则 $\mathrm{d}x = a\cos t\mathrm{d}t$,当 $x=0$ 时 $t=0$;当 $x=a$ 时 $t=\dfrac{\pi}{2}$,

且 $\sqrt{a^2-x^2} = a\cos t$. 于是

$$\int_0^a \sqrt{a^2-x^2}\,\mathrm{d}x = \int_0^{\frac{\pi}{2}} a^2\cos^2 t\mathrm{d}t$$
$$= \frac{a^2}{2}\int_0^{\frac{\pi}{2}}(1+\cos 2t)\mathrm{d}t$$
$$= \frac{a^2}{2}\left[\int_0^{\frac{\pi}{2}}\mathrm{d}t + \frac{1}{2}\int_0^{\frac{\pi}{2}}\cos 2t\cdot\mathrm{d}(2t)\right]$$
$$= \frac{a^2}{2}\left[\left(\frac{\pi}{2}-0\right) + \frac{1}{2}\sin 2t\Big|_0^{\frac{\pi}{2}}\right]$$
$$= \frac{\pi}{4}a^2.$$

注1 把定积分的换元积分公式(1)从左向右用,相当于不定积分的
第二换元积分法(如例2);从右向左使用,就相当于不定积分的第一换元
积分法(如例1).

注2 和不定积分的换元法比较,在运用定积分的换元积分公式时,
必须在变换积分变量的同时,把积分上、下限变成新积分变量的上、下限,

这是绝不可以疏忽的. 但在求出原函数后, 只要直接代入新的积分限就可算出积分的值, 而不必像不定积分那样代回到原来的变量.

如果我们只运用了换元的思想, 并没有把换元的过程写出来, 则不必变换积分限. 如例 1 也可这样计算:

$$\int_0^2 \frac{x}{1+x^2}dx = \frac{1}{2}\int_0^2 \frac{1}{1+x^2}d(1+x^2)$$

$$= \frac{1}{2}\ln(1+x^2)\Big|_0^2$$

$$= \frac{1}{2}(\ln 5 - \ln 1)$$

$$= \frac{1}{2}\ln 5.$$

例 3 证明偶函数和奇函数在对称区间 $[-a, a]$ 上的积分有下述性质:

(1) 若 $f(x)$ 是偶函数, 则 $\int_{-a}^a f(x)dx = 2\int_0^a f(x)dx$;

(2) 若 $f(x)$ 是奇函数, 则 $\int_{-a}^a f(x)dx = 0$.

证 $\int_{-a}^a f(x)dx = \int_{-a}^0 f(x)dx + \int_0^a f(x)dx,$ \qquad (2)

对右端第一项作变换 $x = -t$, 则

(1) 当 $f(x)$ 是偶函数时, 有 $f(-x) = f(x)$, 于是

$$\int_{-a}^0 f(x)dx = \int_a^0 f(-t)d(-t)$$

$$= -\int_a^0 f(t)dt$$

$$= \int_0^a f(x)dx,$$

代入 (2) 式便得证;

(2) 当 $f(x)$ 是奇函数时, 有 $f(-x) = -f(x)$, 于是

$$\int_{-a}^0 f(x)dx = \int_a^0 f(-t)d(-t)$$

$$= \int_a^0 f(t)dt$$

$$= -\int_0^a f(x)dx,$$

代入 (2) 式便得证.

本例的结果,可作为公式使用.因为偶函数和奇函数的图像分别对称于 y 轴与坐标原点,因此上述结论的几何意义是很明显的(见图 3.12).

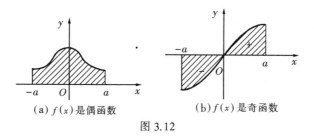

$(a) f(x)$ 是偶函数　　　　$(b) f(x)$ 是奇函数

图 3.12

例 4 计算 $\displaystyle\int_{-1}^{1}\sqrt{1-x^2}\,\mathrm{d}x$.

解 注意到 $\sqrt{1-x^2}$ 是偶函数,由例 2 的结果(取 $a=1$),有
$$\int_{-1}^{1}\sqrt{1-x^2}\,\mathrm{d}x = 2\int_{0}^{1}\sqrt{1-x^2}\,\mathrm{d}x = 2\times\frac{\pi}{4}\times 1^2 = \frac{\pi}{2}.$$

二、分部积分法

由
$$\mathrm{d}\big[u(x)v(x)\big] = u'(x)v(x)\mathrm{d}x + u(x)v'(x)\mathrm{d}x$$
移项得到
$$u(x)v'(x)\mathrm{d}x = \mathrm{d}\big[u(x)v(x)\big] - u'(x)v(x)\mathrm{d}x,$$
两边同时对 x 从 a 到 b 积分,并应用牛顿-莱布尼茨公式,就得到定积分的分部积分公式
$$\int_{a}^{b}u(x)v'(x)\mathrm{d}x = u(x)v(x)\,\Big|_{a}^{b} - \int_{a}^{b}v(x)u'(x)\mathrm{d}x. \tag{3}$$
在选择 $u(x)$ 时,同样遵循"对、反、幂、三、指"的顺序.

例 5 计算 $\displaystyle\int_{1}^{e}\ln x\,\mathrm{d}x$.

解 设 $u(x)=\ln x, v'(x)=1$,则
$$u'(x)=\frac{1}{x}, \quad v(x)=x,$$
所以
$$\int_{1}^{e}\ln x\,\mathrm{d}x = x\cdot\ln x\,\Big|_{1}^{e} - \int_{1}^{e}x\cdot\frac{1}{x}\,\mathrm{d}x$$
$$= (e\cdot\ln e - 1\cdot\ln 1) - (e-1)$$

$$= (e - 0) - (e - 1) = 1.$$

例6 计算定积分 $\displaystyle\int_{-1}^{1} x\arctan x\,\mathrm{d}x$.

解 设 $u(x) = \arctan x, v'(x) = x$，则

$$u'(x) = \frac{1}{1+x^2}, \quad v(x) = \frac{1}{2}x^2.$$

又因为 $x\arctan x$ 是偶函数，因此

$$\int_{-1}^{1} x\arctan x\,\mathrm{d}x = 2\int_{0}^{1} x\arctan x\,\mathrm{d}x$$

$$= 2\left(\frac{1}{2}x^2 \cdot \arctan x\Big|_0^1 - \frac{1}{2}\int_0^1 \frac{x^2}{1+x^2}\mathrm{d}x\right)$$

$$= \left(1 \times \frac{\pi}{4} - 0\right) - \int_0^1 \frac{(x^2+1)-1}{1+x^2}\mathrm{d}x$$

$$= \frac{\pi}{4} - \int_0^1 \mathrm{d}x + \int_0^1 \frac{\mathrm{d}x}{1+x^2}$$

$$= \frac{\pi}{4} - 1 + \arctan x\Big|_0^1$$

$$= \frac{\pi}{4} - 1 + \left(\frac{\pi}{4} - 0\right)$$

$$= \frac{\pi}{2} - 1.$$

习 题 3.8

1. 计算下列定积分：

(1) $\displaystyle\int_0^{\sqrt{\pi}} x\sin x^2\,\mathrm{d}x$;

(2) $\displaystyle\int_0^1 \frac{\sqrt{x}}{1+\sqrt{x}}\mathrm{d}x$;

*(3) $\displaystyle\int_0^{\ln 3} \frac{\mathrm{d}x}{1+e^x}$;

*(4) $\displaystyle\int_{-\sqrt{2}}^{\sqrt{2}} \frac{\mathrm{d}x}{\sqrt{x^2-1}}$;

(5) $\displaystyle\int_0^{\frac{\pi}{2}} \cos^5 x\sin x\,\mathrm{d}x$;

*(6) $\displaystyle\int_1^5 \frac{1}{1+\sqrt{x-1}}\mathrm{d}x$.

2. 利用奇函数和偶函数的积分性质求下列定积分：

(1) $\displaystyle\int_{-\pi}^{\pi} x^4\sin x\,\mathrm{d}x$;

(2) $\displaystyle\int_{-e}^{e} \sqrt[3]{x}\ln(1+x^2)\,\mathrm{d}x$;

(3) $\int_{-\frac{\pi}{2}}^{\frac{\pi}{2}} 4\sin^2 x \mathrm{d}x$.

3. 计算下列定积分:

(1) $\int_1^e x\ln x \mathrm{d}x$;

(2) $\int_{-\pi}^{\pi} x\sin\frac{x}{2}\mathrm{d}x$;

*(3) $\int_0^4 \mathrm{e}^{\sqrt{x}}\mathrm{d}x$;

(4) $\int_{\frac{\pi}{4}}^{\frac{\pi}{3}} \frac{x}{\sin^2 x}\mathrm{d}x$;

*(5) $\int_0^{\frac{\sqrt{2}}{2}} \arccos x \mathrm{d}x$;

*(6) $\int_{\frac{1}{e}}^{e} |\ln x| \mathrm{d}x$.

§3.9　定积分的应用

　　定积分的概念来源于几何学和物理学中的实际问题,反过来又在自然科学和工程技术中发挥了巨大的作用. 一个量 Q,当它依赖于一个在区间 $[a,b]$ 上变化的变量,且对于区间 $[a,b]$ 具有可加性时,我们就可以考虑用分割 — 近似求和 — 取极限的方法,把这个量 Q 表示成某种类型和式的极限,从而归结为计算定积分. 但是,用这种方法来推导表示量 Q 的定积分公式,往往比较繁琐而困难. 在本节中将要介绍的微元法(又称为元素法),是把一个量用积分来表示的分析方法,其特点是直观、简便、适用范围广.

一、微元法

　　定积分的微元法,是在一定条件下运用"以直代曲"、"以均匀代不均匀"的辩证思想,把 $[a,b]$ 的子区间 $[x,x+\Delta x]$ 所对应的部分量 ΔQ 近似地表示为 Q 的微元素 $\mathrm{d}Q$,并用含自变量 x 的某个函数 $f(x)$ 和 x 的微分 $\mathrm{d}x$ 的式子把微元素表示出来:
$$\Delta Q \approx \mathrm{d}Q = f(x)\mathrm{d}x.$$
对微元素积分,便得到
$$Q = \int_a^b \mathrm{d}Q = \int_a^b f(x)\mathrm{d}x.$$

　　我们用下面的例子说明微元法的基本思想.

　　例1　求连续曲线 $y = f(x)$ ($f(x) \geqslant 0, a \leqslant x \leqslant b$) 绕 x 轴旋转所成的旋转体 V 的体积(图3.13).

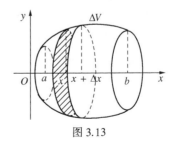

图 3.13

解 把$[a,b]$分成若干个小区间,考虑对应于其中一个小区间$[x,x+\mathrm{d}x]$旋转体的微体积ΔV,它近似等于以$\mathrm{d}x$为高、以y为底面半径的小圆柱的体积,故

$$\Delta V \approx \mathrm{d}V = \pi y^2 \mathrm{d}x = \pi[f(x)]^2 \mathrm{d}x,$$

将这些微体积相加(即积分),就得到旋转体的体积公式

$$V = \pi \int_a^b [f(x)]^2 \mathrm{d}x.$$

一般地,我们用微元法求某个量Q的定积分的表达式时,可按下述步骤进行:

(1) 根据问题的具体情况,选取一个与所求的量Q有关的变量(例如x)为积分变量,并确定它的变化区间$[a,b]$.

(2) 设想把$[a,b]$分成若干个小区间,求出相应于其中任一个小区间$[x,x+\Delta x]$的部分量ΔQ的近似值. 如果ΔQ能近似地表示为$[a,b]$上的某个连续函数f在x处的函数值$f(x)$与$\mathrm{d}x$的乘积,就把$f(x)\mathrm{d}x$称为量Q的微元素并记作$\mathrm{d}Q$,即

$$\Delta Q \approx \mathrm{d}Q = f(x)\mathrm{d}x.$$

(3) 以量Q的微元表达式$f(x)\mathrm{d}x$为被积表达式,在区间$[a,b]$上积分,就得到量Q的积分计算公式

$$Q = \int_a^b f(x)\mathrm{d}x.$$

这里需要指出的是,如果用$f(x)\mathrm{d}x$作为$\mathrm{d}Q$来近似表示ΔQ,按照微分的定义,当$\Delta x \to 0$时它应当是ΔQ的线性主部. 但在实际操作时,由于部分量ΔQ是未知的,比较难判断所推导出的$f(x)\mathrm{d}x$是否就是ΔQ的线性主部. 为简便计,在本书中我们仅凭经验判断而把证明$f(x)\mathrm{d}x$是ΔQ的线性主部的过程省略. 只要对问题作了符合实情的严格、正确的分析,那么"以直代曲"或"以均匀代不均匀"所求得的ΔQ的近似值$f(x)\mathrm{d}x$就是ΔQ的线性主部$\mathrm{d}Q$.

最后还要提出一个问题:用微元法求出的是精确值还是近似值?有人认为,微元素$\mathrm{d}Q = f(x)\mathrm{d}x$只是部分量$\Delta Q$的近似表达式,因而用微元法推导出的积分公式表达的是近似值而非准确值. 甚至还设想在例1中不用小圆柱而用小圆台作为体积微元$\mathrm{d}V$,以期获得更为精确的近似值. 此小圆台的高为$\mathrm{d}x$,两个底面半径分别为y和$y+\mathrm{d}y$. 由于$\mathrm{d}y = y'\mathrm{d}x$,便有

$$\Delta V \approx \frac{1}{3}\pi\left[y^2 + y(y+\mathrm{d}y) + (y+\mathrm{d}y)^2\right]\mathrm{d}x$$

$$= \frac{\pi}{3}\left[3y^2 + 3y\mathrm{d}y + (\mathrm{d}y)^2\right]\mathrm{d}x$$

$$= \pi y^2 \mathrm{d}x + \left[\pi y y'(\mathrm{d}x)^2 + \frac{1}{3}\pi(y')^2(\mathrm{d}x)^3\right].$$

因为右端括号中的量

$$\pi y y'(\mathrm{d}x)^2 + \frac{1}{3}\pi(y')^2(\mathrm{d}x)^3$$

$$= \left[\pi y y'\mathrm{d}x + \frac{1}{3}\pi(y')^2(\mathrm{d}x)^2\right]\mathrm{d}x$$

$$= o(\mathrm{d}x)$$

是比 Δx 高阶的无穷小,当 $\Delta x \to 0$ 时它以更快的速度趋于零,可忽略不计,故仍得

$$\Delta V \approx \pi y^2 \mathrm{d}x = \mathrm{d}V,$$

从而仍然推导出例 1 中的积分表达式.

从上面的分析可以看出:只要在微元法中所得到的微元素 $\mathrm{d}Q = f(x)\mathrm{d}x$ 是一个精确的微分表达式(即是 ΔQ 的线性主部),由此得到的定积分就是所求量 Q 的精确值.

下面通过例题说明怎样用微元法把定积分运用到几何学中,其中有些结果应当作为公式熟记,而不必在每次运用时都用微元法推导一次. 为控制篇幅,本书不讲述定积分在物理学中的应用,读者可以在大部分高等数学教材中查阅到.

二、运用定积分求面积

1.直角坐标系中平面图形的面积

由定积分的几何意义知,连续曲线 $y=f(x)$ 与直线 $x=a, x=b$ 及 x 轴所围成的图形面积是(图 3.14)

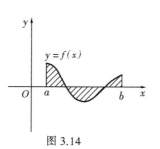

图 3.14

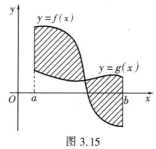

图 3.15

$$S = \int_a^b |f(x)| \, dx. \qquad (1)$$

而由曲线 $y = f(x)$，$y = g(x)$ 与直线 $x = a$，$x = b$ 所围成的面积为（图3.15）

$$S = \int_a^b |f(x) - g(x)| \, dx. \qquad (2)$$

例 2   计算正弦曲线 $y = \sin x \left(0 \leqslant x \leqslant \dfrac{3}{2}\pi\right)$ 与 x 轴及直线 $x = \dfrac{3}{2}\pi$ 所围成图形的面积.

解   如图 3.16，曲线 $y = \sin x$ 在 $\left(0, \dfrac{3}{2}\pi\right)$ 内与 x 轴有一个交点 $(\pi, 0)$，且在 $(0, \pi)$ 内 $\sin x > 0$，在 $\left(\pi, \dfrac{3}{2}\pi\right)$ 内 $\sin x < 0$. 由公式(1) 得

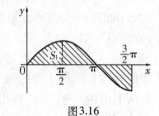

图3.16

$$\begin{aligned}
S &= \int_0^{\frac{3}{2}\pi} |\sin x| \, dx \\
&= \int_0^{\pi} \sin x \, dx + \int_{\pi}^{\frac{3}{2}\pi} (-\sin x) \, dx \\
&= -\cos x \Big|_0^{\pi} + \cos x \Big|_{\pi}^{\frac{3}{2}\pi} = 3.
\end{aligned}$$

注 1   在解题时，如果注意到图形的对称性或等积性，往往能简化计算. 例如在本例中，由等积性可得

$$S = 3S_1 = 3 \int_0^{\frac{\pi}{2}} \sin x \, dx = 3.$$

注 2   由于面积总取正值，在应用面积公式时，必须注意被积函数的符号. 如果把本题的解答写为

$$S = \int_0^{\frac{3}{2}\pi} \sin x \, dx = -\cos x \Big|_0^{\frac{3}{2}\pi} = 1,$$

就导致错误(这是因为把 x 轴下方一块图形的面积算成 -1 的缘故).

例 3   计算由抛物线 $y^2 = 2x$ 与直线 $y = x - 4$ 所围成图形的面积.

解   作出草图如图 3.17，解方程组

$$\begin{cases} y^2 = 2x, \\ y = x - 4, \end{cases}$$

得出抛物线与直线的交点 $A(2,$
$-2)$ 与 $B(8,4)$. 从图中看出所
求面积 S 可以分为 S_1 和 S_2 两个
部分,它们所对应的区间分别为
$[0,2]$ 与 $[2,8]$,由公式(2),有

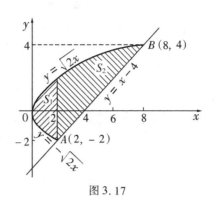

$$S_1 = \int_0^2 \left[\sqrt{2x} - (-\sqrt{2x}) \right] \mathrm{d}x$$

$$= 2\sqrt{2} \int_0^2 \sqrt{x} \mathrm{d}x = \frac{16}{3},$$

$$S_2 = \int_2^8 \left[\sqrt{2x} - (x-4) \right] \mathrm{d}x$$

$$= \frac{38}{3},$$

图 3.17

相加得

$$S = S_1 + S_2 = 18.$$

如果本题选择 y 为积分变量,可以简化运算,此时抛物线与直线的方
程分别变为

$$x = \frac{1}{2} y^2 \quad \text{与} \quad x - y + 4, \qquad -2 \leqslant y \leqslant 4,$$

从而

$$S = \int_{-2}^4 \left[(y+4) - \frac{1}{2} y^2 \right] \mathrm{d}y$$

$$= \left(\frac{1}{2} y^2 + 4y - \frac{1}{6} y^3 \right) \Big|_{-2}^4$$

$$= 18.$$

一般说来,求解面积问题可分为下述三步进行:

1° 画出草图,借助其直观了解所求面积图形的特点,并求出各曲线
的交点,确定积分限;

2° 写出计算面积的积分公式,此时应充分利用图形的对称性和等积
性简化运算,并且必须保证被积函数的值为非负;

3° 计算定积分,求出面积.

例 4 计算椭圆

$$\frac{x^2}{a^2} + \frac{y^2}{b^2} = 1$$

所围图形的面积(图 3.18).

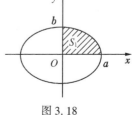

图 3.18

解 由对称性知椭圆的面积 S 等于它在第一象限部分的面积 S_1 的 4 倍. 因为在第一象限曲线的方程为 $y = \dfrac{b}{a}\sqrt{a^2 - x^2}, 0 \leqslant x \leqslant a$, 由面积公式并应用 §3.8 例 2 的结果, 得

$$S = 4S_1 = 4 \cdot \frac{b}{a} \int_0^a \sqrt{a^2 - x^2}\,\mathrm{d}x = \frac{4b}{a} \cdot \frac{\pi}{4}a^2 = \pi ab.$$

*2. 极坐标系中平面图形的面积

设平面图形的边界为极坐标系中的曲线 $r = r(\theta)$ 及射线 $\theta = \alpha, \theta = \beta\ (\alpha < \beta)$, 如图 3.19 所示. 张角由 θ 变到 $\theta + \mathrm{d}\theta$ 的曲线小扇形近似于半径为 $r(\theta)$ 的圆弧小扇形, 故面积微元

$$\mathrm{d}S = \frac{1}{2}r^2(\theta)\,\mathrm{d}\theta,$$

对面积微元积分, 得到面积公式

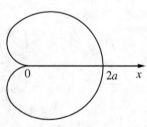

图 3.19

$$S = \frac{1}{2}\int_\alpha^\beta r^2(\theta)\,\mathrm{d}\theta. \tag{3}$$

* 例 5 求心脏线 $r = a(1 + \cos\theta)\ (-\pi \leqslant \theta \leqslant \pi)$ 所围图形的面积 (图 3.20).

解 由图形的对称性, 所求面积为极轴上方图形面积的 2 倍. 根据面积公式 (3), 得

$$S = 2 \cdot \frac{1}{2}\int_0^\pi a^2(1 + \cos\theta)^2\,\mathrm{d}\theta$$

$$= a^2 \int_0^\pi (1 + 2\cos\theta + \cos^2\theta)\,\mathrm{d}\theta$$

$$= a^2\left[\frac{3}{2}\theta + 2\sin\theta + \frac{1}{4}\sin 2\theta\right]_0^\pi$$

$$= \frac{3}{2}\pi a^2.$$

图 3.20

三、运用定积分求旋转体的体积

一个平面图形绕一条直线旋转所成的立体称为旋转体, 这条直线叫作旋转轴. 例如矩形绕它的一边旋转得到圆柱体, 直角三角形绕它的一条直角边旋转得到圆锥体, 圆绕它的直径旋转得到球体, 等等 (图 3.21).

在例 1 中, 我们已经用微元法得出曲线 $y = f(x)\ (f(x) \geqslant 0, a \leqslant x \leqslant b)$ 绕 x 轴旋转所得立体的体积

$$V = \pi \int_a^b [f(x)]^2\,\mathrm{d}x. \tag{4}$$

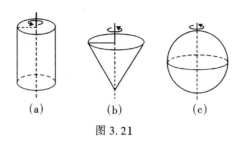

(a)　　　　　(b)　　　　　(c)

图 3.21

例 6 求椭圆 $\dfrac{x^2}{a^2} + \dfrac{y^2}{b^2} = 1$ 绕 x 轴旋转所得旋转椭球体的体积(图 3.22).

解 由椭圆方程 $\dfrac{x^2}{a^2} + \dfrac{y^2}{b^2} = 1$ 解得

$$y^2 = b^2\left(1 - \frac{x^2}{a^2}\right), \quad -a \leqslant x \leqslant a,$$

于是由公式(4),得

$$V = \pi \int_{-a}^{a} b^2\left(1 - \frac{x^2}{a^2}\right)\mathrm{d}x$$

$$= 2\pi b^2 \int_{0}^{a}\left(1 - \frac{x^2}{a^2}\right)\mathrm{d}x$$

$$= 2\pi b^2\left[x - \frac{1}{3a^2}x^3\right]_{0}^{a}$$

$$= \frac{4}{3}\pi ab^2.$$

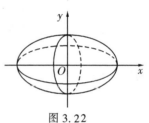

图 3.22

特别地,当 $a = b$ 时,就得到半径为 a 的球的体积

$$V = \frac{4}{3}\pi a^3.$$

又如果把椭圆绕 y 轴旋转,则把公式(4)中的积分变量改为 y,得到

$$V = \pi \int_{-b}^{b} x^2 \mathrm{d}y = \pi \int_{-b}^{b} a^2\left(1 - \frac{y^2}{b^2}\right)\mathrm{d}y = \frac{4}{3}\pi a^2 b.$$

例 7 求高为 h、底面半径为 r 的圆锥体的体积 V.

解 如图 3.23 所示,我们可把圆锥体看成直线段

$$y = \frac{r}{h}x \ (0 \leqslant x \leqslant h)$$

绕 x 轴旋转而围成的,于是有

$$V = \pi \int_{0}^{h} y^2 \mathrm{d}x$$

$$= \pi \int_0^h \left(\frac{r}{h}x\right)^2 \mathrm{d}x$$

$$= \pi \cdot \frac{r^2}{h^2} \cdot \frac{1}{3}x^3 \Big|_0^h$$

$$= \frac{1}{3}\pi r^2 h.$$

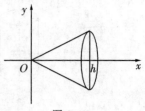

图 3.23

四、运用定积分求平面曲线的弧长

称曲线 $y = f(x)$ 为光滑曲线,如果 $f(x)$ 有连续导数 $f'(x)$. 从几何上看,光滑曲线具有连续变动的切线.

设曲线 $y = f(x)(a \leqslant x \leqslant b)$ 是光滑的,则对应于小区间 $[x, x+\Delta x]$ 的一小段弧长 Δs,可以用该曲线在点 $(x, f(x))$ 处的切线上相应的一小段线段的长来近似代替(图 3.24),这一小段直线段的长度为

$$\sqrt{(\mathrm{d}x)^2 + (\mathrm{d}y)^2} = \sqrt{(\mathrm{d}x)^2 + (y'\mathrm{d}x)^2} = \sqrt{1 + y'^2}\,\mathrm{d}x,$$

从而得到弧长微元(即弧微分)的表达式

$$\Delta s \approx \mathrm{d}s = \sqrt{1 + [f'(x)]^2}\,\mathrm{d}x, \tag{5}$$

所以弧长

$$s = \int_a^b \sqrt{1 + y'^2}\,\mathrm{d}x = \int_a^b \sqrt{1 + [f'(x)]^2}\,\mathrm{d}x. \tag{6}$$

如果光滑曲线用参数方程给出:

$$\begin{cases} x = \varphi(t), \\ y = \psi(t), \end{cases} \quad \alpha \leqslant t \leqslant \beta,$$

则 $\mathrm{d}x = \varphi'(t)\mathrm{d}t$,$\mathrm{d}y = \psi'(t)\mathrm{d}t$,于是弧微分

$$\mathrm{d}s = \sqrt{(\mathrm{d}x)^2 + (\mathrm{d}y)^s} = \sqrt{[\varphi'(t)]^2 + [\psi'(t)]^2}\,\mathrm{d}t, \tag{7}$$

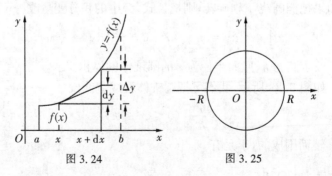

图 3.24   图 3.25

从而

$$s = \int_\alpha^\beta \sqrt{[\varphi'(t)]^2 + [\psi'(t)]^2} \, dt. \tag{8}$$

*例8 求半径为 R 的圆的周长.

解 设圆的方程为 $x^2 + y^2 = R^2$,则

$$y = \pm \sqrt{R^2 - x^2}, \ -R \leqslant x \leqslant R.$$

由对称性知圆的周长为第一象限弧长的 4 倍(图 3.25),在第一象限,有

$$y = \sqrt{R^2 - x^2}, \quad 0 \leqslant x \leqslant R,$$

$$y' = -\frac{x}{\sqrt{R^2 - x^2}},$$

所以

$$ds = \sqrt{1 + y'^2} \, dx$$

$$= \sqrt{1 + \left(-\frac{x}{\sqrt{R^2 - x^2}}\right)^2} \, dx$$

$$= \frac{R}{\sqrt{R^2 - x^2}} \, dx,$$

从而

$$s = 4 \int_0^R \sqrt{1 + y'^2} \, dx = 4R \int_0^R \frac{1}{\sqrt{R^2 - x^2}} \, dx$$

$$= 4R \cdot \arcsin \frac{x}{R} \Big|_0^R = 4R \cdot (\arcsin 1 - \arcsin 0)$$

$$= 4R \cdot \left(\frac{\pi}{2} - 0\right) = 2\pi R.$$

*例9 如图 3.26,设半径为 a 的圆与 x 轴相切于坐标原点. 当圆沿着 x 轴向右滚动时,初始的切点同时向右和向上运动. 滚动半周之后,这个切点升到最高点 $A(\pi a, 2a)$,滚动一周之后,初始切点又回到 x 轴上,位于点 $B(2\pi a, 0)$. 初始切点这样描绘出的轨迹叫作摆线,又称为旋轮线. 曲线 OAB 叫作摆线的一拱;圆继续向右滚动,初始切点又描绘出摆线的第 2 拱、第 3 拱……如果以过初始切点的半径与 y 轴负向的夹角 t 为参数,则摆线的第一拱的参数方程为

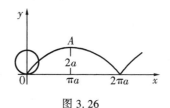

图 3.26

$$\begin{cases} x = a(t - \sin t), \\ y = a(1 - \cos t), \end{cases} \quad 0 \leqslant t \leqslant 2\pi,$$

试计算摆线一拱的长度.

解 我们先计算出弧微分 ds,因为

$$x'(t) = a(1 - \cos t), \quad y'(t) = a\sin t,$$

则

$$
\begin{aligned}
\mathrm{d}s &= \sqrt{a^2(1-\cos t)^2 + a^2\sin^2 t}\,\mathrm{d}t \\
&= a\sqrt{2(1-\cos t)}\,\mathrm{d}t \\
&= 2a\left|\sin\frac{t}{2}\right|\mathrm{d}t \\
&= 2a\sin\frac{t}{2}\,\mathrm{d}t.
\end{aligned}
$$

（因为 $0 \leqslant t \leqslant 2\pi$，所以 $0 \leqslant \dfrac{t}{2} \leqslant \pi$，故 $\sin\dfrac{t}{2} \geqslant 0$）. 代入弧长公式得

$$s = \int_0^{2\pi} 2a\sin\frac{t}{2}\,\mathrm{d}t = 4a\left[-\cos\frac{t}{2}\right]_0^{2\pi} = 8a.$$

习　题　3.9

1. 求曲线 $y = \sqrt{x}$ 与直线 $y = x$ 所围图形的面积.

2. 求直线 $y = x, y = 2x$ 与 $y = 2$ 所围三角形的面积.

3. 求双曲线 $xy = 1$ 与直线 $y = x, y = 2$ 所围的面积.

*4. 抛物线 $y = \dfrac{1}{2}x^2$ 将圆 $x^2 + y^2 \leqslant 8$ 分割成两个部分,分别求这两部分的面积.

*5. 求曲线 $r = 3\cos\theta$ 与射线 $\theta = -\dfrac{\pi}{3}, \theta = \dfrac{\pi}{3}$ 所围图形的面积.

6. 将下列曲线绕 x 轴旋转,求所形成的旋转体的体积.

(1) $y = \cos x, \quad 0 \leqslant x \leqslant \dfrac{\pi}{2}$；

(2) $y = 2x^{\frac{2}{3}}, \quad 0 \leqslant x \leqslant 8$；

(3) $x + y = 4, \quad 0 \leqslant x \leqslant 4$.

7. 求曲线 $y = x^{\frac{3}{2}}, 0 \leqslant x \leqslant 8$ 的弧长.

§3.10　简单微分方程

代数方程是含有未知数的等式. 含有未知函数的方程叫作函数方程.
微分方程是一类特殊的函数方程,它是含有自变量、未知函数及其导数或

微分的等式. 例如

$$\frac{\mathrm{d}y}{\mathrm{d}x} = p(x)y + q(x), \tag{1}$$

$$y'' + 2y' + y = 0, \tag{2}$$

$$\frac{\mathrm{d}^2\varphi}{\mathrm{d}t^2} + \frac{g}{l}\sin\varphi = 0, \tag{3}$$

都是微分方程.

微分方程中出现的未知函数的最高阶导数的阶数称为该方程的**阶数**. (1) 是一阶微分方程, (2) 和 (3) 都是二阶微分方程.

(1) 和 (2) 关于未知函数及其各阶导数都是一次的, 因此又叫线性微分方程. (3) 则是非线性微分方程.

(2) 中各项系数都是常数, 因此称为常系数微分方程, 而 (1) 则是变系数微分方程.

如果能找到一个函数, 代入微分方程后能使它变成恒等式, 就称这个函数是该方程的**解**. 例如容易验证 $y = \mathrm{e}^{-x}$ 是 (2) 的一个解.

为了方便起见, 我们也可简称微分方程为方程.

一、微分方程来源于实际

微分方程与微积分几乎是同时出现的. 牛顿和莱布尼茨从力学和几何问题的研究中创立了微积分, 而简单的力学问题和几何问题就可归结为微分方程.

例 1 在 xOy 平面上确定一曲线 $y = y(x)$, 使得在该曲线上任一点 $P(x, y)$ 处的切线与坐标原点 O 同点 P 的连线 OP 垂直.

如图 3.27 所示, $OP \perp PT$, 从而两者的斜率之积等于 -1, 即

$$\frac{y}{x} \cdot \frac{\mathrm{d}y}{\mathrm{d}x} = -1,$$

$$\frac{\mathrm{d}y}{\mathrm{d}x} = -\frac{x}{y}. \tag{4}$$

这就是一个一阶微分方程. 从几何意义容易想见, 这样的曲线是圆周. 其实, 我们很容易求 (4) 的解.

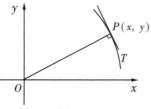

图 3.27

将 (4) 式变形为 $y\mathrm{d}y = -x\mathrm{d}x$, 两边积分就得到

$$y^2 = -x^2 + C^2,$$

或

$$x^2 + y^2 = C^2, \tag{5}$$

其中 C 是任意常数. 如果我们再加上"该曲线过点$(2,1)$"的要求,将 $x = 2, y = 1$ 代入(5)式可得 $C^2 = 5$,从而得出所求曲线为 $x^2 + y^2 = 5$. 这里附加的要求称为"**初始条件**". 方程(4)连同初始条件 $y(2) = 1$ 便构成"**初值问题**".

上面这个问题,只要平面几何学得好一点,不借助微分方程也是可以解决的,但如果我们将问题改成"在 xOy 平面上确定一曲线 $y = y(x)$,使得其上任一点处的切线在纵轴上的截距等于切点的横坐标",这时所求曲线的形状就想象不出来了. 但我们可以在曲线 $y = y(x)$ 上任取一点 $P(x,y)$,并设点(X,Y)是曲线过 P 点之切线 PT 上的任意一点,从而得到切线 PT 的方程为

$$Y - y = y'(X - x),$$

PT 在纵轴上的截距为 $Y = y - xy'$,依题意有

$$y - xy' = x, \tag{6}$$

这也是一阶线性微分方程. 如何求解此方程后面再作研究.

例2(质点运动) 质点运动遵循牛顿第二定律: $f = ma$,式中 m 是质点的质量,a 是加速度,f 是质点所受的合外力. 如果质点的瞬时位移是 $x = x(t)$,则牛顿第二定律可以表示为

$$m \frac{\mathrm{d}^2 x}{\mathrm{d} t^2} = f.$$

考虑如图 3.28 所示水平面上的质点运动,设弹簧的弹性系数为 k,从而弹性恢复力为 $-kx$,又设摩擦阻力与速度成正比,比例系数为 a,则摩擦阻力为 $-a \dfrac{\mathrm{d} x}{\mathrm{d} t}$. 于是得到质点运动满足的微分方程

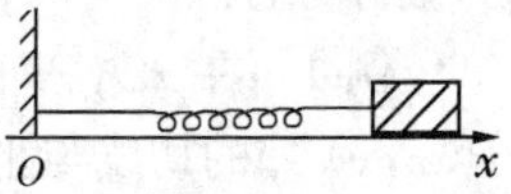

图 3.28

$$m \frac{\mathrm{d}^2 x}{\mathrm{d} t^2} + a \frac{\mathrm{d} x}{\mathrm{d} t} + kx = 0, \tag{7}$$

这是一个二阶常系数线性微分方程.

由上面两个简单例子可以看到,当我们不能直接找出所考虑问题中量与量的函数关系,但找到这些量及其导数之间的关系时,就导出了微分方程.

在生产实践、工程技术的各个部门和自然科学、社会科学的各个领域中,都会产生大量的微分方程或微分方程组. 我们将在本节的第三部分以

人口问题为例予以说明.

二、求解微分方程的几种常见的方法

1. 分离变量法

(4)是形如

$$\frac{\mathrm{d}y}{\mathrm{d}x} = f(x)g(y) \tag{8}$$

的方程,求解这一类方程可将变量 x(及其函数)和变量 y(及其函数)分离:

$$\frac{\mathrm{d}y}{g(y)} = f(x)\mathrm{d}x,$$

然后再在等式两边分别积分.

例 3 求解方程

$$\frac{\mathrm{d}y}{\mathrm{d}x} = \frac{y}{x}.$$

解 将变量分离,得

$$\frac{\mathrm{d}y}{y} = \frac{\mathrm{d}x}{x}, \tag{9}$$

两边积分,得

$$\ln|y| = \ln|x| + C_1, \tag{10}$$

所求解为

$$y = Cx, \tag{11}$$

其中 C 为任意常数.

注 1 原方程要求 $x \neq 0$,且可看出 $y=0$ 是它的一个解,将方程变形为(9),则可能失去解 $y=0$,但在(11)式中 C 为任意常数,取 $C=0$,即可得解 $y=0$. 至于(10)式中将积分常数记为 C_1 是为了与(11)式中的 C 相区别,求解时省去了中间步骤:$|y|=|x|\,\mathrm{e}^{C_1}$,$y=\pm\mathrm{e}^{C_1}x$,再令 $C=\pm\mathrm{e}^{C_1}$,并且为了补上变量分离失去的解 $y=0$,而说明 C 是任意常数(可以取零).

注 2 像(11)式这样包含任意常数的解称为**通解**,而像例 1 中满足条件 $y(2)=1$ 的解 $x^2+y^2=5$,则称为**特解**.

例 4 求解方程

$$\frac{\mathrm{d}y}{\mathrm{d}x} = y^2\cos x.$$

解 分离变量,得

$$\frac{\mathrm{d}y}{y^2} = \cos x \mathrm{d}x,$$

积分得

$$-\frac{1}{y} = \sin x + C,$$

通解为

$$y = -\frac{1}{\sin x + C}.$$

此外还有解 $y = 0$.

有些方程不具有(8) 的形式,但可作适当的变换将它化为变量分离的方程.

例如,形如

$$\frac{\mathrm{d}y}{\mathrm{d}x} = f\left(\frac{y}{x}\right) \tag{12}$$

的方程称为**齐次方程**. 如令

$$z = \frac{y}{x},$$

则有 $y = xz$,从而

$$\frac{\mathrm{d}y}{\mathrm{d}x} = z + x\frac{\mathrm{d}z}{\mathrm{d}x}, \qquad z + x\frac{\mathrm{d}z}{\mathrm{d}x} = f(z),$$

$$\frac{\mathrm{d}z}{f(z) - z} = \frac{\mathrm{d}x}{x}.$$

这时变量已经分离了.

例 5 求解方程

$$(y - x)\mathrm{d}x + (y + x)\mathrm{d}y = 0.$$

解 将原方程变形为

$$\frac{\mathrm{d}y}{\mathrm{d}x} = \frac{x - y}{x + y} = \frac{1 - \dfrac{y}{x}}{1 + \dfrac{y}{x}},$$

这是形如(12) 的齐次方程.

令 $z = \dfrac{y}{x}$,可得

$$x\frac{\mathrm{d}z}{\mathrm{d}x} = \frac{1 - z}{1 + z} - z,$$

$$\frac{1+z}{1-2z-z^2}\mathrm{d}z = \frac{\mathrm{d}x}{x},$$

两边积分,得

$$-\frac{1}{2}\ln|z^2+2z-1| = \ln|x| + C_1,$$

$$z^2+2z-1 = Cx^{-2},$$

亦即

$$\frac{y^2}{x^2} + 2\frac{y}{x} - 1 = Cx^{-2},$$

$$y^2 + 2xy - x^2 = C,$$

这就是原方程的通解.

2. 常数变易法

例6 我们来介绍方程(6)

$$y - xy' = x$$

的解法.

第一步 先求解

$$y - xy' = 0. \tag{13}$$

(13) 称为方程(6) 对应的齐次方程.

将(13)分离变量,得

$$\frac{\mathrm{d}y}{y} = \frac{\mathrm{d}x}{x}.$$

由例 3 知有解

$$y = Cx.$$

第二步 为了求得原方程的解,先将(11)式中的任意常数 C 变易为 x 的函数 $C(x)$,并设

$$y = C(x)x \tag{14}$$

是原方程(6) 的解,再确定 $C(x)$.

将(14) 代入(6),得

$$C(x)x - x[C(x) + C'(x)x] = x,$$

$$C'(x) = -\frac{1}{x},$$

$$C(x) = C - \ln|x|,$$

代回(14),即得原方程(6) 的通解

$$y = x(C - \ln|x|).$$

用常数变易法可以求解一般的一阶线性方程：

$$\frac{\mathrm{d}y}{\mathrm{d}x} = p(x)y + q(x). \qquad (*)$$

1° 解 $\dfrac{\mathrm{d}y}{\mathrm{d}x} = p(x)y$，得

$$y = C\exp\Big(\int p(x)\mathrm{d}x\Big).$$

2° 设 (*) 有解

$$y = C(x)\exp\Big(\int p(x)\mathrm{d}x\Big),$$

代入(*)得

$$\exp\Big(\int p(x)\mathrm{d}x\Big)\big[C(x)p(x) + C'(x)\big]$$

$$= p(x)C(x)\exp\Big(\int p(x)\mathrm{d}x\Big) + q(x),$$

$$C'(x) = q(x)\exp\Big(-\int p(x)\mathrm{d}x\Big),$$

$$C(x) = C + \int q(x)\exp\Big(-\int p(x)\mathrm{d}x\Big)\mathrm{d}x.$$

所以(*) 的通解为

$$y = \exp\Big(\int p(x)\mathrm{d}x\Big)\Big[C + \int q(x)\exp\Big(-\int p(x)\mathrm{d}x\Big)\mathrm{d}x\Big]. \qquad (15)$$

上式可以作为公式直接用来求解一阶线性方程，但是一定要注意方程(*)的标准形式.

例如

$$(x+1)\frac{\mathrm{d}y}{\mathrm{d}x} - 2y = \mathrm{e}^x(x+1)^3,$$

化为标准形式

$$\frac{\mathrm{d}y}{\mathrm{d}x} = \frac{2}{x+1}y + \mathrm{e}^x(x+1)^2,$$

可按上面所述步骤一步步求解，也可直接用公式(15) 得通解为

$$y = (x+1)^2\Big(C + \int \mathrm{e}^x\mathrm{d}x\Big) = (x+1)^2(C + \mathrm{e}^x).$$

线性方程(*)是一类十分重要的常见的方程，有些方程可以化为线性方程.

3. 欧拉特征根法

考虑二阶常系数线性方程

$$y'' + ay' + by = 0, \tag{16}$$

其中 a, b 是实常数. 注意到指数函数求导后仍为指数函数, 故可探求形如 $y = e^{kx}$ 的解. 将它代入(16), 消去 e^{kx} 便得

$$k^2 + ak + b = 0. \tag{17}$$

方程(17)称为原方程(16)的**特征方程**, 其根称为**特征根**. 如果(17)有相异实根 k_1, k_2, 则(16)有解 $e^{k_1 x}$ 和 $e^{k_2 x}$, 它的通解为

$$y = C_1 e^{k_1 x} + C_2 e^{k_2 x}, \tag{18}$$

其中 C_1, C_2 是(彼此独立的)两个任意常数.

如果(17)有重特征根 k, 则(16)除有解 $y = e^{kx}$ 外, 直接验证可知, 还有解 $y = xe^{kx}$. 这时通解为

$$y = (C_1 + C_2 x)e^{kx}, \tag{19}$$

其中 C_1, C_2 为任意常数.

如果(17)有共轭复根 $k = \alpha \pm i\beta$, 其中 α, β 是实数. 这时(16)有解[①]

$$y = e^{(\alpha \pm i\beta)x} = e^{\alpha x}(\cos \beta x \pm i\sin \beta x),$$

它们的实部和虚部

$$y = e^{\alpha x}\cos \beta x \text{ 和 } y = e^{\alpha x}\sin \beta x$$

是原方程的两个实数解, (16)的通解为

$$y = e^{\alpha x}(C_1 \cos \beta x + C_2 \sin \beta x), \tag{20}$$

其中 C_1, C_2 为任意常数.

例 7 求解方程(2).

解 方程(2)的特征方程为

$$k^2 + 2k + 1 = (k+1)^2 = 0,$$

特征根 $k = -1$ 是重根, 故(2)的通解为

$$y = (C_1 + C_2 x)e^{-x}.$$

---

① 三角函数和指数函数之间由欧拉公式相联系:

$$e^{ix} = \cos x + i\sin x.$$

例 8 求解方程

$$\frac{\mathrm{d}^2 x}{\mathrm{d}t^2} + 2\frac{\mathrm{d}x}{\mathrm{d}t} + 3x = 0.$$

解 特征方程为

$$k^2 + 2k + 3 = 0,$$
$$k = -1 \pm \sqrt{2}\mathrm{i},$$

原方程通解为

$$x = \mathrm{e}^{-t}(C_1 \cos \sqrt{2}t + C_2 \sin \sqrt{2}t).$$

4. 待定系数法

例 9 求解方程

$$y'' + 2y' - 3y = x^2 + 1. \tag{21}$$

这个方程的右端 $x^2 + 1$ 与未知函数及其导数无关,称为自由项. 该方程称为非齐次的二阶线性方程. 它的通解等于与之对应的齐次方程

$$y'' + 2y' - 3y = 0 \tag{22}$$

的通解,再加上(21)的任一特解.

容易知道(22)的特征根为 $k_1 = 1, k_2 = -3$,从而它的通解为

$$\bar{y} = C_1 \mathrm{e}^x + C_2 \mathrm{e}^{-3x}.$$

为了求出(21)的一个特解,注意到方程右端是二次多项式,而幂函数的导数还是幂函数,故可以设该方程有形如

$$\tilde{y} = ax^2 + bx + c$$

的特解,其中系数 a, b, c 待定.

将上式代入(21)得

$$2a + 2(2ax + b) - 3(ax^2 + bx + c) = x^2 + 1,$$
$$-3ax^2 + (4a - 3b)x + 2a + 2b - 3c = x^2 + 1.$$

令 x 同次幂的系数相等,得到代数方程组

$$\begin{cases} -3a = 1, \\ 4a - 3b = 0, \\ 2a + 2b - 3c = 1. \end{cases}$$

解得 $a = -\dfrac{1}{3}, b = -\dfrac{4}{9}, c = -\dfrac{23}{27}$,故

$$\tilde{y} = -\frac{1}{3}x^2 - \frac{4}{9}x - \frac{23}{27}.$$

最后得到方程(21)的通解为

$$y = \bar{y} + \tilde{y} = C_1 e^x + C_2 e^{-3x} - \frac{1}{3} x^2 - \frac{4}{9} x - \frac{23}{27}.$$

在上述解法中,线性非齐次方程的通解等于对应齐次方程的通解加上原方程的任一特解,这是一个普遍规律.至于如何用待定系数法寻求特解,则要根据方程中自由项的特点.例如当自由项是 e^{bx} 而 b 不是特征根时,可设特解形如 ae^{bx};当自由项是 $\cos x$ 或 $\sin x$ 或 $\cos x + \sin x$ 时,都应当设特解为 $a\cos x + b\sin x$,而不能只设为 $a\cos x$ 或 $a\sin x$.至于道理何在,大家在做完本节习题 1(12)后应当有所体会.

三、应用举例

例 10(人口问题)

人口是一个离散的变量,但当人口数量很大时,近似地作为连续变量来处理仍能很好地与客观情况相吻合.下面我们假定人口是时间 t 的连续可微函数.

假设某地区居民没有迁出和迁入,在 t 时刻人口数为 $x = x(t)$,如果人口的净增长率为 k,则可得到人口方程(马尔萨斯人口律)

$$\frac{\mathrm{d}x}{\mathrm{d}t} = kx. \tag{23}$$

假定式中 k 为常数,且已知当 $t = t_0$ 时,$x(t_0) = x_0$,则方程(23)的解为

$$x(t) = x_0 e^{k(t-t_0)}. \tag{24}$$

上式当人口基数不是太大且时间 t 不是很长时,能较好地反映人口增长的规律.例如,根据 1700—1961 年的人口数据,此式能很好地吻合.再如,据估计 1965 年 1 月世界人口总数约为 33.4 亿,1960 至 1970 年间,世界人口平均增长率为 2%,这样就可得到人口增长的规律为

$$x(t) = 33.4 e^{0.02(t-1965)}. \tag{25}$$

如果人口增长率 0.02 不变,则到 2000 年 1 月,世界人口的计算数为 67.3 亿,实际上,1999 年 10 月 12 日被宣布为"世界 60 亿人口日".这两个数字虽有差距,但还不算太大.但是,如果想用(25)式来预见一下未来,则可算得 2100 年世界人口为 497 亿,2200 年为 3672 亿,2400 年为 200497 亿,这时人均占有地球的陆地面积将不到 $2\ \mathrm{m}^2$.显然,这样的估计是不对的.

问题在于,随着人口基数的增大,即使不计及自然和人为的灾难,诸如战争、瘟疫、地震等,人口的增长受环境因素如自然资源、食物、居住条件等的影响也会很快增大,统计结果表明,在方程(23)中应增加一项

$-bx^2$，反映环境对人口增长的影响，其中 b 是一常数. 1837 年荷兰数学家、生物学家弗尔哈斯特引进了人口增长率方程

$$\frac{\mathrm{d}x}{\mathrm{d}t} = kx - bx^2, \tag{26}$$

其中常数 k,b 称为生命系数，b 相对于 k 而言是一个很小的数，当 x 不大时，$-bx^2$ 这一项与 kx 相比可以忽略，但当 x 很大时，就不能忽略了.

下面利用方程(26)来研究人口增长趋势. 设

$$x(t_0) = x_0, \quad k - bx_0 > 0. \tag{27}$$

将(26)分离变量并积分，可以解得

$$x(t) = \frac{kx_0}{bx_0 + (k - bx_0)\mathrm{e}^{-k(t - t_0)}}. \tag{28}$$

由此可以看出：

(1) 当 $t \to +\infty$ 时，$x(t) \to \dfrac{k}{b}$. 亦即不管人口的初值如何，总人口都将趋于一个极限 $\dfrac{k}{b}$. 因为 b 是反映环境对人口增长的制约的，因此环境条件好的地区和国家，将有利于人口的增长.

(2) 为了预测地球上未来的人口数，必须先估计方程中出现的生命系数 k 和 b. 某些生态学家估计，k 的自然值为 0.029. 至于 b 值，我们前面已介绍当人口数为 33.4 亿时，人口的增长率大约是 2%，亦即 $\dfrac{1}{x} \cdot \dfrac{\mathrm{d}x}{\mathrm{d}t} = 0.02$，从而由(26)式可知

$$0.02 = k - (3.34 \times 10^9)b.$$

将 $k = 0.029$ 代入，可得

$$b = 2.695 \times 10^{-12}.$$

于是，地球上人口总数估计极限值将是

$$\frac{k}{b} = \frac{0.029}{2.695 \times 10^{-12}} = 107.6(\text{亿}).$$

(3) 利用公式(28)，取 $k = 0.029, b = 2.695 \times 10^{-12}, t_0 = 1965, x_0 = 3.34 \times 10^9$，则 2000 年 1 月世界人口数为

$$x(2000) = \frac{0.029 \times 3.34 \times 10^9}{0.009 + 0.02\mathrm{e}^{-0.029 \times 35}} = 59.61(\text{亿}).$$

这一数值与联合国估计的 1999 年底将突破 60 亿的数值是相当接近的，比用(12)式估计的数值精确度要高得多.

（4）下面分析一下人口模型（26）的解（28）的变化情况. 首先，因 $x>0$，又 $k-bx$ 与 $k-bx_0$ 同号，而 $k-bx_0>0$，故 $\dfrac{\mathrm{d}x}{\mathrm{d}t}=x(k-bx)>0$，即人口数量始终是增加的. 又对（26）式两边求导，得

$$\frac{\mathrm{d}^2x}{\mathrm{d}t^2}=k\,\frac{\mathrm{d}x}{\mathrm{d}t}-2bx\,\frac{\mathrm{d}x}{\mathrm{d}t}=(k-2bx)(k-bx)x.$$

由此可见，当 x 小于、等于或大于 $\dfrac{k}{2b}$ 时，分别有 $\dfrac{\mathrm{d}^2x}{\mathrm{d}t^2}$ 大于、等于或小于零. 所以 $x=\dfrac{k}{2b}$ 是一个拐点，在人口数未达到极限值 $\dfrac{k}{b}$ 的一半时，是加速增长时期 $\left(\dfrac{\mathrm{d}x}{\mathrm{d}t}\text{ 是增函数}\right)$，而在达到 $\dfrac{k}{2b}$ 之后，人口增长的速度逐渐减小并趋于 0，人口数最终趋向于 $\dfrac{k}{b}$（参看图 3.29）. 如前所述，地球上人口总数的极限值大约是 107.6 亿，现在已超过 60 亿，因此人口增长的速度将逐渐减缓.

Pearl 和 Reed 在 1920 年曾用模型（26）分析美国的人口，他们利用 1790，1850 和 1910 三年的人口普查数字找出参数 k 和 b 的值，并预报了 1930，1940，1950，1960 和 1970 年美国人口的数值，这些值与后来的实际统计值的误差分别为 0.3％，3.8％，−1.1％，−0.9％ 和 −17.4％. 而这些预测都没有考虑大规模移民所造成的人口波动，以及在此期间美国数次卷入战争的影响. 由此可见，人口模型中的参数 k 和 b 的值应当随实际情况的变化而作相应的调整.

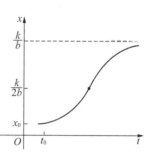

图 3.29　人口增长曲线

1980 年 5 月 1 日公布的我国人口，在 1979 年底为 97092 万人，假设当时的人口增长率为 1.45％，按公式（28）可以算得下面的结果：

年底	1982	1988	1990	2000	2010	2020	2050	$t\to\infty$
人口（亿）	10.1313	10.9691	11.2448	12.5775	13.8015	14.8854	17.2213	19.42

根据抽样调查公布的数据，1988 年底我国人口数为 10.9614 亿. 我国第三、四、五、六次人口普查公布的全国人口总数，1982 年 7 月 1 日为 10.3188 亿，1990 年 7 月 1 日为 11.6002 亿，2000 年 11 月 1 日为 12.9533

亿,2010 年 11 月 1 日为 13.7054 亿.普查数与理论计算数之间的误差分别为 1.82%,3.06%,2.90%,−0.7%.其原因与假设人口增长率为 1.45% 有关,事实上,根据我国人口普查的结果,1982 到 1990 年间,人口年平均增长率为 1.48%,而 1990 到 2000 年间已降为 1.07%.当然,公式(28) 也只是个近似公式,按此公式,2500 年我国人口将达到 19.4184 亿,极限数为 19.42 亿.

还应指出,人口模型实际上是种群繁衍的模型,因此也可用于其他一些生物.

习　题　3.10

1. 求解下列方程:

(1) $\dfrac{\mathrm{d}y}{\mathrm{d}x} = xy - y + x - 1$;

*(2) $y^2 \mathrm{d}x + (x+1)\mathrm{d}y = 0$,并求满足初始条件 $y(0) = 1$ 的特解;

(3) $\dfrac{\mathrm{d}y}{\mathrm{d}x} = \dfrac{1+y^2}{xy + x^3 y}$;

(4) $(x+y)\mathrm{d}y + (x-y)\mathrm{d}x = 0$;

*(5) $y\mathrm{d}x - x(\ln x - \ln y)\mathrm{d}y = 0$;

(6) $\dfrac{\mathrm{d}y}{\mathrm{d}x} + 2y = x - 2$;

(7) $\dfrac{\mathrm{d}y}{\mathrm{d}x} = \dfrac{y}{x} + \dfrac{y^2}{x^3}$;

(8) $y'' - \dfrac{1}{6}y' - \dfrac{1}{6}y = 0$;

(9) $y'' + y' - 2y = 0$;

(10) $y'' - 3y' + 2y = 3x$;

(11) $y'' - 2y' + y = \mathrm{e}^{-x}$;

*(12) $y'' + 2y' + 5y = \cos x$.

2. 设一函数 $y = y(x)$ 在区间 $[0, x]$ 右端点的值与它在该区间上的平均值成正比,试求此函数.

3. 设 1979 年底我国人口为 97092 万人,人口增长率为 1.45%,求按公式(28) 计算 2000 年、2010 年的我国人口数与全国普查结果的误差.

§3.11 反常积分简介

在研究定积分 $\int_a^b f(x)\mathrm{d}x$ 时,我们总约定积分限 a,b 是有限实数,被积函数 $f(x)$ 在 $[a,b]$ 上有界.但是在一些理论问题和应用问题中,往往会遇到积分区间是无穷区间或被积函数是无界函数的情形,这就需要将定积分的概念加以推广,引进反常积分的概念.反常积分包括无穷区间反常积分(简称为无穷限积分)和无界函数反常积分(简称为瑕积分)两种,统称为反常积分或广义积分,本书只简单介绍无穷限反常积分.

我们先看一个实际例子.

例1 计算在第一象限内曲线 $y=\mathrm{e}^{-x}$ 与 x 轴之间的面积(图 3.30).

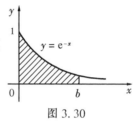

图 3.30

解 任取 $b>0$,在 $[0,b]$ 上曲边梯形的面积

$$S(b) = \int_0^b \mathrm{e}^{-x}\mathrm{d}x$$
$$= -\mathrm{e}^{-x}\Big|_0^b$$
$$= 1-\mathrm{e}^{-b},$$

于是

$$S = \int_0^{+\infty} \mathrm{e}^{-x}\mathrm{d}x = \lim_{b\to+\infty}\int_0^b \mathrm{e}^{-x}\mathrm{d}x$$
$$= \lim_{b\to+\infty}(1-\mathrm{e}^{-b}) = 1-0 = 1.$$

本例表明一个无界图形可以具有有限值的面积,它从几何角度刻画了无穷限积分的意义.

定义1 设 $f(x)$ 在无穷区间 $[a,+\infty)$ 上连续,取 $b>a$,如果极限 $\lim\limits_{b\to+\infty}\int_a^b f(x)\mathrm{d}x$ 存在,就称无穷限反常积分 $\int_a^{+\infty} f(x)\mathrm{d}x$ **收敛**,并定义这个极限为无穷限积分的值,即

$$\int_a^{+\infty} f(x)\mathrm{d}x = \lim_{b\to+\infty}\int_a^b f(x)\mathrm{d}x; \tag{2}$$

如果极限 $\lim\limits_{b\to+\infty}\int_a^b f(x)\mathrm{d}x$ 不存在,就称反常积分 $\int_a^{+\infty} f(x)\mathrm{d}x$ **发散**,此时 $\int_a^{+\infty} f(x)\mathrm{d}x$ 只是一个符号,不表示任何数值.

157

类似地,我们可以定义反常积分 $\displaystyle\int_{-\infty}^{b} f(x)\mathrm{d}x$ 的收敛性和发散性,并且规定当积分收敛时,有

$$\int_{-\infty}^{b} f(x)\mathrm{d}x = \lim_{a \to -\infty}\int_{a}^{b} f(x)\mathrm{d}x. \qquad (3)$$

根据上面的定义,第一象限内曲线 $y = \mathrm{e}^{-x}$ 与 x 轴之间的面积 S 可用无穷限积分表示为

$$S = \int_{0}^{+\infty} \mathrm{e}^{-x}\mathrm{d}x.$$

例 2　讨论下列无穷限积分的收敛性:

(1) $\displaystyle\int_{0}^{+\infty} \frac{\mathrm{d}x}{1+x^2}$;

(2) $\displaystyle\int_{0}^{+\infty} \frac{x}{1+x^2}\mathrm{d}x$.

解　(1) 对任意 $b > 0$,有

$$\int_{0}^{b} \frac{1}{1+x^2}\mathrm{d}x = \arctan x \Big|_{0}^{b} = \arctan b.$$

因为

$$\lim_{b \to +\infty}\int_{0}^{b} \frac{1}{1+x^2}\mathrm{d}x = \lim_{b \to +\infty}\arctan b = \frac{\pi}{2},$$

所以积分 $\displaystyle\int_{0}^{+\infty} \frac{1}{1+x^2}\mathrm{d}x$ 收敛,其值为 $\dfrac{\pi}{2}$.

(2) 对任意 $b > 0$,有

$$\begin{aligned}
\int_{0}^{b} \frac{x}{1+x^2}\mathrm{d}x &= \frac{1}{2}\int_{0}^{b} \frac{1}{1+x^2}\mathrm{d}(1+x^2) \\
&= \frac{1}{2}\ln(1+x^2)\Big|_{0}^{b} \\
&= \frac{1}{2}\ln(1+b^2) \to +\infty \quad (\text{当 } b \to +\infty),
\end{aligned}$$

这表明极限 $\displaystyle\lim_{b \to +\infty}\int_{0}^{b} \frac{x}{1+x^2}\mathrm{d}x$ 不存在,所以积分 $\displaystyle\int_{0}^{+\infty} \frac{x}{1+x^2}\mathrm{d}x$ 发散.

例 3　讨论反常积分 $\displaystyle\int_{0}^{+\infty} \sin x\mathrm{d}x$ 和 $\displaystyle\int_{0}^{+\infty} \cos x\mathrm{d}x$ 的收敛性.

解　对于任意 $b > 0$,有

$$\int_{0}^{b} \sin x\mathrm{d}x = -\cos x \Big|_{0}^{b} = 1 - \cos b.$$

当 $b \to +\infty$ 时,$\cos b$ 在 1 与 -1 之间摆动,因此极限 $\displaystyle\lim_{b \to +\infty}(1 - \cos b)$ 不存

在，从而积分 $\displaystyle\int_0^{+\infty} \sin x \, \mathrm{d}x$ 发散.

同理可知 $\displaystyle\int_0^{+\infty} \cos x \, \mathrm{d}x$ 也是发散的.

在第六章中，我们将遇到积分

$$\int_0^{+\infty} \mathrm{e}^{-x^2} \, \mathrm{d}x,$$

这是一个十分重要的积分，称为概率积分或欧拉-泊松(Poisson)积分. 可以证明这个积分是收敛的. 虽然 e^{-x^2} 的原函数不能用初等形式表示，但是我们可以用其他技巧求出这个积分的值为 $\dfrac{\sqrt{\pi}}{2}$，即

$$\int_0^{+\infty} \mathrm{e}^{-x^2} \, \mathrm{d}x = \frac{\sqrt{\pi}}{2}.$$

定义 2 设 $f(x)$ 在 $(-\infty, +\infty)$ 上连续，规定

$$\int_{-\infty}^{+\infty} f(x) \mathrm{d}x = \int_{-\infty}^{c} f(x) \mathrm{d}x + \int_c^{+\infty} f(x) \mathrm{d}x, \tag{4}$$

其中 c 是任一实数. 如果(4)式右端的两个积分都**收敛**，称反常积分 $\displaystyle\int_{-\infty}^{+\infty} f(x) \mathrm{d}x$ 收敛；否则，就称积分 $\displaystyle\int_{-\infty}^{+\infty} f(x) \mathrm{d}x$ 是**发散**的.

例 4 讨论积分 $\displaystyle\int_{-\infty}^{+\infty} x \mathrm{e}^{-x^2} \, \mathrm{d}x$ 的收敛性.

解 $\displaystyle\int_{-\infty}^{+\infty} x \mathrm{e}^{-x^2} \, \mathrm{d}x = \int_{-\infty}^{0} x \mathrm{e}^{-x^2} \, \mathrm{d}x + \int_0^{+\infty} x \mathrm{e}^{-x^2} \, \mathrm{d}x,$

因为

$$\int_{-\infty}^{0} x \mathrm{e}^{-x^2} \, \mathrm{d}x = \lim_{a \to -\infty} \int_a^0 \left(-\frac{1}{2} \mathrm{e}^{-x^2}\right) \mathrm{d}(-x^2)$$

$$= \lim_{a \to -\infty} \left[-\frac{1}{2} \mathrm{e}^{-x^2}\right]_a^0 = -\frac{1}{2},$$

$$\int_0^{+\infty} x \mathrm{e}^{-x^2} \, \mathrm{d}x = \lim_{b \to +\infty} \int_a^0 \left(-\frac{1}{2} \mathrm{e}^{-x^2}\right) \mathrm{d}(-x^2)$$

$$= \lim_{b \to +\infty} \left[-\frac{1}{2} \mathrm{e}^{-x^2}\right]_0^b = \frac{1}{2},$$

所以原积分收敛，且

$$\int_{-\infty}^{+\infty} x \mathrm{e}^{-x^2} \, \mathrm{d}x = -\frac{1}{2} + \frac{1}{2} = 0.$$

对于收敛的无穷限积分，如果知道被积函数 $f(x)$ 的一个原函数

$F(x)$,形式上也可以把这个积分用牛顿-莱布尼茨公式表示为

$$\left.\begin{array}{l}\displaystyle\int_{a}^{+\infty}f(x)\mathrm{d}x=F(x)\Big|_{a}^{+\infty}=F(+\infty)-F(a),\\[3mm]\displaystyle\int_{-\infty}^{b}f(x)\mathrm{d}x=F(x)\Big|_{-\infty}^{b}=F(b)-F(-\infty),\\[3mm]\displaystyle\int_{-\infty}^{+\infty}f(x)\mathrm{d}x=F(x)\Big|_{-\infty}^{+\infty}=F(+\infty)-F(-\infty),\end{array}\right\}\qquad(5)$$

这里 $F(+\infty)$ 与 $F(-\infty)$ 只是符号,分别表示极限 $\lim\limits_{b\to+\infty}F(b)$ 与 $\lim\limits_{a\to-\infty}F(a)$. 例如

$$\int_{-\infty}^{+\infty}\frac{\mathrm{d}x}{1+x^2}=\arctan x\Big|_{-\infty}^{+\infty}$$
$$=\arctan(+\infty)-\arctan(-\infty)$$
$$=\frac{\pi}{2}-\left(-\frac{\pi}{2}\right)=\pi.$$

这个积分的几何意义是曲线 $y=\dfrac{1}{1+x^2}$ 与 x 轴之间的无界图形(图 3.31 中阴影部分) 具有有限值面积 π.

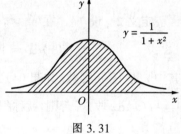

图 3.31

习 题 3.11

1. 讨论下列反常积分的收敛性:

(1) $\displaystyle\int_{1}^{+\infty}\frac{1}{\sqrt{x}}\mathrm{d}x$;　(2) $\displaystyle\int_{0}^{+\infty}\cos 2x\mathrm{d}x$.

2. 计算下列无穷限反常积分:

(1) $\displaystyle\int_{0}^{+\infty}\mathrm{e}^{-ax}\mathrm{d}x\ (a>0)$;　　　(2) $\displaystyle\int_{1}^{+\infty}\frac{\mathrm{d}x}{x\sqrt{x}}$;

(3) $\displaystyle\int_{-\infty}^{+\infty}\frac{\mathrm{d}x}{x^2+2}$;　　　　　(4) $\displaystyle\int_{e}^{+\infty}\frac{\mathrm{d}x}{x(\ln x)^2}$;

(5) $\displaystyle\int_{-\infty}^{0}x\mathrm{e}^{x}\mathrm{d}x$.

数学史话二　微积分的创立

一、微积分思想溯源

微积分思想的萌芽,特别是积分学,部分可以追溯到古代.自古以来,面积和体积的计算一直是数学家们感兴趣的课题.

公元前五世纪,希腊学者安蒂丰(Antiphon,约前 480—约前 410)在研究化圆为方的问题中,首先提出了由圆内接正方形出发,将边数逐次加倍来逼近圆面积的"穷竭法".阿基米德(Archimedes,公元前 287—前 212)用他发明的"平衡法"求出了球的体积、抛物线弓形的面积等,然后再用穷竭法给以严格的证明.他的基于杠杆原理的"平衡法",实质上就是我们在 §3.7 中介绍过的微元法,体现了定积分的基本思想(参看主要参考书[4],[11]).

公元 263 年,中国魏晋时期的数学家刘徽撰《九章算术注》,提出从圆内接正六边形出发,将边数逐次加倍去逼近圆的"割圆术",指出"割之弥细,所失弥少,割之又割,以至于不可割,则与圆合体而无所失矣".刘徽为了推算球体积公式,创造了"牟合方盖",即在一立方体内作两个互相垂直的内切圆柱,两圆柱相交的部分,牟合方盖恰好把立方体的内切球包含在内并且与它相切.刘徽指出该内切球的体积与牟合方盖体积之比为 $\frac{\pi}{4}$.但刘徽未能求出牟合方盖的体积,因此也未能得到球体积的公式.

这一难题被祖冲之(429—500)和他的儿子祖暅(5—6 世纪)所解决.祖暅在其父研究的基础上提出了一条原理:"幂势既同,则积不容异.""幂"指水平截面积,"势"则指高.这一原理的意思是:两等高立体图形,若在所有等高处的水平截面积相等,则这两个立体体积相等.利用这一原理,他证明了整个牟合方盖的体积为 $\frac{16}{3}r^3$(r 为球半径),再由刘徽所得结果即得到球的体积为 $\frac{4}{3}\pi r^3$.这是中国数学史上第一次获得的正确的球体积公式.

刘徽的割圆术和祖暅原理都体现了微积分的基本思想.祖暅原理即 1635 年意大利学者卡瓦列里(F. B. Cavalieri,1598—1647)提出的"不可分量原理"(后称卡瓦列里原理):"两个等高的立体,如果它们的平行于底面且离开底面有相等距离的截面面积之间总有给定的比,那么这两个立体的体积之间也有同样的比."这一原理刘徽已经实际使用过,但祖暅首次明确地将它作为一般原理提出来,这比卡瓦列里早了 1000 年.

与积分学相比,微分学的起源则要晚得多. 究其原因,积分学研究的问题是静态的,而微分学则是动态的,它涉及运动. 在生产力还没有发展到一定阶段的时候,微分学是不会产生的.

微分学主要来源于求曲线的切线、求瞬时变化率以及求函数的极值等问题. 古希腊学者曾进行过作曲线切线的尝试,如阿基米德给出过确定螺线在给定点处的切线的方法;阿波罗尼(Apollonius,约前 260—前 190)讨论过圆锥曲线的切线等,但都是基于静态的观点,把切线看作是与曲线只在一点接触且不穿过曲线的"切触线",而与动态变化无关. 古代和中世纪中国学者在天文历法研究中也涉及天体运动的不均匀性及有关的极值问题,如郭守敬《授时历》中求"月离迟疾"(月亮运行的最快点和最慢点)、求月亮白赤道交点与黄赤道交点距离的极值等,但都以数值手段"招差术"(即有限差分计算)来处理,从而回避了连续变化率. 总之在 17 世纪以前,真正意义上的微分学研究的例子是很罕见的.

二、17 世纪上半叶的攻坚

14 世纪—17 世纪初席卷欧洲的文艺复兴运动,大大促进了思想的解放和文化的变革;美洲新大陆的发现,颠覆了人们的传统思维;运用实验手段和数学方法探索客观世界的规律逐渐成为人们的共识. 这一切为近代科学技术的发展打下了思想基础.

17 世纪欧洲资本主义开始发展,精密科学从当时的生产与社会生活中获得巨大动力. 航海业的发展,要求精确地测定经纬度,描绘各种船体的曲线、曲面,计算各种不同形状物体的面积、体积,确定物体的重心;资本主义工厂手工业的发展,造船学、机器制造、建筑学、堤坝及运河的修建、弹道学及一般的军事问题等,促进了力学的发展. 天文学、力学、光学等领域相继发生了一系列重大事件.

1608 年,荷兰眼镜制造商里帕席发明了望远镜,不久,意大利学者伽利略(G. Galilo,1564—1642)利用自制的天文望远镜得到了令世人惊奇不已的天文发现. 望远镜的光程设计需要确定透镜曲面上任一点处的法线,从而迫使人们必须解决求任意曲线的切线问题.

1619 年,德国学者开普勒(J. Kepler,1571—1630)公布了他的行星运动第三定律(行星绕太阳公转周期的平方,与其椭圆轨道的半长轴的立方成正比),此前他还公布过两条定律(行星运动的轨道是椭圆,太阳位于该椭圆的一个焦点;由太阳到行星的矢径在相等的时间内扫过的面积相等),这三条定律是开普勒通过观测资料归纳出来的经验定律,能否利用数学来推证它们成为一个热点课题.

1638 年,伽利略《关于两门新科学的对话》出版,其中的自由落体定律、动量定律、弹道的抛物线性质及炮弹最大射程在发射角为 45°时达到的论断等,激起了人们对他所确立的动力学概念与定律作精确的数学表达的巨大热情.

这一切标志着自然科学开始迈入综合与突破的阶段,使微分学的基本问题:确定变速运动的瞬时变化率和求曲线的切线问题,空前地成为人们关注的热点;也使寻求轨道的近日点与远日点、炮弹的最大射程等涉及的函数极值问题亟待解决. 与此同时,行星沿轨道运动的路程、行星矢径扫过的面积等的计算问题也再一次激发起人们对积分学的基本问题:求曲线弧长、面积、体积等的巨大兴趣. 在 17 世纪上半叶,几乎所有的科学大师都致力于寻求解决这些难题的新的数学工具,并取得了迅速的发展,其中,最有代表性的工作有:

1615 年,开普勒发表《测量酒桶的新立体几何》,用无数个无限小元素之和来确定曲边形的面积和旋转体的体积.

1635 年,卡瓦列里在《用新方法促进的连续不可分量的几何学》中发展了不可分量方法. 他认为线由无限多个点组成;面由无限多条平行线段组成;立体则由无限多个平行平面组成. 他把这些元素分别叫作线、面和体的"不可分量"(indivisible),并建立了前面提到的"卡瓦列里原理",由此计算出许多立体图形的体积. 特别是 1639 年他还利用平面上的这一原理建立了与下述积分

$$\int_0^a x^n \, \mathrm{d}x = \frac{a^{n+1}}{n+1}$$

等价的基本结果,使早期积分学突破了体积计算的现实原型而向一般算法过渡.

1637 年,法国数学家、哲学家笛卡儿在其哲学著作《更好地指导推理和寻求科学真理的方法论》的附录《几何学》中论述了解析几何的基本思想与方法. 另一位法国数学家费马 1629 年在其《论平面和立体的轨迹引

163

论》中，从另一个角度阐述了解析几何的原理. 解析几何的诞生将变量引进了数学，并且借助于坐标法，使得运用代数方法研究几何问题成为可能.

笛卡儿在《几何学》中提出了求切线的所谓"圆法"，它本质上是一种代数方法. 牛顿就是以笛卡儿圆法为起点而踏上研究微积分的道路的.

1637 年，费马给出了一种求极值的代数方法. 为求 $f(x)$ 的极值点 a，他先用 $a+e$ 代替 a，并使 $f(a+e)$ 与 $f(a)$ "逼近"(adequatio)，即

$$f(a+e)\sim f(a),$$

消去公共项后，用 e 除两边，再令 e 消失，即

$$\left[\frac{f(a+e)-f(a)}{e}\right]_{e=0}=0.$$

由此方程求得的 a 就是 $f(x)$ 的极值点. 费马还将这样的方法用于求曲线的切线和求平面与立体图形的重心. 费马的方法几乎相当于现今微分学中所用的方法，只是以符号 e 代表增量 Δx. 但他只是把这一方法作为解决一些具体的几何问题的特有方法，而没有看到它具有普遍意义的本质.

牛顿的老师巴罗(I. Barrow，1630—1677)也给出了求曲线切线的方法，他的方法在本质上已经用了"微分三角形"的概念. 如图 1 所示，设有曲线 $f(x,y)=0$，欲求其上点 $P(x,y)$ 处的切线，巴罗考虑一段"任意小的弧" $\overset{\frown}{PQ}$，它是由增量 $QR=e$ 引起的，PQR 就是所谓的微分三角形. 巴罗认为当这个三角形越来越小时，它与 $\triangle TPM$ 应趋近于相似，设 $TM=t$，则有

$$\frac{PM}{TM}=\frac{PR}{QR},$$

即

$$\frac{y}{t}=\frac{a}{e}.$$

因 P,Q 在曲线上，故应有

$$f(x,y)=f(x-e,y-a)=0,$$

在上式中消去一切含有 e,a 的幂或二者乘积的项，从所得方程中解出 $\frac{a}{e}$，即得切线斜率 $\frac{y}{t}$，于是可得到 t 值而作出切线. 巴罗的方法实质上是把切线看作是当 a 和 e 趋于零时割线 $\overline{PQ}$ 的极限位置，并通过忽略高阶无穷小来取极限. 其中，a 和 e 分别相当于 $\mathrm{d}y$ 和 $\mathrm{d}x$，而 $\frac{a}{e}$ 则相当于 $\frac{\mathrm{d}y}{\mathrm{d}t}$.

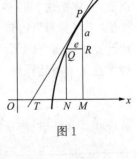

图 1

英国数学家沃利斯(J. Wallis,1616—1703)在 1655 年的著作《无穷算术》中用他的方法证明了相当于

$$\int_0^a x^{1/q}\,\mathrm{d}x = \frac{1}{(1/q)+1}a^{(1/q)+1}$$

的结果,并猜想到

$$\int_0^a x^{p/q}\,\mathrm{d}x = \frac{1}{(p/q)+1}a^{(p/q)+1}.$$

他还通过计算四分之一单位圆的面积得到 π 的无穷乘积表达式

$$\frac{\pi}{2} = \frac{2\times2\times4\times4\times6\times6\times8\times8\times\cdots}{1\times3\times3\times5\times5\times7\times7\times9\times\cdots}.$$

沃利斯的工作直接引导牛顿发现了有理数幂的二项式定理,而这一定理作为有力的代数工具在微积分的创立中发挥了重要作用.

综上所述,17 世纪上半叶一系列前驱性的工作,沿着不同的方向向微积分的大门逼近,但所有这些努力还不足以标志微积分作为一门独立学科的诞生.这些前驱者解决了不少有关求切线、变化率、极值、面积和体积的问题,但那是被作为不同的类型处理的.虽然也有人注意到了某些联系,如费马用同样的方法求函数的极值和曲线的切线,巴罗的求切线方法实际上是求变化率的几何版本等,然而并没有人能将这些联系作为一般规律明确提出.而作为微积分的主要特征的微分与积分的互逆关系虽然在特殊场合已被某些学者邂逅,如巴罗在《几何学讲义》中有一条定理以几何形式表达了切线问题是面积问题的逆问题,但他本人完全没有认识到这一事实的重要意义.正如数学家克莱因(M. Kline,1908—1992)所评述的那样:**"数学和科学中的巨大进展,几乎总是建立在几百年中作出一点一滴贡献的许多人的工作之上的,需要有一个人来走那最高和最后的一步,这个人要能足够敏锐地从纷乱的猜测和说明中清理出前人的有价值的想法,有足够想象力把这些碎片重新组织起来,并且足够大胆地制订一个宏伟的计划.在微积分中,这个人就是伊萨克·牛顿."**另一位则是德国数学家莱布尼茨.

三、牛顿的功绩

1642 年,牛顿诞生于英格兰的一个农民家庭,出生前父亲已离开了人间,出生后勉强存活.少年牛顿不是神童,成绩并不突出,但酷爱读书与制作玩具.1661 年他进入剑桥大学三一学院,受教于巴罗,同时钻研伽利略、开普勒、笛卡儿和沃利斯等人的著作. 从三一学院至今保存的牛顿的读书笔记看,笛卡儿的《几何学》和沃利斯的《无穷算术》对他数学思想的形成影响最深.

牛顿对微积分问题的研究始于 1664 年秋,他反复阅读笛卡儿的《几何学》,对笛卡儿求切线的"圆法"产生兴趣并试图寻找更好的方法. 他创造了用小 o 记号表示 x 的无限小且最终趋于零的增量. 因瘟疫流行,剑桥大学于 1665 年 8 月关闭,牛顿在回家乡躲避的两年间,潜心探讨,取得突破. 1665 年 11 月发明"正流数术"(微分法),次年 5 月建立"反流数术"(积分法),1666 年 10 月将研究成果整理

牛顿

成文,虽未正式发表,但在同事中传阅,此文现以《流数简论》(*Tract on Fluxions*)著称. 这是历史上第一篇系统的微积分文献,牛顿在文中以速度的形式引进了"流数"(即微商)的概念,建立了统一的算法及其逆运算. 特别重要的是讨论了如何借助于这种逆运算求面积,从而建立了"微积分学基本定理". 这样,牛顿就将自古希腊以来求解无限小问题的各种特殊技巧统一为两类普遍的算法:正、反流数术亦即微分与积分,并证明了二者的互逆关系,从而将这两类运算进一步统一成整体. 这是他超越前人的功绩,正是在这样的意义下,我们说牛顿发明了微积分. 在这一文献中,牛顿将他建立的统一算法应用于求曲线切线、曲率、拐点,曲线求长、求积,求引力与引力中心等 16 类问题,展示了他的算法的极大的普遍性与系统性.

《流数简论》标志着微积分的诞生,但它在许多方面是不成熟的. 1667 年春,牛顿回到剑桥,直到 1693 年,他始终不渝地努力改进、完善自己的微积分学说,先后写成了三篇论文,分别简称为《分析学》(完成于 1669 年)、《流数法》(完成于 1671 年)和《曲线求积术》(完成于 1691 年). 其中《曲线求积术》是牛顿最成熟的微积分著述,其中提出的"首末比方法"相当于求函数自变量与因变量变化之比的极限,因而成为极限方法的先导. 在该文中还第一次引进了后来被普遍采用的流数记号:$\dot{x}, \ddot{x}$(分别表示 x 的一阶导数、二阶导数)等.

牛顿对于发表自己的科学著作态度谨慎,大多是在朋友的再三催促下才拿出来发表.其微积分学说最早的公开表述出现在 1687 年出版的力学名著《自然哲学的数学原理》(简称《原理》)中;《曲线求积术》1704 年载于《光学》附录;《分析学》发表于 1711 年;而《流数法》则是在牛顿逝世 9 年后的 1736 年才正式发表.

爱因斯坦曾盛赞牛顿的《原理》是"**无比辉煌的演绎成就**".该书开始通过一组引理建立了"首末比法",继而从三条基本力学定律出发,运用微积分工具严格证明了开普勒行星运动三定律、万有引力定律等结论,并将微积分应用于流体运动、声、光、潮汐、彗星乃至宇宙体系,充分显示了这一新数学工具的威力.

牛顿是一位科学巨人,现存牛顿手稿中仅数学部分就达 5000 多页,莱布尼茨曾评价道:"**综观有史以来的全部数学,牛顿做了一多半的工作.**"拉格朗日读完《原理》后感叹道:"**牛顿是历史上最杰出的天才,也是最幸运的,因为宇宙的体系只能被发现一次.**"但牛顿晚年对自己的评价却是:"**我不知道世人如何看我,可我自己认为,我好像只是一个在海边玩耍的小孩,不时为捡到比通常更光滑的石子或更美丽的贝壳而高兴,而展现在我面前的是完全未被探明的真理的大海.**"有一次他在谈到自己的光学发现时说:"**如果说我比别人看得远些,那是因为我站在巨人们的肩膀上.**"还有一次当别人问他是怎样作出自己的科学发现时,他回答道:"**心里总是装着研究的问题,等待那最初的一线希望渐渐变成普照一切的光明!**"据他的助手回忆,牛顿往往一天伏案工作 18 小时左右,仆人常常发现送到书房的午饭和晚饭一口未动;偶尔去食堂用餐,出门便陷入思考,兜个圈子又回到住所.惠威尔在《归纳科学史》中写道:"除了顽强的毅力和失眠的习惯,牛顿不承认自己与常人有什么区别."牛顿性格内向,冷漠艺术,终身未婚.赫胥离评价牛顿说:"作为凡人无甚可取,作为巨人无与伦比."

四、莱布尼茨的功绩

莱布尼茨 1646 年出生于德国莱比锡一个道德哲学教授家庭,1667 年获法学博士学位.1672 年出使巴黎,在巴黎的四年中,他由于和荷兰数学家、物理学家惠更斯(Huygens,1629—1695)的交往而激发起对数学的兴趣,并通过对卡瓦列里、帕斯卡(B. Pascal,1623—1662)、巴罗等人的著作,了解和研究求曲线的切线以及求面积、体积等微积分问题.他在对巴罗"微分三角形"的研究中认识到:求曲线的切线依赖于纵坐标的差值与横坐标的差值当这些差值变成无限小时之比;而求曲线下的面积则依赖于无限小区间上的纵坐标与区间长度乘积之和(即宽度为无限小的矩形面积之和).他还看出了这两类问题的互逆关系并着手建立一种更一般的算法,将以往解决这两类问题的各种结果和技巧统一起来.

莱布尼茨

1684年莱布尼茨发表了他的第一篇微分学论文《一种求极大与极小值和求切线的新方法》(简称《新方法》),这也是数学史上第一篇公开发表的微积分文献.其中定义了微分,广泛采用了微分记号 dx,dy,并明确陈述了我们现已熟知的函数和、差、积、商、乘幂与方根的微分公式,得到了复合函数的链导法则,以及乘积的高阶微分法则.书中还包含了微分法在求极值、求拐点以及光学等方面的运用.

1686年莱布尼茨又发表了他的第一篇积分学论文《深奥的几何与不可分量及无限的分析》,该文初步论述了积分或求积问题与微分或切线问题的互逆关系.积分号 $\int$ 第一次出现于印刷出版物上,并为后人广泛接受并沿用至今.

莱布尼茨是数学史上最伟大的符号学者.他曾说:"**要发明就得挑选恰当的符号,要做到这一点,就要用含义简明的少量符号来表达或比较忠实地描绘事物的内在的本质,从而最大限度地减少人的思维劳动.**"他非常重视选择精巧的符号,非常重视形式运算法则和公式系统.而相比之下,牛顿对符号则不太讲究,他也发现并运用微分运算法则,但没有费心去陈述一般公式,而更大的兴趣是微积分方法的直接应用.

莱布尼茨博学多才,其著作涉及数学、力学、机械、地质、逻辑、哲学、法律、外交、神学和语言学等.他是二进制记数法的发明人,并且发现中国古书《易经》中的六十四卦图可用二进制数给以很好的数学解释.他制作过一台能作四则运算的计算机,于1674年在巴黎科学院当众演示.他是柏林科学院的创建者和首任院长,彼得堡科学院、维也纳科学院是在他的倡议下成立的,他甚至曾写信给康熙皇帝建议成立北京科学院.

五、小结

微积分的诞生具有划时代的意义,是数学史上的分水岭和转折点.数学由固定不变的、有限的常量数学,成为运动变化的、无限的变量数学.

微积分是时代的产物,是人类社会生产力发展到资本主义阶段的必然产物.

微积分学是人类智慧的结晶,是一代代学者不懈探索、不断积累的结晶,是由量变到质变的飞跃,是牛顿和莱布尼茨在继承前人成果的基础上创造性地实现了这一飞跃.

牛顿和莱布尼茨都是他们时代的巨人.就微积分的创立而言,牛顿主要是从力学的概念出发,莱布尼茨主要是从几何和哲学的角度出发,他们的成果尽管在背景、方法和形式上存在差异,各有特色,但功绩是相当的.他们都使微积分成为能普遍适用的算法,都揭示了微分与积分的本质和二者之间的内在联系.他们的手稿证明,他们确实是相互独立地完成了微积分的发明.就发明时间而言,牛顿早于莱布尼茨;就发表时间而言,莱布尼茨则早于牛顿.

关于微积分方法的发现,牛顿在 1687 年《原理》前言中说:"十年前,我在给学问渊博的数学家莱布尼茨的信中曾指出:我发现了一种方法……这位名人回信说他也发现了类似的方法,并把他的方法给我看了,他的方法与我的方法大同小异,除了用语、符号、算式和量的产生方式外,没有实质性的区别."这可以说是对微积分发明权的客观说明,但在《原理》第三版中被删去了,原因是由于局外人的挑起,在 18 世纪前几十年里欧洲爆发了关于微积分发明权问题的争端,争论在双方的追随者之间愈演愈烈,直到莱布尼茨和牛顿都去世以后才逐渐平息并得到解决.但由于这场争端导致了 18 世纪英国和欧陆国家在数学发展上的分道扬镳.优先权争议的"胜利"满足了英国的自尊心,但使他们对莱布尼茨符号体系持有一种冷淡的态度,他们固守牛顿的传统,墨守牛顿《原理》中的几何方法,从而严重阻碍了英国数学的发展,逐渐远离分析的主流.而欧陆国家的数学家在发展莱布尼茨微积分方法的基础上取得了分析学的进一步巨大的发展.

第四章　无穷级数

在数学上,为了达到不确定的、无限的东西,必须从确定有限的东西出发.

恩格斯

无穷级数啊,
即使想把你看作是无限的东西,
你却仍是有限之和,在界限前面弯下身躯.
在贪婪的万物之中,印下无限之神的身影.
虽然身受限制,却又无限增加.
我多么欣喜,在无法度量的细物之中,
在那微小又微小之中,
我看到了无限之神.

雅各·贝努利

我们已经从初等数学中知道,有限个实数 $u_1, u_2, \cdots, u_n$ 相加,无论其项数怎么多,其和总是一个确定的数. 如果把相加的实数增加到无穷多个,这个"无限和"是否还有意义呢? 先看两个例子.

(1) 在第一章提到过《庄子·天下篇》中"一尺之棰,日取其半,万世不竭"的论述,如果把每天截下的那部分的长度"加"起来,则有

$$\frac{1}{2} + \frac{1}{2^2} + \frac{1}{2^3} + \cdots + \frac{1}{2^n} + \cdots,$$

这就是一个"无穷多个数相加"的例子. 从直观上看,这个无穷和是存在的,而且等于全棰之长 1. 这个结果可以用初等数学中求无穷递缩等比数列之和的方法算出:前 n 天截下的 n 段小棰长度之和为

$$S_n = \frac{\frac{1}{2}\left(1-\frac{1}{2^n}\right)}{1-\frac{1}{2}} = 1-\frac{1}{2^n}.$$

"万世不竭"也就是可以每天一半无限截下去,即 $n \to +\infty$,于是得到截下的长度之"和"

$$S = \lim_{n \to +\infty} S_n = \lim_{n \to +\infty}\left(1-\frac{1}{2^n}\right) = 1.$$

(2) 是不是每个"无穷多个数相加"的表达式都表示一个确定的数呢? 我们研究表达式

$$1 + (-1) + 1 + (-1) + \cdots,$$

这就是著名的波尔察诺(Bolzano,1781—1848)级数.

如果将它写成

$$(1-1) + (1-1) + (1-1) + \cdots = 0 + 0 + 0 + \cdots,$$

其结果应是零;如果写成

$$1 + [(-1)+1] + [(-1)+1] + \cdots = 1 + 0 + 0 + \cdots,$$

其结果是 1;如果设这个式子是 S,那么

$$S = 1-1+1-1+1-1+\cdots = 1-(1-1+1-1+\cdots)$$
$$= 1-S,$$

解得 $S = \frac{1}{2}$.

这些矛盾的结果使人感到困惑:是被人们奉为经典的数学规则不可靠,还是上面的解法有错误? 柯西经过深刻的研究后指出,上面的解法犯了墨守成规的错误,即把有限项相加的结合律及有限个数的代数和必定存在的观念,生搬硬套到无穷个数的加法上. 柯西的这一研究成果震撼了当时的数学界,澄清了那个时代人们对无限运算的模糊认识,拓展了人们认识世界的深度和广度,揭示了无穷和与有限和之间的本质差异. 据说法国数学家拉普拉斯未等柯西的报告结束,便提心吊胆地回到书房,逐一核查他的名著《天体力学》中全部涉及无穷级数的内容.

表达式

$$u_1 + u_2 + \cdots + u_n + \cdots$$

称为**无穷级数**. 无穷级数分为两大类:当式中的各项 $u_1, u_2, \cdots$ 都是实数时,称为**数项级数**;当其中的各项 $u_n(x)$ 是定义在同一个区间上的函数时,就称式子

171

$$u_1(x) + u_2(x) + \cdots + u_n(x) + \cdots$$

为函数项级数.

无穷级数几乎是与微积分同时诞生的,是人们步入无限殿堂的钥匙. 自从 18 世纪无穷级数的理论确立以来,人们一直把级数作为微积分学不可缺少的部分. 无穷级数的理论和方法,在科学和技术中有着极为广泛的应用. 例如两个最著名的超越数 e 和 π,就可以利用它们的级数表达形式非常快捷地计算出任意精确度的近似值:

$$e = 1 + \frac{1}{1!} + \frac{1}{2!} + \frac{1}{3!} + \cdots + \frac{1}{n!} + \cdots,$$

$$\pi = 4\left[1 - \frac{1}{3} + \frac{1}{5} - \frac{1}{7} + \cdots + (-1)^n \frac{1}{2n+1} + \cdots \right].$$

又如我们可以利用表达式

$$\ln(1+x) = x - \frac{x^2}{2} + \frac{x^3}{3} - \frac{x^4}{4} + \cdots$$

求对数函数的近似值,制定自然对数表.

在本章中,我们首先研究数项级数收敛性及其判定法,然后讨论幂级数的性质,最后介绍函数展开成幂级数的方法.

在开始学习级数之前,先介绍连加符号 $\sum$. n 个数的和

$$a_1 + a_2 + \cdots + a_n$$

可以表示为

$$\sum_{k=1}^{n} a_k,$$

一个无穷级数

$$u_1 + u_2 + \cdots + u_n + \cdots$$

可以写成

$$\sum_{n=1}^{\infty} u_n = u_1 + u_2 + \cdots + u_n + \cdots.$$

§4.1 无穷级数及其收敛性

一、无穷级数的概念

定义 1 把一个数列 $\{u_n\}$ 的各项依次用"＋"号连接起来所得到的表达式

$$u_1 + u_2 + \cdots + u_n + \cdots \tag{1}$$

称为**无穷级数**或数项级数,简称为**级数**. u_n 的下标 n 称为项数,u_n 称为级数的通项,它是项数 n 的函数. 级数(1)的前 n 项之和

$$S_n = u_1 + u_2 + \cdots + u_n$$

称为级数的前 n 项**部分和**.

级数(1)可简记为 $\sum\limits_{n=1}^{\infty} u_n$. 在不会引起混淆的情况下,也可简记为 $\sum u_n$.

例 1 写出下列级数的第 10 项 u_{10} 及通项 u_n.

(1) $1 - 1 + 1 - 1 + 1 - \cdots$;

(2) $\dfrac{1}{1 \times 2} + \dfrac{1}{2 \times 3} + \dfrac{1}{3 \times 4} + \dfrac{1}{4 \times 5} + \cdots$;

(3) $a + aq + aq^2 + aq^3 + \cdots \quad (a \neq 0, q \neq 0)$;

(4) $1 + \dfrac{1}{2} + \dfrac{1}{3} + \dfrac{1}{4} + \cdots$.

解 (1) $u_{10} = -1, \quad u_n = (-1)^{n-1}$;

(2) $u_{10} = \dfrac{1}{10 \times 11}, \quad u_n = \dfrac{1}{n(n+1)}$;

(3) $u_{10} = aq^9, \quad u_n = aq^{n-1}$;

(4) $u_{10} = \dfrac{1}{10}, \quad u_n = \dfrac{1}{n}$.

本例中的第 3 个级数称为**几何级数**或**等比级数**,q 称为**公比**. 显然对任何自然数 n,都有 $\dfrac{u_{n+1}}{u_n} = q$. 而第 4 个级数称为**调和级数**.

我们在本章的开始求级数

$$\frac{1}{2} + \frac{1}{2^2} + \cdots + \frac{1}{2^n} + \cdots$$

的"和"时是分两步进行的:先求出前 n 项部分和(有限和)

$$S_n = \frac{1}{2} + \frac{1}{2^2} + \cdots + \frac{1}{2^n} = 1 - \frac{1}{2^n},$$

再令 $n \to \infty$ 求极限,得到无穷"和"

$$S = \lim_{n \to \infty} S_n = \lim_{n \to \infty} \left(1 - \frac{1}{2^n}\right) = 1.$$

这个例子虽然简单,却体现了研究无穷级数的最基本的思想,即利用求极限的方法从有限项之和过渡到无穷项之和.称这个级数有和,是因为它的部分和所组成的数列 $\{S_n\}$ 有极限 1: $\lim\limits_{n \to \infty} S_n = 1$;而级数

$$1 - 1 + 1 - 1 + 1 - 1 + \cdots$$

没有和是因为其部分和

$$S_n = \begin{cases} 0, & \text{当 } n \text{ 是偶数,} \\ 1, & \text{当 } n \text{ 是奇数} \end{cases}$$

当 $n \to \infty$ 时在 0 与 1 之间摆动而不趋于任何极限.下面我们根据部分和数列 $\{S_n\}$ 是否收敛,给出级数(1)收敛与发散的定义.

定义 2 若级数(1)的部分和数列 $\{S_n\}$ 收敛于有限值 S,即 $\lim\limits_{n \to \infty} S_n = S$,则称级数(1)**收敛**且和为 S,记为 $\sum\limits_{n=1}^{\infty} u_n = S$;如果部分和数列 $\{S_n\}$ 发散,则称级数 $\sum\limits_{n=1}^{\infty} u_n$ **发散**.

由上述定义知级数 $\sum\limits_{n=1}^{\infty} \frac{1}{2^n} = 1$,而级数 $1 - 1 + 1 - 1 + \cdots$ 发散.

例 2 讨论下列级数的敛散性:

(1) 几何级数 $\sum\limits_{n=0}^{\infty} ar^n$ $(a \neq 0)$;

(2) $\dfrac{1}{1 \times 2} + \dfrac{1}{2 \times 3} + \cdots + \dfrac{1}{n(n+1)} + \cdots$;

(3) $\dfrac{1}{1 + \sqrt{2}} + \dfrac{1}{\sqrt{2} + \sqrt{3}} + \cdots + \dfrac{1}{\sqrt{n} + \sqrt{n+1}} + \cdots$.

解 按照级数收敛与发散的定义,应当分两步进行:先求出用项数 n 表示部分和 S_n 的表达式,再讨论当 $n \to \infty$ 时 $\lim\limits_{n \to \infty} S_n$ 是否存在.

(1) 首先有

$$S_n = a + ar + \cdots + ar^{n-1} = \begin{cases} \dfrac{a(1 - r^n)}{1 - r}, & \text{当 } r \neq 1, \\ na, & \text{当 } r = 1. \end{cases}$$

当 $|r|<1$ 时，$\lim\limits_{n\to\infty}S_n=\dfrac{a}{1-r}$，故级数收敛，其和为 $\dfrac{a}{1-r}$；

当 $|r|>1$ 时，$\lim\limits_{n\to\infty}S_n=\lim\limits_{n\to\infty}\dfrac{a(1-r^n)}{1-r}$ 不存在，级数发散；

当 $r=1$ 时，$\lim\limits_{n\to\infty}S_n=\lim\limits_{n\to\infty}na=\infty$，级数发散；

当 $r=-1$ 时，级数变为 $a-a+a-a+\cdots$，$\lim\limits_{n\to\infty}S_n$ 不存在，故级数发散.

综合上面的讨论，几何级数 $\sum ar^n(a\neq0)$ 当 $|r|<1$ 时收敛，当 $|r|\geqslant1$ 时发散.

(2) 因为 $a_n=\dfrac{1}{n(n+1)}=\dfrac{1}{n}-\dfrac{1}{n+1}$，于是

$$S_n=\left(1-\dfrac{1}{2}\right)+\left(\dfrac{1}{2}-\dfrac{1}{3}\right)+\cdots$$
$$+\left(\dfrac{1}{n-1}-\dfrac{1}{n}\right)+\left(\dfrac{1}{n}-\dfrac{1}{n+1}\right)=1-\dfrac{1}{n+1},$$

故有

$$\lim_{n\to\infty}S_n=1,$$

从而级数收敛且和为 1.

(3) 该级数的部分和 S_n 不易看出，如果把通项的分母有理化，有

$$u_n=\dfrac{1}{\sqrt{n}+\sqrt{n+1}}=\sqrt{n+1}-\sqrt{n},$$

则立即得到

$$S_n=(\sqrt{2}-\sqrt{1})+(\sqrt{3}-\sqrt{2})+\cdots+(\sqrt{n+1}-\sqrt{n})$$
$$=\sqrt{n+1}-1\to+\infty\ (n\to\infty),$$

因而级数发散.

要由定义来判断级数的敛散性，必须先求出其部分和 S_n 的表达式，再考察当 $n\to\infty$ 时，S_n 是否有极限. 但对于大多数级数而言，求部分和 S_n 的表达式比较困难甚至无法办到，例如简单而著名的调和级数 $\sum\limits_{n=1}^{\infty}\dfrac{1}{n}$，就无法求出 S_n 的表达式. 对于一个级数来说，最重要的是判定它是否收敛. 因为无穷级数的求和问题一般都很困难，如果能事先判定一个级数收敛，则它的部分和 S_n 的极限就是级数的和 S，因此只要 n 取得充分大，所求出的部分和 S_n 与 S 的误差就可以达到任何指定的精确度. 因此无穷级数理

论最主要的内容是如何判定级数的收敛性. 为此我们先讨论级数的一些基本性质.

二、级数的基本性质

一个无穷级数是否收敛, 是用它的部分和数列是否有极限来定义的. 运用数列极限的有关性质, 我们可以直接得到级数的三个性质.

性质 1 级数 $\sum u_n$ 与 $\sum k u_n (k \neq 0$ 为实数) 同时收敛或同时发散. 当 $\sum u_n$ 收敛于 S 时, $\sum k u_n$ 收敛于 kS, 即

$$\sum k u_n = k \sum u_n.$$

性质 2 若级数 $\sum u_n$ 和 $\sum v_n$ 都收敛, 其和分别为 A 和 B, 则级数 $\sum (u_n \pm v_n)$ 也收敛, 其和为 $A \pm B$, 即

$$\sum (u_n \pm v_n) = \sum u_n \pm \sum v_n.$$

性质 2 也可表述为: 两个收敛级数可以逐项相加或逐项相减.

注 由性质 2 可断定, 当 $\sum u_n$ 与 $\sum v_n$ 中一个收敛、另一个发散时, $\sum (u_n \pm v_n)$ 必定发散. 但是如果级数 $\sum u_n$ 与 $\sum v_n$ 都发散, 级数 $\sum (u_n \pm v_n)$ 的敛散性不能确定. 例如 $\sum\limits_{n=1}^{\infty} (-1)^n$ 与 $\sum\limits_{n=1}^{\infty} (-1)^{n-1}$ 都是发散级数, 但级数 $\sum\limits_{n=1}^{\infty} [(-1)^n + (-1)^{n-1}] = 0 + 0 + \cdots = 0$ 是收敛的; 而对于发散级数 $\sum\limits_{n=1}^{\infty} (-1)^{n-1} \times 2$ 而言, $\sum\limits_{n=1}^{\infty} [(-1)^{n-1} + (-1)^{n-1} \times 2] = \sum\limits_{n=1}^{\infty} (-1)^{n-1} \times 3$ 却是发散的.

性质 3 在级数的前面添加或去掉有限项, 或者改变级数中有限项的值, 不改变级数的敛散性. 但在级数收敛的情况下, 新级数的和一般要改变.

下面我们给出性质 4, 证明略去.

性质 4 在一个收敛级数中按原来的顺序任意添加括号, 所构成的新级数仍然收敛, 且和不变.

例如, 设级数 $\sum u_n = u_1 + u_2 + u_3 + \cdots + u_n + \cdots$ 收敛于和 S, 按原来的顺序任意添加括号构成新级数

$$(u_1 + u_2) + (u_3) + (u_4 + u_5 + u_6 + u_7) + (u_8 + u_9) + \cdots$$

仍然收敛于和 S.

值得注意的是性质 4 的逆命题不一定正确,即添加括号后的级数收敛,不能保证原级数收敛. 如波尔察诺级数 $\sum_{n=1}^{\infty}(-1)^{n-1}$ 是发散的,但添加括号后的级数

$$(1-1)+(1-1)+(1-1)+\cdots$$

却是收敛的. 性质 4 的逆否命题就是下面的推论,这是判定级数发散的一种方法.

推论 如果一个级数按原来的顺序以某种方式添加括号后所构成的级数发散,那么原来的级数必定发散.

性质 5(级数收敛的必要条件) 收敛级数的通项必趋于零. 即如果 $\sum u_n$ 收敛,则 $\lim_{n\to\infty} u_n = 0$.

证 设 $\{S_n\}$ 是 $\sum u_n$ 的部分和序列,且

$$\sum u_n = \lim_{n\to\infty} S_n = S,$$

因 $u_n = S_n - S_{n-1}$,而 S_n 与 S_{n-1} 的极限都存在且为 S,因而有

$$\lim_{n\to\infty} u_n = \lim_{n\to\infty}(S_n - S_{n-1}) = \lim_{n\to\infty} S_n - \lim_{n\to\infty} S_{n-1} = S - S = 0.$$

这个必要条件在判定级数发散时十分简便,即当 u_n 不趋于 0 时,级数 $\sum u_n$ 必定发散. 但 $u_n \to 0$ 不是级数收敛的充分条件,下面例 5 中调和级数 $\sum_{n=1}^{\infty} \frac{1}{n}$ 的发散性就证明了这一点.

例 3 判定下列级数的敛散性:

(1) $\sum_{n=1}^{\infty}\left[\frac{5}{n(n+1)} + (-1)^{n-1}\frac{3^n}{4^n}\right]$;

(2) $\frac{\pi}{4} - \frac{e}{3} + \ln 2 + 1 + 3 + 9 + \cdots + 3^{n-4} + \cdots$.

解 (1) 级数 $\sum_{n=1}^{\infty}\left[\frac{5}{n(n+1)} + (-1)^{n-1}\frac{3^n}{4^n}\right]$ 可以看成级数 $\sum \frac{5}{n(n+1)}$ 与级数 $\sum (-1)^{n-1}\frac{3^n}{4^n}$ 逐项相加而成的. 由例 2(2),级数 $\sum \frac{1}{n(n+1)}$ 收敛,再由性质 1,级数 $\sum \frac{5}{n(n+1)}$ 也收敛;又级数 $\sum (-1)^{n-1}\frac{3^n}{4^n}$ 是公比为 $-\frac{3}{4}$ 的几何级数,它是收敛的. 所以由性质 2,级

数 $\sum\limits_{n=1}^{\infty}\left[\dfrac{5}{n(n+1)}+(-1)^{n-1}\dfrac{3^n}{4^n}\right]$ 收敛.

（2）级数可表示为

$$\frac{\pi}{4}-\frac{e}{3}+\ln 2+\sum_{n=0}^{\infty}3^n,$$

因 $\sum\limits_{n=0}^{\infty}3^n$ 是公比 $r=3$ 的几何级数,故发散.根据性质3,前面添加3项后得到的级数也发散.

例4 判定下列级数发散:

（1）$\sum\dfrac{n}{10+n}$;

（2）$\sum\left(\dfrac{n}{n+1}\right)^n$;

（3）$\sum n\sin\dfrac{\pi}{n}$.

解 （1）因

$$\lim_{n\to\infty}u_n=\lim_{n\to\infty}\frac{1}{1+\dfrac{10}{n}}=1\neq 0,$$

由收敛的必要条件知所给的级数发散.

（2）因

$$\lim_{n\to\infty}u_n=\lim_{n\to\infty}\left(\frac{n}{n+1}\right)^n=\lim_{n\to\infty}\left[\left(\frac{n+1}{n}\right)^n\right]^{-1}$$
$$=\lim_{n\to\infty}\left[\left(1+\frac{1}{n}\right)^n\right]^{-1}=e^{-1}\neq 0,$$

所以这个级数发散.

（3）因

$$\lim_{n\to\infty}u_n=\lim_{n\to\infty}\pi\cdot\frac{\sin\dfrac{\pi}{n}}{\dfrac{\pi}{n}}=\pi\neq 0,$$

所以级数 $\sum n\sin\dfrac{\pi}{n}$ 发散.

例5 证明调和级数 $\sum\limits_{n=1}^{\infty}\dfrac{1}{n}$ 发散.

证 把调和级数 $1+\dfrac{1}{2}+\dfrac{1}{3}+\cdots+\dfrac{1}{n}+\cdots$ 按如下方式添加括号构成级数

$$1+\frac{1}{2}+\left(\frac{1}{3}+\frac{1}{4}\right)+\left(\frac{1}{5}+\frac{1}{6}+\frac{1}{7}+\frac{1}{8}\right)$$
$$+\left(\frac{1}{9}+\frac{1}{10}+\cdots+\frac{1}{16}\right)+\left(\frac{1}{17}+\frac{1}{18}+\cdots+\frac{1}{32}\right)+\cdots$$

注意到

$$\frac{1}{3}+\frac{1}{4}>\frac{1}{4}+\frac{1}{4}=2\times\frac{1}{4}=\frac{1}{2},$$

$$\frac{1}{5}+\frac{1}{6}+\frac{1}{7}+\frac{1}{8}>4\times\frac{1}{8}=\frac{1}{2},$$

$$\frac{1}{9}+\frac{1}{10}+\cdots+\frac{1}{16}>8\times\frac{1}{16}=\frac{1}{2},$$

$$\vdots$$

易知新级数从第 2 项起每一项都大于 $\frac{1}{2}$,因而它的前 n 项部分和大于 $\frac{n}{2}$,当 $n\to\infty$ 时极限不存在. 这表明新级数发散. 由性质 4 的推论,调和级数 $1+\frac{1}{2}+\frac{1}{3}+\cdots+\frac{1}{n}+\cdots$ 发散.

习 题 4.1

1. 写出下列级数的通项:

(1) $1+\frac{1}{3}+\frac{1}{5}+\frac{1}{7}+\frac{1}{9}+\cdots$;

(2) $\frac{1}{2}+\frac{2}{5}+\frac{3}{10}+\frac{4}{17}+\frac{5}{26}+\cdots$.

2. 根据定义判定下列级数的敛散性:

(1) $\sum_{n=1}^{\infty}\frac{1}{(2n-1)(2n+1)}$;

(2) $\ln 2+\ln\frac{3}{2}+\ln\frac{4}{3}+\ln\frac{5}{4}+\cdots$.

3. 判定下列命题是否正确:

(1) 若 $\lim_{n\to\infty}a_n=0$,则级数 $\sum a_n$ 收敛.

(2) 若 $\lim_{n\to\infty}a_n\neq 0$,则级数 $\sum a_n$ 发散.

(3) 若级数 $\sum a_n$ 发散,则 $\lim_{n\to\infty}a_n\neq 0$.

(4) 若级数 $\sum a_n$ 与 $\sum b_n$ 都发散,则级数 $\sum(a_n+b_n)$ 也发散.

4. 利用等比级数与调和级数的敛散性及无穷级数的性质,判定下列级数是否

收敛:

(1) $\dfrac{1}{10}+\dfrac{1}{11}+\dfrac{1}{12}+\dfrac{1}{13}+\cdots$;

(2) $1+\dfrac{2}{3}+\dfrac{3}{5}+\dfrac{4}{7}+\dfrac{5}{9}+\cdots$;

(3) $\displaystyle\sum_{n=1}^{\infty}\left[\dfrac{1}{3^n}+\dfrac{3}{n(n+1)}\right]$;

(4) $\displaystyle\sum_{n=1}^{\infty}\left[\left(\dfrac{1}{2}\right)^n+\dfrac{1}{2n}\right]$.

§4.2 正项级数

如果级数

$$\sum_{n=1}^{\infty}a_n = a_1+a_2+\cdots+a_n+\cdots$$

的通项 $a_n\geqslant0$(或恒有 $a_n\leqslant0$),则称级数 $\sum a_n$ 为**正项级数**(或**负项级数**). 正项级数与负项级数统称为**同号级数**.

设 $\{S_n\}$ 是正项级数 $\sum a_n$ 的部分和数列,则

$$S_{n+1}=S_n+a_{n+1}\geqslant S_n,$$

这表明数列 $\{S_n\}$ 是单调递增的,由此我们可得到一系列简单而实用的判定正项级数收敛性的方法.

一、正项级数收敛的充要条件

应用单调有界数列必有极限存在以及收敛数列必是有界数列这两个结论,立即得出下面的定理 1.

定理 1(正项级数收敛的充要条件) 正项级数 $\sum a_n$ 收敛的充要条件是它的部分和数列 $\{S_n\}$ 为有界数列.

根据定理 1,如果能找到一个正数 M,使对每一个 n 都有 $S_n\leqslant M$,则正项级数 $\sum a_n$ 收敛;如果 $\lim\limits_{n\to\infty}S_n=+\infty$,则正项级数 $\sum a_n$ 发散.

二、比较判别法

1. 比较原则

定理 2 设 $\sum a_n$ 与 $\sum b_n$ 都是正项级数,且 $a_n \leqslant b_n, n = 1, 2, 3, \cdots$.

(1) 若 $\sum b_n$ 收敛,则 $\sum a_n$ 也收敛;

(2) 若 $\sum a_n$ 发散,则 $\sum b_n$ 也发散.

证 设 $\sum a_n$ 的部分和数列是 $\{S_n\}$,$\sum b_n$ 的部分和数列是 $\{T_n\}$,由 $b_n \geqslant a_n \geqslant 0$ 得 $T_n \geqslant S_n \geqslant 0, n = 1, 2, \cdots$.

(1) 若 $\sum b_n$ 收敛,则由定理 1 知 $\{T_n\}$ 有界,因而存在某个正数 M,使 $T_n \leqslant M, n = 1, 2, \cdots$,因此也有

$$S_n \leqslant T_n \leqslant M,$$

再由定理 1,知级数 $\sum a_n$ 也收敛.

(2) 若 $\sum a_n$ 发散,则 $\lim\limits_{n \to \infty} S_n = +\infty$. 由 $T_n \geqslant S_n \geqslant 0$ 得 $\lim\limits_{n \to \infty} T_n = +\infty$,从而级数 $\sum b_n$ 发散.

注 根据 §4.1 中级数的基本性质 3,本定理中的条件"$a_n \leqslant b_n, n = 1, 2, \cdots$"可以放宽为"从某一项开始,有 $a_n \leqslant b_n, n = N, N+1, \cdots$".

例 1 判定下列级数的收敛性:

(1) $\dfrac{1}{2+1} + \dfrac{1}{2^2+2} + \dfrac{1}{2^3+3} + \cdots + \dfrac{1}{2^n+n} + \cdots$;

(2) $1 + \dfrac{1}{3} + \dfrac{1}{5} + \cdots + \dfrac{1}{2n-1} + \cdots$;

(3) $\displaystyle\sum_{n=1}^{\infty} \dfrac{1}{[\ln(1+n)]^{n+1}}$;

(4) $\displaystyle\sum_{n=1}^{\infty} \dfrac{4^n}{3^n+4}$.

解 (1) 因 $a_n = \dfrac{1}{2^n+n} < \dfrac{1}{2^n}, n = 1, 2, \cdots$,而几何级数 $\sum \dfrac{1}{2^n}$ 收敛,由正项级数收敛性的比较原则知级数 $\sum \dfrac{1}{2^n+n}$ 收敛.

(2) 因 $a_n = \dfrac{1}{2n-1} > \dfrac{1}{2n} > 0$,而级数 $\sum \dfrac{1}{2n}$ 与 $\sum \dfrac{1}{n}$ 有相同的敛散

性,调和级数 $\sum \dfrac{1}{n}$ 发散,所以 $\sum \dfrac{1}{2n}$ 也发散.从而级数 $\sum \dfrac{1}{2n-1}$ 发散.

(3) 这个正项级数的通项 $a_n = \dfrac{1}{[\ln (1+n)]^{n+1}}$,其分母的底数和指

数都在变化,因此我们要把 a_n 与某一个底数固定的幂,例如 $\dfrac{1}{2^{n+1}}$ 比较.由

于当 $n \geqslant 9$ 时,$1+n \geqslant 10 > e^2$,因而 $\ln (1+n) > \ln e^2 = 2$,这表明从 $n \geqslant 9$

开始,有

$$a_n = \frac{1}{[\ln (1+n)]^{n+1}} \leqslant \frac{1}{2^{n+1}},$$

而几何级数 $\sum\limits_{n=1}^{\infty} \dfrac{1}{2^{n+1}}$ 收敛,所以级数 $\sum \dfrac{1}{\ln (1+n)^{n+1}}$ 也是收敛的.

(4) 因为当 $n \geqslant 2$ 时,有

$$a_n = \frac{4^n}{3^n+4} > \frac{4^n}{3^n+3^n} = \frac{1}{2}\left(\frac{4}{3}\right)^n,$$

而几何级数 $\sum \dfrac{1}{2}\left(\dfrac{4}{3}\right)^n$ 发散,所以级数 $\sum \dfrac{4^n}{3^n+4}$ 是发散的.

例 2 讨论 p 级数 $\sum\limits_{n=1}^{\infty} \dfrac{1}{n^p}(p > 0)$ 的敛散性.

解 这是正项级数,已知当 $p=1$ 时,调和级数 $\sum \dfrac{1}{n}$ 是发散的.而

当 $p < 1$ 时,$n^p < n$,所以 $\dfrac{1}{n^p} > \dfrac{1}{n}$,故 $p \leqslant 1$ 时级数发散.

当 $p > 1$ 时,考虑添加括号后的正项级数

$$1 + \left(\frac{1}{2^p} + \frac{1}{3^p}\right) + \left(\frac{1}{4^p} + \frac{1}{5^p} + \frac{1}{6^p} + \frac{1}{7^p}\right)$$

$$+ \left(\frac{1}{8^p} + \frac{1}{9^p} + \cdots + \frac{1}{15^p}\right) + \left(\frac{1}{16^p} + \frac{1}{17^p} + \cdots + \frac{1}{31^p}\right)$$

$$+ \cdots \tag{1}$$

它的每一项都小于或等于级数

$$1 + \left(\frac{1}{2^p} + \frac{1}{2^p}\right) + \left(\frac{1}{4^p} + \frac{1}{4^p} + \frac{1}{4^p} + \frac{1}{4^p}\right)$$

$$+ \left(\underbrace{\frac{1}{8^p} + \frac{1}{8^p} + \cdots + \frac{1}{8^p}}_{8\text{项}}\right) + \left(\underbrace{\frac{1}{16^p} + \frac{1}{16^p} + \cdots + \frac{1}{16^p}}_{16\text{项}}\right) + \cdots$$

的相应项,但后一个级数实际上是公比为 $\dfrac{1}{2^{p-1}}$ 的几何级数

$$1+\frac{1}{2^{p-1}}+\frac{1}{4^{p-1}}+\frac{1}{8^{p-1}}+\frac{1}{16^{p-1}}+\cdots$$

当 $p>1$ 时,$0<\dfrac{1}{2^{p-1}}<1$,这个几何级数收敛,因此它的部分和数列 $\{T_n\}$ 有界. 设 p 级数 $\sum\dfrac{1}{n^p}$ 的部分和数列是 $\{S_n\}$,级数(1)的部分和数列是 $\{S_n'\}$,于是 $S_n'\leqslant T_n$,而 $S_n'=S_{2^n-1}>S_n$,从而 $S_n<T_n$,故 $\{S_n\}$ 有界,所以级数收敛.

由此得到结论:p 级数

$$\sum_{n=1}^{\infty}\frac{1}{n^p}\begin{cases}\text{收敛},&\text{当 }p>1;\\\text{发散},&\text{当 }p\leqslant 1.\end{cases}$$

由于 p 级数 $\sum\dfrac{1}{n^p}$ 与几何级数 $\sum ar^n(a>0,r>0)$ 的敛散性是已知的,在运用正项级数的比较判别法时,常把它们选作比较的标准级数.

2. 比较原则的极限形式

定理 3 设 $\sum a_n$ 与 $\sum b_n$ 是两个正项级数,且 $b_n\neq 0$,如果

$$\lim_{n\to\infty}\frac{a_n}{b_n}=r,\ 0<r<+\infty,$$

那么级数 $\sum a_n$ 与 $\sum b_n$ 同时收敛或同时发散.

证 任意取定一个正数 $\varepsilon_0<r$,因为 $\lim\limits_{n\to\infty}\dfrac{a_n}{b_n}=r$,由数列极限的定义,存在某个自然数 N,使当 $n>N$ 时有 $\left|\dfrac{a_n}{b_n}-r\right|<\varepsilon_0$. 由此得到

$$(r-\varepsilon_0)b_n\leqslant a_n\leqslant(r+\varepsilon_0)b_n.$$

如果 $\sum b_n$ 收敛,则正项级数 $\sum(r+\varepsilon_0)b_n$ 也收敛,从而 $\sum a_n$ 收敛;如果 $\sum b_n$ 发散,则正项级数 $\sum(r-\varepsilon_0)b_n$ 也发散(取 $\varepsilon_0<r$ 就是为了使 $r-\varepsilon_0>0$),从而级数 $\sum a_n$ 发散. 故得证.

在运用比较判别法时,定理 3 往往比定理 2 更加方便.

例 3 考察下列级数的敛散性:

(1) $\sum\limits_{n=1}^{\infty}\dfrac{1}{3^n-n}$;

(2) $\sum\limits_{n=1}^{\infty}\sin\dfrac{\pi}{\sqrt{n}}$;

(3) $\displaystyle\sum_{n=1}^{\infty}\ln\left(1+\dfrac{1}{n}\right).$

解 这三个级数均是正项级数,故可运用定理 3.

(1) 因

$$\lim_{n\to\infty}\frac{\dfrac{1}{3^n-n}}{\dfrac{1}{3^n}}=\lim_{n\to\infty}\frac{3^n}{3^n-n}=\lim_{n\to\infty}\frac{1}{1-\dfrac{n}{3^n}}=1,$$

而几何级数 $\displaystyle\sum\dfrac{1}{3^n}$ 收敛,所以级数 $\displaystyle\sum\dfrac{1}{3^n-n}$ 收敛.

(2) 因

$$\lim_{n\to\infty}\frac{\sin\dfrac{\pi}{\sqrt{n}}}{\dfrac{1}{\sqrt{n}}}=\lim_{n\to\infty}\frac{\sin\dfrac{\pi}{\sqrt{n}}}{\dfrac{\pi}{\sqrt{n}}}\cdot\pi=1\cdot\pi=\pi,$$

而级数 $\displaystyle\sum\dfrac{1}{\sqrt{n}}$ 发散,所以级数 $\displaystyle\sum\sin\dfrac{\pi}{\sqrt{n}}$ 发散.

(3) 当 $n\to\infty$ 时,$\dfrac{1}{n}\to0$,由 §1.5 例 11,知 $\ln\left(1+\dfrac{1}{n}\right)\sim\dfrac{1}{n}$,所以

$$\lim_{n\to\infty}\frac{\ln\left(1+\dfrac{1}{n}\right)}{\dfrac{1}{n}}=1,$$

而调和级数 $\displaystyle\sum\dfrac{1}{n}$ 发散,所以级数 $\displaystyle\sum\ln\left(1+\dfrac{1}{n}\right)$ 发散.

三、比值判别法

根据比较原则,将需要判定的正项级数与几何级数比较,就可以建立下面很有用的比值判别法.

定理 4(比值判别法) 设 $\displaystyle\sum a_n$ 是正项级数.

(1) 如果存在自然数 N 和正数 q,使对一切 $n>N$,有 $\dfrac{a_{n+1}}{a_n}\leqslant q<1$,则 $\displaystyle\sum a_n$ 收敛;

(2) 若存在 N,使对一切 $n>N$ 成立 $\dfrac{a_{n+1}}{a_n}\geqslant1$,则 $\displaystyle\sum a_n$ 发散.

证 （1）当 $n > N$ 时,有

$$a_n \leqslant a_{n-1}q \leqslant a_{n-2}q^2 \leqslant \cdots \leqslant a_N q^{n-N} = \frac{a_N}{q^N} \cdot q^n,$$

因 $0 < q < 1$,故几何级数 $\sum q^n$ 收敛,而 $k = \dfrac{a_N}{q^N}$ 是一个正的常数,所以级数 $\sum kq^n$ 也收敛,由比较原则,级数 $\sum a_n$ 收敛.

（2）当 $n > N$ 时,恒有 $a_n \geqslant a_{n-1} \geqslant a_{n-2} \geqslant \cdots \geqslant a_N$,通项 a_n 不趋于 0,所以级数 $\sum a_n$ 发散.

运用定理 4 并仿照定理 3 的证明方法,我们可以得到比值判别法的极限形式,它在应用中常常比定理 4 更方便.

定理 5（比值判别法的极限形式） 设 $\sum a_n$ 是正项级数且

$$\lim_{n \to \infty} \frac{a_{n+1}}{a_n} = \rho,$$

则

（1）当 $\rho < 1$ 时,$\sum a_n$ 收敛;

（2）当 $\rho > 1$ 时,$\sum a_n$ 发散.

注 当 $\rho = 1$ 时,比值判别法不能对级数的敛散性作出判断. 例如,对于调和级数 $\sum \dfrac{1}{n}$ 和级数 $\sum \dfrac{1}{n^2}$ 都有 $\rho = 1$,但前者发散而后者收敛.

例 4 判定下列正项级数的敛散性:

（1）$\sum \dfrac{n}{5^n}$;

（2）$\sum 2^n \sin \dfrac{\pi}{3^n}$;

（3）$\sum \dfrac{3^n \cdot n!}{n^n}$.

解 （1）$\lim\limits_{n \to \infty} \dfrac{a_{n+1}}{a_n} = \lim\limits_{n \to \infty} \left[\dfrac{(n+1)}{5^{n+1}} \cdot \dfrac{5^n}{n} \right]$

$$= \lim_{n \to \infty} \frac{1}{5}\left(1 + \frac{1}{n}\right) = \frac{1}{5} < 1,$$

所以级数 $\sum \dfrac{n}{5^n}$ 收敛;

(2) $\lim\limits_{n\to\infty}\dfrac{a_{n+1}}{a_n}=\lim\limits_{n\to\infty}\dfrac{2^{n+1}\cdot\sin\dfrac{\pi}{3^{n+1}}}{2^n\cdot\sin\dfrac{\pi}{3^n}}$

$\qquad\qquad =2\lim\limits_{n\to\infty}\left[\dfrac{\sin\dfrac{\pi}{3^{n+1}}}{\dfrac{\pi}{3^{n+1}}}\cdot\dfrac{\dfrac{\pi}{3^n}}{\sin\dfrac{\pi}{3^n}}\cdot\dfrac{\dfrac{\pi}{3^{n+1}}}{\dfrac{\pi}{3^n}}\right]$

$\qquad\qquad =2\times 1\times 1\times\dfrac{1}{3}=\dfrac{2}{3}<1,$

所以级数 $\sum 2^n\sin\dfrac{\pi}{3^n}$ 收敛.

(3) $\lim\limits_{n\to\infty}\dfrac{a_{n+1}}{a_n}=\lim\limits_{n\to\infty}\left[\dfrac{3^{n+1}\cdot(n+1)!}{(n+1)^{n+1}}\cdot\dfrac{n^n}{3^n\cdot n!}\right]$

$\qquad\qquad =3\lim\limits_{n\to\infty}\left(\dfrac{n}{n+1}\right)^n=3\lim\limits_{n\to\infty}\left[\left(1+\dfrac{1}{n}\right)^n\right]^{-1}$

$\qquad\qquad =3\mathrm{e}^{-1}>1,$

所以级数 $\sum\dfrac{3^n\cdot n!}{n^n}$ 发散.

习 题 4.2

1. 用比较判别法判定下列级数的敛散性:

(1) $\sum\dfrac{1}{2n-3}$;

(2) $\sum\sin\dfrac{\pi}{n^2}$;

(3) $\sum\dfrac{1}{\sqrt[3]{n^2+n}}$;

(4) $\sum\dfrac{2+(-1)^n}{2^n}$;

(5) $\sum\dfrac{1}{\ln n-1}$;

(6) $\sum\limits_{n=1}^{\infty}\dfrac{3\sqrt{n}}{\sqrt{n}(n+1)}$.

2. 用比值判别法判别下列级数的敛散性:

(1) $\sum\dfrac{2^n}{10^n}$;

(2) $\sum\dfrac{3^n}{n!}$;

(3) $\sum\dfrac{4^n}{n\cdot 3^n}$;

(4) $\sum\dfrac{2^n\cdot n!}{n^n}$;

(5) $\sum n\tan\dfrac{\pi}{2^{n+1}}$;

*(6) $\sum\dfrac{6^n\cdot n}{7^n-5^n}$.

§4.3　任意项级数

我们在上节讨论了正项级数收敛性的判别法. 任意项级数由于其通项的符号不确定, 敛散性的判定要比正项级数复杂一些.

一、交错级数与莱布尼茨判别法

各项符号正负相间的级数称为**交错级数**, 其一般形式是

$$\sum_{n=1}^{\infty} (-1)^{n-1} u_n = u_1 - u_2 + u_3 - u_4 + \cdots, \tag{1}$$

其中所有的 u_n 都同号. 为方便起见, 不妨假设 $u_n \geqslant 0$. 下面的莱布尼茨判别法在判定交错级数的收敛性时十分方便. 证明略去.

定理 1(莱布尼茨判别法)　若交错级数(1)满足

① 数列 $\{u_n\}$ 单调递减, 即 $u_{n+1} \leqslant u_n (u_n \geqslant 0)$, $n = 1, 2, \cdots$;

② $\lim\limits_{n \to \infty} u_n = 0$,

则级数(1)收敛.

例 1　证明下列级数收敛:

(1) $\displaystyle\sum_{n=1}^{\infty} (-1)^{n-1} \frac{1}{n}$;

(2) $\displaystyle\sum_{n=1}^{\infty} (-1)^n \sin \frac{\pi}{n}$.

解　(1) 因 $\dfrac{1}{n+1} < \dfrac{1}{n}$ 且 $\lim\limits_{n \to \infty} \dfrac{1}{n} = 0$, 由莱布尼茨判别法知

$\displaystyle\sum (-1)^{n-1} \frac{1}{n}$ 收敛.

(2) 因 $\dfrac{\pi}{n+1} < \dfrac{\pi}{n}$, 故当 $n \geqslant 2$ 时, 有 $0 < \sin \dfrac{\pi}{n+1} < \sin \dfrac{\pi}{n}$. 又因

$\lim\limits_{n \to \infty} \sin \dfrac{\pi}{n} = 0$, 所以 $\displaystyle\sum (-1)^n \sin \dfrac{\pi}{n}$ 收敛.

本例中两个交错级数均收敛, 但其各项绝对值所组成的级数 $\displaystyle\sum \frac{1}{n}$

与 $\displaystyle\sum \sin \frac{\pi}{n}$ 都是发散的. 由此我们引入绝对收敛和条件收敛的概念.

二、绝对收敛级数

若级数

$$\sum_{n=1}^{\infty} u_n = u_1 + u_2 + \cdots + u_n + \cdots$$

的各项绝对值所组成的级数

$$\sum_{n=1}^{\infty} |u_n| = |u_1| + |u_2| + \cdots + |u_n| + \cdots$$

收敛,就称级数 $\sum u_n$ **绝对收敛**. 如果级数 $\sum u_n$ 收敛,但 $\sum |u_n|$ 发散,就称级数 $\sum u_n$ **条件收敛**.

定理 2 绝对收敛级数必定收敛.

证 设 $\sum u_n$ 绝对收敛,因

$$-|u_n| \leqslant u_n \leqslant |u_n|, \ -|u_n| \leqslant -u_n \leqslant |u_n|,$$

所以

$$0 \leqslant \frac{|u_n| + u_n}{2} \leqslant |u_n|, \ 0 \leqslant \frac{|u_n| - u_n}{2} \leqslant |u_n|.$$

因正项级数 $\sum |u_n|$ 收敛,由比较判别法可知正项级数 $\sum \frac{|u_n| + u_n}{2}$ 与 $\sum \frac{|u_n| - u_n}{2}$ 都收敛. 又由于

$$\sum u_n = \sum \frac{|u_n| + u_n}{2} - \sum \frac{|u_n| - u_n}{2}$$

是两个收敛级数之差,因而收敛.

我们在上一节所讨论的各种判定正项级数收敛性的方法,都可用于判定任意项级数的绝对收敛性. 在判定一个任意项级数 $\sum u_n$ 的收敛性时,如果没有特别说明,通常先判定它是否绝对收敛;如果 $\sum |u_n|$ 发散,再检验它是否条件收敛.

例 2 讨论下列级数的收敛性:

(1) $\sum_{n=1}^{\infty} \frac{2 \sin \frac{n\pi}{2} - 1}{n^3}$;

(2) $\sum_{n=2}^{\infty} (-1)^n \frac{1}{\ln n}$;

(3) $\displaystyle\sum_{n=1}^{\infty}(-1)^{\frac{n(n+1)}{2}}\frac{n^n}{n!}$.

解 (1) 因

$$|u_n| = \frac{\left|2\sin\frac{n\pi}{2}-1\right|}{n^3} \leqslant \frac{2\left|\sin\frac{n\pi}{2}\right|+1}{n^3} \leqslant \frac{3}{n^3},$$

而 $\displaystyle\sum\frac{3}{n^3}$ 收敛,由比较判别法知 $\displaystyle\sum|u_n|$ 收敛,从而原级数绝对收敛.

(2) 这是一个交错级数,因 $\dfrac{1}{\ln(n+1)} < \dfrac{1}{\ln n}$ 且 $\displaystyle\lim_{n\to\infty}\frac{1}{\ln n}=0$,由莱布尼茨判别法知其收敛. 又 $|u_n|=\dfrac{1}{\ln n}$,因 $\ln n < n$,所以当 $n\geqslant 2$ 时,$\dfrac{1}{\ln n} > \dfrac{1}{n}$,而调和级数 $\displaystyle\sum\frac{1}{n}$ 发散,由比较原则知 $\displaystyle\sum_{n=2}^{\infty}|u_n|=\sum_{n=2}^{\infty}\frac{1}{\ln n}$ 发散. 故级数 $\displaystyle\sum_{n=2}^{\infty}(-1)^n\frac{1}{\ln n}$ 条件收敛.

(3) $|u_n|=\dfrac{n^n}{n!}$,因

$$\frac{|u_{n+1}|}{|u_n|} = \frac{(n+1)^{n+1}}{(n+1)!}\cdot\frac{n!}{n^n} = \left(1+\frac{1}{n}\right)^n > 1,$$

即 $|u_{n+1}| > |u_n|$,这表明 $|u_n|$ 不趋于 0,从而 u_n 不趋于 0,由级数收敛的必要条件知原级数发散.

习 题 4.3

判定下列级数是否绝对收敛、条件收敛或发散:

1. $1-\dfrac{1}{\sqrt[3]{2}}+\dfrac{1}{\sqrt[3]{3}}-\dfrac{1}{\sqrt[3]{4}}+\dfrac{1}{\sqrt[3]{5}}-\cdots$;

2. $\displaystyle\sum_{n=1}^{\infty}(-1)^{n-1}\frac{1}{\sqrt{(2n-3)^3}}$;

3. $\displaystyle\sum_{n=1}^{\infty}(-1)^{n+1}\frac{3^n}{n!}$;

4. $\displaystyle\sum_{n=2}^{\infty}(-1)^n\frac{1}{\sqrt{\ln n}}$;

5. $\dfrac{\sin 1}{1^3} + \dfrac{\sin 2}{2^3} + \dfrac{\sin 3}{3^3} + \dfrac{\sin 4}{4^3} + \cdots$;

6. $\displaystyle\sum_{n=1}^{\infty} (-1)^{n+1} \dfrac{2+(-1)^n}{5^n}$.

§4.4 幂 级 数

设 $u_n(x)(n=1,2,3,\cdots)$ 是一列定义在区间 I 上的函数,表达式

$$\sum_{n=1}^{\infty} u_n(x) = u_1(x) + u_2(x) + \cdots + u_n(x) + \cdots \tag{1}$$

称为**函数项级数**. 我们知道,任意有限个定义在区间 I 上的函数之和仍旧是区间 I 上的函数. 但(1)式是无穷多个函数之和,它可能是一个函数,也可能只是一个没有意义的表达式.

对应着每一点 $x_0 \in I$,都可由(1)式得到一个数项级数

$$\sum_{n=1}^{\infty} u_n(x_0) = u_1(x_0) + u_2(x_0) + \cdots + u_n(x_0) + \cdots \tag{2}$$

如果这个数项级数收敛,就称 x_0 是函数项级数(1)的**收敛点**,否则就称为**发散点**. 函数项级数(1)的全体收敛点的集合 $D(D \subset I)$ 称为级数(1)的**收敛域**. 当 $D \neq \varnothing$ 时,按照(1)式所确定的对应法则,得到一个定义在 D 上的函数,称为函数项级数(1)的**和函数**. 如果把和函数记为 $S(x)$,则有

$$S(x) = \sum_{n=1}^{\infty} u_n(x), \quad x \in D.$$

下面我们研究一种最重要的函数项级数,叫作幂级数.

一、幂级数和它的收敛区间

定义 1 函数项级数

$$\sum_{n=0}^{\infty} a_n x^n = a_0 + a_1 x + a_2 x^2 + \cdots + a_n x^n + \cdots \tag{3}$$

称为**幂级数**,它的一般形式是

$$\begin{aligned}
\sum_{n=0}^{\infty} a_n (x-x_0)^n = \ & a_0 + a_1(x-x_0) + a_2(x-x_0)^2 \\
& + \cdots + a_n(x-x_0)^n + \cdots
\end{aligned} \tag{4}$$

由于只要对幂级数(4)作一个简单变换 $y = x - x_0$,就可化成 $\sum\limits_{n=0}^{\infty} a_n y^n$ 的形式,因此我们只需把研究幂级数(3)所得的结果作相应的形式上的改动,就能适用于幂级数(4).

幂级数的收敛域有下列极为重要的特征,我们只给出结论而不予证明.

定理 1 幂级数(3)的收敛域是一个区间,即对每个幂级数 $\sum a_n x^n$,都存在一个区间 $(-R,R)$,在这个开区间内(即 $|x| < R$),幂级数 $\sum a_n x^n$ 收敛且绝对收敛;在闭区间 $[-R,R]$ 之外(即 $|x| \geqslant R$),幂级数 $\sum a_n x^n$ 发散.

开区间 $(-R,R)$ 称为幂级数 $\sum a_n x^n$ 的**收敛区间**,实数 R 称为**收敛半径**.如果 $\sum a_n x^n$ 只在 $x = 0$ 这一点收敛,规定 $R = 0$;如果 $\sum a_n x^n$ 在全数轴 $(-\infty, \infty)$ 上收敛,就规定 $R = +\infty$.当 $0 < R < +\infty$ 时,幂级数在收敛区间的端点 $x = \pm R$ 处可能收敛,也可能发散,要具体分析.幂级数的收敛区间和收敛的端点合在一起,称为**收敛域**.显然幂级数的收敛域仍是区间.

研究一个幂级数,首先要确定它的收敛区间,因为幂级数在收敛区间内具有良好的性质:它不仅收敛因而具有和函数,而且还是绝对收敛的.在收敛区域之外,幂级数发散,因而它仅是一种表达形式而不具有实际意义.

二、收敛半径的求法

定理 2 对于幂级数 $\sum a_n x^n$,如果

$$\lim_{n \to \infty} \frac{|a_{n+1}|}{|a_n|} = \rho,$$

则

(1) 当 $0 < \rho < +\infty$ 时,收敛半径 $R = \dfrac{1}{\rho}$;

(2) 当 $\rho = 0$ 时,收敛半径 $R = +\infty$,即 $\sum a_n x^n$ 在整个实数轴 $(-\infty, +\infty)$ 上收敛;

(3) 当 $\rho = +\infty$ 时,收敛半径 $R = 0$,即除去原点 $x = 0$ 外,$\sum a_n x^n$ 都

发散.

证 我们用正项级数收敛性的比值判别法,即 §4.2 定理 5 来证明.

将 x 暂时固定,$\sum a_n x^n$ 看作数项级数,其绝对值级数就是 $\sum |a_n||x|^n$,于是

$$\lim_{n \to \infty} \frac{|u_{n+1}|}{|u_n|} = \lim_{n \to \infty} \frac{|a_{n+1}| \cdot |x|^{n+1}}{|a_n| \cdot x^n}$$

$$= \lim_{n \to \infty} \frac{|a_{n+1}|}{|a_n|} \cdot |x| = \rho|x|. \tag{5}$$

(1) 若 $0 < \rho < +\infty$,则当 $|x| < \dfrac{1}{\rho}$ 时,$\rho|x| < 1$,级数 $\sum a_n x^n$ 绝对收敛,从而收敛.

当 $|x| > \dfrac{1}{\rho}$ 时,$\rho|x| > 1$,不仅 $\sum |a_n x^n|$ 发散,而且当 n 充分大,例如 $n > N$ 时,$\dfrac{|a_n x^n|}{|a_{n-1} x^{n-1}|} > 1$,因而 $|a_n x^n| > |a_{n-1} x^{n-1}| > \cdots > |a_N x^N|$,这表明 $a_n x^n$ 不趋于 0,所以 $\sum a_n x^n$ 也是发散的.

当 $|x| = \dfrac{1}{\rho}$ 时,$\rho|x| = 1$,用比值判别法不能判定级数 $\sum a_n x^n$ 的收敛性.

综合上面的讨论,幂级数 $\sum a_n x^n$ 的收敛区间是 $\left(-\dfrac{1}{\rho}, \dfrac{1}{\rho}\right)$,即收敛半径为 $R = \dfrac{1}{\rho}$.

(2) 若 $\rho = 0$,则对任何实数 x,都有 $\rho|x| = 0 < 1$,由 (5) 式,$\sum a_n x^n$ 绝对收敛,从而在 $(-\infty, +\infty)$ 上收敛.

(3) 若 $\rho = +\infty$,则对任何 $x \neq 0$,$\rho|x| > 1$,这表明 $a_n x^n$ 不趋于 0,因而 $\sum a_n x^n$ 发散;而当 $x = 0$ 时,$\sum a_n x^n$ 显然收敛,故 $\sum a_n x^n$ 只在 $x = 0$ 处收敛.

如果我们记 $\dfrac{1}{\infty} = 0$,$\dfrac{1}{0} = \infty$,定理 2 就可以简单地记为:如果 $\lim\limits_{n \to \infty} \dfrac{|a_{n+1}|}{|a_n|} = \rho$,则幂级数 $\sum a_n x^n$ 的收敛半径 $R = \dfrac{1}{\rho}$. 对于幂级数 $\sum a_n x^n$,只要极限 $\lim\limits_{n \to \infty} \dfrac{|a_{n+1}|}{|a_n|}$ 存在,就可以运用定理 2 求出它的收敛半径

和收敛区间. 如果要求幂级数的收敛域, 则还要讨论幂级数在收敛区间端点处的收敛情况, 即判定数项级数 $\sum a_n R^n$ 与 $\sum a_n (-R)^n$ 的敛散性, 最后确定收敛域.

例 1　求下列幂级数的收敛半径和收敛域:

(1) $\displaystyle\sum_{n=0}^{\infty} \frac{(-2)^n}{(n+3)^2} x^n$;

(2) $\displaystyle\sum_{n=0}^{\infty} 2^{n^2} x^n$;

(3) $\displaystyle\sum_{n=0}^{\infty} \frac{x^n}{n!}$;

(4) $\displaystyle\sum_{n=0}^{\infty} \frac{(x-1)^n}{3 \cdot 2^n}$.

解　(1) 因

$$\lim_{n \to \infty} \frac{|a_{n+1}|}{|a_n|} = \lim_{n \to \infty} \frac{2^{n+1}}{(n+4)^2} \cdot \frac{(n+3)^2}{2^n} = 2 \lim_{n \to \infty} \left(\frac{n+3}{n+4}\right)^2 = 2,$$

所以收敛半径 $R = \dfrac{1}{2}$. 又当 $x = \dfrac{1}{2}$ 时, 级数变为 $\displaystyle\sum_{n=0}^{\infty} \frac{(-1)^n}{(n+3)^2}$, 与 p 级数 $\displaystyle\sum \frac{1}{n^2}$ 比较, 可知它是绝对收敛的; 当 $x = -\dfrac{1}{2}$ 时, 级数变为 $\displaystyle\sum_{n=0}^{\infty} \frac{1}{(n+3)^2}$ 也是收敛的. 故收敛域是 $\left[-\dfrac{1}{2}, \dfrac{1}{2}\right]$.

(2) 因

$$\lim_{n \to \infty} \frac{|a_{n+1}|}{|a_n|} = \lim_{n \to \infty} \frac{2^{(n+1)^2}}{2^{n^2}} = \lim_{n \to \infty} \frac{2^{n^2+2n+1}}{2^{n^2}} = \lim_{n \to \infty} 2^{2n+1} = +\infty,$$

故收敛半径 $R = 0$, 除 $x = 0$ 外级数发散.

(3) 因

$$\lim_{n \to \infty} \frac{|a_{n+1}|}{|a_n|} = \lim_{n \to \infty} \frac{\dfrac{1}{(n+1)!}}{\dfrac{1}{n!}} = \lim_{n \to \infty} \frac{1}{n+1} = 0,$$

故收敛半径 $R = +\infty$, 收敛区间是 $(-\infty, +\infty)$.

(4) 令 $y = x - 1$, 对于幂级数 $\displaystyle\sum_{n=0}^{\infty} \frac{y^n}{3 \cdot 2^n}$, 因

$$\lim_{n \to \infty} \frac{|a_{n+1}|}{|a_n|} = \lim_{n \to \infty} \frac{1}{3 \cdot 2^{n+1}} \cdot 3 \cdot 2^n = \lim_{n \to \infty} \frac{1}{2} = \frac{1}{2},$$

故收敛半径 $R = 2$,因此收敛区间是 $|y| = |x-1| < 2$,即 $-1 < x < 3$ 或 $(-1, 3)$.

又当 $x = -1$ 时,级数变为 $\sum \dfrac{(-1)^n}{3}$ 是发散的;当 $x = 3$ 时,级数变为 $\sum \dfrac{1}{3}$ 也是发散的. 所以收敛域是 $(-1, 3)$.

级数(1)在其收敛域 D 内的和函数,就是它的部分和函数

$$S_n(x) = u_1(x) + u_2(x) + \cdots + u_n(x)$$

所构成的函数列 $\{S_n(x)\}$ 当 $n \to \infty$ 时的极限函数:

$$S(x) = \lim_{n \to \infty} S_n(x).$$

在大多数情况下,和函数不能用初等函数的形式表示出来,而只能用级数形式

$$S(x) = \sum_{n=1}^{\infty} u_n(x)$$

给出,这也是非初等函数的一种常见形式. 但在某些情况下,我们可以借助于一些已知的简单级数求和公式及某些数学技巧,求出和函数.

例 2 求幂级数

$$\sum_{n=0}^{\infty} (-1)^n x^n = 1 - x + x^2 - x^3 + \cdots + (-1)^n x^n + \cdots \tag{6}$$

的和函数.

解 我们先判定幂级数(6)的收敛域与收敛区间. 因

$$\lim_{n \to \infty} \frac{|a_{n+1}|}{|a_n|} = \lim_{n \to \infty} \frac{1}{1} = 1,$$

所以收敛半径 $R = 1$. 又当 $x = 1$ 或 $x = -1$ 时,数项级数 $\sum (-1)^n$ 与 $\sum 1$ 都是发散的. 因此在收敛域 $(-1, 1)$ 内,幂级数(6)有和函数.

由等比级数求和公式知

$$S_n(x) = 1 - x + x^2 - x^3 + \cdots + (-1)^{n-1} x^{n-1}$$
$$= \frac{1 - (-x)^n}{1 + x}.$$

当 $|x| < 1$ 时,$(-x)^n \to 0$,所以和函数

$$S(x) = \lim_{n \to \infty} S_n(x) = \lim_{n \to \infty} \frac{1 - (-x)^n}{1 + x} = \frac{1}{1 + x},$$

即

$$1 - x + x^2 - x^3 + \cdots + (-1)^n x^n + \cdots = \frac{1}{1+x},$$
$$-1 < x < 1.$$

*三、幂级数在收敛区间内的性质

下面介绍幂级数在其收敛区间内的简单性质,证明略去.

性质 1 设幂级数 $\sum a_n x^n$ 与 $\sum b_n x^n$ 的收敛半径分别为 R_a 和 R_b,记 $R = \min\{R_a, R_b\}$,则在区间 $(-R, R)$ 内,$\sum a_n x^n$ 与 $\sum b_n x^n$ 可逐项相加减:

$$\sum a_n x^n \pm \sum b_n x^n = \sum (a_n \pm b_n) x^n, \ x \in (-R, R).$$

性质 2 幂级数 $\sum a_n x^n$ 的和函数 $S(x)$ 是其收敛区间 $(-R, R)$ 内的连续函数.

性质 3 幂级数 $\sum a_n x^n$ 的和函数 $S(x)$ 在其收敛区间内可微,且可逐项求导,即

$$S'(x) = \left(\sum_{n=0}^{\infty} a_n x^n \right)' = \sum_{n=0}^{\infty} (a_n x^n)' = \sum_{n=1}^{\infty} n a_n x^{n-1}.$$

性质 4 幂级数 $\sum a_n x^n$ 的和函数 $S(x)$ 在其收敛区间内可积,而且对于任何 $x \in (-R, R)$,可在 $[0, x]$ 上逐项积分:

$$\int_0^x S(x) \mathrm{d}x = \int_0^x \left(\sum_{n=0}^{\infty} a_n x^n \right) \mathrm{d}x = \sum_{n=0}^{\infty} \int_0^x a_n x^n \mathrm{d}x$$
$$= \sum_{n=0}^{\infty} \frac{a_n}{n+1} x^{n+1}.$$

例 3 利用例 2 的结果求下列幂级数的和函数:

(1) $x - \dfrac{x^2}{2} + \dfrac{x^3}{3} - \dfrac{x^4}{4} + \cdots + (-1)^n \dfrac{x^{n+1}}{n+1} + \cdots$;

(2) $x - 2x^2 + 3x^3 - 4x^4 + \cdots + (-1)^n (n+1) x^{n+1} + \cdots$.

解 不难求出这两个幂级数的收敛区间都是 $(-1, 1)$.

(1) 设

$$S(x) = x - \frac{x^2}{2} + \frac{x^3}{3} - \frac{x^4}{4} + \cdots + (-1)^n \frac{x^{n+1}}{n+1} + \cdots$$

在 $(-1, 1)$ 内逐项求导,得

$$S'(x) = 1 - x + x^2 - x^3 + \cdots + (-1)^n x^n + \cdots$$
$$= \frac{1}{1+x} \quad (例 2).$$

积分,得

$$S(x) = \ln(1+x) + C.$$

由 $S(0) = 0$,知 $C = 0$,从而

$$x - \frac{x^2}{2} + \frac{x^3}{3} - \frac{x^4}{4} + \cdots + (-1)^n \frac{x^{n+1}}{n+1} + \cdots = \ln(1+x),$$
$$x \in (-1, 1).$$

(2) 设

$$S(x) = x - 2x^2 + 3x^3 - 4x^4 + \cdots + (-1)^n (n+1) x^{n+1} + \cdots$$
$$= x[1 - 2x + 3x^2 - 4x^3 + \cdots + (-1)^n (n+1) x^n + \cdots],$$

记

$$T(x) = \sum_{n=0}^{\infty} (-1)^n (n+1) x^n,$$

不难求出等号右端的幂级数的收敛区间也是 $(-1,1)$. 对任何 $x \in (-1,1)$, 在 $[0, x]$ 上逐项积分, 得到

$$\int_0^x T(x) \mathrm{d}x = \sum_{n=0}^{\infty} \int_0^x (-1)^n (n+1) x^n \mathrm{d}x = \sum_{n=0}^{\infty} (-1)^n x^{n+1}$$
$$= x \sum_{n=0}^{\infty} (-1)^n x^n.$$

利用例 2 的结果, 得

$$\int_0^x T(x) \mathrm{d}x = \frac{x}{1+x},$$

两边同时对 x 求导, 得

$$T(x) = \frac{1}{(1+x)^2},$$

所以

$$S(x) = \frac{x}{(1+x)^2}.$$

习　题　4.4

1. 求下列幂级数的收敛半径和收敛域:

(1) $\sum_{n=0}^{\infty} (2n-1) x^n$;

(2) $\sum_{n=0}^{\infty} \frac{x^n}{\sqrt{n^2+1}}$;

(3) $\sum_{n=0}^{\infty} \frac{n^2}{n!} x^n$;

(4) $\sum_{n=0}^{\infty} \frac{(-3)^n}{(n^2+2)^3} x^n$.

2. 求下列幂级数的收敛区间:

(1) $\sum_{n=0}^{\infty} \sqrt{n+1} (x+2)^n$;

(2) $\sum_{n=0}^{\infty} \frac{n^n}{n!} (x-1)^n$.

*3. 求下列幂级数的和函数:

(1) $\sum_{n=0}^{\infty} x^n$;

(2) $\sum_{n=1}^{\infty} \frac{x^n}{n}$;

(3) $\displaystyle\sum_{n=0}^{\infty} 2^n x^{2n+1}$ （提示:作变换 $y = 2x^2$）;

(4) $\displaystyle\sum_{n=1}^{\infty} n \cdot x^{n-1}$.

§4.5 初等函数的泰勒展开式

我们从上一节知道,一个幂级数的和是其收敛域上的函数. 尽管这个和函数可能很复杂,甚至不能用初等函数来表示,但由于幂级数的各项都是 x 的正整数幂,它的部分和是一个多项式,因此在收敛域内,我们总可以用部分和(一个多项式)来近似地表示这个相对复杂的和函数. 而且只要项数 n 充分大,这个近似式就能达到足够高的精确度. 多项式的性质比较容易把握,它的值也能够用最简单的乘法和加法算出. 但是对于超越函数,哪怕是最基本的,如 $\sin x, \ln(1+x), \mathrm{e}^x$ 等,我们也很难直接算出它们在定义域内一般点的函数值. 这就启发我们考虑能否用幂级数这个工具来研究函数,即能否把一个函数 $f(x)$ 表示成幂级数 $\sum a_n x^n$,从而达到用多项式来任意逼近 $f(x)$ 的目的. 而能否把 $f(x)$ 表示成幂级数 $\sum a_n x^n$ 的关键是找出系数 a_n 与 $f(x)$ 的关系,即如何从 $f(x)$ 求出 a_n. 这是本节要解决的首要问题.

一、泰勒级数

我们先从有限项的情形入手. 设
$$f(x) = a_0 + a_1(x-x_0) + a_2(x-x_0)^2 + \cdots + a_n(x-x_0)^n \quad (1)$$
是 $(x-x_0)$ 的 n 次多项式. 把 $x = x_0$ 代入(1)式两边,得到
$$a_0 = f(x_0).$$
将(1)式两边对 x 求导,得到
$$f'(x) = a_1 + 2a_2(x-x_0) + \cdots + na_n(x-x_0)^{n-1},$$
把 $x = x_0$ 代入上式得 $f'(x_0) = a_1$,即
$$a_1 = \frac{f'(x_0)}{1!}.$$
继续求导并把 $x = x_0$ 代入,我们可依次解得
$$a_2 = \frac{f''(x_0)}{2!}, \cdots, a_k = \frac{f^{(k)}(x_0)}{k!}, \cdots, a_n = \frac{f^{(n)}(x_0)}{n!}.$$

197

于是,当函数 $f(x)$ 是一个 n 次多项式 $f(x) = \sum\limits_{k=0}^{n} a_k(x-x_0)^k$ 时,其系数 a_k 与函数 $f(x)$ 之间具有关系

$$a_k = \frac{f^{(k)}(x_0)}{k!}, \ k = 0, 1, \cdots, n \tag{2}$$

(规定零阶导数 $f^{(0)}(x) = f(x), 0! = 1$).

当 $f(x)$ 不是多项式时,以(2)式所确定的数 a_k 为系数的多项式

$$a_0 + a_1(x-x_0) + \cdots + a_n(x-x_0)^n$$

可以用来近似地表示 $f(x)$,英国数学家泰勒(Taylor,1685—1731)给出了这个多项式与 $f(x)$ 之间的误差表示.

定理 1(泰勒定理) 设函数 $f(x)$ 在点 x_0 的某一个邻域内存在直到 $n+1$ 阶的连续导数,则对于这个邻域内的任何一点 x,成立**泰勒公式**

$$f(x) = f(x_0) + \frac{f'(x_0)}{1!}(x-x_0) + \frac{f''(x_0)}{2!}(x-x_0)^2$$
$$+ \cdots + \frac{f^{(n)}(x_0)}{n!}(x-x_0)^n + R_n(x), \tag{3}$$

其中

$$R_n(x) = \frac{f^{(n+1)}(\xi)}{(n+1)!}(x-x_0)^{n+1}$$

(ξ 在 x_0 与 x 之间). $R_n(x)$ 称为泰勒公式(3)的**余项**.

注意余项是一个 $n+1$ 次单项式,它的系数与其他各项的系数不同,即 $f(x)$ 的 $n+1$ 阶导数 $f^{(n+1)}(x)$ 不是在 x_0 取值,而是在 x_0 与 x 之间的某一点 ξ 取值,而这个点 ξ 一般是不易确定的. 但由于 $f^{(n+1)}(x)$ 连续,因此当 x 与 x_0 离得比较近时,$f^{(n+1)}(x)$ 的值在区间 $[x_0, x]$ 或 $[x, x_0]$ 上变化就不大,从而我们能比较方便地对余项 $R_n(x)$ 估值. 只要 $|R_n(x)|$ 足够小,就能达到用泰勒公式的前 $n+1$ 项(一个 n 次多项式)近似表示 $f(x)$ 的目的.

把上面的方法运用到收敛的幂级数与它的和函数

$$\sum_{n=0}^{\infty} a_n(x-x_0)^n = f(x), \ |x-x_0| < R$$

之间的关系上,就得到下面的定理,其证明略去.

定理 2(幂级数的系数与其和函数的关系) 设幂级数 $\sum\limits_{n=0}^{\infty} a_n(x-x_0)^n$ 在其收敛域内收敛于和函数 $f(x)$:

$$\sum_{n=0}^{\infty} a_n (x - x_0)^n = f(x),$$

则 $f(x)$ 在收敛域内有任意阶导数,并且成立系数公式

$$a_n = \frac{f^{(n)}(x_0)}{n!}, \quad n = 0, 1, 2, \cdots. (即(2) \text{式})$$

定义 1 设 $f(x)$ 在点 x_0 的某邻域内有任意阶导数,称由(2)式所定义的数 $a_n = \dfrac{f^{(n)}(x_0)}{n!}$ 为 $f(x)$ 在点 x_0 的**泰勒系数**,并称由泰勒系数所确定的幂级数

$$\begin{aligned}
\sum_{n=0}^{\infty} \frac{f^{(n)}(x_0)}{n!}(x - x_0)^n &= f(x_0) + \frac{f'(x_0)}{1!}(x - x_0) \\
&\quad + \frac{f''(x_0)}{2!}(x - x_0)^2 + \cdots \qquad (4) \\
&\quad + \frac{f^{(n)}(x_0)}{n!}(x - x_0)^n + \cdots
\end{aligned}$$

为 $f(x)$ 在点 x_0 的**泰勒级数**.

当 $x_0 = 0$ 时,$f(x)$ 的泰勒级数就简化成为

$$\begin{aligned}
\sum_{n=0}^{\infty} \frac{f^{(n)}(0)}{n!}x^n &= f(0) + \frac{f'(0)}{1!}x + \frac{f''(0)}{2!}x^2 \\
&\quad + \cdots + \frac{f^{(n)}(0)}{n!}x^n + \cdots
\end{aligned} \qquad (5)$$

上式又称为马克劳林(Maclaurin,英国人,1698—1746)级数.

必须注意的是,$f(x)$ 的泰勒级数(4)并不一定收敛于 $f(x)$ 自身(虽然 $f(x)$ 的泰勒级数(4)必在其收敛域内收敛于某个和函数 $S(x)$),也就是说定理 2 的逆命题并不一定正确. 数学家们举出了许多这样的例子,我们只要求读者知道这样的事实. 如果 $f(x)$ 的泰勒级数收敛于 $f(x)$ 自身,即

$$f(x) = \sum_{n=0}^{\infty} \frac{f^{(n)}(x_0)}{n!}(x - x_0)^n,$$

就把 $f(x)$ 的泰勒级数称为 $f(x)$ 在 x_0 处的**泰勒展开式**,并称 $f(x)$ 在 x_0 处是可展的.

$f(x)$ 在什么条件下可展,成了我们利用幂级数研究函数的前提. 这个前提就是 $f(x)$ 的泰勒公式的余项 $R_n(x)$ 收敛于零. 我们把这个定理叙述如下,其证明略去.

定理 3(展开定理) 设 $f(x)$ 在 x_0 的某个邻域内有任意阶导数,则

(1) $f(x)$ 在 x_0 的邻域内有任意阶的泰勒公式

$$f(x) = f(x_0) + \frac{f'(x_0)}{1!}(x - x_0) + \cdots$$

$$+ \frac{f^{(n)}(x_0)}{n!}(x - x_0)^n + R_n(x),$$

式中

$$R_n(x) = \frac{f^{(n+1)}(\xi)}{(n+1)!}(x - x_0)^{n+1}$$

(ξ 是介于 x_0 与 x 之间的某一点)称为 n 阶泰勒公式的余项.

(2) $f(x)$ 在 x_0 可展成泰勒级数的充要条件是

$$\lim_{n \to \infty} R_n(x) = 0.$$

二、基本函数的泰勒展开式

下面我们求函数 $\mathrm{e}^x, \sin x, \cos x, \ln(1+x)$ 和 $(1+x)^\alpha$ 在 $x = 0$ 处的泰勒展开式. 这些函数都满足展开定理的条件, 我们把 $\lim\limits_{n \to \infty} R_n(x) = 0$ 的证明略去.

1. $f(x) = \mathrm{e}^x$

因 $f^{(n)}(x) = \mathrm{e}^x$, 故 $f^{(n)}(0) = \mathrm{e}^x\big|_{x=0} = 1$,

$$a_n = \frac{f^{(n)}(0)}{n!} = \frac{1}{n!} (n = 0, 1, 2, \cdots)$$

所以 e^x 在 $x = 0$ 处的泰勒展开式为

$$\mathrm{e}^x = 1 + x + \frac{1}{2!}x^2 + \frac{1}{3!}x^3 + \cdots + \frac{1}{n!}x^n + \cdots = \sum_{n=0}^{\infty} \frac{1}{n!}x^n, \tag{6}$$

且不难求出收敛半径 $R = +\infty$, 收敛域是 $(-\infty, +\infty)$.

2. $f(x) = \sin x$

因

$$f'(x) = \cos x = \sin\left(x + \frac{\pi}{2}\right),$$

$$f''(x) = \cos\left(x + \frac{\pi}{2}\right) = \sin\left(x + 2 \cdot \frac{\pi}{2}\right),$$

$$f'''(x) = \cos\left(x + 2 \cdot \frac{\pi}{2}\right) = \sin\left(x + 3 \cdot \frac{\pi}{2}\right),$$

$$\vdots$$

一般地,有

$$f^{(n)}(x) = (\sin x)^{(n)} = \sin\left(x + n \cdot \frac{\pi}{2}\right),$$

故 $f(0)=0, f'(0)=1, f''(0)=0, f'''(0)=-1,\cdots$，可见 $f(x)=\sin x$ 在 $x=0$ 处的偶数阶导数全部是零，奇数阶导数交替取值 1 与 -1，从而得到 $f(x)=\sin x$ 在 $x=0$ 处的泰勒展开式为

$$\sin x = x - \frac{1}{3!}x^3 + \frac{1}{5!}x^5 - \frac{1}{7!}x^7 + \cdots + (-1)^n \frac{1}{(2n+1)!}x^{2n+1} + \cdots$$

$$= \sum_{n=0}^{\infty} (-1)^n \frac{1}{(2n+1)!}x^{2n+1}, \tag{7}$$

且收敛半径 $R = +\infty$，收敛域为 $(-\infty, +\infty)$.

注 $\sin x$ 的泰勒展开式只含 x 的奇次幂项，这与 $\sin x$ 是奇函数是一致的. 同样，下面 $\cos x$ 的泰勒展开式只含 x 的偶次幂项，与 $\cos x$ 是偶函数相一致.

3. $f(x) = \cos x$

$$\cos x = 1 - \frac{1}{2!}x^2 + \frac{1}{4!}x^4 - \cdots + (-1)^n \frac{1}{(2n)!}x^{2n} + \cdots$$

$$= \sum_{n=0}^{\infty} (-1)^n \frac{1}{(2n)!}x^{2n}, \quad x \in (-\infty, +\infty). \tag{8}$$

4. $f(x) = \ln(1+x)$

因

$$f'(x) = \frac{1}{1+x}, f''(x) = -\frac{1}{(1+x)^2}, f'''(x) = \frac{(-1)(-2)}{(1+x)^3},$$

$$f^{(4)}(x) = \frac{(-1)(-2)(-3)}{(1+x)^4}, \cdots$$

一般地，有

$$f^{(n)}(x) = \frac{(-1)(-2)\cdots[-(n-1)]}{(1+x)^n} = (-1)^{n-1}\frac{(n-1)!}{(1+x)^n},$$

故得

$$f(0)=0, f'(0)=1, f''(0)=-1, f'''(0)=(-1)^2 2!, \cdots$$
$$f^{(n)}(0) = (-1)^{n-1}(n-1)!, \cdots$$

由公式(2)得到泰勒系数

$$a_0 = 0, a_1 = 1, a_2 = -\frac{1}{2}, \cdots, a_n = (-1)^{n-1}\frac{1}{n}, \cdots$$

从而 $\ln(1+x)$ 在 $x=0$ 处的泰勒展开式为

$$\ln(1+x) = x - \frac{1}{2}x^2 + \frac{1}{3}x^3 - \cdots + (-1)^{n-1}\frac{1}{n}x^n + \cdots$$

$$= \sum_{n=1}^{\infty} (-1)^{n-1} \frac{1}{n} x^n, \tag{9}$$

可以求出收敛半径 $R = 1$,收敛区间为 $(-1,1)$.

5. $f(x) = (1+x)^{\alpha}$(α 为任何实数)

这个函数称为二项式函数,由于

$$f(x) = (1+x)^{\alpha}, \quad f'(x) = \alpha(1+x)^{\alpha-1},$$
$$f''(x) = \alpha(\alpha-1)(1+x)^{\alpha-2},$$
$$\vdots$$
$$f^{(n)} = \alpha(\alpha-1)\cdots(\alpha-n+1)(1+x)^{\alpha-n},$$
$$\vdots$$

故有
$$f(0) = 1, f'(0) = \alpha, f''(0) = \alpha(\alpha-1),$$
$$\vdots$$
$$f^{(n)}(0) = \alpha(\alpha-1)\cdots(\alpha-n+1)$$
$$\vdots$$

代入泰勒系数公式得 $a_0 = 1, a_1 = \alpha, a_2 = \dfrac{\alpha(\alpha-1)}{2!}, \cdots, a_n = \dfrac{\alpha(\alpha-1)\cdots(\alpha-n+1)}{n!}$.注意:当 n 充分大时,即从 $n > \alpha+1$ 以后,a_n 的符号是正负相间的,从而有

$$(1+x)^{\alpha} = 1 + \alpha x + \frac{\alpha(\alpha-1)}{2!} x^2 + \cdots + \frac{\alpha(\alpha-1)\cdots(\alpha-n+1)}{n!} x^n + \cdots$$
$$= 1 + \sum_{n=1}^{\infty} \frac{\alpha(\alpha-1)\cdots(\alpha-n+1)}{n!} x^n, \tag{10}$$

并可求得收敛区间为 $(-1,1)$.

特别地,当 $\alpha = -1$ 时,有

$$\frac{1}{1+x} = \sum_{n=0}^{\infty} (-1)^n x^n; \tag{11}$$

当 $\alpha = -\dfrac{1}{2}$ 时,有

$$\frac{1}{\sqrt{x+1}} = 1 + \sum_{n=1}^{\infty} (-1)^n \frac{(2n-1)!!}{(2n)!!} x^n. \tag{12}$$

注 $10!! = 10 \times 8 \times 6 \times 4 \times 2$, $9!! = 9 \times 7 \times 5 \times 3 \times 1$,其余类推.

如果用 $-x$ 代 x,则由公式(9),(11)和(12)可得到

$$\ln(1-x) = -x - \frac{1}{2} x^2 - \frac{1}{3} x^3 - \cdots - \frac{1}{n} x^n - \cdots$$

$$= -\sum_{n=1}^{\infty} \frac{1}{n} x^n, \quad x \in (-1,1), \quad (13)$$

$$\frac{1}{1-x} = \sum_{n=0}^{\infty} x^n = 1 + x + x^2 + \cdots + x^n + \cdots \quad x \in (-1,1) \quad (14)$$

$$\frac{1}{\sqrt{1-x}} = 1 + \sum_{n=1}^{\infty} \frac{(2n-1)!!}{(2n)!!} x^n, \quad x \in (-1,1). \quad (15)$$

三、求函数的泰勒展开式

把函数 $f(x)$ 展开成泰勒级数,有直接展开和间接展开两种方法.

直接展开法就是先根据公式(2)求出 $f(x)$ 的泰勒系数,然后写出 $f(x)$ 的泰勒级数,最后写出收敛区间. 通常我们还应当证明 $\lim\limits_{n \to \infty} R_n(x) = 0$,才能表明所求得的泰勒级数收敛于 $f(x)$ 自身,但在本书中我们将这一步省略.

间接展开法就是根据某些已知的函数的泰勒展开式,运用变量代换、四则运算、逐项求导或逐项积分等方法,求出所要讨论的函数的泰勒展开式,并确定收敛区间. 在一般情况下,我们都采用间接展开法,这就要求读者熟记前面得出的基本展开式.

例 1 求下列函数在 $x=0$ 处的泰勒展开式:

(1) $f(x) = e^{-x}$;

(2) $f(x) = \dfrac{x}{1-x^2}$.

解 (1) 在展开式(6)中用 $-x$ 代 x 得

$$e^{-x} = \sum_{n=0}^{\infty} \frac{1}{n!}(-x)^n = \sum_{n=0}^{\infty} \frac{(-1)^n}{n!} x^n$$

$$= 1 - x + \frac{1}{2!} x^2 - \frac{1}{3!} x^3 + \cdots, x \in (-\infty, +\infty).$$

(2) $f(x) = x \cdot \dfrac{1}{1-x^2}$,在展开式(14)中以 x^2 代 x,得到

$$f(x) = x \cdot \sum_{n=0}^{\infty} (x^2)^n = x \cdot \sum_{n=0}^{\infty} x^{2n} = \sum_{n=0}^{\infty} x^{2n+1}$$

$$= x + x^3 + x^5 + \cdots + x^{2n+1} + \cdots,$$

且由 $x^2 < 1$,得 $-1 < x < 1$.

例 2 求下列函数在 $x=0$ 处的幂级数展开式:

(1) $f(x) = 2\sin^2 x$;

203

(2) $f(x) = \dfrac{1}{2+x}$.

解 $2\sin^2 x = 1 - \cos 2x$，在展开式(8)中以 $2x$ 代 x，得到

$$f(x) = 1 - \cos 2x = 1 - \sum_{n=0}^{\infty} (-1)^n \frac{1}{(2n)!} (2x)^{2n}$$

$$= \sum_{n=1}^{\infty} (-1)^{n+1} \frac{4^n}{(2n)!} x^{2n}, \quad x \in (-\infty, +\infty).$$

(2) $f(x) = \dfrac{1}{2} \cdot \dfrac{1}{1+\dfrac{x}{2}}$，在展开式(11)中以 $\dfrac{x}{2}$ 代 x，得到

$$f(x) = \frac{1}{2} \cdot \frac{1}{1+\dfrac{x}{2}} = \frac{1}{2} \sum_{n=0}^{\infty} (-1)^n \left(\frac{x}{2}\right)^n$$

$$= \sum_{n=0}^{\infty} (-1)^n \frac{1}{2^{n+1}} x^n,$$

且由 $\left|\dfrac{x}{2}\right| < 1$ 得收敛区间是 $(-2, 2)$.

例 3 求下列函数在 $x = 0$ 处的泰勒展开式：

(1) $f(x) = \arctan x$；

(2) $f(x) = \dfrac{1}{(1-x)^2}$.

解 (1) $f(x) = \arctan x = \displaystyle\int_0^x \frac{\mathrm{d}x}{1+x^2}$，因

$$\frac{1}{1+x^2} = \sum_{n=0}^{\infty} (-1)^n x^{2n},$$

代入上式并逐项积分，有

$$\arctan x = \int_0^x \frac{\mathrm{d}x}{1+x^2} = \int_0^x \sum_{n=0}^{\infty} (-1)^n x^{2n} \mathrm{d}x$$

$$= \sum_{n=0}^{\infty} \int_0^x (-1)^n x^{2n} \mathrm{d}x$$

$$= x - \frac{1}{3} x^3 + \frac{1}{5} x^5 - \cdots + (-1)^n \frac{1}{2n+1} x^{2n+1}$$

$$+ \cdots, \text{收敛区间为} (-\infty, +\infty).$$

在上式中令 $x = 1$，就得到我们在本章开始介绍的公式

$$\pi = 4\left(1 - \frac{1}{3} + \frac{1}{5} - \frac{1}{7} + \cdots\right).$$

(2) $f(x) = \dfrac{1}{(1-x)^2} = \left(\dfrac{1}{1-x}\right)'$，因

$$\frac{1}{1-x} = \sum_{n=0}^{\infty} x^n,$$

逐项求导得

$$f(x) = \frac{1}{(1-x)^2} = \left(\frac{1}{1-x}\right)' = \left(\sum_{n=0}^{\infty} x^n\right)'$$

$$= \sum_{n=0}^{\infty} (x^n)' = \sum_{n=1}^{\infty} n \cdot x^{n-1}$$

$$= 1 + 2x + 3x^2 + 4x^3 + \cdots,$$

收敛区间为 $(-1,1)$.

习　题　4.5

用间接展开法求下列函数的幂级数展开式:

1. $f(x) = \cos\dfrac{x}{2}$;　　　　2. $f(x) = x^2 e^{-x^2}$;

3. $f(x) = \cos^2 x$;　　　　4. $f(x) = \ln(5+x)$;

5. $f(x) = \ln\dfrac{1+x}{1-x}$;　　　　6. $f(x) = \dfrac{x}{2+x^2}$.

数学史话三　分析学的发展

微积分这一划时代的科学成就,给人类探索自然规律提供了新的强有力的工具,也刺激和推动了许多数学新分支的产生,形成了"分析学"的繁茂的学科群.回顾这一发展历程,大体可将其分为三个阶段:18 世纪的生机勃发,春色满园;19 世纪的冷静反思,夯实基础;20 世纪的万丈高楼,更上一层.

一、生机勃发,春色满园——18 世纪的分析时代

18 世纪可以说是分析的时代,也是向现代数学过渡的时期.奉为金科玉律的牛顿学说给英国数学压上了沉重的包袱,其代表人物是泰勒和马克劳林,此外还有棣莫弗(A. De Moivre,1667—1754)、斯特林(J. Stirling,1692—1770)等人,但都没有达到欧洲大陆同行的水平.拉兰得曾悲叹道:1764 年以后,整个英国没有一个第一流的分析学家.

这一时期的代表人物是瑞士数学家雅各布·伯努利(Jacob, Bernoulli,1654—1705)、约翰·伯努利、欧拉,法国数学家达朗贝尔、拉格朗日、蒙日(G. Monge,1746—1818)、拉普拉斯和勒让德(A. M. Legendre,1752—1833)等.其中最杰出的代表是欧拉,他的《无穷小分析引论》、《微分学》和《积分学》是微积分史上里程碑式的著作,在很长时间里被作为分析课本的典范而普遍使用.

粗略地讲,18 世纪微积分学的发展主要有以下几方面:

1. 欧拉首先将函数(取代了以往的曲线)作为微积分的主要研究对象.他引进了一批标准的符号,如:函数符号 $f(x)$,求和号 $\sum$,自然对数底数 e,虚数号 i 等,对分析表述的规范化起了重要作用.他明确区分了代数函数与超越函数、显函数与隐函数、单值函数与多值函数;得到了一些有广泛应用的超越函数,如 Γ 函数、B 函数和椭圆函数;建立了三角函数和指数函数之间深刻联系的欧拉公式:

$$e^{i\alpha}=\cos\alpha+i\sin\alpha,$$

以及当 α 为实数时的棣莫弗公式:

$$(\cos\varphi\pm i\sin\varphi)^{\alpha}=\cos\alpha\varphi\pm i\sin\alpha\varphi.$$

2. 数学家们以高度的技巧,将牛顿和莱布尼茨的无穷小算法施行到各类不同的函数上,使用变量代换和部分分式等方法求出了许多困难的积分,研究了椭圆积分及其分类.

3. 将微积分算法推广到(自变量多于一个的)多元函数,建立了偏导数理论(视 y 为常数,$f(x,y)$ 关于 x 的导数称为函数 f 对 x 的偏导数,记为 $\dfrac{\partial f}{\partial x}$;同样可定义 $\dfrac{\partial f}{\partial y}$ 等),并且建立了关于多元函数积分 $\left(\text{如}\iint f(x,y)\mathrm{d}x\mathrm{d}y \text{ 等}\right)$ 的理论——重积分理论.

4. 发展了无穷级数理论.牛顿借助二项式定理得到了 $\sin x,\cos x,$ $\tan x,\arcsin x,\arctan x,e^{x}$ 等函数的级数,莱布尼茨也得到了 $\sin x,$ $\cos x,\arctan x$ 等的级数,建立了交错级数收敛性的判定定理.泰勒进一步提供了将函数展成无穷级数的一般方法,雅各布·伯努利、斯特林对调和级数等发散级数的研究取得重要成果,达朗贝尔建立了级数绝对收敛的判别法等.

5. 大大扩展了微积分的应用范围,尤其是与力学紧密、有机的结合为数学史上任何时期所不能比拟.当时几乎所有的数学家也在不同程度上是力学家;欧拉的名字同刚体运动和流体力学的基本方程相联系;拉格朗日的《分析力学》将力学变成分析的一个分支;拉普拉斯的五大卷《天体

力学》包含了他最重要的数学成果.这种广泛的应用也促使分析学的一些新分支应运而生,其中有常微分方程、数学物理偏微分方程、变分法.

二、冷静反思,夯实基础——19 世纪分析的严格化

牛顿和莱布尼茨的微积分是不严格的,极限、无穷小、实数等概念不清楚,证明不充分,使他们的学说从一开始就受到怀疑和批评.1734 年英国哲学家、牧师伯克莱(G. Berkeley,1685—1753)发表了一本小册子,尖锐地批评当时的数学家们以归纳代替演绎,没有为他们的方法提供合法性的证明.他集中抨击牛顿关于无穷小量的混乱假设,牛顿在《曲线求积术》中给出了"首末比方法",并举例说,为了求 $y=x^n$ 的流数,设 x 变为 $x+o$,x^n 则变为 $(x+o)^n=x^n+nox^{n-1}+\frac{1}{2}n(n-1)o^2x^{n-2}+\cdots$,构成两变化的"最初比":

$$\frac{(x+o)-o}{(x+o)^n-x^n}=\frac{1}{nx^{n-1}+\frac{1}{2}n(n-1)ox^{n-2}+\cdots},$$

然后"设增量 o 消逝,它们的最终比就是 $\frac{1}{nx^{n-1}}$",这也是 x 的流数与 x^n 的流数之比.伯克莱指出在上面的算法中,求最初比时,o 不等于零,而在求最终比时,又令 o 等于零,这里关于增量 o 的假设前后矛盾,是"分明的诡辩".他讥讽地问道:"这些消失的增量究竟是什么呢? 它们既不是有限量,也不是无穷小,又不是零,难道我们不能称它们为消逝的鬼魂吗?"他也抨击莱布尼茨微积分中的结论,是从错误的原理出发,通过"错误的抵消"而得到的.

18 世纪的数学家们虽然没有严格的逻辑支持,仍然勇敢地开拓前进,他们自信自己的结果是正确的.这一方面是因为许多结果为经验和观测所证实(例如根据牛顿的理论而发现的哈雷彗星果然再度出现),另一方面是因为当时数学家相信上帝数学化地设计了世界,而他们正在发现和揭示这种设计.但是,早期微积分客观上的逻辑缺陷,也刺激了数学家们为建立微积分的严格基础而努力,经过一个世纪的尝试与酝酿,在 19 世纪取得了成功,其标志是**柯西的极限论**和**魏尔斯特拉斯的"分析算术化"**.

法国数学家柯西长期担任巴黎综合工科学校教授,1821 年和 1823 年他的《分析教程》与《无限小计算教程概论》分别问世,对微积分的基本

概念如变量、函数、极限、连续性、导数、微分、积分、收敛等给出了明确的定义,并在此基础上,严格地表述并证明了微积分基本定理、中值定理等一系列重要定理,明确定义了无穷级数的收敛性,研究了级数收敛的条件. 这些定义和论述已经相当接近于微积分的现代形式,因此柯西被称为**"数学分析的奠基人"**. 但他的理论仍有漏洞,例如他用了"无限趋近"、"想要多小就多小"等许多直觉描述的只能意会不便言传的语言. 特别是,直到 19 世纪中叶,对于微积分计算的基础"实数",还没有明确的定义,仍然以直观的方式来理解. 为了进行计算,数学家们依靠了这样的假设:任何无理数都能用有理数来任意逼近,如 $\sqrt{2}=1.4142\cdots$. 柯西在证明连续函数积分的存在性、级数收敛准则和微分中值定理时,都需要实数的完备性(即实数填满整个数轴,实数序列的极限仍然是实数,不会产生新的类型的数),而这一实数集的基本性质当时还未证实.

被誉为**"现代分析之父"**的魏尔斯特拉斯(K. Weierstrass, 1815—1897)认为要使分析严格化,首先要使实数系本身严格化. 为此最可靠的办法是按照严密的推理将实数归结为整数(有理数),使分析学的所有概念可以由整数导出,从而使以往的漏洞和缺陷都能得以填补. 这就是所谓"分析算术化"纲领. 他和他的学生为实现这一纲领作了艰苦的努力并获得了很大成功. 魏尔斯特拉斯指出,柯西等前人采用的"无限地趋近"等说法具有明显的运动学含义,代之以他创造的一套 $\varepsilon-\delta$ 语言,精确地、形式化地重新定义了极限、连续、导数等基本概念,第一次使极限和连续性摆脱了与几何和运动的任何牵连,给出了只建立在数与函数概念上的清晰的定义,从而使一个模糊不清的动态描述,变成一个严密叙述的静态观念. 特别是他引进了以往被忽略的一致收敛性,从而消除了微积分中不断出现的各种异议和混乱. 希尔伯特(D. Hilbert, 1862—1943)曾指出:"**魏尔斯特拉斯以其酷爱批判的精神和深邃的洞察力,为数学分析建立了坚实的基础. 通过澄清极小、极大、函数、导数等概念,他排除了在微积分中仍在出现的各种错误提法,扫清了关于无穷大、无穷小等的各种混乱观念,决定性地克服了源于无穷大、无穷小朦胧思想的困难……今天,分析学能达到这样和谐程度,本质上应归功于魏尔斯特拉斯的科学活动.**"

1872 年前后,魏尔斯特拉斯、戴德金(J. W. R. Dedekind, 1831—1916)、康托尔(G. Cantor, 1845—1918)用不同的方法分别建立了严格的实数定义,证明了实数系的完备性,长期以来围绕着实数概念的逻辑循环彻底消除,数学分析的基础得以巩固.

通常认为,一流数学家显露才华的年龄很小,也不为繁杂的教学任务所干扰,中学教师出身、大器晚成的魏尔斯特拉斯是一个杰出的例外. 魏尔斯特拉斯 1815 年 10 月 31 日出生于德国一个海关官员家庭. 1834 年他按照父亲的意愿到波恩大学学习法律和商学,但他对此毫无兴趣,在热衷击剑和啤酒之余,把相当一部分时间用来自学自己酷爱的数学,攻读了包括拉普拉斯《天体力学》在内的一些名著. 四年之后回到家里没有得到他父亲所希望的法学博士学位,连硕士学位也未得到,令父亲勃然大怒,训斥他是一个"从躯壳到灵魂都患病的人". 幸亏一位朋友建议,他被送去准备参加教师资格考试,1841 年获得通过,从 1842 年到 1856 年,他在两个偏僻的地方中学里度过了包括 30 岁到 40 岁的这段黄金岁月. 在 15 年的中学教师生涯中,他不仅教数学,还教物理、德文、地理甚至体育和书法,而所得薪金连进行科学通信的邮资都付不起,但他以超人的毅力,白天教课,晚上攻读数学家阿贝尔等人的著作,并写了许多论文,从而奠定了他一生数学创造的基础.

1854 年,39 岁的魏尔斯特拉斯关于阿贝尔函数的一篇论文在《纯粹与应用数学杂志》上发表,引起轰动,哥尼斯堡大学一位教授亲自到他任教的中学,向他颁发了哥尼斯堡大学名誉博士学位证书,普鲁士教育部宣布晋升魏尔斯特拉斯,并给了他一年假期带职从事研究. 1856 年他获得在柏林的工学院讲授技术课程的位置,同年成为柏林大学的讲师,并被选进柏林科学院,1864 年升任柏林大学教授直到去世. 他发表的论文不多,但精心准备的讲稿影响了许多未来的数学家."魏尔斯特拉斯的严格"成了"精细推理"的同义词. 他培养了许多卓有成就的数学家,如柯瓦列夫斯卡娅、施瓦兹、富克斯、米塔-列夫勒等. 他是一个给整个数学界带来巨大影响的伟大数学家. 晚年他享有很高的声誉,几乎被看成是德意志的民族英雄.

三、万丈高楼,更上一层——19 世纪分析的扩展和 20 世纪的辉煌

19 世纪的数学家在冷静反思、夯实基础的同时,进一步拓广了分析学的研究领域:

柯西、黎曼、魏尔斯特拉斯,在 19 世纪中叶开辟了分析学的一个新分支——以复变量的复值函数为研究对象的**复分析**.

经过狄利克雷(P. G. L. Dirichlet,1805—1859)、黎曼、阿达马(J. S.

Hadamard,1865—1963)等人的努力,形成了以解析方法研究数论问题的**解析数论**.

由欧拉和蒙日创立的**微分几何**,将分析和微分方程应用到对曲线、曲面的研究,在 19 世纪,经高斯、黎曼等人的工作而大大地发展起来.

数学物理偏微分方程进一步迅速发展. 1822 年傅里叶(J. B. J. Fourier,1768—1830)发表了名著《热的解析理论》,建立了热传导方程,创立了有重要理论意义和应用价值的傅里叶级数和傅里叶积分. 麦克斯韦(J. C. Maxwell,1831—1879)于 1864 年导出了电磁场方程组,并预言了电磁波的存在.

常微分方程定性和稳定性理论创立. 1881—1886 年间,法国伟大数学家庞加莱开创了不具体求解而通过微分方程本身来研究其解性质的定性理论;1882—1892 年间俄国数学力学家李雅普诺夫(A. M. Lyapunov,1857—1918)奠定了常微分方程稳定性理论的基础和方法.

20 世纪的数学在 19 世纪变革与积累的基础上呈现出指数式的飞速发展,分析学也取得了巨大的成就.

1870 年代,康托尔创立了**集合论**,弗雷歇(M. Fre'chet,1878—1973)在 1906 年将集合由数集或点集推广到任意性质的元素集合,从而使集合论能够作为一种普遍的语言进入数学的不同领域,同时引起了积分、函数、空间等数学中的基本概念的深刻变革. 首先引发了积分学的革命,导致了**实变函数论**的建立.

在以往的分析学中致力于对连续可导函数进行研究,但分析的严格化和逻辑上的完整,迫使数学家们去考虑一种所谓"病态函数",特别是不连续函数和不可微函数. 1872 年魏尔斯特拉斯给出了一个处处连续但处处不可导的函数;1875 年,达布(J. G. Darboux,1842—1917)证明了不连续函数也可以求定积分,而且不连续点可以有无限多个,只要它们包含在长度可以任意小的有限个区间之内就行. 狄利克雷在研究三角级数时,又举出了

$$y = f(x) = \begin{cases} 1, \text{当 } x \text{ 为有理数,} \\ 0, \text{当 } x \text{ 为无理数,} \end{cases} x \in [0,1]$$

这样的极端病态函数,按照黎曼积分的定义,这个函数是不可积的. 法国青年数学家勒贝格(H. L. Lebesgue,1875—1941)在对病态函数的潜心研究中引发了一场积分学的革命,建立了所谓"勒贝格积分",进而形成了一门新的数学分支——实变函数论,使微积分的适用范围大大扩展,并导致

数学分析的深刻变化.勒贝格积分可以看作现代分析的开端并作为分水岭,人们往往把这以前的分析学称为**经典分析**,而把以实变函数论为基础而开拓出来的分析学称为**现代分析**.

现代分析的另一大支柱是在 20 世纪前 30 年间形成的**泛函分析**.在集合论的影响下,空间和函数的概念进一步变革."空间"被抽象为仅仅是具有某种结构的集合,"函数"则被推广为空间与空间之间的元素对应(映射)关系.其中将函数映为实数(或复数)的对应关系就是通常所称的"泛函".粗略地讲,泛函分析就是在抽象函数空间上的微积分.20 世纪泛函分析发展中的一个重大事件是**广义函数论**的建立,标志着函数概念发展到一个新阶段.泛函分析有力地推动了分析其他分支的发展,使整个分析领域的面貌发生了巨大变化.

在 20 世纪,复变函数论在单复变函数进一步发展的同时进一步推广到**多复变函数**;常微分方程定性理论进一步发展为**动力系统理论**;**偏微分方程**通过用抽象空间上的微分算子来表述,并应用各种泛函分析的方法加以研究,引出了许多重要的结果.

综上所述,自 17 世纪中叶微积分创立起,300 多年来分析学有了巨大的发展.表述由不统一,到统一、规范;概念由不清晰、不严谨,到严谨、严格、清晰;基础由直观、形象、不牢靠,到理性、严格、坚实;方法由归纳到演绎;研究对象由特殊到一般,由具体到抽象.微积分的研究对象由曲线到函数,而函数则由一元到多元,由实变到复变,由具体到抽象直到广义函数;考虑的集合,由数集、点集到任意性质的元素的集合;研究的空间,由现实的平面、三维空间,到抽象空间.一元微积分发展为多元微积分;黎曼积分发展为勒贝格积分;实分析发展为复分析、泛函分析.分析学由具体、现实发展到高度的抽象,而这种高度的抽象也带来了更广泛的应用.

四、总结

回顾微积分创立以来三百多年的发展历程,我们深深地为数学家们艰苦探索科学真理、不懈追求尽善尽美的精神所感动.在微积分的创立和分析学的一些分支形成的过程中,数学家的直觉感悟和自由创造常常是先于逻辑推理和形式化的论证,因此往往有这样那样的缺陷和不足,但这并不可怕,而且这可以说是科学发现的一般规律.正如 E. 皮卡所指出的:**"如果牛顿和莱布尼茨想到过连续函数不一定有导数——而这却是一般情形——那么微分学就决不会被创造出来."**难能可贵的是永不满足的进取精神和求真务实的治学态度.微积分通过实数系和极限理论的建立而站稳了脚跟;有较大局限性的黎曼积分经过本质的改造而面目一新;对函数和空间等概念的合理抽象实现了微积分从有限到无限的飞跃.

三百多年来,分析学取得了辉煌的成就,我们在惊叹数学家们取得的精美成果的同时,更对那些克服了千辛万苦为此作出巨大贡献的数学家们敬佩万分.特别是欧拉克服了长期失明的痛苦和不便,作出了如此众多的重大贡献;魏尔斯特拉斯和勒贝格在身为中学教师时,如此执着地潜心研究数学,并取得了巨大的成功,实在难能可贵.

回顾历史,我们看到了当年德国不拘一格、唯才是举,使得魏尔斯特拉斯得以作出更大贡献的用人机制和良好的学术环境;也看到了 18 世纪英国的数学家因为与欧陆数学家就微积分发明优先权的争论而不适当地固守民族主义,给自身数学的发展带来了损失.前事不忘,后事之师,我们应该从中引以为鉴.

第五章　线性代数简介

代数是搞清楚世界上数量关系的智力工具.

A. N. Whitehead

大家知道,代数是用符号代替数字进行计算的数学.我国宋元时代的数学家李冶在《测圆海镜》(1248)和《益古演段》(1259)中系统阐述了天元术,用"天元"表示未知数,列出方程后再求解;1303 年朱世杰在其名著《四元玉鉴》中将天元术发展为"四元术",即用天元、地元、人元和物元来表示四个不同的未知数,列出多元高次方程和高次方程组,进而用消元法求解.西方彻底完成数字符号化是在 16 世纪,此后的二三百年,代数学研究的中心问题有两个,其中一个是证明代数方程根的存在性.1799 年,高斯在其博士论文中证明了代数基本定理,即系数为复数的代数方程至少有一个复根,从而圆满地回答了这个问题.另一个问题是如何求代数方程的根式解,即寻求由方程的系数经加、减、乘、除和开方构成的公式来表示方程的根.人们比较顺利地得到了一次至四次代数方程的根式解,但寻找五次及更高次代数方程根式解的企图都失败了,直到 1824 年,才由阿贝尔证明了五次及五次以上一般方程不可能有根式解.1829—1831 年间,伽罗瓦(E'. Galois,1811—1832)进一步给出了方程有根式解的充分必要条件,从而彻底地解决了这个问题.到 19 世纪中叶以后,伽罗瓦的巨大成功促使代数学从研究方程转向对集合及集合上代数运算的研究,从而进入了近世代数,即抽象代数的新时代.

本章对线性代数作一简要的介绍.所谓"线性"就是"一次".例如,一次方程 $2x+3y=5$ 也称为线性方程,它的图像是一条直线.几个一次方程联立在一起则称为线性方程组.线性代数是研究线性空间、线性变换以及与之有关问题的数学分支.我们这里只简要介绍其中最基础的一点知识:矩阵和线性方程组.

§5.1 矩阵的概念与运算

一、矩阵的概念

在日常生活和工作中,常常有各种统计报表.例如某企业生产 $A,B,$ C 三种产品,每种产品有Ⅰ,Ⅱ两种型号,每天要填一张日产量表.比如:

6月6日产量报表

	A	B	C
Ⅰ	100	95	102
Ⅱ	80	105	90

6月7日产量报表

	A	B	C
Ⅰ	103	92	100
Ⅱ	82	110	91

而要求这两天的总产量,只需将相应位置的数字相加即可.

显然,这种报表实质上只是一个将一些数字按一定规律排列的数表,如上面两表即

$$\begin{pmatrix} 100 & 95 & 102 \\ 80 & 105 & 90 \end{pmatrix}, \begin{pmatrix} 103 & 92 & 100 \\ 82 & 110 & 91 \end{pmatrix}.$$

一般地,由 $m \times n$ 个数排成的 m 行 n 列的数表

$$\begin{pmatrix} a_{11} & a_{12} & \cdots & a_{1n} \\ a_{21} & a_{22} & \cdots & a_{2n} \\ \vdots & \vdots & & \vdots \\ a_{m1} & a_{m2} & \cdots & a_{mn} \end{pmatrix}$$

称为一个 $m \times n$ **矩阵**.其中数 a_{ij} 称为矩阵的第 i 行第 j 列的元素,$i=1,$ $2,\cdots,m;j=1,2,\cdots,n$. 在我们的讨论中,所涉及的数都是实数.

通常用大写的拉丁字母 A,B,C 等表示矩阵,并可将上面的矩阵简记为 $A=(a_{ij})_{m \times n}$ 或 A_{mn}.元素全为零的矩阵称为零矩阵,记作 O.

$n \times n$ 矩阵称为 n **阶矩阵**或 n **阶方阵**,记作 A_n. 一阶矩阵就是一个数.

$1 \times n$ 矩阵称为 n 维**行向量**,$n \times 1$ 矩阵称为 n 维**列向量**.

从方阵的左上角到右下角的斜线称为主对角线.主对角线以外的元素全为零的方阵称为**对角矩阵**.主对角线上的元素全为 1 的对角矩阵称为**单位矩阵**,记作 E_n 或 I_n,在不会引起混淆时也简记为 E 或 I,即

$$E = \begin{pmatrix} 1 & 0 & \cdots & 0 \\ 0 & 1 & \cdots & 0 \\ \vdots & \vdots & & \vdots \\ 0 & 0 & \cdots & 1 \end{pmatrix}.$$

二、矩阵的运算

设 $\boldsymbol{A} = (a_{ij})_{m \times n}, \boldsymbol{B} = (b_{ij})_{m \times n}$.

如果矩阵 $\boldsymbol{A}, \boldsymbol{B}$ 的所有元素对应相等,即 $a_{ij} = b_{ij}$, $i = 1, 2, \cdots, m; j = 1, 2, \cdots, n$,则称它们**相等**,记作 $\boldsymbol{A} = \boldsymbol{B}$.

1. 矩阵的加法

两个矩阵**相加**,就是将它们所有对应位置的元素相加,即
$$\boldsymbol{A} + \boldsymbol{B} = \boldsymbol{C} = (c_{ij})_{m \times n}, c_{ij} = a_{ij} + b_{ij}.$$
可以验证,矩阵的加法满足交换律和结合律.

$(-a_{ij})_{m \times n}$ 称为 $\boldsymbol{A} = (a_{ij})_{m \times n}$ 的**负矩阵**,记作 $-\boldsymbol{A}$.

利用负矩阵可定义矩阵的减法:
$$\boldsymbol{A} - \boldsymbol{B} = \boldsymbol{A} + (-\boldsymbol{B}).$$

2. 数 k 与矩阵的乘积(数乘)
$$k(a_{ij})_{m \times n} = (ka_{ij})_{m \times n}.$$

3. 矩阵的乘法

一个 $m \times s$ 矩阵 $\boldsymbol{A}$ 可以和一个 $s \times n$ 矩阵 $\boldsymbol{B}$ 相乘,其乘积 $\boldsymbol{AB}$ 是一个 $m \times n$ 矩阵 $\boldsymbol{C}, \boldsymbol{C}$ 的第 i 行第 j 列元素 c_{ij} 是 $\boldsymbol{A}$ 的第 i 行第 k 个元素 a_{ik} 与 $\boldsymbol{B}$ 的第 j 列第 k 个元素 $b_{kj}(k = 1, 2, \cdots, s)$ 的乘积之和:
$$c_{ij} = a_{i1}b_{1j} + a_{i2}b_{2j} + \cdots + a_{is}b_{sj} = \sum_{k=1}^{s} a_{ik}b_{kj},$$
$$i = 1, 2, \cdots, m; j = 1, 2, \cdots, n.$$

$$\begin{pmatrix} & \vdots & \\ \cdots & c_{ij} & \cdots \\ & \vdots & \end{pmatrix} = \begin{pmatrix} \vdots & \vdots & & \vdots \\ a_{i1} & a_{i2} & \cdots & a_{is} \\ \vdots & \vdots & & \vdots \end{pmatrix} \begin{pmatrix} \cdots & b_{1j} & \cdots \\ \cdots & b_{2j} & \cdots \\ & \vdots & \\ \cdots & b_{sj} & \cdots \end{pmatrix}.$$

例如,一个 2×2 方阵和一个 2×1 矩阵相乘,乘积矩阵是 2×1 矩阵:
$$\begin{pmatrix} a_1 & b_1 \\ a_2 & b_2 \end{pmatrix} \begin{pmatrix} x \\ y \end{pmatrix} = \begin{pmatrix} a_1x + b_1y \\ a_2x + b_2y \end{pmatrix}.$$

因此,借助矩阵,二元一次联立方程组

$$\begin{cases} a_1 x + b_1 y = c_1, \\ a_2 x + b_2 y = c_2 \end{cases} \tag{1}$$

就可以写成下面的形式:

$$\begin{pmatrix} a_1 x + b_1 y \\ a_2 x + b_2 y \end{pmatrix} = \begin{pmatrix} c_1 \\ c_2 \end{pmatrix}.$$

易知,$A_{mn} E_n = A_{mn}$,$E_m A_{mn} = A_{mn}$,$A_n E_n = E_n A_n = A_n$.

n 阶方阵 A 的 s 次幂 A^s 就是 s 个 A 连乘.

例 1 已知关系式

$$\begin{cases} y_1 = a_1 x_1 + b_1 x_2, \\ y_2 = a_2 x_1 + b_2 x_2, \end{cases} \quad \begin{cases} z_1 = c_1 y_1 + d_1 y_2, \\ z_2 = c_2 y_1 + d_2 y_2. \end{cases} \tag{2}$$

试求 z_1, z_2 与 x_1, x_2 之间的关系.

解 可将第一组关系式代入第二组关系式,但计算较繁. 如利用矩阵,组(2)即

$$\begin{pmatrix} y_1 \\ y_2 \end{pmatrix} = \begin{pmatrix} a_1 & b_1 \\ a_2 & b_2 \end{pmatrix} \begin{pmatrix} x_1 \\ x_2 \end{pmatrix}, \quad \begin{pmatrix} z_1 \\ z_2 \end{pmatrix} = \begin{pmatrix} c_1 & d_1 \\ c_2 & d_2 \end{pmatrix} \begin{pmatrix} y_1 \\ y_2 \end{pmatrix}.$$

因此,有

$$\begin{pmatrix} z_1 \\ z_2 \end{pmatrix} = \begin{pmatrix} c_1 & d_1 \\ c_2 & d_2 \end{pmatrix} \begin{pmatrix} a_1 & b_1 \\ a_2 & b_2 \end{pmatrix} \begin{pmatrix} x_1 \\ x_2 \end{pmatrix}$$

$$= \begin{pmatrix} c_1 a_1 + d_1 a_2 & c_1 b_1 + d_1 b_2 \\ c_2 a_1 + d_2 a_2 & c_2 b_1 + d_2 b_2 \end{pmatrix} \begin{pmatrix} x_1 \\ x_2 \end{pmatrix}.$$

显然,如果关系式(2)不是两组而是有多组,矩阵算法的优越性就更明显.

例 2 计算 AB 与 BA,已知

$$A = (a_1 \quad a_2 \quad a_3), B = \begin{pmatrix} x_1 \\ x_2 \\ x_3 \end{pmatrix}.$$

解

$$AB = (a_1 \quad a_2 \quad a_3) \begin{pmatrix} x_1 \\ x_2 \\ x_3 \end{pmatrix} = a_1 x_1 + a_2 x_2 + a_3 x_3,$$

$$BA = \begin{pmatrix} x_1 \\ x_2 \\ x_3 \end{pmatrix} (a_1 \quad a_2 \quad a_3) = \begin{pmatrix} x_1 a_1 & x_1 a_2 & x_1 a_3 \\ x_2 a_1 & x_2 a_2 & x_2 a_3 \\ x_3 a_1 & x_3 a_2 & x_3 a_3 \end{pmatrix}.$$

这里 AB 是一阶矩阵,而 BA 是 3 阶矩阵,$AB \neq BA$. 因此,矩阵的乘法不适合交换律. 但可以验证,矩阵的乘法满足结合律,加法和乘法满足分配律.

4. 矩阵的转置

将矩阵 A 的行和列互换得到的矩阵称为 A 的**转置矩阵**,记作 A' 或 A^{T}. 例如

$$A = (a_1 \quad a_2 \quad a_3), A' = \begin{pmatrix} a_1 \\ a_2 \\ a_3 \end{pmatrix}.$$

习 题 5.1

已知

$$A = \begin{pmatrix} 1 & -1 & 2 \\ 0 & -3 & 3 \end{pmatrix}, B = \begin{pmatrix} -1 & 1 & 2 \\ -2 & 1 & 3 \end{pmatrix}, C = \begin{pmatrix} 1 & 5 \\ -2 & 4 \\ 3 & -1 \end{pmatrix}.$$

求 $A+B, A-B, 2A-B, AC, CA, ACB, AB'$.

§5.2 矩阵的初等变换和逆矩阵

一、矩阵的初等变换

矩阵的**初等行变换**是指下列三种变换:

(1) 互换矩阵中两行的位置;

(2) 用一个非零的数乘矩阵的某一行;

(3) 将矩阵某一行的 k 倍加到另一行.

上面的变换如果是对矩阵的列进行,则称为矩阵的**初等列变换**. 矩阵的初等行变换和初等列变换统称为矩阵的**初等变换**.

例 1 设

$$A = \begin{pmatrix} 2 & 0 & 1 & 3 \\ 0 & -3 & 3 & 1 \\ 1 & -1 & 2 & 0 \end{pmatrix},$$

交换 A 的第一行和第三行,记作 ①↔③,得

$$A_1 = \begin{pmatrix} 1 & -1 & 2 & 0 \\ 0 & -3 & 3 & 1 \\ 2 & 0 & 1 & 3 \end{pmatrix},$$

将 A_1 的第一行的 (-2) 倍加到第三行,记作 $(-2)①+③$,结果为

$$A_2 = \begin{pmatrix} 1 & -1 & 2 & 0 \\ 0 & -3 & 3 & 1 \\ 0 & 2 & -3 & 3 \end{pmatrix},$$

以 $(-1/3)$ 乘 A_2 的第二行,记作 $(-1/3)②$,得

$$A_3 = \begin{pmatrix} 1 & -1 & 2 & 0 \\ 0 & 1 & -1 & -1/3 \\ 0 & 2 & -3 & 3 \end{pmatrix},$$

再将 A_3 的第二行的 (-2) 倍加到第三行,记作 $(-2)②+③$,得

$$A_4 = \begin{pmatrix} 1 & -1 & 2 & 0 \\ 0 & 1 & -1 & -1/3 \\ 0 & 0 & -1 & 11/3 \end{pmatrix},$$

对 A_4 作行变换 ②+① 得 A_5,再对 A_5 作行变换 ③+①,$(-1)③+②$ 和 $(-1)③$,则得到 A_6:

$$A_5 = \begin{pmatrix} 1 & 0 & 1 & -1/3 \\ 0 & 1 & -1 & -1/3 \\ 0 & 0 & -1 & 11/3 \end{pmatrix}, A_6 = \begin{pmatrix} 1 & 0 & 0 & 10/3 \\ 0 & 1 & 0 & -4 \\ 0 & 0 & 1 & -11/3 \end{pmatrix}.$$

二、矩阵的逆

设 A 为 n 阶方阵,如果有 n 阶方阵 B,使得

$$AB = BA = E,$$

则称方阵 A 是可逆的,并称 B 是 A 的逆矩阵.

由于矩阵的乘法法则,显然只有方阵才可能有逆矩阵. 当然,并非所有方阵都有逆矩阵,例如 $\begin{pmatrix} 1 & 0 \\ 0 & 0 \end{pmatrix}$ 就没有逆矩阵. 此外,如果 B 和 C 都是 A 的逆矩阵,则有 $BA = E, AC = E$,从而有

$$B = BE = B(AC) = (BA)C = EC = C.$$

也就是说,如果一个矩阵可逆,则其逆矩阵是唯一的. 因此,当 A 可逆时,其逆矩阵可记作 A^{-1}.

例2　设

$$A = \begin{pmatrix} 2 & 5 \\ 1 & 3 \end{pmatrix}, B = \begin{pmatrix} 3 & -5 \\ -1 & 2 \end{pmatrix},$$

$$\begin{pmatrix} 2 & 5 \\ 1 & 3 \end{pmatrix} \begin{pmatrix} 3 & -5 \\ -1 & 2 \end{pmatrix} = \begin{pmatrix} 1 & 0 \\ 0 & 1 \end{pmatrix} = \begin{pmatrix} 3 & -5 \\ -1 & 2 \end{pmatrix} \begin{pmatrix} 2 & 5 \\ 1 & 3 \end{pmatrix},$$

所以

$$A^{-1} = B = \begin{pmatrix} 3 & -5 \\ -1 & 2 \end{pmatrix}.$$

三、用初等行变换求逆矩阵

求逆矩阵有不同的方法,我们这里介绍一种用初等行变换求 A^{-1} 的方法:将 A 和 E 并排放在一起,组成一个 $n \times 2n$ 矩阵 (A, E),对矩阵 (A, E) 施以行变换,将其左半部分的 A 化为 E,与此同时,右半部分的 E 就成为 A^{-1}.

例3　求例 2 中的 A 的逆矩阵. 逐步施以行变换:

$$\begin{pmatrix} 2 & 5 & 1 & 0 \\ 1 & 3 & 0 & 1 \end{pmatrix} \xrightarrow{①\leftrightarrow②} \begin{pmatrix} 1 & 3 & 0 & 1 \\ 2 & 5 & 1 & 0 \end{pmatrix} \xrightarrow{(-2)①+②} \begin{pmatrix} 1 & 3 & 0 & 1 \\ 0 & -1 & 1 & -2 \end{pmatrix}$$

$$\xrightarrow{3②+①} \begin{pmatrix} 1 & 0 & 3 & -5 \\ 0 & -1 & 1 & -2 \end{pmatrix} \xrightarrow{(-1)②} \begin{pmatrix} 1 & 0 & 3 & -5 \\ 0 & 1 & -1 & 2 \end{pmatrix}.$$

由此求得 A^{-1} 就是例 2 中的 B.

如果对一个方阵施以行变换,出现其中某一行全为 0 的情况,则此方阵没有逆矩阵. 例如

$$A = \begin{pmatrix} 1 & 2 & 3 \\ 0 & 1 & -1 \\ 1 & 4 & 1 \end{pmatrix} \to \begin{pmatrix} 1 & 2 & 3 \\ 0 & 1 & -1 \\ 0 & 2 & -2 \end{pmatrix} \to \begin{pmatrix} 1 & 2 & 3 \\ 0 & 1 & -1 \\ 0 & 0 & 0 \end{pmatrix},$$

故知 A 没有逆矩阵.

习　题　5.2

求下列矩阵的逆矩阵:

1. $\begin{pmatrix} 1 & 3 \\ -1 & 2 \end{pmatrix}.$　2. $\begin{pmatrix} 2 & 3 & 0 \\ 1 & 1 & -1 \\ 0 & 2 & 1 \end{pmatrix}.$　3. $\begin{pmatrix} 2 & 0 & 1 \\ 0 & -3 & 3 \\ 1 & -1 & 2 \end{pmatrix}.$

§5.3 方阵的行列式和矩阵的秩

一、方阵的行列式

1. 行列式的定义

方阵 $A=(a_{ij})_{n\times n}$ 的行列式是一个数,记作 $\det A$ 或 $|A|$,亦即

$$\begin{vmatrix} a_{11} & a_{12} & \cdots & a_{1n} \\ a_{21} & a_{22} & \cdots & a_{2n} \\ \vdots & \vdots & & \vdots \\ a_{n1} & a_{n2} & \cdots & a_{nn} \end{vmatrix}.$$

其定义如下:

一阶方阵 $A=(a_{11})=a_{11}$ 是一个数,它的行列式就是这个数本身.

二阶方阵 $A=\begin{pmatrix} a_{11} & a_{12} \\ a_{21} & a_{22} \end{pmatrix}$,以" $:=$ "表示"定义为",有

$$\det A = \begin{vmatrix} a_{11} & a_{12} \\ a_{21} & a_{22} \end{vmatrix} := a_{11}a_{22} - a_{12}a_{21}. \tag{1}$$

假设 $n-1$ 阶方阵的行列式已有定义,可以递推地给出 n 阶方阵的行列式定义. 为此先定义两个概念. 对于 n 阶方阵 $A=(a_{ij})$,划去元 a_{ij} 所在的第 i 行、第 j 列的元素,A 中剩下的元素按原来的排列顺序组成的 $n-1$ 阶方阵的行列式,称为元 a_{ij} 的**余子式**,记作 M_{ij},而称

$$A_{ij}=(-1)^{i+j}M_{ij}(a_{ij})$$

为元 a_{ij} 的**代数余子式**,$i,j=1,2,\cdots,n$.

利用这个记号,(1)式就是 $\det A=a_{11}A_{11}+a_{12}A_{12}$.

现在 $n(\geqslant 2)$ 阶方阵 $A=(a_{ij})$ 的行列式可以递推地定义为

$$\det A = a_{11}A_{11} + a_{12}A_{12} + \cdots + a_{1n}A_{1n} = \sum_{j=1}^{n} a_{1j}A_{1j}. \tag{2}$$

上式就是方阵 A 的第 1 行的元素 a_{1j} 和其代数余子式 A_{1j} 的乘积之和. 因此,(2)式也称为 $\det A$ 按第 1 行的展开式.

可以证明,$\det A$ 按任何一行或按任何一列展开的结果都是一样的. 亦即

$$\det A = \sum_{j=1}^{n} a_{ij}A_{ij} \quad (i = 1, 2, \cdots, n)$$

$$= \sum_{i=1}^{n} a_{ij}A_{ij} \quad (j=1,2,\cdots,n).$$

例 1 求方阵 $\boldsymbol{A}$ 的行列式

$$\boldsymbol{A} = \begin{pmatrix} 1 & 2 & 3 \\ 0 & 1 & -1 \\ 1 & 4 & 1 \end{pmatrix}.$$

解 将 $|\boldsymbol{A}|$ 按第 1 行展开,有

$$|\boldsymbol{A}| = 1 \times \begin{vmatrix} 1 & -1 \\ 4 & 1 \end{vmatrix} - 2 \begin{vmatrix} 0 & -1 \\ 1 & 1 \end{vmatrix} + 3 \begin{vmatrix} 0 & 1 \\ 1 & 4 \end{vmatrix} = 5 - 2 - 3 = 0.$$

建议读者再按 $|\boldsymbol{A}|$ 的第 1 列或第 2 行展开,一方面验证计算结果相同,同时体会如果按含有数 0 的行或列来展开会给计算带来方便.

注 在上节最后,我们指出这个矩阵没有逆矩阵,现在又看到它的行列式等于 0. 一般地,可以证明,$\det \boldsymbol{A} \neq 0$ 是方阵 $\boldsymbol{A}$ 有逆矩阵的充分必要条件. 当 $\det \boldsymbol{A} \neq 0$ 时,$\boldsymbol{A}$ 有逆矩阵

$$\boldsymbol{A}^{-1} = \frac{1}{\det \boldsymbol{A}} \boldsymbol{A}^*,$$

式中

$$\boldsymbol{A}^* = \begin{pmatrix} A_{11} & A_{21} & \cdots & A_{n1} \\ A_{12} & A_{22} & \cdots & A_{n2} \\ \vdots & \vdots & & \vdots \\ A_{1n} & A_{2n} & \cdots & A_{nn} \end{pmatrix}$$

称为矩阵 $\boldsymbol{A}$ 的**伴随矩阵**,其中 A_{ij} 是 $\boldsymbol{A}$ 的元 a_{ij} 的代数余子式. 应当注意的是,$\boldsymbol{A}^*$ 的第 i 行是矩阵 $\boldsymbol{A}$ 第 i 列元素的代数余子式.

2. 行列式的性质

性质 1 $\det \boldsymbol{A}' = \det \boldsymbol{A}$,或 $|\boldsymbol{A}'| = |\boldsymbol{A}|$.

性质 1 表明,行列式中行与列的地位是对称的,因此关于行的性质对列也成立,下面几个性质只对行给出.

性质 2 若交换 $\boldsymbol{A}$ 的两行得到 $\boldsymbol{B}$,则有 $\det \boldsymbol{B} = -\det \boldsymbol{A}$.

因此,如果 $\boldsymbol{A}$ 有两行的元素相同,则 $\det \boldsymbol{A} = 0$.

性质 3 行列式某行的公因子可以提到行列式外面来.

例如

$$\begin{vmatrix} 10 & -5 \\ 4 & 1 \end{vmatrix} = 5 \times \begin{vmatrix} 2 & -1 \\ 4 & 1 \end{vmatrix} = 30.$$

由性质 3 可知,若 A 有一行的元素全为零,则 $\det A = 0$;若 A 有两行的元素成比例,则 $\det A = 0$.

性质 4　如果行列式某一行是两组数的和,则它等于两个行列式的和:

$$\begin{vmatrix} a_{11} & \cdots & a_{1n} \\ \vdots & & \vdots \\ b_1+c_1 & \cdots & b_n+c_n \\ \vdots & & \vdots \\ a_{n1} & \cdots & a_{nn} \end{vmatrix} = \begin{vmatrix} a_{11} & \cdots & a_{1n} \\ \vdots & & \vdots \\ b_1 & \cdots & b_n \\ \vdots & & \vdots \\ a_{n1} & \cdots & a_{nn} \end{vmatrix} + \begin{vmatrix} a_{11} & \cdots & a_{1n} \\ \vdots & & \vdots \\ c_1 & \cdots & c_n \\ \vdots & & \vdots \\ a_{n1} & \cdots & a_{nn} \end{vmatrix}.$$

性质 5　将 A 某行的 k 倍加到另一行上得到 B,则有 $\det B = \det A$.

例 2　计算行列式

$$\begin{vmatrix} 0 & 2 & 1 & 0 \\ 1 & -1 & 0 & -1 \\ 2 & 1 & 1 & -1 \\ 1 & 1 & 1 & 1 \end{vmatrix}.$$

解　由性质 5,利用矩阵行变换的记号,(-2)②+③和(-1)②+④,得

$$\begin{vmatrix} 0 & 2 & 1 & 0 \\ 1 & -1 & 0 & -1 \\ 2 & 1 & 1 & -1 \\ 1 & 1 & 1 & 1 \end{vmatrix} = \begin{vmatrix} 0 & 2 & 1 & 0 \\ 1 & -1 & 0 & -1 \\ 0 & 3 & 1 & 1 \\ 0 & 2 & 1 & 2 \end{vmatrix} \text{(依第一列展开)}$$

$$= -\begin{vmatrix} 2 & 1 & 0 \\ 3 & 1 & 1 \\ 2 & 1 & 2 \end{vmatrix} ((-1)①+③)$$

$$= -\begin{vmatrix} 2 & 1 & 0 \\ 3 & 1 & 1 \\ 0 & 0 & 2 \end{vmatrix} \text{(依第三行展开)}$$

$$= -2\begin{vmatrix} 2 & 1 \\ 3 & 1 \end{vmatrix} = 2.$$

二、矩阵的秩

在一个 $m \times n$ 矩阵 A 中,任意选定 k 行 k 列,$1 \leqslant k \leqslant \min(m, n)$,位于这些行和列交叉点上的 k^2 个元素按原来顺序组成的一个 k 阶行列式,称

为 A 的一个 k 阶**子式**.

如果矩阵 A 中存在一个 k 阶子式不为零,而所有的 $k+1$ 阶子式全为零,则称 A 的**秩**(rank)为 k,记作 $r(A)=k$. 显然,$r(A)\leqslant\min(m,n)$.

例 3　求下列矩阵的秩

$$A=\begin{bmatrix} 2 & 0 & 1 & 3 \\ 0 & -3 & 3 & 1 \\ 1 & -1 & 2 & 0 \end{bmatrix}, B=\begin{bmatrix} 2 & 0 & 1 & 3 \\ 0 & -3 & 3 & 1 \\ 4 & 0 & 2 & 6 \end{bmatrix}.$$

解　对于矩阵 A,因为其中的三阶子式

$$\begin{vmatrix} 2 & 0 & 1 \\ 0 & -3 & 3 \\ 1 & -1 & 2 \end{vmatrix}=-3\neq 0,$$

而没有四阶子式,所以 $r(A)=3$. 对于矩阵 B,因为其中存在二阶子式

$$\begin{vmatrix} 2 & 0 \\ 0 & -3 \end{vmatrix}=-6\neq 0,$$

而 B 中第一行和第三行元素成比例,故其所有三阶子式全为零,所以 $r(B)=2$.

由秩的概念和行列式的性质,不难知道,初等变换不改变矩阵的秩.因此本例中的矩阵 A 和 §5.2 例 1 中的矩阵 A_1 到 A_6 都有相同的秩.

习　题　5.3

1. 计算下列行列式

$$\begin{vmatrix} 2 & 1 \\ -3 & 3 \end{vmatrix}, \quad \begin{vmatrix} 2 & 0 & -1 \\ 1 & 2 & 3 \\ -1 & 1 & 4 \end{vmatrix}, \quad \begin{vmatrix} 1 & -1 & 1 & 0 \\ 1 & 0 & 2 & 1 \\ -1 & -1 & 1 & 2 \\ 0 & 1 & 3 & 1 \end{vmatrix}.$$

2. 求下列矩阵的秩

$$A=\begin{pmatrix} 2 & 3 & 0 & 2 \\ 1 & 1 & -1 & 3 \\ 2 & 2 & -2 & 6 \end{pmatrix}, B=\begin{pmatrix} 2 & 3 & 0 & 2 \\ 1 & 0 & -1 & 3 \\ 2 & 1 & 2 & 1 \end{pmatrix}.$$

§5.4 求解线性方程组的克拉默法则

一、线性方程组的矩阵表示

m 个方程 n 元线性方程组

$$\begin{cases} a_{11}x_1+a_{12}x_2+\cdots+a_{1n}x_n=b_1, \\ a_{21}x_1+a_{22}x_2+\cdots+a_{2n}x_n=b_2, \\ \quad\quad\quad\quad\quad\vdots \\ a_{m1}x_1+a_{m2}x_2+\cdots+a_{mn}x_n=b_m, \end{cases} \tag{1}$$

如果记

$$A=\begin{pmatrix} a_{11} & a_{12} & \cdots & a_{1n} \\ a_{21} & a_{22} & \cdots & a_{2n} \\ \vdots & \vdots & & \vdots \\ a_{m1} & a_{m2} & \cdots & a_{mn} \end{pmatrix}, \quad X=\begin{pmatrix} x_1 \\ x_2 \\ \vdots \\ x_n \end{pmatrix}, \quad B=\begin{pmatrix} b_1 \\ b_2 \\ \vdots \\ b_m \end{pmatrix},$$

则可以表示成

$$AX=B. \tag{2}$$

A 称为方程组(1)的**系数矩阵**,而称矩阵

$$\overline{A}=\begin{pmatrix} a_{11} & a_{12} & \cdots & a_{1n} & b_1 \\ a_{21} & a_{22} & \cdots & a_{2n} & b_2 \\ \vdots & \vdots & & \vdots & \vdots \\ a_{m1} & a_{m2} & \cdots & a_{mn} & b_m \end{pmatrix}$$

为方程组(1)的**增广矩阵**.

如果方程组(1)中 $b_1,b_2,\cdots,b_m$ 都是 0,则称它是**齐次线性方程组**.

当 $m=n$ 时,方程组(1)简称为 n 元线性方程组,其系数矩阵 A 为 n 阶方阵,$\det A$ 就称为**系数行列式**.

二、克拉默法则

我们知道,为了求解二元线性方程组

$$\begin{cases} a_{11}x_1+a_{12}x_2=b_1, \\ a_{21}x_1+a_{22}x_2=b_2, \end{cases} \tag{3}$$

可以用加减消元法.例如用 a_{11} 乘第二个方程减去 a_{21} 乘第一个方程,得到

$$(a_{11}a_{22}-a_{21}a_{12})x_2=a_{11}b_2-a_{21}b_1,$$

当 $a_{11}a_{22}-a_{21}a_{12}\neq 0$ 时,就得到

$$x_2=\frac{a_{11}b_2-a_{21}b_1}{a_{11}a_{22}-a_{21}a_{12}}.$$

同理,可得

$$x_1=\frac{a_{22}b_1-a_{12}b_2}{a_{11}a_{22}-a_{21}a_{12}}.$$

上面的结果,用行列式表示,就是

$$x_1=\frac{\begin{vmatrix} b_1 & a_{12} \\ b_2 & a_{22} \end{vmatrix}}{\begin{vmatrix} a_{11} & a_{12} \\ a_{21} & a_{22} \end{vmatrix}}, \quad x_2=\frac{\begin{vmatrix} a_{11} & b_1 \\ a_{21} & b_2 \end{vmatrix}}{\begin{vmatrix} a_{11} & a_{12} \\ a_{21} & a_{22} \end{vmatrix}}. \tag{4}$$

上式的分母就是方程组(3)的系数行列式 $\det \boldsymbol{A}$. 用 $\det \boldsymbol{B}_k$ 表示将 $\det \boldsymbol{A}$ 中第 k 列的元素换成常数项后得到的行列式,则(4)式就是

$$x_k=\frac{\det \boldsymbol{B}_k}{\det \boldsymbol{A}}, k=1,2. \tag{5}$$

一般地,如果 n 元线性方程组的系数行列式 $\det \boldsymbol{A}\neq 0$,则它有唯一解

$$x_k=\frac{\det \boldsymbol{B}_k}{\det \boldsymbol{A}}, k=1,2,\cdots,n. \tag{6}$$

这就是关于求解线性方程组的**克拉默**(G. Cramer,1704—1752)**法则**.

显然,如果 n 元齐次线性方程组的系数行列式不等于零,它就只有零解. 换句话说,如果 n 元齐次线性方程组有非零解,则它的系数行列式必定等于零.

例 1 求解线性方程组

$$\begin{cases} 2x_1+x_3=3, \\ -3x_2+3x_3=1, \\ x_1-x_2+2x_3=0. \end{cases} \tag{7}$$

解 该方程组的系数行列式

$$\det \boldsymbol{A}=\begin{vmatrix} 2 & 0 & 1 \\ 0 & -3 & 3 \\ 1 & -1 & 2 \end{vmatrix}=-3\neq 0,$$

故该方程组有唯一解. 又

$$\det \boldsymbol{B}_1 = \begin{vmatrix} 3 & 0 & 1 \\ 1 & -3 & 3 \\ 0 & -1 & 2 \end{vmatrix} = -10, \ \det \boldsymbol{B}_2 = \begin{vmatrix} 2 & 3 & 1 \\ 0 & 1 & 3 \\ 1 & 0 & 2 \end{vmatrix} = 12,$$

$$\det \boldsymbol{B}_3 = \begin{vmatrix} 2 & 0 & 3 \\ 0 & -3 & 1 \\ 1 & -1 & 0 \end{vmatrix} = 11,$$

所以方程组的解为

$$x_1 = 10/3, \quad x_2 = -4, \quad x_3 = -11/3.$$

值得注意的是,当 $\det \boldsymbol{A} \neq 0$ 时,$\boldsymbol{A}$ 可逆,用 $\boldsymbol{A}^{-1}$ 去乘矩阵等式 $\boldsymbol{A}\boldsymbol{X} = \boldsymbol{B}$ 的两边:$\boldsymbol{A}^{-1}\boldsymbol{A}\boldsymbol{X} = \boldsymbol{A}^{-1}\boldsymbol{B}$,由此即得方程组的解为

$$\boldsymbol{X} = \boldsymbol{A}^{-1}\boldsymbol{B}. \tag{8}$$

如例 1,其系数矩阵的逆矩阵 $\boldsymbol{A}^{-1}$ 利用习题 5.2 第 3 题的结果,则有

$$\boldsymbol{A}^{-1}\boldsymbol{B} = \begin{pmatrix} 1 & 1/3 & -1 \\ -1 & -1 & 2 \\ -1 & -2/3 & 2 \end{pmatrix} \begin{pmatrix} 3 \\ 1 \\ 0 \end{pmatrix} = \begin{pmatrix} 10/3 \\ -4 \\ -11/3 \end{pmatrix}.$$

由此即得该方程组的解.

习 题 5.4

用克拉默法则求解下列线性方程组:

1. $\begin{cases} 2x_1 - 3x_2 = 1, \\ 5x_1 - 4x_2 = 7. \end{cases}$
2. $\begin{cases} x_1 + 2x_2 + x_3 = 3, \\ -2x_1 + x_2 - x_3 = -3, \\ x_1 - 4x_2 + 2x_3 = -5. \end{cases}$

§5.5 一般线性方程组的求解

对于一般的 m 个方程 n 元线性方程组

$$\boldsymbol{A}\boldsymbol{X} = \boldsymbol{B}, \tag{1}$$

一个普遍可用的求解方法就是前面提到的加减消元法. 这个方法实际上就是对方程组反复施以三种变换,或者是交换其中两个方程的位置,或者是用一个非零数去乘某个方程,或者是用一个数乘某个方程后再加到另

一个方程上去,而所有这些变换都不会改变原来方程组的解,因此最后所得方程组的解就是原方程组的解.

注意到对方程组的这些变换,相当于对其增广矩阵 $\overline{A}$ 作相应的初等行变换,因此我们可以直接对 $\overline{A}$ 作初等行变换来求方程组的解.下面举例说明.

回顾 §5.4 例 1 中的方程组,它的增广矩阵

$$\overline{A}=\begin{pmatrix} 2 & 0 & 1 & 3 \\ 0 & -3 & 3 & 1 \\ 1 & -1 & 2 & 0 \end{pmatrix}$$

就是 §5.2 例 1 中的矩阵,通过对它施以一系列的行变换,最后得到矩阵 A_6.以 A_6 作为增广矩阵的方程组

$$\begin{cases} x_1=10/3, \\ x_2=-4, \\ x_3=-11/3 \end{cases}$$

的解正是 §5.4 例 1 中方程组(7)利用克拉默法则得到的解.

这种方法的好处是,不论 $\det A$ 是否为 0,都可使用.

例 1 求解线性方程组

$$\begin{cases} x_1+2x_2+3x_3=3, \\ x_2-x_3=1, \\ x_1+4x_2+x_3=0. \end{cases}$$

解

$$\overline{A}=\begin{pmatrix} 1 & 2 & 3 & 3 \\ 0 & 1 & -1 & 1 \\ 1 & 4 & 1 & 0 \end{pmatrix} \xrightarrow{(-1)①+③} \begin{pmatrix} 1 & 2 & 3 & 3 \\ 0 & 1 & -1 & 1 \\ 0 & 2 & -2 & -3 \end{pmatrix}$$

$$\xrightarrow{(-2)②+③} \begin{pmatrix} 1 & 2 & 3 & 3 \\ 0 & 1 & -1 & 1 \\ 0 & 0 & 0 & -5 \end{pmatrix}.$$

最后一个矩阵第三行对应的是一个矛盾方程 $0 \cdot x_1+0 \cdot x_2+0 \cdot x_3=-5$,所以该方程组无解.

值得注意的是,这里 $\det A=0$,方程组系数矩阵 A 的秩为 2,而增广矩阵 $\overline{A}$ 的秩为 3,$r(A) \neq r(\overline{A})$.

例 2 求解四个方程的三元线性方程组

$$\begin{cases} x_1+3x_2-2x_3=0, \\ 3x_1+2x_2-5x_3=-1, \\ 2x_1+x_2+x_3=-5, \\ -2x_1+x_2+3x_3=1. \end{cases} \tag{2}$$

解

$$\overline{\boldsymbol{A}}=\begin{pmatrix} 1 & 3 & -2 & 0 \\ 3 & 2 & -5 & -1 \\ 2 & 1 & 1 & -5 \\ -2 & 1 & 3 & 1 \end{pmatrix} \xrightarrow[\substack{(-2)①+③ \\ 2①+④}]{(-3)①+②} \begin{pmatrix} 1 & 3 & -2 & 0 \\ 0 & -7 & 1 & -1 \\ 0 & -5 & 5 & -5 \\ 0 & 7 & -1 & 1 \end{pmatrix}$$

$$\xrightarrow[(-1/5)③]{②+④} \begin{pmatrix} 1 & 3 & -2 & 0 \\ 0 & -7 & 1 & -1 \\ 0 & 1 & -1 & 1 \\ 0 & 0 & 0 & 0 \end{pmatrix} \xrightarrow{②\leftrightarrow③} \begin{pmatrix} 1 & 3 & -2 & 0 \\ 0 & 1 & -1 & 1 \\ 0 & -7 & 1 & -1 \\ 0 & 0 & 0 & 0 \end{pmatrix}$$

$$\xrightarrow[7②+③]{(-3)②+①} \begin{pmatrix} 1 & 0 & 1 & -3 \\ 0 & 1 & -1 & 1 \\ 0 & 0 & -6 & 6 \\ 0 & 0 & 0 & 0 \end{pmatrix} \xrightarrow{(-1/6)③} \begin{pmatrix} 1 & 0 & 1 & -3 \\ 0 & 1 & -1 & 1 \\ 0 & 0 & 1 & -1 \\ 0 & 0 & 0 & 0 \end{pmatrix}$$

$$\xrightarrow[③+②]{(-1)③+①} \begin{pmatrix} 1 & 0 & 0 & -2 \\ 0 & 1 & 0 & 0 \\ 0 & 0 & 1 & -1 \\ 0 & 0 & 0 & 0 \end{pmatrix}.$$

由此可知,方程组(2)中有一个方程是多余的,它的解为

$$x_1=-2, x_2=0, x_3=-1.$$

应当注意的是,方程组(2)的 $r(\boldsymbol{A})=r(\overline{\boldsymbol{A}})=3$.

如果将最后一个方程的常数项改为 2,其余方程不变,施以同样的变换后有

$$\begin{pmatrix} 1 & 0 & 0 & -2 \\ 0 & 1 & 0 & 0 \\ 0 & 0 & 1 & -1 \\ 0 & 0 & 0 & 1 \end{pmatrix},$$

显然该方程组无解. 注意这里 $r(\boldsymbol{A})=3, r(\overline{\boldsymbol{A}})=4, r(\boldsymbol{A})\neq r(\overline{\boldsymbol{A}})$.

例3 求解线性方程组

$$\begin{cases} x_1+3x_2-2x_3=0, \\ 3x_1+2x_2-5x_3=-1, \\ 2x_1-x_2-3x_3=-1, \\ -2x_1+x_2+3x_3=1. \end{cases} \tag{3}$$

解 方程组(3)与方程组(2)只是第三个方程不同,施以行变换,有

$$\overline{\boldsymbol{A}}=\begin{pmatrix} 1 & 3 & -2 & 0 \\ 3 & 2 & -5 & -1 \\ 2 & -1 & -3 & -1 \\ -2 & 1 & 3 & 1 \end{pmatrix}\rightarrow\begin{pmatrix} 1 & 3 & -2 & 0 \\ 0 & -7 & 1 & -1 \\ 0 & -7 & 1 & -1 \\ 0 & 7 & -1 & 1 \end{pmatrix}$$

$$\rightarrow\begin{pmatrix} 1 & 3 & -2 & 0 \\ 0 & -7 & 1 & -1 \\ 0 & 0 & 0 & 0 \\ 0 & 0 & 0 & 0 \end{pmatrix}.$$

因此在方程组(3)中,后两个方程是多余的,而方程组(3)与方程组

$$\begin{cases} x_1+3x_2-2x_3=0, \\ -7x_2+x_3=-1 \end{cases} \quad\text{或}\quad \begin{cases} x_1+3x_2=2x_3, \\ 7x_2=-1-x_3 \end{cases} \tag{4}$$

同解. 对于方程组(4),只要任意给定 x_3 的值,就可唯一地确定 x_1 和 x_2 的值,从而得到方程组(4)因而也是方程组(3)的一个解,因此该方程组有无穷多个解,其中 x_3 称为**自由未知量**. 显然,在方程组(4)的第一式中消去 x_2 可以得到

$$\begin{cases} x_1=\dfrac{-3}{7}+\dfrac{11}{7}x_3, \\ x_2=\dfrac{1}{7}+\dfrac{1}{7}x_3. \end{cases}$$

如果令 $x_3=c$(c 为任意常数),则得到方程组(3)的所有解为

$$\begin{cases} x_1=\dfrac{-3}{7}+\dfrac{11}{7}c, \\ x_2=\dfrac{1}{7}+\dfrac{1}{7}c, \\ x_3=c. \end{cases}$$

注意本例未知量的个数是 3,$r(\boldsymbol{A})=r(\overline{\boldsymbol{A}})=2<3$,有 $3-2=1$ 个自由未知量.

一般地,可以证明,m 个方程 n 元线性方程组有解的充分必要条件是

$r(\mathbf{A})=r(\overline{\mathbf{A}})$. 当方程组(1)有解时,若 $r(\mathbf{A})=n$,则解唯一;若 $r(\mathbf{A})<n$,则有无穷多解,自由未知量有 $n-r(\mathbf{A})$ 个.

因为恒有 $r(\mathbf{A})\leqslant\min\{m,n\}$,因此,如果 $m<n$,则当方程组(1)有解时,必有无穷多解.

又因对于齐次线性方程组而言,必有 $r(\mathbf{A})=r(\overline{\mathbf{A}})$,因此齐次线性方程组一定有解;当 $r(\mathbf{A})<n$ 时,有无穷多解.

具体求解,可以类似前面介绍的例子,利用初等变换进行.

习 题 5.5

利用初等变换求解下列线性方程组:

1. $\begin{cases} 2x_1-3x_2=5, \\ x_1+5x_2=-4. \end{cases}$

2. $\begin{cases} x_1+2x_2-2x_3=5, \\ 3x_1+2x_2-5x_3=10. \end{cases}$

3. $\begin{cases} x_1+2x_2-2x_3=5, \\ 3x_1+2x_2-5x_3=10, \\ 2x_1-x_2-3x_3=4, \\ 2x_1+x_2+3x_3=0. \end{cases}$

4. $\begin{cases} x_1+2x_2-2x_3=0, \\ 3x_1+2x_2-5x_3=0, \\ 2x_1-x_2-3x_3=0, \\ 2x_1+3x_2-4x_3=0. \end{cases}$

数学史话四　　中国传统数学的辉煌与衰退

数学史上继希腊几何兴盛之后是一个漫长的东方时期. 中世纪数学的主角是中国、印度和阿拉伯地区的数学. 与希腊数学相比,中世纪东方数学表现出强烈的算法精神,特别是中国和印度数学,着重算法的概括,不讲究命题的形式推导. 所谓"算法",是为了解决一整类实际或科学问题而概括出来的、带一般性的计算方法. 这一时期中国数学家们创造了大量结构复杂、应用广泛的算法,它们是归纳思维的产物,与欧几里得几何的演绎风格迥然不同但相辅相成. 东方数学在文艺复兴以前传到欧洲,与希腊式的数学交汇结合,孕育了近代数学的产生.

早在公元前 500 年左右,中国就有了严格的十进位值制筹算记数. 筹算数码有纵横两式,代表数 1,2,3,4,5,6,7,8,9 的筹算数码分别是:

纵式	│	‖	‖‖	‖‖‖	‖‖‖‖	⊤	⊤	⊤	⊤
横式	—	═	≡	≣	≣	⊥	⊥	⊥	⊥

记数时按照从个位数起向左将筹算数码纵横相间排列的规则,零则以空位表示.例如,‖⊥　≡│表示 26031.这一创造是对世界文明的一大贡献.从公元前后至 19 世纪,中国传统数学取得过辉煌成就,在两汉时期和魏晋南北朝时期有过两次发展高潮,到宋元时期则达到了顶峰,明清时期渐次衰退.

一、两汉时期(《周髀算经》与《九章算术》)

在现存的中国古代数学著作中,最早的一部是成书于公元前 2 世纪西汉时期的《**周髀算经**》(作者不详),书中涉及的数学、天文知识,有的可以追溯到西周(公元前 11 世纪—前 8 世纪).该书数学上的主要成就,是分数运算、勾股定理及其在天文测量中的应用.其中尤以"勾广三,股修四,径隅五"(勾股定理的特例)和"……以日下为勾,日高为股,勾股各自乘,并而开方除之,得邪至日"(勾股定理的一般形式)最为突出.最早完成勾股定理证明的中国数学家是公元 3 世纪三国时期的赵爽.

公元前 1 世纪成书的《**九章算术**》是中国古典数学中最重要的著作,它是从先秦至西汉中叶经众多学者编纂、修改而成的.该书分为方田、粟米、衰分、少广、商功、均输、盈不足、方程、勾股等九章,均按先提问后给解法的方式叙述.其主要成就是:

在算术方面,给出了完整的分数四则运算和约分、通分法则,数字比例算法(欧洲出现颇晚),创立"盈不足术",即以盈亏类问题为原型,通过两次假设未知量来求解繁难算术问题.此法经丝绸之路西传中亚,中世纪阿拉伯数学著作中称它为"契丹算法"(即中国算法),后来欧洲人称它为"双假设法".

在代数方面的成就具有世界意义.书中早于欧洲 1600 年给出了求解线性方程组的消元法;引进了负数并建立了正、负数的加减运算法则,这是人类对数系认识的重大突破(印度至 7 世纪才出现负数概念,欧洲则更晚,直到 16 世纪,著名代数学家韦达(F. Vieta,1540—1603)在其著作中还回避负数);给出了开平方和开立方的算法.应当强调的是,古希腊发现无理量是演绎思维的产物,并且因此产生了巨大的震撼和迷惑,而中国算法发现负数和无理量则是算法思维的产物.正如刘徽在《九章算术注》中所说:"两算得失相反,要令正负以名之",以及《九章算术》在开方术中指出"若开之不尽者,为不可开",在他们看来这都是很自然的事,因此泰然处之,不足为怪.《九章算术》中给出的消元法,以"方程"章第一题为例介绍如下:"今有上禾三秉,中禾二秉,下禾一秉,实三十九斗;上禾二秉,中禾三秉,下禾一秉,实三十四斗;上禾一秉,中禾二秉,下禾三秉,实二十六斗.问上中下禾实一秉各几何?"题中"禾"为黍米,"秉"指捆,"实"是打下来的粮食,要求上、中、下禾各一秉打下的粮食.如设它们分别为 x(斗),y(斗),z(斗),则问题相当于求解一个三元一次联立方程组:

$$\begin{cases} 3x+2y+z=39, \\ 2x+3y+z=34, \\ x+2y+3z=26. \end{cases}$$

《九章算术》没有表示未知数的符号,是用筹算数码将 x,y,z 的系数和常数项排成一个长方阵,自右至左纵向排列,如图 1 所示,只是将筹算数码换成阿拉伯数字.这就是"方程"名称的来源."方程术"的算法叫"遍乘直除",用于本题就是先用图 1 右行上禾(x)的系数 3"遍乘"中行和左行各数,然后从所得结果按行分别"直除"右行,即连续减去右行对应各数,就得到图 2 所示的新方程.其次,以图 2 中行中禾(y)的系数 5 遍乘左行各数再直除中行并约分,得图 3 所示新方程.第三步,以图 3 左行下禾(z)的系数 4 遍乘中行和右行各数再分别直除左行并约分,得图 4 所示新方程.第四步,以图 4 中行中禾(y)的系数 4 遍乘右行各数再直除中行并约分,得图 5 所示新方程.由此即得

$$\text{上禾}(x)=9\frac{1}{4}, \quad \text{中禾}(y)=4\frac{1}{4}, \quad \text{下禾}(z)=2\frac{3}{4}.$$

显然,"遍乘直除"法本质上就是我们介绍的求解线性方程组的初等变换法.

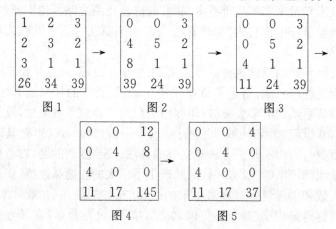

图1 图2 图3

图4 图5

在几何方面,以实际应用为背景,给出了8种平面图形,如梯形、圆等的面积公式(与农田测量有关),14种立体,如棱锥、棱台、圆台等的体积公式(与工程土方计算有关).并且与欧几里得《原本》中将代数问题几何化的做法相反,《九章算术》将几何问题算术化和代数化,这种做法经刘徽和宋、元数学家的发扬成为中国古典数学的重要特征.

1957年,《九章算术》被前苏联译成俄文出版,并受到科学界的重视.

二、魏晋南北朝时期(刘徽和祖冲之的成就)

从公元220年东汉分裂到581年隋朝建立的魏晋南北朝期间,是中国历史上的动荡时期,但同时也是思想相对活跃的时期.在长期独尊儒学之后,学术界思辨之风再起.在数学上也兴起了论证的趋势,许多研究以注释《周髀算经》和《九章算术》的形式出现,实质上是要寻求这两部著作中一些重要结论的数学证明.其中最杰出的代表是刘徽和祖冲之父子.

公元263年刘徽撰**《九章算术注》**,该书包含了刘徽本人的许多创造,完全可以看成是独立的著作,奠定了他在中国数学史上的不朽地位.刘徽最突出的成就是"割圆术"和体积理论.他在《九章算术》方田章"圆田术"注中,提出了割圆术,即将圆内接正多边形的边数逐次加倍,计算它们的周长和面积,从而逐步逼近圆的周长和面积.他得到圆周率π的近似值157/50(即3.14,史称**"徽率"**),成为中国第一个建立可靠的理论来推算圆周率的数学家.他还在推证《九章算术》中的一些立体体积公式时灵活地使用了两种无限小方法:极限方法和不可分量方法,为了求出球的体积公式,他转而试图求"牟合方盖"的体积,为祖冲之父子彻底解决此问题打下了基础.该书的第十卷发展了古代天文学中的"重差术",后来以《海岛算经》为名单独刊行,成为勾股测量学的典籍.

著名数学家吴文俊曾对《九章算术》和刘徽《九章算术注》有过精辟的评价,他说:"我国传统数学在从问题出发以解决问题为主旨的发展过程中建立了以构造性与机械化为其特色的算法体系……《九章》与《刘注》是这一机械化体系的代表作,与公理化体系的代表作欧几里得《几何原本》可谓东西辉映,在数学发展的历史长河中,数学机械化算法体系与数学公理化演绎体系曾多次反复互为消长,交替成为数学发展的主流……《九章》与《刘注》所贯串的机械化思想,不仅曾经深刻影响了数学的历史进程,而且对数学的现状也正在发扬它日益显著的影响.它在进入21世纪后在数学中的地位,几乎可以预卜."

刘徽的数学思想和方法,到南北朝时期(公元420—589年)被祖冲之和他的儿子祖暅推进和发展了.

祖冲之出生于历法世家,做过南徐州(今镇江)的一个小官,《南齐书·祖冲之传》说他"注九章,造缀术数十篇",还说他"探异今古""革新变旧".公元462年祖冲之创制了一部当时最先进的历法《大明历》,但遭到当朝权臣戴法兴等人的竭力反对.祖冲之在皇帝面前与戴法兴展开辩论,并将其论点写成《驳议》一文,说他早年"专攻数术",发现《九章算术》中球体积公式和东汉学者刘歆所用圆周率数值3.1547都是错误的,是"算氏之剧疵",他本人则"昔以暇日,撰正众谬,理据炳然",由此可见他很看重自己在球体积和圆周率计算方面的成就.十分遗憾的是,祖冲之的数学著作《缀术》竟如《隋书·律历志》中所说:"学官莫能究其深奥,是故废而不理",公元10世纪后即失传了.

祖冲之计算圆周率的值介于3.1415926和3.1415927之间.史料上没有关于他计算方法的记载,一般认为是沿用了刘徽的割圆术.事实上,如按刘徽割圆术从正六边形出发连续算到正24576边形时恰好可以得到祖冲之的结果.祖冲之还确定了圆周率的分数形式的近似值:**约率**22/7和**密率**355/113,其推算方法同样不得而知.密率也称"**祖率**".关于π的计算成就,直到1427年才被伊斯兰人阿尔·卡西超过,π的分数近似值直到16世纪才被德国人奥托和荷兰人安托尼兹重新得到.

祖冲之及其儿子祖暅应用"出入相补"原理和"幂势既同,则积不容异"的祖氏原理成功地求得"牟合方盖"的体积,从而证明了球的体积公式.祖氏原理比西方文献中的卡瓦列里原理早了1000年.

三、隋唐时期("算学"制度与《算经十书》)

大唐盛世并没有产生与其前的魏晋南北朝和其后的宋元时期相媲美的数学大家,但在隋唐时期中国开始建立数学教育制度和进行数学典籍的整理.

7世纪初,隋代开始在国子监中设立"算学",唐代进一步在科举考试中设立数学科目"明算科".算学制度及明算开科都需要适用的教科书,李淳风奉唐高宗之令对以前的十部数学著作进行注疏整理,于公元656年编成,史称《**算经十书**》,即《周髀算经》、《九章算术》、《海岛算经》、《孙子算经》、《张邱建算经》、《夏侯阳算经》、《五曹算经》、《五经算术》、《缀术》和《缉古算经》.除了前面介绍过的著作外,其他算经中也有一些重要的数学成就. 例如：

《孙子算经》中的"物不知数"问题："今有物不知其数，三三数之剩二，五五数之剩三，七七数之剩二，问物几何？"这相当于求解一次同余式组

$$N\equiv2(\mathrm{mod}\,3)\equiv3(\mathrm{mod}\,5)\equiv2(\mathrm{mod}\,7). \tag{1}$$

（注：$a\equiv b(\mathrm{mod}\,c)$ 表示 a 和 b 对模 c 同余，即 $a-b$ 能被 c 整除. 该表达式可读作"a 同余于 b，模 c".）《孙子算经》给出的求解方法列成算式就是：

$$N=70\times2+21\times3+15\times2-2\times105=23.$$

1592 年程大位在《算法统宗》中将上述解法以诗云曰："三人同行七十稀，五树梅花廿一枝，七子团圆正月半，除百零五便得知."该口诀就是说将被 3 除的余数 2 乘 70，被 5 除的余数 3 乘 21，被 7 除的余数 2 乘 15，将上述结果相加后逐次减去 105 即可得到最小正整数解 23. 此外，128，233 等也是解.

《张邱建算经》中的"百鸡问题"："今有鸡翁一，直钱五；鸡母一，直钱三；鸡雏三，直钱一. 凡百钱买鸡百只，问鸡翁、母、雏各几何？"此题相当于解三元一次不定方程组：

$$x+y+z=100,5x+3y+\frac{1}{3}z=100.$$

张邱建给出了 $x_1=4,y_1=18,z_1=78$；$x_2=8,y_2=11,z_2=81$；$x_3=12,y_3=4,z_3=84$ 这三组解，它们恰好是所有可能的整数解."百鸡问题"是世界著名的不定方程问题，13 世纪意大利人斐波那契（L. Fibonacci，1170—1230）的《算经》和 15 世纪阿尔·卡西的《算术之钥》中均有相同的问题.

《缉古算经》是世界上最早讨论三次方程组代数解法的著作，书中用"开带从立方法"（求三次方程正根的数值解法）解决工程问题，给出了 28 个一元三次方程的正有理根，但没有解题的方法. 这一问题的研究比阿拉伯人早 300 年.

四、宋元时期（秦九韶的《数书九章》和朱世杰的《四元玉鉴》）

宋元时期（公元 960—1368）是中国传统数学发展的鼎盛时期，一批数学家取得了世界领先、空前辉煌的成就. 从唐代之后五代十国的分裂战乱中重新统一了的中国封建社会，发生了一系列有利于数学发展的变化. 农业技术的新发展、商业的繁荣、手工业的兴盛以及由此引起的技术进步（指南针、火药和活字印刷等三大发明是在宋代完成并获得广泛应用的），给数学的发展带来新的活力. 这一时期数学家的卓越代表，如通常称为

"宋元四大家"的杨辉、秦九韶、李冶、朱世杰以及贾宪等人,在世界数学史上占有光辉的地位;这一时期印刷出版、记载着中国古典数学最高成就的宋元算书,也是世界文化的重要遗产.

约1050年,北宋人贾宪完成了一部叫《黄帝九章算术细草》的著作,原书丢失,但其主要内容被南宋数学家杨辉著《详解九章算法》(1261)摘录,故能传世.贾宪创造了一种可适用于开任意高次方的非常有效和高度机械化(程序化)的算法——增乘开方法,这种方法与现代通用的1819年由英国人霍纳(W. G. Horner,1786—1837)给出的"霍纳算法"已基本一致.与此方法相关的是贾宪发现的二项展开式系数的规律——"贾宪三角"(又称"杨辉三角"),西方称之为"帕斯卡三角",但帕斯卡是直到1654年才发现的.

秦九韶(约公元1202—1261)将贾宪的增乘开方法推广为求高次方程的完整算法——**"正负开方术"**,1247年写成代表作《**数书九章**》,共18卷81题,分九大类.书中用"正负开方术"给出了求解一元高次方程的一个机械化的迭代程序,该书共有21个高次方程,次数最高的是10次.在《数书九章》中秦九韶还明确、系统地叙述了求解一次同余方程组的一般方法——**"大衍总数术"**,并将它用来解决历法、工程、赋役和军旅等实际问题.这种方法用现代符号可解释如下:

设有一次同余组

$$N \equiv R_i (\mathrm{mod}\ a_i), i = 1, 2, \cdots, n,$$

其中模数两两互素,记 $M = a_1 a_2 \cdots a_n$,$G_i = \dfrac{M}{a_i}$,只要求出一组数 k_i 满足:

$$k_i G_i \equiv 1 (\mathrm{mod}\ a_i), i = 1, 2, \cdots, n,$$

就可得到该同余组的最小正数解为

$$N = \left(\sum_{i=1}^{n} R_i k_i G_i \right) - pM,$$

其中 p 为一整数.

例如孙子"物不知数"问题,归结为求解一次同余组(1).这时,$M = 3 \times 5 \times 7 = 105$,$G_1 = 35$,$G_2 = 21$,$G_3 = 15$,而 $35k_1 \equiv 1 (\mathrm{mod}\ 3)$,$21k_2 \equiv 1 (\mathrm{mod}\ 5)$,$15k_3 \equiv 1 (\mathrm{mod}\ 7)$ 分别有解 $k_1 = 2$,$k_2 = 1$,$k_3 = 1$,所以有正数解

$$N = 2 \times 2 \times 35 + 3 \times 1 \times 21 + 2 \times 1 \times 15 - p \times 105 = 233 - p \times 105,$$

$p = 2$ 时得最小正数解.上式即《孙子算经》中给出的算式.

"大衍总数术"中的关键部分,就是关于数组 $k_i (i = 1, 2, \cdots, n)$ 的计算

方法,秦九韶称这些数为"乘率",并把自己发现的求乘率的方法称为"**大衍求一术**".可以证明,秦九韶的算法是完全正确且十分严密的,虽然他本人没有给出这一证明. 500 年后,欧拉(1743)和高斯(1801)分别对一次同余组作了详细研究,重新独立地获得与秦九韶"大衍求一术"相同的定理,并对模数两两互素的情形作了严格的证明. 1876 年德国人马蒂生指出秦九韶的方法与高斯算法是一致的,因此关于一次同余组求解的剩余定理现通称为"**中国剩余定理**".

中国古典数学的发展与天文历法有特殊的关系,一部历法的起算点称为"历元",历元的计算本质上是一个一次同余组问题;天算家们观察出天体运动的不均匀性,由此推动了内插计算法的发展.隋唐时期刘焯(544—610)首创"等间距二次内插算法",于 600 年编制了《皇极历》;一行和尚改进刘焯的内插算法为"不等间距二次内插法",727 年编制了《大衍历》.但由于天体运动的加速度也不均匀,二次内插仍不够精密,随着历法的进步,到宋元时代便出现了高次内插法. 1280 年郭守敬、王恂在《授时历》中认定天体运行的距离是时间的三次函数,并用差分表求解,他们称自己的方法为"招差". 1303 年朱世杰在其名著《四元玉鉴》中进一步创立了**招差术**,给出了四次内插公式(有限差分公式),这一公式欧洲直到 1676—1678 年间才在牛顿的著作中出现.

《四元玉鉴》是宋元数学的又一高峰,在该书中,朱世杰除创立了高次内插法的"招差术"外,还发展前人成果创立了"**垛积术**"(高阶等差级数求和)以及"**四元术**"(多元高次联立方程组与消元解法).

高阶等差级数求和的研究在中国始于北宋的沈括(1031—1095),他在《梦溪笔谈》中给出了关于长方台形垛积的求和公式,此后杨辉在《详解九章算法》中明确得到了一些高阶等差数列的求和公式,而朱世杰则进一步得到了 p 阶等差级数求和的一般公式,并指出了与贾宪三角以及与招差术之间的关系.

"四元术"及其前身"天元术"都是用专门的记号来表示未知数,进而列方程、解方程的方法,这一代数符号化的尝试是代数学的重要进步.李冶(原名李治,1192—1279)在《测圆海镜》(1248)和《益古演段》(1259)中系统阐述了天元术,用"天元"表示未知数,列出方程后再用增乘开方法求解.朱世杰则将天元术发展为"四元术",即用天元、地元、人元和物元来表示四个不同的未知数,列出多元高次方程和高次方程组,进而用消元法求解.这种消元法,欧洲直到 1779 年才在法国人贝祖的著作中有系统的表述.

五、明清时期（传统数学的衰退和西方数学的传入）

明清两代（1368—1911）正是西方文艺复兴（14—16 世纪）和资本主义兴起与发展的时期，中国却由于多方面的原因，由一个庞大的封建帝国渐次沦为一个半封建半殖民地的国家，传统数学也逐步衰退，以至大大落后了.

封建社会晚期日趋僵化与腐朽，数学发展缺乏社会动力和思想刺激.元代以后，科举考试废除了明算科，唯以八股取士，数学家社会地位低下，自由探讨也被束缚禁锢. 明初后的 300 余年间，除了珠算的发展及与之相关的著作如程大位《算法统宗》外，中国传统数学的研究不仅没有新的创造，反而倒退了. 而且在清中叶乾嘉学派重新发掘研究之前，"天元术"、"四元术"竟长期失传，无人通晓.

明朝末年，西方数学逐渐传入. 1582 年意大利传教士利玛窦来华，后与徐光启合译欧几里得《原本》前六卷，1607 年以《几何原本》为名出版，首创几何学名词译名点、直线、平面、四边形、多边形、平行线、对角线、直角、钝角、相似、外切等. 17 世纪后，三角学、透视学、代数学、对数相继传入. 鸦片战争后，解析几何、微积分、无穷级数论、概率论等近代数学传入. 1857 年李善兰（1811—1882）与英国传教士伟烈亚力（Wylie）合译了《原本》后九卷，1859 年又合译美国数学家罗密士（Loomis）的微积分著作《代微积拾级》. 李善兰创造的许多数学名词译名，如函数、微分、积分、级数、切线、法线、渐近线、抛物线、双曲线、指数、多项式、代数等，一直沿用至今. 李善兰还与他人合译了德·摩根的《代数学》等数学著作. 华蘅芳（1833—1902）翻译出版了《微积溯源》（1874）以及在中国流传的第一本概率论著作《决疑数学》（1880）.

清代中晚期戴震、焦循、汪莱、李锐、李善兰等人在研究宋元数学的基础上，虽然在代数方程、高阶级数等方面取得了一系列独立研究的成果，李善兰还创造了"尖锥术"（相当于卡瓦列里的早期积分学），得到过著名的"李善兰恒等式"，但中国数学已大大落后于西方了.

六、总结

回顾中国传统数学，她曾创造过辉煌，但就其本身而言也存在着弱点.

1. 长于算法弱于理论，注重归纳忽略演绎，重在应用，缺少证明

中国古算书的结构通常都是先给出问题，然后就是"答曰"或"术曰"，只有算法或计算程序，而没有或很少有证明. 算法创造固然是数学进步的必要因素，但缺乏演绎论证的算法与缺乏算法创造的演绎，同样难以升华为现代数学.

2. 书写方法和符号体系落后

公元前 500 年左右就已严格使用的中国筹算系统十进位值记数制，是对世界文明的一大贡献，但筹算本身却有很大的局限性. 在筹算框架内发展起来的符号代数"天元术"与"四元术"，就不能突破筹算的限制演进为彻底的符号代数，筹算方程运算不仅繁琐累赘，而且对五个以上未知量的方程组就无能为力；古汉语竖行书写，自右向左，表达数学计算极不方便，而且用文字作为数学符号，例如李善兰所译《代微积拾级》中将公式

$$\int \frac{\mathrm{d}x}{a+x} = \ln \mid a+x \mid +c$$

翻译成很不方便的文字等式

$$禾\frac{甲 \perp 天}{彳天} = (甲 \perp 天)对 \perp 丙.$$

3. 传统思想文化和封建制度的制约

孔孟之道主张"寓理于算"，既然结果已经给出，道理似乎就不言而喻，儒家提出"学有所止"，也就不必去追根究源；朝廷唯以"八股"取士，数学没有了群众基础，再加上夜郎自大，故步自封，盲目排外，在这僵化的封建社会制约下，中国传统数学的衰退也就不足为怪了.

第六章 概率统计初步

被断定为必然的东西是由纯粹的偶然性构成的,而所谓偶然的东西,是一种有必然性隐藏在里面的形式……

恩格斯

概率论终将成为人类知识中最主要的组成部分.生活中那些最重要的问题绝大部分正是概率问题.

拉普拉斯

概率论与数理统计学是数学科学中与现实世界联系最为密切、应用最为广泛的学科之一.概率论与数理统计学的研究对象是随机现象,它产生于实践,应用于实践,又由于实践的需要而不断发展.

中世纪后期的西欧,随着欧洲一些国家商业贸易的广泛发展、海上交通的日益扩大,社会保险行业应时而生.14 世纪时在意大利出现了第一个海上保险行业;此后,在欧洲一些大的商业城市,相继出现了类似的行业.这些行业在有大量风险的情况下日益兴旺,其中风险出现的可能性涉及概率问题.约从 16 世纪起,社会上又出现了水灾与火灾保险以及人寿保险等行业.对各种灾害性偶然事故发生情况统计资料的收集与分析,正是刺激概率论发展的主要因素.保险行业的产生与发展,既向数学提出了需要解决的一系列理论问题,又为概率论的产生提供了实际背景.

一种游戏加以理论化,往往产生新的数学领域.赌博的盛行,为研究概率问题提供了优良的模型,对概率论的产生起了催化剂的作用.因此,关于概率论方面较早的论文,见于一些数学家发表于 16、17 世纪对赌博问题的研究.

另一方面,随着 18、19 世纪科学的进步,许多学者注意到在某些生物、物理和社会现象与机会游戏之间有着一种相似的关系,致使概率论开始被应用到这些领域中,同时也大大推动了概率论本身的发展.事实上,许多自然科学的发展也提出了需要创立一种专门适应于分析随机现象的数学工具. 概率论正是在以上几方面的社会需求下发展起来的.

1713 年,瑞士数学家雅各布·贝努利的《测猜术》的出版奠定了概率论成为数学的一个分支的基础. 1812 年,法国数学家拉普拉斯在系统总结前人工作的基础上,发表了他的巨著《概率的分析理论》,明确给出了概率的古典意义,建立了计算初等概率的公式与渐近公式,并给出了在人口统计等方面的许多应用. 由于他在概率论中引入了更有力的分析工具,对概率论由组合概率向分析概率的发展起了很大的推动作用. 进入 20 世纪以来,随着数学本身学科的发展,建立在测度论基础上的近代概率论的理论基础被奠定. 1933 年,前苏联数学家柯尔莫哥洛夫(Колмогоров,1903—1987)在《概率论的基础》一书中建立了概率的公理化体系,使得概率论获得了坚实的理论基础,并为概率论各分支极其迅速的发展和应用,开辟了前进的道路. 从 20 世纪 50 年代开始,概率论的发展形成了自己的随机分析方法,从而进入了一个新的发展时期.

数理统计学是概率论的一个姐妹学科,它是随着概率论的发展而发展起来的. 19 世纪中叶以前,被誉为历史上伟大的数学家之一的德国数学家高斯和法国著名数学家勒让德(Legendre,1752—1833)运用最小二乘法对观测数据进行误差分析是数理统计学早期的杰出工作. 进入 20 世纪以来,由于生物学和农业试验的推动,数理统计学获得了很大发展. 英国统计学家皮尔逊(Pearson,1857—1936)、费希尔(Fisher,1890—1962)在理论研究和方法创立上作出了重大贡献. 数理统计学是概率论的应用,数理统计学的发展同时也补充和丰富了概率论.

概率论与数理统计学是数学科学中一个有特色的分支,其特点主要体现在两个方面:一是它与其他数学分支一样,有严格的数学表达形式;二是它具有独特的"概率思想". 它的思想方法别具一格,所研究的问题别开生面,解题、证题技巧多种多样. 概率论与数理统计学的理论与方法已被广泛地应用于自然科学、技术科学、社会科学、管理科学和人文科学的各个领域,以及工业、农业、生物、医药卫生、军事、经济、金融、保险等许多部门. 作为理论严谨、应用广泛、发展迅速的数学分支,正日益受到人们的重视,并将发挥越来越重要的作用.

本章介绍概率论中最基本的知识和方法,以及一些简单的应用,并介绍统计学中对总体分布以及总体数字特征进行估计的方法.

§6.1　随机现象与随机事件

任何一门学科都有它研究的基本对象,如初等代数研究的基本对象是数,初等几何研究的基本对象是几何图形,微积分研究的基本对象是函数,等等.概率论研究的基本对象则是事件.事件与事件的概率是概率论中两个最基本的概念.本节建立事件的概念,下节建立事件的概率的概念,为概率论的研究做好奠基工作.

一、随机现象及其统计规律性

1. 必然现象与随机现象

客观世界的现象虽然形形色色、千变万化,但一般不外乎分为两大类:

一类是符合因果规律、具有确定性的现象,即哲学中的**必然现象**.它是指在一定条件下,必然发生或者必然不发生的现象.我们过去所学的代数学、几何学以及微积分学等,就是研究这类现象的数学.再如:自然界中的太阳从东边升起,在西边落下;一年中的季节按春夏秋冬次序井然地反复变化;在大气压强为 760 mmHg 时,如果纯水的温度大于 0 ℃而小于 100 ℃,则水处于液态,而不处于气态或固态;抓在手中的苹果一放开,它就往下掉落;同性电荷相排斥,异性电荷相吸引;等等,就属于必然现象的范畴.

另一类是在同样的一定条件下进行重复试验或观测时,其结果为不确定的现象,称之为**随机现象**,即哲学中的**偶然现象**.例如:任意掷一枚硬币,并规定一面为正面,另一面为反面,则硬币静止后可能正面向上,也可能反面向上;从一批产品中任意抽取一件,则可能抽到正品,也可能抽到次品;某射手对准靶子进行射击,则可能命中 10 环,也可能是其他环数或脱靶;等等,都属于随机现象的范畴.随机现象的结果之所以不确定,是由于在它里面有许多无法控制的因素在影响着结果的缘故.例如,明年的今日,某市可能天晴,也可能天阴,还可能降水,至于到底是何种天气状况,将受到那时的气压、风向、气温、湿度等许多气象因子的影响,而有些因子在现阶段是无法控制的.

随机现象在客观世界、生产实际和科学实验中广泛存在.再如:从某

工厂一批产品中任取 n 件所出现的次品数;在某条生产线上用同一种工

艺生产出来的电视显像管的寿命；某良种场新引进的一种作物的亩产量；某时刻一种股票的上升指数；某河流的洪峰水位高度；某号台风的中心位置以及影响一城市的确切时间；某公共汽车站在前后两班车到达时间内的候车人数；进行某种测量时所出现的偶然误差；向某目标射击时弹落点的散布；等等，都是随机现象的例子.

2. 随机现象的统计规律性

人们在长期的实践中发现，就一次观测或试验来说，随机现象的结果无法预料，毫无规律可言，但是，在大量重复试验或观测时，它们都呈现出某种固有的规律性，通常称之为统计规律性. 以掷硬币为例，对每次掷出的结果，事先无法预言，但是如果掷的次数相当多，由经验可知，正面向上和反面向上的次数往往大致相等. 这就是掷钱币的规律性. 再以测量的偶然误差为例，在测量次数不多时，看不出其间的规律，但经过大量观测，人们发现它们具有如下的规律：(1) 绝对值越小的误差，出现的机会越多，即所谓"不均匀性"；(2) 绝对值相等、符号相反的误差，出现的机会相同，即所谓"对称性"；(3) 误差不会超过一定的范围，即所谓"有限性"；(4) 对同一量的同精度观测，其偶然误差的算术平均值随测量次数的增加而趋向于 0，即所谓"稳定性". 这四条特性就是偶然误差所遵循的必然规律. 如果在测量中发现误差不符合上述规律，就要研究产生误差的其他原因而加以排除. 以上两例说明了随机现象的特点，它具有两重性，是对立的统一. 这正如恩格斯在《路德维希·费尔巴哈和德国古典哲学的终结》中所揭示的："被断定为必然的东西是由纯粹的偶然性构成的，而所谓偶然的东西，是一种有必然性隐藏在里面的形式."（见《马克思恩格斯选集》第 4 卷第 240 页）偶然性与必然性是随机现象中的一对特殊矛盾，科学研究的使命就是要通过偶然现象，抓住规律性的实质，揭示出必然性. 概率论就是从数量方面研究必然性和偶然性关系的学科. 如果说变量数学是辩证法在数学中的应用，那么概率论则是必然性和偶然性统一的哲学原理在数学中的应用.

概率论与数理统计学是研究大量随机现象的数量规律性及其应用的一门数学学科.

二、随机试验与随机事件

1. 随机试验

客观现象（包括必然现象与随机现象）都表现为一定条件与所出现结

果之间的某种联系形式. 在概率论中,称实现一定条件为试验. 人们正是通过试验去研究随机现象的. 这里"试验"一词是一个广泛的术语,它包括各种各样的试验,也包括对某一事物一种特征的反复观察. 仔细分析一下前一段在介绍随机现象时所举的各种例子,发现它们有以下三个特点:

(1) 试验可以在相同的条件下重复进行;

(2) 各次试验可能的结果不止一个,所有可能的结果在试验前就明确知道;

(3) 每次试验之前不能确定哪一个结果将会出现.

在概率论中,将具有上述三个特点的试验称为**随机试验**,简称为**试验**.

2. 基本事件

随机试验的每一个可能出现的结果,称为**基本事件**. 它是指在一定的研究范围内,不能或不必再分拆开的事件.

任一随机试验中基本事件的个数可以是有限个,也可以是无限可列个,还可以是无限不可列个(这里涉及数学中可列集的概念,所谓可列集是指能与自然数集产生某种一一对应的集合). 例如,掷一粒正六面体的骰子,"出现 1 点","出现 2 点",……,"出现 6 点"均是基本事件;从一批产品中随机抽查 10 件产品,考察其中的次品数,若不计抽查产品的次序,则基本事件有 11 个:"出现 0 件次品(即全部是正品)","出现 1 件次品",……,"出现 10 件次品(即全部是次品)";考察学生在一次大学英语等级考试中的成绩,则所得的各种可能分数均是基本事件,它们都是有限个. 又如,考察某种放射源放射粒子的试验,则各粒子落到一指定区域内皆是基本事件,由于我们难以明确指出粒子个数的范围,不妨认为有无限可列个. 再如,进行某种测量时,偶然误差取值于 $(-a, a)$(单位)中的任何值皆是基本事件,有无限不可列个.

一项随机试验中基本事件个数的确定都是相对于试验的目的而言的. 例如,某箱子中装有红、黄、蓝三种颜色的同一产品,今从中任意抽取一件,则当考察产品的颜色时,基本事件为"红"、"黄"、"蓝"三个;当检验产品的质量时,基本事件只有"正品"和"次品"两个. 又如,火车站对于成年人带领儿童乘车,需考虑儿童身高"不足 1.2 m"、"1.2 m 至 1.5 m"与"超过 1.5 m"三个基本事件,以决定是否免费购买儿童票或全价座票.

3. 随机事件

随机试验中某些基本事件所构成的集合称为**随机事件**,简称为**事件**,通常用大写字母 A, B, C 等来表示. 例如,掷一粒骰子,A="出现偶数",B

="出现奇数",C="点数至少是 3"等皆是事件. 事实上,这时 $A=\{2,4,$
$6\}$,$B=\{1,3,5\}$,$C=\{3,4,5,6\}$. 有时,也说事件是由某些基本事件复合
而成的. 显然,事件 A 在一次试验中发生(简称为 A 发生)当且仅当它所
包含的某一基本事件在这次随机试验中出现了. 因此通常把随机事件说
成是在随机试验中可能发生也可能不发生的事件.

在随机试验中,必然会发生的事件叫作**必然事件**,用大写希腊字母 Ω
来表示. 例如,掷一粒骰子,"点数不大于 6"是必然事件. 又如,"任一学生
在一次百分制大学英语等级考试中得分不高于 100 分"也是必然事件.

在随机试验中,一定不会发生的事件叫作**不可能事件**,用符号 $\varnothing$ 表
示. 例如,掷一粒骰子,"点数大于 6"是不可能事件.

需要注意的是:

(1) 不论是随机事件、必然事件还是不可能事件,都是相对于一定条
件而言的,如果条件变了,事件的属性将随之而变化. 例如"点数大于 6"
在掷一粒骰子时是不可能事件,在掷两粒骰子时是随机事件,而在掷八粒
骰子时就变成必然事件了.

(2) 事件可以是数量性质的,即由测量或计数而得到,例如合格品件
数、降雨量、直径等;也可以是属性性质的,例如产品的等级,婴儿的性别
男或女,天气状况中的晴、阴或雨等.

(3) 事件可以是单一性质的,也可以是多重性质的.

(4) 必然事件与不可能事件两者有着密切的联系:必然事件的反面
是不可能事件;反之亦然.

(5) 在概率论中,为了研究与应用上的方便,把必然事件与不可能事
件作为随机事件的特殊情况来对待,犹如在微积分中把常量看成是变量
的特殊情况一样.

(6) 从集合论的观点看,必然事件 Ω 是所有基本事件作为元素构成
的集合,不可能事件是个空集,而任一随机事件 A 则是 Ω 的子集.

三、事件的关系和运算

一项随机试验所涉及的事件往往有许多个. 概率论的任务之一是希
望通过对较简单事件规律的研究,掌握复杂事件的规律. 为此,就必须考
察在同样条件下既相互影响又相互联系着的事件,研究它们之间的关系
和运算. 由于 Ω 是所有基本事件构成的集合,任何一个事件 A 是 Ω 的子
集,所以对事件的关系和运算的研究实际上可归结为集合的关系和运算

来处理. 考虑到在概率论中,是用判断事件发生与否的规则来定义事件的,这里我们用事件的发生与否来表述事件的关系和运算.

1. 事件的包含关系

若事件 A 发生必导致事件 B 发生,则称事件 A 被事件 B **包含**或事件 B **包含**事件 A,记作 $A \subset B$ 或 $B \supset A$.

例如,考察一圆柱形零件,规定当且仅当其长度与直径都合格时它才合格,记 A,B,C 分别表示"圆柱形产品合格"、"长度合格"与"直径合格"这三个事件,则 $A \subset B, A \subset C$. 又如,若记 A 与 B 分别表示某动物"活到 10 岁"与"活到 15 岁"这两个事件,则 $B \subset A$.

显然:

(1) 对任一事件 A 来说,$A \subset A$;

(2) 若 $A \subset B, B \subset C$,则 $A \subset C$.

2. 事件的相等关系

如果 $A \subset B$ 且 $B \subset A$,则称事件 A 与 B **相等**,记作 $A = B$.

事件 A 与 B 相等表明它们所含的基本事件完全相同,故两者无区别,表示同一事件,虽然表达形式不同. 例如,某寻呼台在单位时间内"接到 0 至 100 次呼唤"与"接到不超过 100 次呼唤"这两个事件相等. 又如,若记 A,B 与 C 分别表示"至少有一弹击中敌机"、"击中敌机"与"击落敌机"这三个事件,则 $A = B \supset C$.

3. 事件的并

称由事件 A 与 B 至少发生一个所构成的事件为事件 A 与 B 的**并**或**和**,记作 $A \cup B$.

事件 A 与 B 的并的实质是合成,表示集中了个性.

例如,若记 A,B 分别表示某寻呼台在单位时间内"接到 0 至 100 次呼唤"与"接到 80 至 200 次呼唤"这两个事件,则 $A \cup B$ 就表示"接到不多于 200 次呼唤"的事件. 又如前面关于圆柱形零件的质量检验例子中,若记 D,E 与 F 分别表示"产品不合格"、"长度不合格"与"直径不合格"这三个事件,则有 $D = E \cup F$.

显然,事件的并运算满足重叠律,即 $A \cup A = A$.

事件的并运算可以推广到任意有限多个事件或无限可列个事件的情形.

由 n 个事件 $A_1, A_2, \cdots, A_n$ 中至少发生一个所构成的事件称为这 n

个事件的**并**或**和**,记作 $A_1 \cup A_2 \cup \cdots \cup A_n$ 或 $\overset{n}{\underset{k=1}{\cup}} A_k$. 例如,在天气预报中,记 A_1, A_2, A_3, A_4, A_5 分别为"降雨"、"降雪"、"降雹"、"降冰粒"、"降霰"这五个事件,B 为"降水"的事件,则 $B = A_1 \cup A_2 \cup A_3 \cup A_4 \cup A_5$,或 $B = \overset{5}{\underset{k=1}{\cup}} A_k$.

由无限可列个事件 $A_1, A_2, \cdots, A_n, \cdots$ 中至少发生一个所构成的事件称为这可列个事件的**并**或**和**,记作 $A_1 \cup A_2 \cup \cdots \cup A_n \cup \cdots$ 或 $\overset{\infty}{\underset{k=1}{\cup}} A_k$. 例如,若以 A_k 表示某寻呼台在单位时间内"接到 k 次呼唤"的事件,$k = 0, 1, 2, \cdots$,B 表示"接到奇数次呼唤"的事件,则 $B = A_1 \cup A_3 \cup \cdots \cup A_{2n-1} \cup \cdots$ 或 $B = \overset{\infty}{\underset{n=1}{\cup}} A_{2n-1}$. 又如,在进行防治某种疾病的科学试验中,若记 A_k 为"第 k 次试验成功"的事件,B 为"试验成功"的事件,则 $B = \overset{\infty}{\underset{k=1}{\cup}} A_k$.

4. 事件的交

由事件 A 与 B 同时发生所构成的事件称为事件 A 与 B 的**交**或**积**,记作 $A \cap B$ 或 AB.

事件 A 与 B 的交的实质是兼有,反映出共性.

例如在前面事件的包含关系所举的圆柱形零件的质量检验例子中,有 $A = B \cap C$ 或 $A = BC$.

显然,事件的交运算也满足重叠律,即 $A \cap A = A$. 又易知

$$A \cap B \subset A \subset A \cup B, \qquad A \cap B \subset B \subset A \cup B.$$

事件的交或积运算也可以推广到任意有限多个事件或无限可列个事件的情形.

由 n 个事件 $A_1, A_2, \cdots, A_n$ 同时发生所构成的事件称为这 n 个事件的**交**或**积**,记作 $A_1 \cap A_2 \cap \cdots \cap A_n$ 或 $A_1 A_2 \cdots A_n$,也可以记作 $\overset{n}{\underset{k=1}{\cap}} A_k$ 或 $\overset{n}{\underset{k=1}{\prod}} A_k$. 例如,某人对一目标射击三次,记 A, B_1, B_2, B_3 分别表示"没有一次击中"、"第一次未击中"、"第二次未击中"、"第三次未击中"的事件,则有 $A = B_1 \cap B_2 \cap B_3$ 或 $A = B_1 B_2 B_3$.

由无限可列个事件 $A_1, A_2, \cdots, A_n, \cdots$ 同时发生所构成的事件称为这可列个事件的**交**或**积**,记作 $\overset{\infty}{\underset{k=1}{\cap}} A_k$ 或 $\overset{\infty}{\underset{k=1}{\prod}} A_k$.

取交的思想在推选某些代表、评定某些综合奖中经常用到,读者可以自己举出例子来加以领会.

5. 事件的差

由事件 A 发生而事件 B 不发生所构成的事件称为事件 A 与 B 的**差**,记作 $A-B$.

例如,在对测量的偶然误差进行统计分析时,通常将事件"$-0.3\leqslant$偶然误差<0.4"表示为事件"偶然误差<0.4"与"偶然误差<-0.3"之差.

显然(参见图 6.1)

$$A-B=A-AB, \quad B-A=B-AB.$$

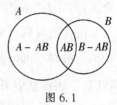

图 6.1

6. 事件的逆(或对立)

对于事件 A,称"A 不发生"这一事件为 A 的**逆事件**或**对立事件**,记作 $\overline{A}$.

显然 $\overline{A}=\Omega-A$.

由事件 A 得到 $\overline{A}$ 是事件的取逆运算. 易知事件 $\overline{A}$ 的逆事件为 A,因此说 A 与 $\overline{A}$ 是互逆事件或对立事件.

由逆事件的定义知,互逆事件 A 与 $\overline{A}$ 的基本特征是:

(1) 二者必居其一,即 $A\cup\overline{A}=\Omega$;

(2) 二者仅居其一,即 $A\overline{A}=\varnothing$.

例如,掷一粒骰子,记 $A=$"出现奇数点",$B=$"出现偶数点",则 $A=\overline{B},B=\overline{A}$. 又如,"产品合格"与"产品不合格"是互逆事件.

利用取逆运算,可以将事件 $A-B$ 表示成 $A\overline{B}$,即

$$A-B=A\overline{B}.$$

7. 事件的互斥(或互不相容)

若事件 A 与 B 不能同时发生,即"A 与 B 同时发生"是不可能事件,则称事件 A 与 B **互斥**或**互不相容**,记作 $AB=\varnothing$.

两个事件互斥的基本特征是无共性,即它们不含有共同的基本事件.

例如,"击中 9 环"与"击中 10 环"、"天晴"与"降雨"等分别皆为互斥事件.

一般地,若 n 个事件 $A_1,A_2,\cdots,A_n$ 中任何两个事件都互斥,即 $A_kA_l=\varnothing,k\neq l,k,l=1,2,\cdots,n$,则称这一组事件互斥或互不相容. 例如,从一批产品中随机抽查 5 件产品,则"出现 0 件次品","出现 1 件次品",……,"出现 5 件次品"这六个事件是互斥的.

显然,各基本事件之间是互斥的.

当 n 个事件 $A_1, A_2, \cdots, A_n$ 互斥时,有时将并式 $\bigcup\limits_{k=1}^{n} A_k$ 记成和式 $\sum\limits_{k=1}^{n} A_k$.

特别地,若事件组 $A_1, A_2, \cdots, A_n$ 互斥,且其和构成一必然事件,即 $A_1, A_2, \cdots, A_n$ 满足

(1) $A_k A_l = \varnothing$, $k \neq l$, $k,l = 1,2,\cdots,n$;

(2) $\sum\limits_{k=1}^{n} A_k = \Omega$,

则称 $A_1, A_2, \cdots, A_n$ 为一**完备事件组**.

例如,同一种产品的诸等级就是一完备事件组.

完备事件组的概念可以推广到无限可列个事件的情形.

8. 事件的运算性质

首先约定事件运算的顺序为"取逆"—"取交"—"取并"—"取差",如果遇有括号,则必须先实行括号内的运算.

既然事件的关系和运算完全类似于集合的关系和运算,所以事件的运算也满足如下的规律:

(1) 交换律:
$$A \cup B = B \cup A, \quad AB = BA.$$

(2) 结合律:
$$(A \cup B) \cup C = A \cup (B \cup C), \quad (AB)C = A(BC).$$

(3) 分配律:
$$(A \cup B)C = (AC) \cup (BC),$$
$$(AB) \cup C = (A \cup C)(B \cup C).$$

(4) 对偶公式,即德·莫根律:
$$\overline{A \cup B} = \overline{A}\,\overline{B}, \quad \overline{AB} = \overline{A} \cup \overline{B}.$$

这些性质容易根据事件运算的定义来证明,这里仅证明对偶公式成立,事实上

$$\overline{A \cup B} = \text{"} A \cup B \text{ 不发生"}$$
$$= \text{"'} A \text{ 与 } B \text{ 至少发生一个' 不发生"}$$
$$= \text{"} A \text{ 与 } B \text{ 都不发生"}$$
$$= \text{"} \overline{A} \text{ 与 } \overline{B} \text{ 同时发生"}$$
$$= \overline{A}\,\overline{B};$$

$$\overline{AB}=\text{“}AB \text{ 不发生”}$$
$$=\text{“‘}A \text{ 与 } B \text{ 同时发生’不发生”}$$
$$=\text{“}\overline{A} \text{ 与 } \overline{B} \text{ 至少发生一个”}$$
$$=\overline{A}\cup\overline{B}.$$

分配律和对偶公式可以推广到任意有限多个事件或无限可列个事件的情形.

例 1 向某目标射击三次,记
$$A_k = \text{“第 } k \text{ 次击中目标”}, \qquad k = 1,2,3.$$
说明下列事件的具体含义:

(1) $\overline{A_1\cup A_2}$;　　　　　　　　(2) A_2-A_1;

(3) $\overline{A_2A_3}$;　　　　　　　　(4) $A_3-(A_1\cup A_2)$.

解 (1) $\overline{A_1\cup A_2}=\overline{A_1}\,\overline{A_2}$ 表示“前两次射击,均未击中目标”.

(2) $A_2-A_1=A_2\overline{A_1}=\overline{A_1}A_2$ 表示“在前两次射击中第一次未击中目标而第二次击中目标”.

(3) $\overline{A_2A_3}=\overline{A_2}\cup\overline{A_3}$ 表示“在后两次射击中至少有一次未击中目标”.

(4) $A_3-(A_1\cup A_2)=A_3\,\overline{(A_1\cup A_2)}=A_3\overline{A_1}\,\overline{A_2}=\overline{A_1}\,\overline{A_2}A_3$ 表示“在三次射击中仅仅第三次击中目标”.

例 2 设有甲、乙、丙三人参加某项测试,记 A,B,C 分别为甲、乙、丙三人各自参加该项测试合格的事件,用 A,B,C 的运算关系表示下列事件:

(1) 三人中只有甲合格;　　　　(2) 三人中仅有一人合格;

(3) 三人中至少有两人合格;　　　　(4) 三人中至多有两人合格.

解 (1) 由于“三人中只有甲合格”意味着甲合格,而乙、丙皆不合格,即 A 发生而 B,C 皆不发生,所以
$$\text{“三人中只有甲合格”} = A\overline{B}\,\overline{C}.$$

(2) 由于“三人中仅有一人合格”并没有指定哪一人合格,可能仅甲合格,或可能仅乙合格,也可能仅丙合格,再注意到这三种情况是互斥的,所以
$$\text{“三人中仅有一人合格”} = A\overline{B}\,\overline{C} + \overline{A}B\overline{C} + \overline{A}\,\overline{B}C.$$

(3) 由于“三人中至少有两人合格”意指或者仅仅甲、乙同时合格,或者仅仅甲、丙同时合格,或者仅仅乙、丙同时合格,或者三人都合格,而这

四种情况是互斥的, 所以

"三人中至少有两人合格" $= AB\overline{C} + A\overline{B}C + \overline{A}BC + ABC.$

也可以这样来分析: "三人中至少有两人合格" 意指或者至少甲、乙同时合格, 或者至少甲、丙同时合格, 或者至少乙、丙同时合格, 所以

"三人中至少有两人合格" $= AB \cup AC \cup BC.$

(4) 此时有

"三人中至多有两人合格" $=$ "三人中至少有一人不合格"

$$= \overline{A} \cup \overline{B} \cup \overline{C}.$$

本例表明, 一个复杂事件往往可以用一些基本事件或较简单的事件通过一定的运算来表示, 这种技巧对以后计算复杂事件的概率具有重要的作用.

习 题 6.1

1. 某地区有 100 人是 1930 年出生的, 考察到 2030 年还在世的人数.

(1) 写出所有的基本事件;

(2) 记 $A=$ "还有 10 人在世", $B=$ "至少有 10 人在世", $C=$ "最多有 9 人在世", 分别判断 A 与 B, B 与 C, A 与 C 是否为互斥事件, 并分别写出 A, B, C 的逆事件.

2. 分别写出下列随机试验的所有基本事件:

(1) 同时掷两粒骰子, 记录所得的点数之和;

(2) 自动化流水线上直到生产出 10 件正品为止, 记录生产产品的总件数.

3. 标出图示中各个部分的事件:

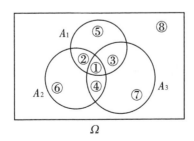

* 4. 设 20 件产品中有 15 件一等品、5 件二等品,从中任取 2 件,写出该随机试验的所有基本事件以及任取的 2 件中有一件为二等品的事件.

5. 某射手向一目标射击 10 次,记

A_k="第 k 次命中目标", $k=1,2,\cdots,10$,

B="10 次射击中至少命中目标 6 次",

分别叙述事件 $A = \bigcup\limits_{k=1}^{10} A_k$, $\overline{A}$ 与 $\overline{B}$ 的含义.

6. 一学生做了四道习题,记

$$A_k = \text{"第 } k \text{ 道题解答正确"}, \quad k = 1,2,3,4.$$

用 A_k 表示下列事件:

(1) 没有一道习题解答不正确; (2) 至少有一道习题解答不正确;

(3) 只有一道习题解答不正确; (4) 至少有两道习题解答正确.

7. 两电路如图所示,其中各事件表示继电器在该接点闭合,分别表示出该电路接通的事件 D.

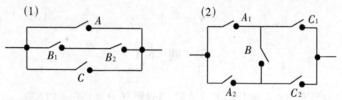

8. 在教育系的学生中任选一名学生,记

A="被选学生是男生",

B="被选学生是二年级学生",

C="被选学生具有一定的文娱专长".

(1) 说明关系式 $\overline{C} \subset B$ 成立的条件; (2) 说明事件 $A\overline{B}C$ 的含义;

(3) 说明等式 $\overline{A} = C$ 成立的条件; (4) 说明等式 $ABC = C$ 成立的条件.

§6.2 事件的概率

人们研究随机现象,不仅要知道它可能出现哪些结果,更重要的是要确切地断定各种事件发生的可能性究竟有多大. 现代科学技术发展的趋势是日益从定性走向定量的方向,研究这个问题就显得极其重要. 例如,要了解某工厂出现次品的可能性,即"次品率";某种作物种子发芽的可能性,即"发芽率";某射手命中目标的可能性,即"命中率". 再如,在一条大江大河上设计建造水坝前,要了解该江河在汛期洪峰水位超过某高度的可能性;在保险行业中,要掌握出现各种事故的可能性;在对学生进行成绩考核时,要分析学生获得优秀、良好、中等、及格与不及格的可能性. 因此,必须对事件发生可能性的大小给出其客观的度量方法.

粗略地说,概率是度量随机事件发生可能性大小的数值表征. 显然,这种度量必须满足:(1) 它是事件本身所固有的一种客观量度,如同一根木棒有长度,一块土地有面积一样;(2) 发生可能性较大的事件有较大的数值. 通常用 $P(A)$ 表示事件 A 发生的概率(probability).

在概率论发展史上,人们曾对不同类型的问题,从不同的角度给出了定义概率和计算的方法. 本节先介绍概率的统计定义和古典定义,最后简要介绍概率的数学定义.

一、概率的统计定义

1. 频率与频率的稳定性

重复试验是认识事物规律性的一条重要途径. 要研究随机现象的统计规律性,可以通过大量的试验来考察. 如果进行了 n 次试验,我们关心的是某事件 A 在前 n 次试验中发生的次数 $\mu_n(A)$. 显然,比值 $\mu_n(A)/n$ 在某种程度上能够反映出事件 A 发生的可能性究竟有多大,因此有必要对该比值的性质加以研究. 通常称

$$f_n(A) = \frac{\mu_n(A)}{n} \tag{1}$$

为事件 A 在 n 次试验中出现的**频率**.

由频率的定义易知频率具有下列基本性质:

(1) 非负性:对任何事件 A, $f_n(A) \geqslant 0$;

(2) 规范性:$f_n(\Omega) = 1$;

(3) 有限可加性:若事件 $A_1, A_2, \cdots, A_n$ 互斥,则

$$f_n\left(\sum_{k=1}^{n} A_k\right) = \sum_{k=1}^{n} f_n(A_k).$$

为揭示频率更深刻的性质,现在考察几个例子.

历史上,许多学者进行过掷硬币的试验,记 $A =$ "掷一枚硬币结果正面向上",下面的表 6-1 是一些文献记录的试验结果.

表 6-1

试验者	n	$\mu_n(A)$	$f_n(A)$
德·莫根	2048	1061	0.5181
德·莫根	4092	2048	0.5005
布丰	4040	2048	0.5069
费勒	10000	4979	0.4979
皮尔逊	12000	6019	0.5016
皮尔逊	24000	12012	0.5005
维尼	30000	14994	0.4998
罗曼诺夫斯基	80640	39699	0.4923

从表 6-1 可以看出,"正面向上"出现的频率稳定于 0.5.

这种频率的稳定性,最初是在关于男、女婴儿出生率的统计上观察到的. 我国公元前 2238 年发现,新生男婴数与全体新生婴儿数之比,大约为 1/2. 拉普拉斯于 1795 年在《概率论哲学探讨》中,发表了他对从英国的伦敦、俄国的彼得堡、德国的柏林以及全法兰西所获得的众多统计资料进行分析研究的结果,即出生男婴数与全体出生婴儿数的比值在每 10 年间都摆动于 22/43 左右. 后来,许多国家在人口统计中都证实了这一结论. 例如,1943 年,美国出生男婴数 1506959 与全体出生婴儿数 2934860 的比值为

$$\frac{1506959}{2934860} \approx 0.5135,$$

它接近于 22/43. 又如,自 1979 年至 1981 年,在我国唐山市两所医院的产妇共分娩婴儿 10905 名,其中男婴 5603 名、女婴 5302 名,新生男婴数与全体新生婴儿数之比为

$$\frac{5603}{10905} \approx 0.5138,$$

该比值也接近于 22/43. 值得指出的是,基于上述客观事实,随着社会的发展、进步,为了控制婴儿男女比例均衡,人口统计权威部门在 20 世纪提出了性别比——男性人数与女性人数之比——的概念,建议

$$初生性别比 = \frac{新生男婴儿数}{新生女婴儿数}$$

数值以 106:100 较为合适,而国际警戒线定为 107:100. 按照这种初生

性别比值,就可以导致出生后 20~40 年,即在生育年龄阶段,男女数目大致相等.以前面所举两个统计数字为例:

$$美国之例:1943 年的初生性别比 = \frac{1506959}{1427901} \approx 105.54:100,$$

$$中国唐山之例:1979—1981 年的初生性别比 = \frac{5603}{5302} \approx 105.68:100,$$

均符合要求. 为了有效遏止一些地区初生性别比升高势头,许多国家政府部门采取了严禁非医学需要的胎儿性别鉴定和选择性终止妊娠等专项治理措施.

在工农业生产中,这种频率的稳定性广泛存在着. 例如,对某工厂一种产品的质量进行抽检,考察 A = "出现正品",得到如表 6 - 2 所示的数据. 抽检结果表明,该厂产品的正品率稳定于 0.91.

表 6 - 2

n	10	50	100	200	400	600	800	1000
$\mu_n(A)$	9	35	87	171	362	548	727	912
$f_n(A)$	0.9	0.7	0.87	0.855	0.905	0.913	0.909	0.912

又如,某农科所对一种棉花种子进行发芽率试验,记 B = "该棉花种子发芽",统计出如表 6 - 3 所示的数据.

表 6 - 3

n	5	10	100	200	400	600	800	1000
$\mu_n(B)$	3	7	55	122	236	372	464	610
$f_n(B)$	0.6	0.7	0.55	0.61	0.59	0.62	0.58	0.61

试验结果表明,该棉花种子的发芽率稳定于 0.6.

再举一个为众人所关心的实例:国际安全运输管理机构在对飞机故障进行统计分析后,发布了 30 座以上客机架次故障率稳定于 $0.013/10^5$ 的结果,因此得出"飞机是世界上最安全的交通工具之一"这一重要结论.

由以上各例看出,频率呈现出稳定性. 这种频率的稳定性是客观存在的,不管谁进行试验,只要条件相同,结果都一样,不会因人而异. 这表明在大量重复试验下,许多随机事件具有统计规律性,并且能在数量上反映出来.

2. 概率的统计定义

既然 $f_n(A)$ 能在一定程度上反映出 A 发生的可能性大小,而随着试验次数 n 的增加,$f_n(A)$ 又将稳定于某一常数,因此这个常数自然可以作为事件 A 发生可能性大小的数值表征,即概率.

定义 1   在一定条件下重复进行试验,如果随着试验次数 n 的增加,事件 A 在 n 次试验中出现的频率 $f_n(A)$ 稳定于某一数值 p(或稳定地在某一数值 p 附近摆动),则称该数值 p 为事件 A 在一定条件下发生的**概率**,记作

$$P(A) = p.$$

需要注意的是:

(1)上述定义称为概率的统计定义,它是以统计试验数据为基础的;由其所确定的概率称为**统计概率**.

(2)根据这个定义,应理解"概率是频率的稳定中心",或"概率是频率的稳定值",而非"概率是频率的极限".

(3)频率是随机的,而概率则是一个客观存在的常数.注意有可能出现频率偏离概率较大的情形,这是随机现象的特性.

(4)按照概率的统计定义,$P(A)$ 反映了在随机现象的基本状况中,有利于事件 A 发生的因素所占的比例.因此在随机试验中,若 $P(A) = 5\%$,则试验次数与 A 发生次数之间关系通俗的说法是"平均每做 100 次这种试验,A 发生 5 次".

(5)统计概率反映了大量随机现象的数量规律性,对个别事件来说,只能表明它发生可能性的大小,而不能机械地乱套.例如,若在现有的医疗条件下,患某种疾病的死亡率为 0.7,我们决不能说一名患者三分活、七分死.

(6)由概率的统计定义可知,当试验次数 n 充分大时,可以将频率 $f_n(A)$ 作为概率 $P(A)$ 的近似估计值.在许多实际问题中,都是这样处理的.这种确定概率的方法就是概率的试验度量法.通常所谓的百分率,如出生率、死亡率、正品率、次品率、命中率、中奖率、合格率、升学率、出勤率、成功率等,在概率论中均可理解为相应事件的概率.

3. 统计概率的基本性质

根据频率的基本性质,容易验证统计概率具有下列基本性质:

(1)非负性:对任何事件 A,$P(A) \geqslant 0$;

(2)规范性:$P(\Omega) = 1$;

（3）有限可加性：若事件 $A_1, A_2, \cdots, A_n$ 互斥，则

$$P\Big(\sum_{k=1}^{n} A_k\Big) = \sum_{k=1}^{n} P(A_k).$$

二、概率的古典定义

科学的目标之一是定量地预测、描述现实世界中的随机现象. 要做到这一点，可以采用构造一种能适当地描述某一类随机现象的概率模型的方法. 古典概型是最先被拉普拉斯归纳出来的一种概率模型.

1. 古典型随机试验

先来看几个例子.

掷一枚硬币，只有"正面向上"与"反面向上"两种基本结果，且由于硬币的质量是均匀的，出现每一种基本结果的可能性相同，因此人们有理由认为事件 $A =$ "正面向上"发生的可能性为 $1/2$.

从编了学号的一个班 50 名学生中随机选取一人参加某项活动，由于一共有 50 种可能的基本结果，且 50 名学生中的任何一人被选取的可能性相同，所以事件 $B =$ "任一学生被选取"发生的可能性为 $1/50$.

设一批 1000 件产品中有 3 件次品，从中随机抽查一件，考察出现次品的情况. 由于一共有 1000 种抽查的基本情形，且任一件产品被抽到的可能性相同，故人们可以认为事件 $C =$ "结果为次品"发生的可能性为 $3/1000$.

分析以上三例中的随机试验，发现它们具有以下共性：

（1）每次试验的结果只有有限个，即试验的总的基本事件数是有限的（有限性）；

（2）在每次试验中，各基本事件发生的可能性是相同的（等可能性）.

具有这两个特点的随机试验是最简单的，它在概率论发展早期即被研究. 通常称具有有限性和等可能性的随机试验为**古典型随机试验**.

2. 概率的古典定义

根据古典型随机试验的特征，容易看出如下定义古典概率是合理的.

定义 2　对于古典型随机试验，称

$$P(A) = \frac{A\text{ 所包含的基本事件数 } k}{\text{试验的总的基本事件数 } n} \qquad (2)$$

为事件 A 发生的概率，而称利用（2）式来刻画事件概率的模型为**古典概型**.

由定义可知,前一段三个例子中事件 A,B,C 发生的概率分别为

$$P(A) = \frac{1}{2}, \quad P(B) = \frac{1}{50}, \quad P(C) = \frac{3}{1000}.$$

需要注意的是:

(1) 概率的古典定义是构造性的,公式虽简单,作用却很大.

(2) 定义中的条件"等可能性"一般凭经验(主要是根据物理性质或某种对称性)来判断,且往往是近似的.

(3) 按定义直接计算古典概率时,常用的数学工具是排列与组合,而关键在于根据问题的特点确定基本事件,并且区分不同的基本事件,务必做到"不遗不重".

(4) 概率的统计定义包含着古典定义的情形,事实上,概率的统计定义中事件的频率正是稳定于该事件古典定义的概率.

(5) 运用古典定义直接计算概率有一定的局限性,"有限性"与"等可能性"两个条件缺一不可. 例如,不能轻易地认为"在正整数集合中出现偶数的概率是 1/2",因为这时"有限性"的条件不满足;也不能武断地认为"明天天晴的概率是 1/3",因为"天晴"、"天阴"、"降水"三种天气状况不具有"等可能性".

3. 古典概率的基本性质

(1) 非负性:对任何事件 $A,P(A) \geqslant 0$;

(2) 规范性:$P(\Omega) = 1$;

(3) 有限可加性:若事件 $A_1,A_2,\cdots,A_m$ 互斥,则

$$P\Big(\sum_{i=1}^{m} A_i\Big) = \sum_{i=1}^{m} P(A_i);$$

(4) $P(A) = 1 - P(\overline{A})$.

证 (1),(2)易由公式(2)直接得到验证.

(3) 设试验的总的基本事件数为 n,事件 $A_1,A_2,\cdots,A_m$ 所包含的基本事件数分别为 $k_1,k_2,\cdots,k_m$. 由于 $A_1,A_2,\cdots,A_m$ 互斥,所以和事件 $\sum\limits_{i=1}^{m} A_i$ 所包含的基本事件数就为 $\sum\limits_{i=1}^{m} k_i$,于是由(2)式得

$$P\Big(\sum_{i=1}^{m} A_i\Big) = \frac{1}{n} \sum_{i=1}^{m} k_i = \sum_{i=1}^{m} \frac{k_i}{n} = \sum_{i=1}^{m} P(A_i).$$

(4) 记 $k_A,k_{\overline{A}}$ 分别表示事件 $A,\overline{A}$ 所包含的基本事件数,则显然 $k_A + k_{\overline{A}} = n$,于是

$$P(A) = \frac{k_A}{n} = \frac{n - k_{\overline{A}}}{n} = 1 - \frac{k_{\overline{A}}}{n} = 1 - P(\overline{A}).$$

性质(4)表明,如果一事件发生的概率为 p,那么它不发生的概率便为 $1-p$,反之亦然. 利用这条性质,有时将求原事件的概率转化为求其逆事件的概率比较容易,在实用上很方便.

4. 古典概型例题

例1 已知袋中有编号分别为 $1,2,\cdots,10$ 的相同的球,现从中任取一球,求此球的号码为奇数的概率.

解法一 由题意知,试验的基本事件为任取一球所出现的编号,基本事件的总数为 $n=10$. 又由取球的随机性知这 10 个基本事件都是等可能出现的. 因此,问题属于古典概型. 设

$$A = \text{"任取一球其号码为奇数"},$$

则 A 所包含的基本事件数为 $k_A=5$,事实上 $A=\{1,3,5,7,9\}$,于是由概率的古典定义得

$$P(A) = \frac{k_A}{n} = \frac{5}{10} = \frac{1}{2}.$$

解法二 由于一般在连号的 $2m$ 个正整数中,出现奇数与偶数的可能性相同,且任取一球,其号码不是奇数就是偶数,故问题属于古典概型. 设

$$A = \text{"任取一球其号码为奇数"},$$

由概率的古典定义立得

$$P(A) = \frac{1}{2}.$$

例2 设有一批产品共 100 件,其中有 5 件次品,求任取 50 件都是正品的概率.

解 由题意知,此时基本事件为从 100 件中任取 50 件所出现的搭配情况. 由于 100 件产品中任何一件都是等可能被取到的,所以从 100 件中任取 50 件的每一种取法都是等可能出现的,总的基本事件数为 $n=\mathrm{C}_{100}^{50}$,故问题属于古典概型. 记

$$A = \text{"任取 50 件都是正品"},$$

为使得事件 A 发生,这 50 件必须从 95 件正品中取出,因此 A 所包含的基本事件数为 $k_A=\mathrm{C}_{95}^{50}$,于是根据概率的古典定义立得

$$P(A) = \frac{k_A}{n} = \frac{\mathrm{C}_{95}^{50}}{\mathrm{C}_{100}^{50}} = \frac{1081}{38412} \approx 0.0281.$$

259

例 3 某班级的一个小组有 10 位同学,其中男生 6 人、女生 4 人. 今从中任选 3 人参加一项社会公益活动,求

(1) 被选的 3 人全是男生或全是女生的概率;

(2) 被选的 3 人既有男生又有女生的概率.

解 此时,基本事件为从 10 位同学中任选 3 人所出现的组成情况. 易知问题属于古典概型,基本事件的总数为 $n = C_{10}^3$.

(1) 记

$$A = \text{"被选的 3 人全是男生或全是女生"},$$

则 A 所包含的基本事件数为 $k_A = C_6^3 + C_4^3$,于是由概率的古典定义得

$$P(A) = \frac{k_A}{n} = \frac{C_6^3 + C_4^3}{C_{10}^3} = \frac{24}{120} = \frac{1}{5}.$$

或者这样来求解: A 如上所记,再记

$$B = \text{"被选的 3 人全是男生"},$$
$$C = \text{"被选的 3 人全是女生"},$$

显然 B 与 C 互斥, $A = B + C$,事件 B, C 所包含的基本事件数分别为 $k_B = C_6^3, k_C = C_4^3$,故得

$$P(A) = P(B + C) = P(B) + P(C) = \frac{k_B}{n} + \frac{k_C}{n}$$

$$= \frac{C_6^3}{C_{10}^3} + \frac{C_4^3}{C_{10}^3} = \frac{1}{6} + \frac{1}{30} = \frac{1}{5}.$$

(2) 记

$$D = \text{"被选的 3 人既有男生又有女生"},$$

显然 $D = \overline{A}$,于是得

$$P(D) = P(\overline{A}) = 1 - P(A) = 1 - \frac{1}{5} = \frac{4}{5}.$$

例 4 某市电话号码由 $0, 1, 2, \cdots, 9$ 中的八个数字组成,求

(1) 能组成八个数字都不相同的电话号码的概率;

(2) 能组成八位数电话号码的概率.

解 由题意知,基本事件为由 $0, 1, 2, \cdots, 9$ 中的八个数字组成的允许重复的排列情况. 易知问题属于古典概型,基本事件的总数为 $n = 10^8$.

(1) 记

$$A = \text{"能组成八个数字都不相同的电话号码"},$$

则 A 所包含的基本事件数为 $k_A = A_{10}^8$,于是所求的概率为

$$P(A) = \frac{k_A}{n} = \frac{A_{10}^8}{10^8} = \frac{1814400}{100000000} \approx 0.018.$$

（2）记

$$B = \text{"能组成八位数的电话号码"},$$

显然，为使得事件 B 发生，最左边的一个数字不能为 0，所以 B 所包含的基本事件数为 $k_B = 9 \times 10^7$，故所求的概率为

$$P(B) = \frac{k_B}{n} = \frac{9 \times 10^7}{10^8} = 0.9.$$

三、概率的数学定义

关于概率的具体定义，除了前面介绍的统计定义、古典定义之外，法国自然科学家布丰（Buffon，1707—1788）通过对被后人称为"布丰投针问题"的研究，于 1777 年在他的论文《偶然性的算术尝试》中，又提出了概率的几何定义. 这三种定义给出了三种确定事件概率的计算方法，各有一定的适用范围，但又都有一定的局限性. 为了深入研究概率的性质并加以应用，需要在概率的具体定义的基础上，加以抽象、概括，对概率给出严格的数学定义，使它包含上述三种情况，又更具有广泛性.

1. 概率的公理化定义

19 世纪末以来，数学的各个分支盛行着一股公理化潮流，这个流派主张引入尽可能少的基本概念，并把最基本的假定公理化（只规定所定义的概念应满足的性质，而不具体给出它的计算公式或计算方法），从此出发，用严密的逻辑演绎的方法，以建立数学某分支的理论体系. 正是在这个背景之下，柯尔莫哥洛夫综合前人的成果，抓住了以前关于概率的三种具体定义都具有非负性、规范性以及可加性（统计概率、古典概率具有有限可加性，而几何概率则具有可列可加性）这三条特征作为公理，于 1933年在《概率论的基础》一书中，给出了概率的公理化定义.

定义 3 设函数 $P(\cdot)$ 定义在某随机试验中所有事件所构成的集合上，如果它满足

公理 1（非负性） 对任何事件 A，$P(A) \geqslant 0$；

公理 2（规范性） $P(\Omega) = 1$；

公理 3（可列可加性） 对任一个两两互斥的事件列 $\{A_n\}$，有

$$P\left(\sum_{k=1}^{\infty} A_k\right) = \sum_{k=1}^{\infty} P(A_k),$$

则称 $P(\cdot)$ 为该事件集合上的**概率**,称 $P(A)$ 为**事件 A 的概率**.

这个定义使得概率论获得了坚实的理论基础,并为概率论各分支极其迅速的发展和应用开辟了前进的道路,因此概率的公理化定义的创立,是概率论发展史上的一个重要里程碑.

2. 概率的基本性质

从概率的公理化定义出发,可以推得概率的一些基本性质.

(1) 不可能事件发生的概率为 0,即 $P(\varnothing) = 0$.

证 视 $\Omega = \Omega + \varnothing + \varnothing + \cdots$,则由可列可加性知

$$P(\Omega) = P(\Omega + \varnothing + \varnothing + \cdots)$$
$$= P(\Omega) + P(\varnothing) + P(\varnothing) + \cdots,$$

再由规范性及非负性立得 $P(\varnothing) = 0$.

(2) 概率具有有限可加性,即若事件 $A_1, A_2, \cdots, A_n$ 互斥,则

$$P\left(\sum_{k=1}^{n} A_k\right) = \sum_{k=1}^{n} P(A_k). \tag{3}$$

证 令 $A_{n+1} = A_{n+2} = \cdots = \varnothing$,则

$$\sum_{k=1}^{n} A_k = \sum_{k=1}^{\infty} A_k,$$
$$A_k A_l = \varnothing \ (k \neq l; \ k, l = 1, 2, \cdots, n, \cdots),$$

于是由可列可加性及 $P(\varnothing) = 0$ 即得

$$P\left(\sum_{k=1}^{n} A_k\right) = P\left(\sum_{k=1}^{\infty} A_k\right) = \sum_{k=1}^{\infty} P(A_k)$$
$$= \sum_{k=1}^{n} P(A_k) + \sum_{k=n+1}^{\infty} P(\varnothing)$$
$$= \sum_{k=1}^{n} P(A_k).$$

(3) 概率具有可减性,即若 $A \subset B$,则

$$P(B - A) = P(B) - P(A). \tag{4}$$

证 由 $A \subset B$ 知 $B = A + (B - A)$,显然其中 A 与 $B - A$ 互斥,故由有限可加性得

$$P(B) = P(A) + P(B - A),$$

移项即得(4)式.

(4) 概率具有单调性,即若 $A \subset B$,则

$$P(A) \leqslant P(B). \tag{5}$$

证 由(4)式,利用 $P(B-A) \geqslant 0$ 即得证.

在性质(4)中,取 $B=\Omega$,由 $P(\Omega)=1$ 立知对任一事件 A,成立
$$0 \leqslant P(A) \leqslant 1.$$

习 题 6.2

1. 分别就概率的统计定义和概率的古典定义证明不可能事件发生的概率为零.

2. 我们说某水库的水位超过 12 m 的概率是 5%,是不是在某 20 年内就一定会遇到一次水位超过 12 m 的情形? 为什么?

3. 一密码锁号码由五个数字组成,若某人不知密码,求他随机拨一号码而打开密码箱的概率.

4. 一套四卷的文集随机地连排放在书架上,求各册成顺序排列的概率.

5. 将 6 名男生和 6 名女生随机地分为两组,每组 6 人,求每组各有 3 名男生的概率.

6. 在 12 件产品中有 8 件一等品、4 件二等品,从中任取 3 件,求

(1) 所取的 3 件中有 2 件一等品的概率;

(2) 所取的 3 件全是二等品的概率;

(3) 所取的 3 件中全是一等品或全是二等品的概率;

(4) 所取的 3 件中既有一等品又有二等品的概率.

7. 9 个人随机排成一排照相,求其中指定的 3 人排在一起的概率.

8. 从一副扑克牌(52 张)中任取 4 张,求它们分属不同花色的概率.

*9. 17 世纪中叶,法国贵族公子德·梅雷爵士根据自己长期的经验,认为"将一粒骰子接连掷 4 次,至少出现一次 6 点"的机会,要比"将两粒骰子接连掷 24 次,至少出现一对 6 点"大一些,试通过计算概率加以论证.

*10. 美国 *Parade Magazine* 1990 年第 9 期"请问玛利亚"专栏中刊登了一个"有奖竞猜"问题:舞台上有三扇门,其中一扇门后停着一辆豪华轿车,另外两扇门后各站着一只山羊,你从三扇门中任意选中一扇,确认后打开,门后的奖品就归你! 但竞猜游戏分两步进行:主持人先让你选定某一扇门;然后,主持人再从剩余的两扇门中打开一扇里面是一只羊的门,并问你:"你是否改变主意,改选另一扇门?"面对豪华轿车和山羊,你如何抉择?

§6.3 概率的计算公式

概率论的任务之一是希望通过简单事件的概率来推算出复杂事件的概率,为此,需要研究概率的运算性质.本节介绍一些基本的概率计算公式,并举例说明它们的应用.

一、概率的加法公式

定理 1 设 A,B 为任意两个事件,则
$$P(A \bigcup B) = P(A) + P(B) - P(AB). \tag{1}$$

证 首先由图 6.2 易知
$$A \bigcup B = A + (B - AB),$$

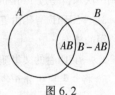

其中 A 与 $B - AB$ 互斥,于是据概率的有限可加性得

图 6.2

$$P(A \bigcup B) = P(A) + P(B - AB).$$
再注意到 $AB \subset B$,由概率的可减性知
$$P(B - AB) = P(B) - P(AB),$$
以之代入前一式,即得(1)式.

推论 1 设 $A_1,A_2,\cdots,A_n$ 为一完备事件组,则
$$\sum_{k=1}^{n} P(A_k) = 1.$$

证 由完备事件组的定义,利用有限可加性及规范性,有
$$\sum_{k=1}^{n} P(A_k) = P\left(\sum_{k=1}^{n} A_k\right) = P(\Omega) = 1.$$

推论 2 设 A 是任一事件,则
$$P(A) = 1 - P(\overline{A}). \tag{2}$$

证 注意到 $A,\overline{A}$ 是最简单的完备事件组,利用推论 1,有
$$P(A) + P(\overline{A}) = 1,$$
移项即得(2)式.

公式(2)的作用在于,当直接求原事件的概率比较困难时,可转化为求其逆事件的概率(较容易求),然后用 1 减去便得到结果.

反复运用定理 1 三次,可得三个事件之并的概率计算公式.

推论 3 设 A,B,C 为任意三个事件,则

$$P(A \bigcup B \bigcup C) = P(A) + P(B) + P(C)$$
$$- P(AB) - P(AC) - P(BC) + P(ABC). \quad (3)$$

例 1 某篮球队在第一场比赛中获胜的概率是 1/2,在第二场中获胜的概率是 1/3,在两场比赛中都获胜的概率是 1/6,求它在前两场比赛中都失利的概率.

解 记 A_1, A_2 分别表示该篮球队在第一、二场比赛中获胜的事件,由题设条件知

$$P(A_1) = \frac{1}{2}, \quad P(A_2) = \frac{1}{3}, \quad P(A_1 A_2) = \frac{1}{6}.$$

又记 B 为前两场比赛都失利的事件,显然 $B = \overline{A_1}\overline{A_2}$,于是所求的概率为

$$P(B) = P(\overline{A_1}\overline{A_2}) = P(\overline{A_1 \bigcup A_2}) = 1 - P(A_1 \bigcup A_2)$$
$$= 1 - [P(A_1) + P(A_2) - P(A_1 A_2)]$$
$$= 1 - \left(\frac{1}{2} + \frac{1}{3} - \frac{1}{6}\right) = \frac{1}{3}.$$

二、概率的乘法公式

1. 条件概率

分析两个事件 A 与 B 的关系,可能有以下三种情况:一种是一个被另一个包含,例如 $B \subset A$,这表明 B 发生必导致 A 发生;另一种是 A 与 B 互斥,即 $AB = \varnothing$,它显示当 A 与 B 中有一个事件发生时,另一个事件一定不发生;还有一种一般的情况,即 $AB \neq \varnothing$,但是一个不被另一个包含,这表明当 B 发生时,A 可能发生也可能不发生. 以上情况说明,B 发生提供了 A 发生的一些信息,因此必须考虑在事件 B 已经发生的条件下,事件 A 发生的概率. 这时,A 的发生有了附加条件,即限制在 B 发生的条件下来考虑 A 发生的可能性,通常称这样的概率为**条件概率**,记作 $P(A|B)$.

为说明条件概率 $P(A|B)$ 与无条件概率 $P(A)$ 的区别,先来看一个产品抽检的例子. 设一批产品中正品有 m 件,次品有 n 件,记

$$A = \text{"甲抽取一件为正品"}, B = \text{"乙抽取一件为正品"},$$

则由概率的古典定义知,当各自抽取时,分别计算有

$$P(A) = P(B) = \frac{m}{m+n}.$$

现在若乙先抽取一件,接着甲抽取一件,则显然在放回抽样(每次抽取后

放回)情形,B 的发生对 A 发生的可能性无任何影响. 但是在不放回抽样(每次抽取后不放回)情形,有

$$P(A|B) = \frac{m-1}{m+n-1} \neq \frac{m}{m+n} = P(A),$$

说明这时 B 的发生对 A 发生的可能性产生了影响.

下面对该例(不放回抽样情形)作进一步分析. 如果将甲、乙两人接连抽取一件产品加以综合考察,由概率的古典定义可知

$$P(AB) = \frac{m(m-1)}{(m+n)(m+n-1)},$$

对照前面所得的结果,我们发现此时在表达式的构造上有

$$P(A|B) = \frac{P(AB)}{P(B)}.$$

这绝非偶然. 事实上,对于统计概率、古典概率,可以验证上式成立(当然要求 $P(B) > 0$). 对这个等式也可以作如下的直观理解:当我们在 B 发生的条件下来考虑 A 发生时,当然是 B 发生且 A 发生,即 AB 发生了. 不过,现在事件 B 的发生成了前提条件,所以应该以 B 中的结果作为试验的范围,而排除 B 以外的情况. 因此 $P(A|B)$ 就是 $P(AB)$ 与 $P(B)$ 之比.

以上述事实为背景,就可以抽象概括出条件概率的定义.

定义 1 给定条件 B, $P(B) > 0$,则对任何事件 A,称

$$P(A|B) = \frac{P(AB)}{P(B)} \qquad (4)$$

为在事件 B 发生条件下事件 A 发生的**条件概率**.

对于具体概率模型中的条件概率,有时依据问题的实际含意在作为条件的试验范围内直接计算更为方便,如下面的例 3、例 4.

例 2 经统计,某种动物活到 10 岁、15 岁的概率分别为 $0.8, 0.6$,求现龄 10 岁的这种动物活到 15 岁的概率.

解 设 A, B 分别表示该种动物由出生活到 10 岁、15 岁的事件,按题意,$P(A) = 0.8$, $P(B) = 0.6$,要求的是 $P(B|A)$. 注意到 $B \subset A$,故得

$$P(B|A) = \frac{P(AB)}{P(A)} = \frac{P(B)}{P(A)} = \frac{0.6}{0.8} = 0.75.$$

2. 概率的乘法公式

由(4)式立刻得到关于概率的乘法公式.

定理 2 设 A, B 是任意两个事件,则

$$P(AB) = \begin{cases} P(A)P(B|A) & (\text{若 } P(A) > 0), \\ P(B)P(A|B) & (\text{若 } P(B) > 0). \end{cases} \qquad (5)$$

概率的乘法公式表明,两个事件同时发生的概率,等于其中一事件的概率与另一事件在前一事件发生条件下的条件概率的乘积.

概率的乘法公式可以推广到有限个事件的情形.

推论 4 设 $A_1, A_2, \cdots, A_n$ 是任意满足 $P(A_1 A_2 \cdots A_{n-1}) > 0$ 的 n 个事件,则

$$P(A_1 A_2 \cdots A_n) = P(A_1) P(A_2 | A_1) P(A_3 | A_1 A_2) \cdot \cdots \cdot P(A_n | A_1 A_2 \cdots A_{n-1}). \qquad (6)$$

公式(6)表明,n 个事件同时发生的概率,等于这 n 个事件各自在其前面一切事件都已发生条件下的条件概率之积,其中 $P(A_1)$ 理解为在必然事件 Ω 发生条件下的条件概率.

例 3 一批零件共 100 只,其中次品 10 只. 某人每次从中任意不放回地抽检一只,求他第三次才取得正品的概率.

解 设

$$A_k = \text{``某人第 } k \text{ 次抽检一只为正品''}, \qquad k = 1, 2, 3,$$
$$B = \text{``某人第三次才抽得正品''},$$

则 $B = \overline{A}_1 \overline{A}_2 A_3$,于是运用(6)式及概率的古典定义便得所求的概率为

$$P(B) = P(\overline{A}_1 \overline{A}_2 A_3) = P(\overline{A}_1) P(\overline{A}_2 | \overline{A}_1) P(A_3 | \overline{A}_1 \overline{A}_2)$$
$$= \frac{10}{100} \times \frac{9}{99} \times \frac{90}{98} = \frac{9}{1078}$$
$$\approx 0.0083.$$

例 4 一组 10 个人抓阄,10 张阄中只有一张写"有",求它被第 k 个人抓到的概率($k = 1, 2, \cdots, 10$).

解 设 $A_k = $ "第 k 个人抓到写了'有'的阄",$k = 1, 2, \cdots, 10$,则显然"有"被第 1 个人抓到的概率为

$$P(A_1) = \frac{1}{10}.$$

因为 $A_2 \subset \overline{A}_1$,于是"有"被第 2 个人抓到的概率为

$$P(A_2) = P(\overline{A}_1 A_2) = P(\overline{A}_1) P(A_2 | \overline{A}_1) = \frac{9}{10} \times \frac{1}{9} = \frac{1}{10}.$$

同样,由 $A_3 \subset \overline{A}_1 \overline{A}_2$ 知"有"被第 3 个人抓到的概率为

$$P(A_3) = P(\overline{A}_1 \overline{A}_2 A_3) = P(\overline{A}_1) P(\overline{A}_2 | \overline{A}_1) P(A_3 | \overline{A}_1 \overline{A}_2)$$

$$= \frac{9}{10} \times \frac{8}{9} \times \frac{1}{8} = \frac{1}{10}.$$

如此继续下去,类似地可得

$$P(A_4) = P(A_5) = \cdots = P(A_9) = \frac{1}{10}.$$

最后,注意到 $A_{10} \subset \overline{A}_1 \overline{A}_2 \cdots \overline{A}_9$,故"有"被第 10 个人抓到的概率为

$$\begin{aligned}
P(A_{10}) &= P(\overline{A}_1 \overline{A}_2 \cdots \overline{A}_9 A_{10}) \\
&= P(\overline{A}_1) P(\overline{A}_2 | \overline{A}_1) P(\overline{A}_3 | \overline{A}_1 \overline{A}_2) \\
&\quad \cdot \cdots \cdot P(\overline{A}_9 | \overline{A}_1 \overline{A}_2 \cdots \overline{A}_8) P(A_{10} | \overline{A}_1 \overline{A}_2 \cdots \overline{A}_9) \\
&= \frac{9}{10} \times \frac{8}{9} \times \frac{7}{8} \times \cdots \times \frac{1}{2} \times 1 \\
&= \frac{1}{10}.
\end{aligned}$$

可见,其结果与次序无关,表明"机会均等",因而抓阄的方法是合理的.

一般地,若 n 个人抓 n 张阄,其中只有一张写"有",则每个人不论先后抓到"有"的概率都是 $1/n$.

更一般的结论是:若 n 个人抓 n 张阄,其中只有 m 张写"有"($m < n$),$n-m$ 张为空白,则每个人不论先后抓到"有"的概率都是 m/n. 这种抓阄方法在诸如确定体育比赛的分组、确定部分人的某种选拔中,被广泛采用.

三、独立事件的概率计算公式

1. 事件的独立性

实际问题中还经常出现一个事件是否发生对另一个事件发生的可能性无影响的情况. 例如,甲、乙两人打靶,可以认为其中一人的射击结果,一般不影响另一人射击的结果;对某一产品进行多次测量,其中任一次测量所出现的误差,一般不影响其他各次测量的结果;同一年级的学生参加某门课程考试,其中任一人的考试成绩,一般不影响其他各人考试的成绩;等等. 对这种情况,就说其中一个事件关于另一个事件是独立的.

定义 2 如果

$$P(A | B) = P(A), \tag{7}$$

则称事件 A 关于事件 B **独立**;否则称事件 A 关于事件 B **相依**,或**不独立**.

如果事件 A 关于事件 B 独立,将 $P(A | B) = P(A)$ 代入概率的乘法

公式
$$P(AB) = P(A)P(B|A) = P(B)P(A|B)$$
中,立即得到
$$P(B|A) = P(B),$$
表明事件 B 关于事件 A 也是独立的. 由此可见,事件的独立关系具有对称性,故通常称它们**相互独立**,简称**独立**.

运用概率的乘法公式,容易证明下面的定理 3 成立.

定理 3 设 $P(A)>0,P(B)>0$,则事件 A 与 B 相互独立的充分必要条件是
$$P(AB)=P(A)P(B).$$

定理 4 若事件 A 与 B 相互独立,则事件 A 与 $\bar{B}$,$\bar{A}$ 与 B,$\bar{A}$ 与 $\bar{B}$ 每组也分别相互独立,从而成立
$$P(A\bar{B}) = P(A)P(\bar{B}),$$
$$P(\bar{A}B) = P(\bar{A})P(B),$$
$$P(\bar{A}\,\bar{B}) = P(\bar{A})P(\bar{B}).$$

证 首先有
$$P(A\bar{B}) = P(A-B) = P(A-AB) = P(A) - P(AB).$$
由条件据定理 3 知 $P(AB) = P(A)P(B)$,以之代入上式,得
$$P(A\bar{B}) = P(A) - P(A)P(B) = P(A)[1-P(B)] = P(A)P(\bar{B}),$$
再运用定理 3 即知 A 与 $\bar{B}$ 相互独立. 进而可知 $\bar{A}$ 与 B、$\bar{A}$ 与 $\bar{B}$ 也分别相互独立.

综合定理 3、定理 4 所得的结果,可得如下的概率的"可乘性"计算公式:若事件 A 与 B 相互独立,则
$$P(\hat{A}\hat{B})=P(\hat{A})P(\hat{B}),\text{其中}\hat{A}=A\text{ 或 }\bar{A},\ \hat{B}=B\text{ 或 }\bar{B}. \tag{8}$$
公式(8)包含 $2^2=4$ 个式子.

利用定理 3、定理 4,可对前面的例 1 如下求解:

由于
$$P(A_1) = \frac{1}{2}, \quad P(A_2) = \frac{1}{3}, \quad P(A_1A_2) = \frac{1}{6},$$
满足
$$P(A_1A_2) = P(A_1)P(A_2),$$
可见此时 A_1 与 A_2 独立,于是得
$$P(B) = P(\bar{A}_1\bar{A}_2) = P(\bar{A}_1)P(\bar{A}_2) = [1-P(A_1)][1-P(A_2)]$$

$$= \left(1 - \frac{1}{2}\right)\left(1 - \frac{1}{3}\right) = \frac{1}{3}.$$

在实际应用中,两个事件的独立性往往凭经验判断,只要两个事件相互影响的程度很微弱,就认为它们相互独立.例如在引入条件概率的例子中,对于不放回抽样,如果产品总数 $m+n$ 相当大,次品数 n 相对于 $m+n$ 较小,则

$$P(A|B) = \frac{m-1}{m+n-1} \approx \frac{m}{m+n} = P(A),$$

因而这时可以认为甲、乙抽取是独立的,即可将不放回抽样近似当作放回抽样来处理.这在抽样检验理论及应用中,作用很大.

例 5 某教师提出一个问题,甲先回答,已知甲答对的概率是 0.6;如果甲答错,由乙回答.已知乙答对的概率是 0.8,求问题由乙答出的概率.

解 设 A,B 分别表示"问题由甲答对"、"问题由乙答对"的事件,则 $P(A)=0.6,P(B)=0.8$.因为问题是由甲先答,甲答错后才由乙回答,所以"问题由乙答出"这一事件为 $\overline{A}B$.又显然事件 A 与 B 是相互独立的,于是所求的概率为

$$P(\overline{A}B) = P(\overline{A})P(B) = [1-P(A)]P(B) = 0.4 \times 0.8 = 0.32.$$

2. 独立事件之积的概率计算公式

关于多个事件的独立性,在数学上的处理稍微复杂些,这里不作详细论述,只介绍一些主要结论.

类似于两个事件的独立性,多个事件的独立性也往往凭经验判断,只要若干个事件相互影响的程度很微弱,就认为它们是相互独立的.进而可知,若 n 个事件相互独立,则其中任意 k 个事件也相互独立,于是成立

$$P(A_{i_1}A_{i_2}\cdots A_{i_k}) = P(A_{i_1})P(A_{i_2})\cdots P(A_{i_k}),$$
$$2 \leqslant k \leqslant n, 1 \leqslant i_1 < i_2 < \cdots < i_k \leqslant n.$$

特别地,有

$$P(A_1 A_2 \cdots A_n) = P(A_1)P(A_2)\cdots P(A_n).$$

还可以证明,若 n 个事件相互独立,则把其中某些事件换成逆事件之后所得的 n 个事件仍相互独立,于是有类似的概率的"可乘性"计算公式:

$$P(\hat{A}_{i_1}\hat{A}_{i_2}\cdots\hat{A}_{i_k}) = P(\hat{A}_{i_1})P(\hat{A}_{i_2})\cdots P(\hat{A}_{i_k}), \qquad (9)$$

其中

$$\hat{A}_{i_s} = A_{i_s} \text{ 或 } \overline{A}_{i_s}, s = 1, 2, \cdots, k,$$

$$2 \leqslant k \leqslant n, \ 1 \leqslant i_1 < i_2 < \cdots < i_k \leqslant n.$$

特别地,有

$$P(\hat{A}_1 \hat{A}_2 \cdots \hat{A}_n) = P(\hat{A}_1) P(\hat{A}_2) \cdots P(\hat{A}_n), \tag{10}$$

$$\hat{A}_k = A_k \ \text{或} \ \overline{A}_k, \ k = 1, 2, \cdots, n.$$

公式(9)包含 2^k 个式子,公式(10)包含 2^n 个式子.公式(9)与(10)在实际计算中经常用到.

3. 独立事件之并的概率计算公式

对于若干个相容而独立的事件之并来说,其概率的计算公式有重要的实用价值.

定理 5　若事件 $A_1, A_2, \cdots, A_n$ 相互独立,则

$$P(\bigcup_{k=1}^{n} A_k) = 1 - \prod_{k=1}^{n} P(\overline{A}_k). \tag{11}$$

证　运用(2)式及事件运算的对偶公式,有

$$P(\bigcup_{k=1}^{n} A_k) = 1 - P(\overline{\bigcup_{k=1}^{n} A_k}) = 1 - P(\bigcap_{k=1}^{n} \overline{A}_k).$$

再运用独立事件之积的概率的"可乘性"计算公式(10),便得(11)式.

运用公式(11)容易求解习题 6.2 第 9 题(留给读者思考).

例 6　设各门高炮独立射击,击落一架敌机的概率均为 0.6.

(1) 求两门高炮同时射击一次击落一架入侵敌机的概率;

(2) 欲以 99% 的把握击落入侵的一架敌机,问需要多少门高炮齐射?

解　设

$$A_k = \text{“第 } k \text{ 门高炮射击一次击落一架敌机”}, \quad k = 1, 2, \cdots, n,$$

$$B_n = \text{“} n \text{ 门高炮同时射击一次击落一架敌机”},$$

则由各门高炮射击的独立性知事件 $A_1, A_2, \cdots, A_n$ 相互独立,于是

(1) 所求两门高炮同时射击一次击落一架入侵敌机的概率为

$$\begin{aligned}
P(B_2) &= P(A_1 \overline{A}_2 + \overline{A}_1 A_2 + A_1 A_2) \\
&= P(A_1 \overline{A}_2) + P(\overline{A}_1 A_2) + P(A_1 A_2) \\
&= P(A_1) P(\overline{A}_2) + P(\overline{A}_1) P(A_2) + P(A_1) P(A_2) \\
&= 0.6 \times 0.4 + 0.4 \times 0.6 + 0.6 \times 0.6 \\
&= 0.84,
\end{aligned}$$

或

$$P(B_2) = P(A_1 \bigcup A_2) = P(A_1) + P(A_2) - P(A_1 A_2)$$

271

$$= P(A_1) + P(A_2) - P(A_1)P(A_2)$$
$$= 0.6 + 0.6 - 0.6 \times 0.6 = 0.84,$$

或运用独立事件之并的概率计算公式(11)得

$$P(B_2) = P(A_1 \bigcup A_2) = 1 - P(\overline{A}_1)P(\overline{A}_2)$$
$$= 1 - (1 - 0.6)^2 = 0.84.$$

显然,第三种解法最简捷,且其表达式呈现出明晰的规律性.

(2) 对于 n 门高炮,有

$$P(B_n) = P(\bigcup_{k=1}^{n} A_k) = 1 - \prod_{k=1}^{n} P(\overline{A}_k)$$
$$= 1 - (1 - 0.6)^n = 1 - 0.4^n.$$

根据题意,所求的 n 是满足

$$P(B_n) \geqslant 0.99 \quad 即 \quad 1 - 0.4^n \geqslant 0.99$$

的最小正整数. 对该不等式求解,有

$$0.4^n \leqslant 0.01, \quad n\lg 0.4 \leqslant \lg 0.01 = -2,$$
$$n \geqslant -\frac{2}{\lg 0.4} \approx 5.026,$$

故至少需要 6 门高炮齐射才能以 99% 的把握击落一架入侵的敌机.

结果表明,虽然一门高炮击落敌机的可能性不大,但是多门高炮齐射,组成火力网,则击落入侵敌机的可能性就大大提高. 如果炮连以 6 门高炮来装备,并通过现代化手段实现齐射,那么上述计算就为炮连的这种组建提供了理论依据.

例 7 考虑 n 次独立试验,设在每次试验中,事件 A 发生的概率均为 $p (0 < p < 1)$. 试证不论 p 多么小(此时称 A 为小概率事件),只要不断重复这种试验,事件 A 几乎必然发生.

解 首先指出,所谓"试验是独立的"意指"试验的结果是相互独立的". 设

$$A_k = \text{"第 } k \text{ 次试验中事件 } A \text{ 发生"}, \quad k = 1, 2, \cdots, n,$$
$$B_n = \text{"在 } n \text{ 次独立试验中事件 } A \text{ 发生"},$$

则 $B_n = \bigcup_{k=1}^{n} A_k$,且由题设条件知事件 $A_1, A_2, \cdots, A_n$ 相互独立,$P(A_k) = p, k = 1, 2, \cdots, n$,于是

$$P(B_n) = P(\bigcup_{k=1}^{n} A_k) = 1 - \prod_{k=1}^{n} P(\overline{A}_k) = 1 - (1-p)^n.$$

272　因为

$$\lim_{n \to \infty} P(B_n) = \lim_{n \to \infty} \left[1 - (1-p)^n\right] = 1,$$

所以不论 p 多么小,当 n 充分大时,$P(B_n) \approx 1$,即只要不断地重复这种试验,事件 A 几乎必然发生.

由本例可以看出,在日常生活中,从健康、安全着眼,我们不能轻视某些于人体不利的小概率事件,而要采取防患于未然的措施.

四、全概率公式

当计算较为复杂事件的概率时,往往必须同时运用概率的加法公式与概率的乘法公式.

先来看一个实际例子.

例 8　某公司从甲、乙、丙三个联营工厂收进同样规格的产品销售,这三个厂的产量分别占总进货量的 40%,35% 和 25%,生产的次品率分别为 0.01,0.02 和 0.03. 现从收购的产品中随机抽取一件进行质检,求该产品是次品的概率.

解　记

$$A = \text{"任取一件恰为次品"},$$
$$B_1 = \text{"任取一件恰为甲厂生产的"},$$
$$B_2 = \text{"任取一件恰为乙厂生产的"},$$
$$B_3 = \text{"任取一件恰为丙厂生产的"},$$

由题设条件知

$$P(B_1) = 0.40, \qquad P(B_2) = 0.35, \qquad P(B_3) = 0.25,$$
$$P(A \mid B_1) = 0.01, \quad P(A \mid B_2) = 0.02, \quad P(A \mid B_3) = 0.03.$$

注意到

$$A = A\Omega = A(B_1 + B_2 + B_3) = AB_1 + AB_2 + AB_3,$$

由事件 B_1, B_2, B_3 互斥知事件 AB_1, AB_2, AB_3 也互斥,于是运用概率的有限可加性及概率的乘法公式,得

$$\begin{aligned}
P(A) &= P(AB_1) + P(AB_2) + P(AB_3) \\
&= P(B_1)P(A \mid B_1) + P(B_2)P(A \mid B_2) + P(B_3)P(A \mid B_3) \\
&= 0.40 \times 0.01 + 0.35 \times 0.02 + 0.25 \times 0.03 \\
&= 0.0185.
\end{aligned}$$

分析本例解题思想方法的特点,一般可建立下面的定理 6.

定理 6　设 $B_1, B_2, \cdots, B_n$ 构成一完备事件组,且 $P(B_k) > 0$,$k = 1, 2, \cdots, n$,则对任一事件 A,成立

$$P(A) = \sum_{k=1}^{n} P(B_k)P(A \mid B_k). \tag{12}$$

证 由定理条件知

$$A = A\Omega = A\left(\sum_{k=1}^{n} B_k\right) = \sum_{k=1}^{n} AB_k,$$

且由于事件 $B_1, B_2, \cdots, B_n$ 互斥知事件 $AB_1, AB_2, \cdots, AB_n$ 也互斥,故运用概率的有限可加性及概率的乘法公式,便得

$$P(A) = P\left(\sum_{k=1}^{n} AB_k\right) = \sum_{k=1}^{n} P(AB_k)$$
$$= \sum_{k=1}^{n} P(B_k)P(A \mid B_k).$$

通常称(12)式为**全概率公式**. 全概率公式的精神实质在于将复合事件进行互斥分解. 设 A 可以在种种不同的原因下发生,而这些原因的性质可以作 n 个假设 $B_1, B_2, \cdots, B_n$. 按某些理由,在试验之前就已知 $B_1,$ $B_2, \cdots, B_n$ 分别发生的概率(称之为原因概率或先验概率),也知道在 $B_1,$ $B_2, \cdots, B_n$ 分别发生的条件下 A 发生的条件概率,那么运用全概率公式就可以求出 A 不管在什么原因下发生的概率.

例 9 某保险公司的统计资料表明,在一定年龄段内新保险的汽车司机可以分为两类:一类是容易出事故的,占 20%,这种司机在一年内出一次事故的概率为 0.25;另一类是较谨慎的司机,占 80%,他们在一年内出一次事故的概率为 0.05. 求一个新保险的汽车司机在他购买保险单后的一年内出一次事故从而获得相应的保险理赔的概率.

解 记

$\qquad A =$ "新保险客户在一年内出一次事故",

$\qquad B =$ "新保险客户是容易出事故的司机",

则由题设条件知

$\quad P(B) = 0.2, P(\bar{B}) = 0.8, P(A \mid B) = 0.25, P(A \mid \bar{B}) = 0.05.$

运用全概率公式得所求的概率为

$\quad P(A) = P(B)P(A \mid B) + P(\bar{B})P(A \mid \bar{B})$
$\qquad\quad = 0.2 \times 0.25 + 0.8 \times 0.05 = 0.09.$

五、逆概率公式

274　　**例 10**(续例 8) 为维护公司的信誉,对用户负责,公司规定,一旦发

现次品,允许客户退货,并追究生产厂家的经济责任.现在用户买到的一件恰为次品,但标明生产厂家的标签已脱落,试定量地分析三个厂家各应承担的经济责任.

解 从概率论的角度考虑,问题实际上是求 $P(B_k \mid A)$,$k=1,2,3$.于是甲厂、乙厂、丙厂应分别承担

$$P(B_1 \mid A) = \frac{P(AB_1)}{P(A)} = \frac{P(B_1)P(A \mid B_1)}{P(A)} = \frac{0.40 \times 0.01}{0.0185} \approx 21.62\%,$$

$$P(B_2 \mid A) = \frac{P(AB_2)}{P(A)} = \frac{P(B_2)P(A \mid B_2)}{P(A)} = \frac{0.35 \times 0.02}{0.0185} \approx 37.84\%,$$

$$P(B_3 \mid A) = \frac{P(AB_3)}{P(A)} = \frac{P(B_3)P(A \mid B_3)}{P(A)} = \frac{0.25 \times 0.03}{0.0185} \approx 40.54\%$$

的经济责任.

例 10 解决问题的思想方法具有普遍性,一般地,成立下面的**逆概率公式**.

定理 7 设 $B_1,B_2,\cdots,B_n$ 构成一完备事件组,且 $P(B_k)>0$,$k=1,2,\cdots,n$,又 $P(A)>0$,则在事件 A 已经发生的条件下,事件 B_k 发生的概率为

$$P(B_k \mid A) = \frac{P(B_k)P(A \mid B_k)}{\sum_{l=1}^{n} P(B_l)P(A \mid B_l)}, \quad k=1,2,\cdots,n. \tag{13}$$

证 由条件概率的定义知

$$P(B_k \mid A) = \frac{P(AB_k)}{P(A)},$$

然后对分子运用概率的乘法公式,对分母运用全概率公式,便得公式(13).

逆概率公式(13)又叫贝叶斯(Bayes,英国学者,1702—1763)公式.如果事件 A 在一次试验中确实发生了,那么这个信息必然要引起对原来各个原因 $B_1,B_2,\cdots,B_n$ 发生的概率的重新估计,即要估计 $P(B_1 \mid A)$,$P(B_2 \mid A)$,$\cdots$,$P(B_n \mid A)$(称之为后验概率),逆概率公式正是定量地给出了这种重新估计的公式,人们可以据此对事件的起因作出某些合理的判断.正因为这样,逆概率公式在实际应用中有重要的价值.

例 11 一道单项选择题有四个答案,要求考生把其中唯一正确的答案选择出来.假定某考生知道正确答案的概率为 1/2,而在不知道正确答案的情况下选对的概率为 1/4.现在如果该考生选对了答案,求他知道正确答案的概率.

解 设

A="该考生选对了答案"，B="该考生知道正确答案"，

则由题意知

$$P(B) = \frac{1}{2}, P(\bar{B}) = \frac{1}{2}, P(A|B) = 1, P(A|\bar{B}) = \frac{1}{4},$$

于是运用逆概率公式得所求的概率为

$$P(B|A) = \frac{P(B)P(A|B)}{P(B)P(A|B) + P(\bar{B})P(A|\bar{B})} = \frac{\frac{1}{2} \times 1}{\frac{1}{2} \times 1 + \frac{1}{2} \times \frac{1}{4}} = \frac{4}{5}.$$

六、二项概率公式

1. 贝努利概型

在实际问题中，我们经常遇到一类独立重复试验中某事件是否发生的问题. 例如，某质检员从一批同种产品中一件件地抽检若干件产品时，各次抽检应是独立的，每次抽检只有正品与次品两种可能结果，在生产条件稳定的情况下可以认为每次抽检一件为次品的概率是不变的. 又如，某人进行一定次数的射击时，可以认为各次射击是独立的，往往只关心命中还是不命中这两种可能结果，在水平正常发挥的情况下可以认为各次射击的命中率是不变的. 这类随机现象最早被雅各布·贝努利于 17 世纪末深入研究.

定义 3 如果在一组固定条件下重复进行 n 次试验，它满足

(1) 试验的结果是相互独立的；

(2) 每次试验只有两个可能的结果：$A, \bar{A}$；

(3) 同一结果在各次试验中发生的概率保持不变，且

$$p = P(A),$$

则称这类随机试验为 **n 重贝努利型随机试验**，简称为**贝努利试验**，而称刻画这种随机试验的概率模型是参数为 **n, p** 的**贝努利概型**.

定义中条件(1) 是前提，事实上存在着非独立试验的情形，如在机枪连续射击时就不能认为各弹射击是独立的. 条件(3)必不可少，如 10 个人的射击试验就不是贝努利概型问题，因为一般说来，这 10 个人的命中率是不一样的.

贝努利概型在实际中有着广泛的应用. 除了前面所举的实例以外，再如下列问题也用贝努利概型来描述：当生产处于稳定状态(指在生产过程

中,系统因素——原料、配方、工艺、设备及操作水平等不变,而只是随机因素在起作用,这时产品质量的微小波动是正常现象)时,考虑放回抽样或批量很大的不放回抽样中的计件数据(如正品数、次品数、废品数、破损数等);考虑设备停止运行的台数;考虑通讯系统中多次独立地接收信号时所接收到的正确信号次数;考虑研究某种农药杀虫效率的死虫数;考虑医学上一种疾病经某种方案治疗后的病员死亡数;考虑一定次数天气预报中的准确预报次数;考虑某运动队在进行一定场次比赛时的胜场数;考虑生育中的男(女)婴数、双胞胎数;等等.

2. 二项概率公式

定理 8 若记 B_k 为 n 重贝努利概型中 A 恰好出现 k 次的事件,$p = P(A)$,$q = 1 - p$,则

$$P(B_k) = C_n^k p^k q^{n-k}, \qquad k = 0, 1, 2, \cdots, n. \tag{14}$$

证 由于事件 B_k 是 n 次试验中某 k 次发生 A,同时其余 $n-k$ 次发生 $\overline{A}$ 的一切可能的积事件之并,因此若记

$$A_i = \text{“第 } i \text{ 次试验中事件 } A \text{ 发生”}, i = 1, 2, \cdots, n,$$

则 B_k 为所有其下标满足

$$1 \leqslant i_1 < i_2 < \cdots < i_k \leqslant n, \{j_1, j_2, \cdots, j_{n-k}\} = \{1, 2, \cdots, n\} - \{i_1, i_2, \cdots, i_k\}$$

的事件 $A_{i_1} A_{i_2} \cdots A_{i_k} \overline{A}_{j_1} \overline{A}_{j_2} \cdots \overline{A}_{j_{n-k}}$ 之并. 易知这个和式中共有 C_n^k 项,彼此互斥,且由试验结果的独立性以及 $P(A_i) = p, P(\overline{A}_i) = q$ 知和式中每一项事件的概率均为 $p^k q^{n-k}$,于是据概率的有限可加性立得(14)式.

由于 $P(B_k)$ 恰好是 $(q+p)^n$ 用二项式定理展开后的一般项,故通常称(14)式为**二项概率公式**. 进而有

$$\sum_{k=0}^{n} P(B_k) = \sum_{k=0}^{n} C_n^k p^k q^{n-k} = (q + p)^n = 1.$$

事实上,上式左端就是在 n 次独立试验中,事件 A 或发生 0 次,或发生 1 次,……,或发生 n 次,这 $n+1$ 种情况的概率之和,由于这 $n+1$ 种情况构成一个完备事件组,故概率之和应为 1. 该式在解决实际问题的计算中经常用到.

例 12 某火炮对一目标进行八次独立射击,设命中率为 0.6,若必须有不少于两发炮弹命中时,目标才能被摧毁,求目标被摧毁的概率.

解 易知问题属于 $n = 8, p = 0.6$ 的贝努利概型. 记

$$A = \text{“目标被摧毁”},$$

$$B_k = \text{“有 } k \text{ 发炮弹命中目标”}, \quad k = 0, 1, 2, \cdots, 8,$$

则所求的概率为

$$P(A) = P\Big(\sum_{k=2}^{8} B_k\Big) = \sum_{k=2}^{8} P(B_k) = 1 - P(B_0) - P(B_1)$$
$$= 1 - C_8^0(0.6)^0(0.4)^8 - C_8^1(0.6)^1(0.4)^7$$
$$\approx 0.9915.$$

3. 概率性质的反证法

例 13 假定一种药物对某疾病的治愈率为 $p=0.8$,现给 10 个患者同时服用此药,求其中至少有 5 人治愈的概率.

解 由于各个患者服用此药后是否痊愈是相互独立的,故问题属于 $n=10$,$p=0.8$ 的贝努利概型. 记

$$B_k = \text{“10 个患者中有 } k \text{ 人治愈”}, \quad k = 5,6,7,8,9,10,$$

于是所求的概率为

$$P\Big(\sum_{k=5}^{10} B_k\Big) = \sum_{k=5}^{10} P(B_k) = 1 - \sum_{k=0}^{4} P(B_k)$$
$$= 1 - [C_{10}^0(0.8)^0(0.2)^{10} + C_{10}^1(0.8)^1(0.2)^9$$
$$+ C_{10}^2(0.8)^2(0.2)^8 + C_{10}^3(0.8)^3(0.2)^7$$
$$+ C_{10}^4(0.8)^4(0.2)^6)]$$
$$\approx 0.994.$$

计算结果表明,在治愈率 $p=0.8$ 的假定下,平均每 1000 次药物试验,大约有 994 次出现“10 个患者至少有 5 人治愈”的情况,大约有 6 次出现“10 个患者不到 5 人治愈”的情况. 今如果在一次药物试验中,出现“10 个患者不到 5 人治愈”这种罕见现象,那么就可以认为治愈率不到 0.8. 这种分析方法,有助于对药物的疗效进行研究.

例 12 中后面的推理用了反证法的思想,但与纯数学中的反证法又有区别:这里的不合理并不是形式逻辑中的绝对矛盾,而是基于人们在实践中广泛采用的“实际推断原理”——概率接近于 0 的事件,在一次试验中几乎不会发生,称之为**实际上的不可能事件**;概率接近于 1 的事件,在一次试验中几乎一定发生,称之为**实际上的必然事件**. 这种思想方法可以说成是“概率性质的反证法”.

一般地,假定具有某种属性的事件的概率是 p,现有一种检验方法,经计算,它的结果是一个概率接近于 0(或概率接近于 1)的事件,于是,如果在一次试验中就发生(或不发生)这种现象,便可否定原假定,从而有助于我们对事物的性质进行研究.

习　题　6.3

1. 设 $P(A)=0.6$，$P(B)=0.3$，$P(AB)=0.1$，求

(1) $P(\bar{A}\cup\bar{B})$；　　(2) $P(A\bar{B})$；　　(3) $P(A\cup\bar{B})$.

2. 证明定理 1 的推论 3.

3. 设 $P(A)=\dfrac{1}{2}$，$P(B)=\dfrac{1}{3}$，$P(C)=\dfrac{1}{4}$，$P(AB)=\dfrac{1}{8}$，$P(AC)=P(BC)=0$，求事件 A,B,C 至少发生一个的概率.

4. 某种灯泡只能用到 1500 小时的概率为 0.75，用到 2000 小时的概率为 0.50. 现在有一只这种灯泡已经用了 1500 小时，求它还能用到 2000 小时的概率.

5. 一批产品的次品率为 0.04，而正品中一等品占 75％. 现从这批产品中任意取出一只，求恰好取到一等品的概率.

6. 10 个考签中有 3 个难签，甲、乙、丙三人依次抽一个签（不放回），求

(1) 甲没有抽到难签而乙抽到难签的概率；

(2) 甲、乙、丙三人都抽到难签的概率.

7. 若事件 A 与 B 相互独立，$P(A\cup B)=0.76$，$P(A)=0.6$，求 $P(B)$.

8. 某电路由电池 a 和两个并联电池 b 与 c 串联而成. 设在一定时期内，电池 a,b，c 损坏的概率分别为 0.3，0.2，0.2，求该电路断电的概率.

9. 有甲、乙两批种子，发芽率分别为 0.9 和 0.8. 今在两批种子中各任取一粒，求

(1) 两粒种子都发芽的概率；

(2) 至少有一粒种子发芽的概率；

(3) 恰好有一粒种子发芽的概率.

10. 自动化流水生产线上加工某种零件需经过三道工序，各道工序独立生产. 经统计，第一、第二、第三道工序的次品率分别为 0.04，0.03，0.02，今从加工出来的零件中任取一个，求该零件为次品的概率.

11. 甲、乙、丙独立地破译某个密件，若三个人破译的概率分别为 1/3，1/5，1/4，求该密件能被他们三人破译的概率.

12. 在发射地甲与接收地乙之间有 n 个微波中继站. 设每个中继站发生故障的概率都是 p，求乙地能正常接收到甲地发射信号的概率.

*13. 设某种福利彩券有一半会中奖. 某人为了能以 99％ 的把握保证所购买的彩券中至少有一张中奖，问他至少应购买几张这种福利彩券？

14. 在 10 件产品中有 6 件一等品、4 件二等品. 若先从中任取一件，不放回，接着再任取一件，求第二次取到一等品的概率.

15. 在秋菜运输中，某汽车可能到甲、乙、丙三地去拉蔬菜. 经统计，汽车到这三地拉菜的概率分别为 0.5，0.2，0.3，而在这三地装到一级菜的概率分别为 0.6，

0.3,0.8.

  (1) 求该汽车拉到一级菜的概率;

  (2) 已知该汽车拉回了一级菜,求它是从甲地拉来的概率.

  16. 设某地区待业者中有 75% 能胜任工作 W,25% 不能胜任这项工作. 为协助挑选,特设计一项测验,使得能胜任工作 W 的待业者有 80% 通过这项测验,而不能胜任工作 W 的待业者仅有 10% 通过这项测验. 今从待业者中随机选出一人:

  (1) 求此人能通过这项测验的概率;

  (2) 若此人已通过这项测验,求他能胜任工作 W 的概率.

  17. 一医生对某种稀有疾病能正确诊断的概率为 0.3. 当诊断正确时,病人能治愈的概率为 0.4;若未被确诊,病人自然痊愈的概率为 0.1. 已知某病人已痊愈,求他被该医生确诊的概率.

  18. 一项智力测验中,有 10 道选择题,每个题目有 4 个答案供选择,其中只有一个答案是正确的. 在单凭猜测的情况下,分别求出做对 1 道题、5 道题、8 道题的概率.

  *19. 设 N 件产品中有 M 件次品,现从中随机抽查 n 件(放回抽样),求出现 k 件次品的概率.

  *20. 某工厂生产一种产品的次品率为 0.01,试定量地说明,从这批产品中随机抽取 100 件(放回抽样),是否必然会出现一件次品.

数学史话五　概率论的起源与公理化概率论的建立

一、概率论的起源

  古代埃及人为了忘记饥饿,常常聚在一起玩一种"猎犬与胡狼"的游戏,实际上就是今天的掷骰子游戏. 相对的两面上的数字之和为 7 的骰子大约产生于公元前 1400 年的埃及,骰子就是这类机会性游戏的工具.

  14 世纪,随着商贸和航海业的发展,海上保险业应运而生;到了 16 世纪,人寿保险及水灾、火灾等保险业相继出现. 这些都需要估计事故发生的可能性大小,从而促进了数学家们应用数学来分析和研究随机现象中蕴含的规律,因此,概率论的兴起可以说是因保险事业的发展而产生的. 但最初刺激数学家们思考概率问题的动力却是来自掷骰子游戏.

  概率的概念形成于 17 世纪. 欧洲许多国家的贵族盛行赌博之风,掷骰子是一种常用的赌博方式. 1654 年,法国一位热衷于掷骰子赌博的贵族德·梅尔,将他遇到的一些苦思难解的问题向数学家**帕斯卡**请教,帕斯卡写信和**费马**讨论,他们通过往来信件对赌博中的数学问题作了深入细致的研究. 后被来巴黎的荷兰科学家**惠更斯**获悉后,进一步独自研究,于1657 年写成《论掷骰子游戏中的计算》,这被认为是概率论的最早论著. 第一批概率论概念(如数学期望)和定理(如概率加法、乘法定理)的出现,标志着概率论的诞生. 因此,可以说早期概率论与数理统计的创立者是帕斯卡、费马和惠更斯. 这一时期(17—18 世纪初)运用的数学工具主要是排列组合,因此也称为组合概率时期.

在他们之后,**雅各布·贝努利**在前人研究的基础上,给出了"赌徒输光问题"的详尽解法,并证明了古典概率论中的一个极其重要的结果,即后人称为"贝努利定理"的极限定理,该定理刻画了大量经验观测中频率呈现的稳定性. 随着雅各布·贝努利的遗著《猜测术》在 1713 年出版,概率论成为一个独立的数学分支. 1777 年,法国科学家**蒲丰**(G. L. L. Buffon,1707—1788)在《能辨是非的算术试验》中提出了概率的几何定义. 1812 年,拉普拉斯在《概率的分析理论》中以分析工具处理概率论的基本内容,系统总结了前人成果,明确地给出了概率的古典定义. 1919 年,德国数学家**冯·米泽斯**(R. von Mises,1883—1953)给出了概率的统计定义.

二、公理化概率论的建立

随着研究的深入,前人们的工作日益暴露出不完善之处,古典定义和几何定义以等可能性或均匀性为基础,但实际问题中有很多情况不具有这种性质;统计定义虽然比较直观,但在理论上不够严密. 19 世纪末,概率论在统计物理等领域的应用,出现了对概率论的基本概念与原理进行解释的需要;1899 年法国学者**贝特朗**在《概率计算》一书中提出的著名悖论,更揭示出古典概率论中基本概念存在的矛盾与含糊之处. 所谓"贝特朗悖论"是:

在半径为 r 的圆内随机选择弦,求弦长超过圆内接正三角形边长的概率. 根据"随机选择"的不同理解,可以得到不同的答案.

(1) 如图 1 所示,考虑与圆内接正三角形 AEF 的一边 EF 平行的弦. 图中 AB 为直径,C,O,D 为 AB 的四等分点. 显然,与 EF 平行的弦当且仅当和 CD 相交时(如 GH),其长度才超过 EF,因此所求概率为 1/2.

(2) 如图 2 所示,考虑从正三角形 AEF 的顶点 A 引出的弦. 显然,当且仅当过 A 点的弦与圆在点 A 处之切线的夹角在 60°与 120°之间时,其长度才超过正三角形 AEF 的边长,因此所求概率为 1/3.

（3）若随机的意义理解为：弦的中点落在圆的某个部分的概率与该部分的面积成正比，则如图 3 所示，所示概率为 1/4. 因为当且仅当弦的中点落在半径为 $r/2$ 的同心圆内时，其长度才大于圆内接正三角形的边长，而此同心圆的面积是给定圆的面积的 1/4.

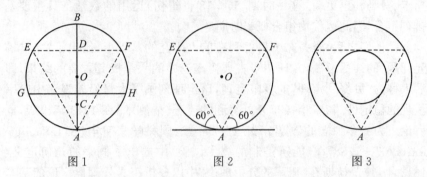

图 1　　　　　图 2　　　　　图 3

上述问题出现了三个答案，是由于对"等可能性"的三种不同理解. 解（1）是假设弦的中点位于直径上何处是等可能的；解（2）是假设弦的端点位于圆周上何处是等可能的；解（3）是假设弦的中点位于圆内何处是等可能的. 这一悖论说明以实验为基础、以等可能性或均匀性为前提的概率概念，有时是不明确的，因此开始受到猛烈批评. 如何将概率论建立在严格的逻辑基础上，成为迫切需要解决的问题.

1900 年，**希尔伯特**在第二次国际数学家大会上发表了著名演说，提出了推动数学进一步发展的 23 个问题. 其中第 6 个问题是：物理公理的数学处理，也包含概率论的公理化问题. 1905 年，**博雷尔**用测度论语言来表述概率论，为克服古典概率的弱点打开了大门，他还引入了可数事件集的概率，填补了古典有限概率与几何概率之间的空白. 从 1920 年代中期起，前苏联数学家**柯尔莫哥洛夫**开始从测度论途径探讨整个概率论理论的严格表述，1933 年其经典著作《概率论基础》出版. 他在这部著作中提出了概率论的公理化结构，建立起集合测度与事件概率的类比、积分与数学期望的类比、函数正交性与随机变量独立性的类比等，从而为概率论赋予了演绎数学的特征.

柯尔莫哥洛夫公理化概率论中的第一个基本概念是"基本事件集合". 假设进行某种试验，理论上允许任意次重复进行，每次试验都有一定的、依赖于机会的结果，所有可能结果的总体形成一个集合（空间）E，称之为基本事件集合. 这里，集合 E 的元素是抽象的、非具体的，正如公理化几何学中的点、线、面等一样.

　　E 的任意子集,称为随机事件. 从中考虑
一定的事件域,对于域中的每一个事件,都有
一个确定的非负实数与之对应,这个数就叫
作该事件的概率. 在这里,概率的定义同样是
抽象的,并不涉及频率或其他任何有具体背
景的概念.

　　柯尔莫哥洛夫提出了 6 条公理,然后使
概率论成为一门严格的演绎科学,并通过集
合论与其他数学分支密切地联系. 在公理化
的基础上,现代概率论取得了一系列理论突
破. 而概率论公理化一旦完成,就允许各种具

柯尔莫哥洛夫

体的解释. 概率概念从频率解释中抽象出来,又可以从形式系统再回到现
实世界,概率论的应用范围也空前地拓广了.

§6.4　随机变量及其概率分布

　　为了能够充分地利用数学工具来研究随机现象,必须将随机试验的
结果数量化. 为此,需要引进随机变量的概念,用随机变量的取值来描述
随机事件,从而可以运用精细的数学工具来研究随机现象的统计规律性,
使得概率论由以往的以排列组合为工具的初等概率,发展为能运用数学
分析方法研究的分析概率. 本节主要介绍随机变量概率分布的基本知识
以及常用的概率分布.

一、随机变量的概念

　　恩格斯在《自然辩证法》中指出:"有了变数,运动进入了数学,有了变
数,辩证法进入了数学. "随机现象具有各种可能结果,归根到底,反映了
客观世界的运动变化,这就启发我们把随机试验的每一个可能出现的结
果即基本事件与数联系起来,建立起由所有基本事件作为元素构成的集
合 Ω 与实数集合 **R** 或其一部分的对应关系,借以更好地描述、处理和解
决与随机现象有关的理论及应用问题.

　　事实上,对于极广泛的一类随机现象,其试验结果可以用数来表示.

例如：

在产品质量检验问题中，我们所关心的是出现的正品数或次品数. 若质检人员从一批产品中随机抽取 n 件，则其中的正品数或次品数取值于数集 $\{0,1,2,\cdots,n\}$ 之中.

在大学四级英语测试中，我们所关心的是成绩合格的人数. 若一个班级有 40 人参加测试，则其中的合格人数取值于数集 $\{0,1,2,\cdots,40\}$ 之中.

在普通射击竞赛中，我们所关心的是命中的环数. 运动员一次射击命中的环数取值于数集 $\{0,1,2,\cdots,10\}$ 之中.

在寻呼问题中，考虑某寻呼台在单位时间内接到的呼唤次数，由于我们难以明确指出呼唤次数的范围，不妨就认为它取值于非负整数集 $\{0,1,2,\cdots\}$ 之中.

在测量误差的研究中，若以某测量仪器的最小单位计数，则测量的舍入误差取值于数值 $(-0.5,0.5)$ 之中.

分析以上各例可以看出，这些随机试验的结果取值于一定数集之中，而这种取值实际上是随机事件的函数，通常称这种取值具有随机性的变量为随机变量.

定义 1 如果在一定的条件下，每次试验的结果可用 ξ 来表示，它受偶然因素的影响取一定范围内的各种数值，而在试验前无法预言它取什么值，则称 ξ 为**随机变量**.

需要指出的是：

（1）概率论中的随机变量与前面高等数学中通常讨论的变量是有区别的. 作为随机变量来讲，它的取值视随机试验的结果而定，因此随机变量不是自变量，而是随机事件的函数；从数学的角度看，随机变量是定义在所有基本事件作为元素构成的集合 Ω 上的实值函数.

（2）对于属性性质的随机试验，可以将试验结果数量化. 例如，对于一次抽检产品的试验结果，可用"1"表示"取得正品"，"0"表示"取得次品"，于是

$$\xi = \begin{cases} 1, & \text{若取得正品}, \\ 0, & \text{若取得次品} \end{cases}$$

就是刻画一次抽检结果的随机变量，而事件"取得正品"的概率为 $P\{\xi=1\}$，事件"取得次品"的概率为 $P\{\xi=0\}$.

（3）引入随机变量 ξ 的作用是将事件用随机变量取某个数值 $\{\xi=a\}$ 或在某个区间内取值 $\{a\leqslant\xi<b\}$，$\{\xi\leqslant b\}$，$\{\xi>a\}$ 等来表示，以便于在数学

上进行处理.

（4）随机变量一般用希腊字母 ξ,η,ζ 等来表示,其取值用小写英文字母 x,y,z 等来表示.

按照随机变量可能取的值的全体性质,通常将取有限多个或无限可列个值的随机变量称为离散型随机变量,而其余的统称为非离散型随机变量.在非离散型随机变量中,最重要的也是在实际问题中最常用的是一类所谓连续型随机变量,这类随机变量所取的可能值连续地充满某个区间甚至整个实数轴.

二、离散型随机变量的分布列

在前面高等数学中讨论的变量,只要知道它可能取什么值就够了;然而对于一个离散型随机变量,我们不仅要知道它可能取什么数值,更重要的是要知道它取这些值的可能性.

在对离散型随机变量 ξ 讨论时,都用取无限可列个数值的形式表示;对于 ξ 取有限多个数值的情形,有类似的结果.

设 ξ 为一离散型随机变量,其一切可能取值为 $x_1,x_2,\cdots,x_n,\cdots$,则
$$p_k = P(\xi = x_k), \qquad k = 1,2,\cdots,n,\cdots \tag{1}$$
清晰而完整地描述了随机变量 ξ 的取值规律,即取值的概率分布状况,称之为离散型随机变量的**概率质量函数**,简称为 ξ 的**概率函数**.为直观起见,写成表格的形式(见表 6-4).

表 6-4

ξ	x_1	x_2	$\cdots$	x_n	$\cdots$
$P(\xi = x_k)$	p_1	p_2	$\cdots$	p_n	$\cdots$

或记成
$$\xi \sim \begin{pmatrix} x_1 & x_2 & \cdots & x_n & \cdots \\ p_1 & p_2 & \cdots & p_n & \cdots \end{pmatrix}, \tag{2}$$
称其为离散型随机变量 ξ 的**概率分布列**,简称为 ξ 的**分布列**.

根据概率的性质,易知离散型随机变量 ξ 的分布列具备下列特性:

（1）非负性: $p_k = P(\xi = x_k) \geqslant 0$, $k = 1,2,\cdots,n,\cdots$;

（2）规范性: $\displaystyle\sum_{k=1}^{\infty} p_k = 1$.

特性(2)的成立是因为 ξ 的所有可能取值 $\{\xi=x_1\},\{\xi=x_2\},\cdots,\{\xi=x_n\},\cdots$ 构成一完备事件组,于是由概率的可列可加性知

$$\sum_{k=1}^{\infty} p_k = \sum_{k=1}^{\infty} P(\xi=x_k) = P\left(\sum_{k=1}^{\infty}(\xi=x_k)\right) = P(\Omega) = 1.$$

若掌握了离散型随机变量 ξ 的分布列,就能知道 ξ 在各范围内取值的概率,即为 ξ 在该范围内取那些可能值的概率之和. 因此,分布列全面地描述了离散型随机变量的统计规律性. 以后我们说求一个离散型随机变量的概率分布,指的就是求它的分布列.

例 1 一个袋中装有五只同样规格、编号分别为 $1,2,3,4,5$ 的球. 现从中同时取出三只球,求其中最大号码数的分布列.

解 设 ξ 为同时取出三只球中的最大号数,则 ξ 的一切可能取值为 $3,4,5$,于是由概率的古典定义知

$$P(\xi=k)=\frac{C_{k-1}^2}{C_5^3}, \quad k=3,4,5.$$

经计算有

$$P(\xi=3)=\frac{C_{3-1}^2}{C_5^3}=0.1, \quad P(\xi=4)=\frac{C_{4-1}^2}{C_5^3}=0.3, \quad P(\xi=5)=\frac{C_{5-1}^2}{C_5^3}=0.6,$$

或写成

$$\xi\sim\begin{pmatrix} 3 & 4 & 5 \\ 0.1 & 0.3 & 0.6 \end{pmatrix}.$$

三、几种常用的离散型概率分布

1. 贝努利分布(0—1 分布)

定义 2 若随机变量 ξ 的分布列为

$$\xi\sim\begin{pmatrix} 0 & 1 \\ q & p \end{pmatrix}, \quad \text{其中 } p>0, q=1-p, \tag{3}$$

则称 ξ 服从参数为 p 的**贝努利分布**,又叫 $0-1$ 分布. 此时,ξ 的概率函数为

$$P(\xi=k) = p^k q^{1-k}, \quad k=0,1.$$

贝努利分布是描述一次试验中事件 A 发生与否的概率分布情况的概率模型. 凡是一次试验只有两个可能结果,如产品是否合格、种子是否发芽、试验是否成功、射击是否命中、摸彩是否中奖、答案是否正确、考察是否合格、考试是否通过等随机现象,均可用贝努利分布来描述,只不过对不同的问题,参数 p 的值也不同.

例2　一道选择题有四个答案供选择,其中只有一个答案是正确的,某人单凭猜测进行选择,求他做对题数的概率分布.

解　记 ξ 为某人单凭猜测而做对的题数,则易知 ξ 服从参数 $p=\dfrac{1}{4}$ 的贝努利分布,即

$$\xi \sim \begin{pmatrix} 0 & 1 \\ \dfrac{3}{4} & \dfrac{1}{4} \end{pmatrix}.$$

2. 二项分布

定义3　若记 ξ 为 n 重贝努利试验中事件 A 出现的次数,则由二项概率公式知 ξ 的概率函数呈现为

$$P(\xi=k)=C_n^k p^k q^{n-k}, q=1-p, \ k=0,1,2,\cdots,n, \tag{4}$$

即

$$\xi \sim \begin{pmatrix} 0 & 1 & 2 & \cdots & k & \cdots & n \\ q^n & npq^{n-1} & C_n^2 p^2 q^{n-2} & \cdots & C_n^k p^k q^{n-k} & \cdots & p^n \end{pmatrix},$$

此时称 ξ 服从参数为 n,p 的**二项分布**,记作 $\xi \sim B(n,p)$.

显然,当 $n=1$ 时,$B(1,p)$ 就是参数为 p 的贝努利分布.

由贝努利概型的含义可知,二项分布专门适用于描述只有"成功"和"失败"两种对立试验结果的模型问题,它在实际使用中有着广泛的应用.

例3　某系统有 20 台设备独立工作,已知设备停止运转的概率为 0.05,求设备停止运转台数的分布列.

解　由题意知问题属于 $n=20,p=0.05$ 的贝努利概型.设 ξ 为 20 台设备中停止运转的台数,则

$$\xi \sim B(20,0.05),$$

于是

$$P(\xi=k)=C_{20}^k (0.05)^k (0.95)^{20-k}, \quad k=0,1,2,\cdots,20.$$

经计算便得 ξ 的分布列为

$$\xi \sim \begin{pmatrix} 0 & 1 & 2 & 3 & 4 & 5 & \cdots & 20 \\ 0.36 & 0.38 & 0.19 & 0.06 & 0.01 & 0.00 & \cdots & 0.00 \end{pmatrix}.$$

由此可见

$$P(\xi \leqslant 3) \approx 0.99, \qquad P(\xi \geqslant 4) \approx 0.01.$$

这表明如果有 3 台设备作为备用,就能以 99% 的把握保证有 20 台设备正常运转而不致影响生产.

如果将问题中"某系统"改为"某公交线路上","设备"改为"公共汽车",则结果表明,如果有 3 辆公共汽车作为备用,就能以 99% 的把握保证有 20 辆公共汽车在这条公交线路上正常行驶而不致影响客运.

本例解法中所分析出的"备用"思想方法,在实际中具有普遍意义.

例 4 一项测试共有四道选择题,每道选择题有四个答案供选择,其中只有一个答案是正确的,选对一道题得 2 分.某学生单凭猜测回答这四道选择题,求他所得分数的分布列.

解 由题意知问题属于 $n=4$,$p=\dfrac{1}{4}$ 的贝努利概型,记 ξ 为该生回答对的题数,则

$$\xi \sim B\left(4,\frac{1}{4}\right),$$

于是

$$P(\xi = k) = C_4^k \left(\frac{1}{4}\right)^k \left(\frac{3}{4}\right)^{4-k}, \quad k = 0,1,2,3,4,$$

经计算即得 ξ 的分布列为

$$\xi \sim \begin{pmatrix} 0 & 1 & 2 & 3 & 4 \\ \dfrac{81}{256} & \dfrac{27}{64} & \dfrac{27}{128} & \dfrac{3}{64} & \dfrac{1}{256} \end{pmatrix}.$$

又记 η 为该生所得的分数,注意到

$$P(\eta = 2k) = P(\xi = k), \quad k = 0,1,2,3,4,$$

于是得 η 的分布列为

$$\eta \sim \begin{pmatrix} 0 & 2 & 4 & 6 & 8 \\ \dfrac{81}{256} & \dfrac{27}{64} & \dfrac{27}{128} & \dfrac{3}{64} & \dfrac{1}{256} \end{pmatrix}.$$

3. 泊松分布

(1) 二项概率公式的泊松近似

在二项概率公式 $P(\xi = k) = C_n^k p^k q^{n-k}$ 中,当 n 很大时,计算是相当麻烦的.法国数学家泊松(Poisson,1781—1840)对二项概率公式的近似计算问题进行研究,于 1837 年发表了他所得到的一个逼近结果.

定理 1(泊松定理) 设 p_n 是 n 重贝努利试验中事件 A 发生的概率,$0 < p_n < 1$,若 $\lim\limits_{n \to \infty} n p_n = \lambda (>0)$,则

$$\lim_{n \to \infty} C_n^k p_n^k (1 - p_n)^{n-k} = \frac{\lambda^k}{k!} e^{-\lambda}, \quad k = 0,1,2,\cdots. \tag{5}$$

泊松定理表明,若 $\xi \sim B(n,p)$,而 n 很大(因而 p 较小),$\lambda = np$,则成立

$$P(\xi = k) \approx \frac{\lambda^k}{k!}e^{-\lambda}, \tag{6}$$

其中 $\frac{\lambda^k}{k!}e^{-\lambda}$ 的数值可通过查附录表 1 泊松分布数值表而得到.(6)式叫作二项概率的**泊松近似公式**,显然 n 愈大,近似程度愈好,该近似公式一般适用于二项分布中 $n \geqslant 50, p < 0.1$ 且 $\lambda = np$ 大小适中的情形.

（2）泊松分布

注意到对于任意正实数 λ,数列 $\left\{\frac{\lambda^k}{k!}e^{-\lambda}, k = 0, 1, 2, \cdots\right\}$ 满足

$$\frac{\lambda^k}{k!}e^{-\lambda} > 0, \sum_{k=0}^{\infty}\frac{\lambda^k}{k!}e^{-\lambda} = e^{-\lambda}\sum_{k=0}^{\infty}\frac{\lambda^k}{k!} = e^{-\lambda}e^{\lambda} = 1,$$

于是得到一个取值为一切非负整数的随机变量的概率分布.

定义 4 若随机变量 ξ 的概率函数为

$$P(\xi = k) = \frac{\lambda^k}{k!}e^{-\lambda}, \qquad k = 0, 1, 2, \cdots, \tag{7}$$

其中 $\lambda > 0$,即 ξ 的分布列为

$$\xi \sim \begin{pmatrix} 0 & 1 & 2 & \cdots & k & \cdots \\ e^{-\lambda} & \lambda e^{-\lambda} & \frac{\lambda^2}{2}e^{-\lambda} & \cdots & \frac{\lambda^k}{k!}e^{-\lambda} & \cdots \end{pmatrix},$$

则称 ξ 服从参数为 $\lambda(>0)$ 的**泊松分布**,记作 $\xi \sim P(\lambda)$.

不同的泊松分布 $P(\lambda)$,其中参数 λ 也不相同.λ 的概率意义见后面 §6.5.

泊松分布是最重要的离散型概率分布之一,它在管理科学、运筹学以及自然科学的某些问题中,占有重要的地位.

由泊松定理可知,二项分布在一定的条件下以泊松分布作为其极限分布,因而若 $\xi \sim B(n,p)$,则当 n 充分大而 p 很小,$\lambda = np$ 时,ξ 近似地服从参数为 λ 的泊松分布,不妨记作

$$\xi \sim P(\lambda).$$

据此可知,泊松分布是描述大量重复试验中稀有事件(即在每次试验中发生的机会很小的事件)出现次数概率分布的一种概率模型.例如,下面列举的各种随机现象,都可以近似地用泊松分布来描述(其中的参数 λ 可通过一定的方法来估计,参见 §6.5):在单位时间内某电话总机接到的呼唤

次数;在某段时间内到达一公共设施的"顾客"数;当生产处于稳定状态时的计点数(如1分钟内某纱锭的断头次数,一件电镀产品上的针孔数,每段布上的挑丝、破眼等疵点数,一定体积铸件的气孔数,一定钢架结构上的焊接不良处等);一定面积田地上的害虫数;显微镜下落在某区域内的血球或微生物数;一只母鸡的年产蛋数;某商店在一段时期内出售一种非紧俏商品的件数;某地区居民中超过百岁的老寿星数;某段时间内所发生的一种不幸事件的次数(如同年龄人的死亡数);某段时间内所发生的一种意外事故(如五级以上地震)的次数;某段时间内所发生的一种非常见病的病例数;等等.

例5 某商店出售一种贵重商品,由以往的销售记录知,这种贵重商品的月销售件数可用参数 $\lambda = 8$ 的泊松分布来描述.试确定上月底进货后的库存量,以使得能以99%的把握保证不脱销.

解 设该商店上月底进货后的库存量为 n. 记 ξ 为这种贵重商品的月销售件数,则

$$\xi \sim P(8).$$

按题意,所求的 n 是满足

$$P(\xi \leqslant n) \geqslant 0.99,$$

即

$$\sum_{k=0}^{n} \frac{8^k}{k!} e^{-8} \geqslant 0.99$$

的最小正整数 n. 查泊松分布数值表可知:

当 $n = 14$ 时,$\sum_{k=0}^{14} \frac{8^k}{k!} e^{-8} \approx 0.9831 < 0.99$;

当 $n = 15$ 时,$\sum_{k=0}^{15} \frac{8^k}{k!} e^{-8} \approx 0.9910 > 0.99$.

故上月底在进货后至少应库存15件这种贵重商品,才能以99%的把握充分满足顾客的需要.

四、分布函数

1. 分布函数的概念

如前所述,用分布列 —— 列举随机变量一切可能的取值及其相应概率的方法 —— 可以描述离散型随机变量的概率分布.但对连续型随机变量来说,由于它的可能取值连续地充满某个区间甚至整个实数轴,就不能

够——列举出来；况且直观上容易理解，连续型随机变量取一点值的概率为 0（我们将在本节第五段证明这一结论），因此对连续型随机变量，就不能像离散型随机变量那样用分布列来描述了．另一方面，对于连续型随机变量 ξ，一般需要知道 ξ 取值落在任意区间 $[a,b)$ $(a<b)$ 上的概率 $P(a\leqslant\xi<b)$．注意到

$$\{a\leqslant\xi<b\}=\{\xi<b\}-\{\xi<a\},$$
$$\{\xi<a\}\subset\{\xi<b\},$$

所以

$$P(a\leqslant\xi<b)=P(\xi<b)-P(\xi<a).$$

由此可见，若对任意给定的实数 x，事件 $\{\xi<x\}$ 的概率 $P(\xi<x)$ 能确定，那么概率 $P(a\leqslant\xi<b)$ 也就知道了．显然，概率 $P(\xi<x)$ 随着 x 的变化而变化，它是 x 的函数．

定义 5 设 ξ 为一随机变量（包括离散型与连续型），则称

$$F(x)=P(\xi<x), \qquad -\infty<x<+\infty \tag{8}$$

为随机变量 ξ 的**概率分布函数**，简称为 ξ 的**分布函数**.

为了区别不同随机变量的分布函数，有时将 ξ,η 的分布函数分别记作 $F_\xi(x)$，$F_\eta(x)$.

利用(8)式我们立刻得到基本计算公式

$$P(a\leqslant\xi<b)=F(b)-F(a), \tag{9}$$

即随机变量 ξ 取值落在区间 $[a,b)$ 上的概率等于其分布函数 $F(x)$ 在这个区间上的增量.

2. 分布函数的基本性质

定理 2 设 $F(x)$ 为随机变量 ξ 的分布函数，则

(1) $0\leqslant F(x)\leqslant 1$，$-\infty<x<+\infty$；

(2) $F(x)$ 是单调不减的函数，即对任意满足 $x_1<x_2$ 的实数 x_1 与 x_2，有 $F(x_1)\leqslant F(x_2)$；

(3) $F(-\infty)=\lim\limits_{x\to-\infty}F(x)=0$，$F(+\infty)=\lim\limits_{x\to+\infty}F(x)=1$；

(4) $F(x)$ 是左连续的：$F(x_0-0)=F(x_0)$，即对任意实数 x_0，有

$$\lim\limits_{x\to x_0-}F(x)=F(x_0).$$

性质(1)与(2)是显然的．性质(3)与(4)的证明要用较多的数学工具，这里从略．

应该指出的是，对于离散型随机变量，除了用分布列来描述它的统计

规律外,也可以用分布函数来描述.事实上,设 ξ 的概率函数为

$$P(\xi = x_k) = p_k, \qquad k = 1, 2, \cdots, n, \cdots,$$

则

$$\{\xi < x\} = \sum_{x_k < x} \{\xi = x_k\},$$

于是由概率的可列可加性便得 ξ 的分布函数

$$F(x) = P(\xi < x) = \sum_{x_k < x} P(\xi = x_k) = \sum_{x_k < x} p_k.$$

此时,$F(x)$ 为一非降阶梯函数,$F(x)$ 在间断点 $x_1, x_2, \cdots, x_n, \cdots$ 左连续而非右连续;而 $F(x)$ 在 x_k 处的跃度正好是 ξ 取值 x_k 的概率,所有跃度之和为 1.

五、连续型随机变量的概率密度函数

1. 连续型随机变量及其概率密度函数的概念

上一段刚刚指出,概率函数为 $P(\xi = x_k) = p_k (k = 1, 2, \cdots, n, \cdots)$ 的离散型随机变量 ξ 的概率分布函数为 $F(x) = \sum_{x_k < x} p_k$. 当随机现象由离散型转化为连续型场合时,所引入的连续型随机变量 ξ 的概率分布函数的类似表达式应该由原来的求和 "$\sum_{x_k < x}$" 转化为现在的无穷限反常积分 "$\int_{-\infty}^{x}$",相应地,原来可求和的分布列 $\{p_k\} (\geqslant 0)$ 就应该转化为非负可积的函数 $p(x)$. 基于这样的分析,便可引入下面的概念.

定义 6 设 $F(x)$ 为随机变量 ξ 的分布函数,若存在非负可积函数 $p(x)$,使得

$$F(x) = \int_{-\infty}^{x} p(t) \mathrm{d}t, \qquad -\infty < x < +\infty, \qquad (10)$$

则称 ξ 为**连续随机变量**,并称 $p(x)$ 为 ξ 的**概率密度函数**,简称为 ξ 的**概率密度**或 ξ 的**分布密度**.

由(10)式可知,连续型随机变量 ξ 的分布函数 $F(x)$ 是连续函数,其图形 $y = F(x)$ 是位于横轴 $y = 0$ 与直线 $y = 1$ 之间单调上升的连续曲线.

2. 概率密度函数的性质

(1) 非负性:$p(x) \geqslant 0$,即概率密度曲线 $y = p(x)$ 位于 x 轴的上方.

(2) 规范性:$\int_{-\infty}^{+\infty} p(x) \mathrm{d}x = 1$. 事实上

$$\int_{-\infty}^{+\infty} p(x)\mathrm{d}x = \lim_{x \to +\infty} \int_{-\infty}^{x} p(t)\mathrm{d}t = \lim_{x \to +\infty} F(x) = F(+\infty) = 1.$$

性质(2)的几何意义是介于概率密度曲线与横轴之间的平面图形的面积等于 1.

(3) 对任意满足 $a < b$ 的实数 a 与 b, 有

$$P(a \leqslant \xi < b) = \int_a^b p(x)\mathrm{d}x. \tag{11}$$

事实上由(9)式及(10)式有

$$P(a \leqslant \xi < b) = F(b) - F(a) = \int_{-\infty}^b p(x)\mathrm{d}x - \int_{-\infty}^a p(x)\mathrm{d}x$$

$$= \int_{-\infty}^a p(x)\mathrm{d}x + \int_a^b p(x)\mathrm{d}x - \int_{-\infty}^a p(x)\mathrm{d}x$$

$$= \int_a^b p(x)\mathrm{d}x.$$

根据定积分的几何意义, (11)式表明随机变量 ξ 取值于区间 $[a,b)$ 上的概率等于直线 $x=a, x=b, x$ 轴与概率密度曲线 $y=p(x)$ 所围成的曲边梯形的面积(参见图 6.3).

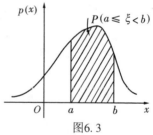

图6.3

作为性质(3)的推论, 可以证明连续型随机变量 ξ 取任何一点值 x 的概率为 0. 事实上, 设 $p(x)$ 为 ξ 的概率密度, 则由

$$\{\xi = x\} \subset \{x \leqslant \xi < x + \Delta x\}, \quad \Delta x > 0$$

以及(11)式可得

$$P(\xi = x) \leqslant P(x \leqslant \xi < x + \Delta x) = \int_x^{x+\Delta x} p(t)\mathrm{d}t,$$

令 $\Delta x \to 0$, 有

$$0 \leqslant P(\xi = x) \leqslant \lim_{\Delta x \to 0} \int_x^{x+\Delta x} p(t)\mathrm{d}t = 0,$$

故得 $P(\xi = x) = 0$.

有必要指出, 对于连续型随机变量 ξ 来说, 虽然有 $P(\xi=x)=0$, 但事件 $\{\xi=x\}$ 并非不可能事件, 它也是可能发生的. 例如日气温 T 是连续型随机变量, 虽然有 $P(T=15\,℃)=0$, 但是在日气温由高于 15 ℃ 向低于 15 ℃ 连续变化的过程中, 肯定要经过 15 ℃ 这一点.

既然连续型随机变量取任何一点值的概率为 0, 故有

$$P(a \leqslant \xi < b) = P(a \leqslant \xi \leqslant b) = P(a < \xi \leqslant b)$$

$$= P(a < \xi < b) = \int_a^b p(x)\mathrm{d}x, \tag{12}$$

因而今后求随机变量的取值落在某区间的概率时,就不必考虑这个区间是开的、闭的还是半开半闭的了.

(4) 若 $p(x)$ 在 x 处连续,则

$$p(x) = F'(x). \tag{13}$$

这由(10)式利用微积分学的基本定理立刻得证.(13)式表明,连续型随机变量的概率密度是其分布函数的导函数,或连续型随机变量的分布函数是其概率密度的一个原函数.

由性质(4)进而知

$$p(x) = F'(x) = \lim_{\Delta x \to 0+} \frac{F(x+\Delta x) - F(x)}{\Delta x}$$
$$= \lim_{\Delta x \to 0+} \frac{P(x \leqslant \xi < x+\Delta x)}{\Delta x},$$

可见,$p(x)$ 是随机变量 ξ 在区间 $[x, x+\Delta x)$ 上的平均概率的极限,类比物理上"质量密度"的概念,这正是我们称 $p(x)$ 为 ξ 的"概率密度"的理由. 基于这种分析,可将 $P(a \leqslant \xi < b)$ 看作是密度为 $p(x)$ 的质点系在区间 $[a, b)$ 上的质量.

例 6 设连续型随机变量 ξ 的概率密度为

$$p(x) = \frac{c}{1+x^2}, \quad -\infty < x < +\infty.$$

(1) 求常数 c;

(2) 求 ξ 的分布函数 $F(x)$;

(3) 求 $P(0 < \xi < 1)$.

解 (1) 由概率密度具有规范性有

$$1 = \int_{-\infty}^{+\infty} p(x)\mathrm{d}x = \int_{-\infty}^{+\infty} \frac{c}{1+x^2}\mathrm{d}x = c\arctan x \Big|_{-\infty}^{+\infty} = c\pi,$$

所以 $c = \frac{1}{\pi}$,从而

$$p(x) = \frac{1}{\pi(1+x^2)}, \quad -\infty < x < +\infty.$$

(2) 由(10)式得

$$F(x) = \int_{-\infty}^x \frac{1}{\pi(1+t^2)}\mathrm{d}t = \frac{1}{\pi}\arctan t \Big|_{-\infty}^x$$
$$= \frac{1}{\pi}\arctan x + \frac{1}{2}, \quad -\infty < x < +\infty.$$

(3) 由(13)式得

$$P(0 < \xi < 1) = \int_0^1 \frac{1}{\pi(1+x^2)} \mathrm{d}x = \frac{1}{\pi} \arctan x \Big|_0^1 = \frac{1}{4}.$$

六、几种常用的连续型概率分布

1. 均匀分布

定义 7 若随机变量 ξ 的概率密度函数为

$$p(x) = \begin{cases} \dfrac{1}{b-a}, & a < x < b, \\ 0, & \text{其他}, \end{cases} \qquad (a < b) \qquad (14)$$

则称 ξ 在区间 (a,b) 内服从**均匀分布**,记作 $\xi \sim U(a,b)$.

由(14)式知,当 $x \leqslant a$ 时,有

$$\int_{-\infty}^x p(t)\mathrm{d}t = \int_{-\infty}^x 0\mathrm{d}t = 0;$$

当 $a < x \leqslant b$ 时,有

$$\int_{-\infty}^x p(t)\mathrm{d}t = \int_{-\infty}^a 0\mathrm{d}t + \int_a^x \frac{1}{b-a}\mathrm{d}t = \frac{x-a}{b-a};$$

当 $x > b$ 时,有

$$\int_{-\infty}^x p(t)\mathrm{d}t = \int_{-\infty}^a 0\mathrm{d}t + \int_a^b \frac{1}{b-a}\mathrm{d}t + \int_b^x 0\mathrm{d}t = 1.$$

故此时 ξ 的分布函数为

$$F(x) = \int_{-\infty}^x p(t)\mathrm{d}t = \begin{cases} 0, & x \leqslant a, \\ \dfrac{x-a}{b-a}, & a < x \leqslant b, \\ 1, & x > b. \end{cases} \qquad (15)$$

服从均匀分布 $U(a,b)$ 的随机变量 ξ 的概率密度 $p(x)$ 与分布函数 $F(x)$ 的图形分别如图 6.4 与图 6.5 所示.

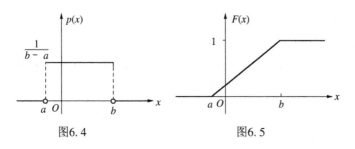

图6.4   图6.5

若 $\xi \sim U(a,b)$，则对区间 (a,b) 中的任一子区间 (c,d)，都有

$$P(c < \xi < d) = \int_c^d p(x)\mathrm{d}x = \int_c^d \frac{1}{b-a}\mathrm{d}x = \frac{d-c}{b-a},$$

这表明在某区间内服从均匀分布的随机变量落在属于这个区间中的子区间内的概率，只与这个子区间的长度成正比，而与该子区间所处的位置无关. 这正是"均匀分布"名称的由来.

均匀分布在误差分析中有着重要的应用. 假如在数值计算中，要求数据精确到小数点后面第 n 位，而对第 n 位以后的数字按四舍五入处理，则通常认为舍入误差是在 $(-0.5 \times 10^{-n}, 0.5 \times 10^{-n})$ 内服从均匀分布的随机变量. 据此就能对经过大量运算后的数据进行误差分析. 这种误差分析在运用计算机解题时很有必要，因为计算机中的字长总是有限的.

例 7 某路公共汽车每隔 8 分钟发出一辆汽车，一乘客在任一时刻到达车站是等可能的，求：

(1) 该乘客候车时间的概率分布；

(2) 该乘客候车时间超过 3 分钟的概率.

解 记 ξ 为该乘客候车的时间.

(1) 由于 ξ 在两辆公共汽车到达的间隔时间 8 分钟内是均匀出现的，故 $\xi \sim U(0,8)$，其概率密度为

$$p(x) = \begin{cases} \dfrac{1}{8}, & 0 < x < 8, \\ 0, & \text{其他.} \end{cases}$$

(2) 候车时间超过 3 分钟的概率为

$$P(3 < \xi < 8) = \int_3^8 p(x)\mathrm{d}x = \int_3^8 \frac{1}{8}\mathrm{d}x = \frac{5}{8}.$$

2. 指数分布

定义 8 若随机变量 ξ 的概率密度函数为

$$p(x) = \begin{cases} \lambda \mathrm{e}^{-\lambda x}, & x > 0, \\ 0, & x \leqslant 0, \end{cases} \quad (\lambda > 0) \tag{16}$$

则称 ξ 服从参数为 λ 的**指数分布**，记作 $\xi \sim E(\lambda)$.

不同的指数分布 $E(\lambda)$，其中参数 λ 也不相同. λ 的概率意义见 §6.5.

由(16)式知，当 $x \leqslant 0$ 时，有

$$\int_{-\infty}^x p(t)\mathrm{d}t = \int_{-\infty}^x 0\mathrm{d}t = 0;$$

当 $x > 0$ 时，有

$$\int_{-\infty}^{x} p(t)\mathrm{d}t = \int_{-\infty}^{0} 0\mathrm{d}t + \int_{0}^{x} \lambda \mathrm{e}^{-\lambda t}\,\mathrm{d}t = -\mathrm{e}^{-\lambda t}\Big|_{0}^{x} = 1 - \mathrm{e}^{-\lambda x}.$$

故此时 ξ 的分布函数为

$$F(x) = \int_{-\infty}^{x} p(t)\mathrm{d}t = \begin{cases} 1 - \mathrm{e}^{-\lambda x}, & x > 0, \\ 0, & x \leqslant 0. \end{cases} \tag{17}$$

服从指数分布 $E(\lambda)$ 的随机变量 ξ 的概率密度函数 $p(x)$ 与分布函数 $F(x)$ 的图形分别如图 6.6 与图 6.7 所示.

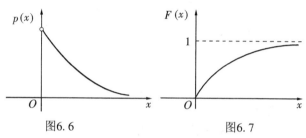

图6.6   图6.7

指数分布是描述一类特定事件发生所需等待时间之概率分布的一种概率模型,常用来作为各种无老化时"寿命"分布的近似. 例如某些耐用品(玻璃制品等)的寿命、某种动物的寿命、60 岁以前人的寿命(在这个阶段,人由于生理上老化而死亡的因素是次要的)、某人打电话所持续的时间、某机场从一架飞机起飞后到下一架飞机起飞之间的时间、位于断裂带附近的某城市从现在开始到下一次地震发生的时间等随机现象都可以用指数分布来描述. 在可靠性理论中,指数分布有着极其重要的应用,如许多电子元件的寿命、电路中保险丝的寿命、宝石轴承的寿命等也都服从指数分布.

例 8 设甲打一次电话所需用的时间(单位:分钟)服从参数 $\lambda = \dfrac{1}{5}$ 的指数分布,当乙排在他后面等待时,求:

(1) 乙需要等待 5 分钟以上的概率;

(2) 乙需要等待 5~10 分钟的概率.

解 记 ξ 为甲打电话所需用的时间,由题意知 $\xi \sim E\left(\dfrac{1}{5}\right)$,即 ξ 的概率密度函数为

$$p(x) = \begin{cases} \dfrac{1}{5}\mathrm{e}^{-\frac{1}{5}x}, & x > 0, \\ 0, & x \leqslant 0, \end{cases}$$

于是所求的概率分别为

297

(1) $P(\xi > 5) = \int_5^{+\infty} \frac{1}{5} e^{-\frac{1}{5}x} \, dx = -e^{-\frac{1}{5}x} \Big|_5^{+\infty} = e^{-1} \approx 0.368;$

(2) $P(5 < \xi < 10) = \int_5^{10} \frac{1}{5} e^{-\frac{1}{5}x} \, dx = -e^{-\frac{1}{5}x} \Big|_5^{10} = e^{-1} - e^{-2} \approx 0.233.$

3. 正态分布

(1) 正态分布的概念

高斯在研究测量的偶然误差

$$\varepsilon = 测量值 \, \xi - 真值 \, \mu$$

的统计规律时,用一种数学方法证明了随机变量 ε 在理论上的概率密度为

$$p_\varepsilon(x) = \frac{1}{\sqrt{2\pi}\sigma} e^{-\frac{x^2}{2\sigma^2}},$$

其中 $\sigma(> 0)$ 是刻画误差波动的一个量. 由 ε 的表达式立得

$$测量值 \, \xi = 真值 \, \mu + \varepsilon,$$

运用坐标平移的方法,易知此时随机变量 ξ 的概率密度为

$$p_\xi(x) = \frac{1}{\sqrt{2\pi}\sigma} e^{-\frac{(x-\mu)^2}{2\sigma^2}}, \quad -\infty < x < +\infty.$$

定义 9　若随机变量 ξ 的概率密度函数为

$$p(x) = \frac{1}{\sqrt{2\pi}\sigma} e^{-\frac{(x-\mu)^2}{2\sigma^2}}, \quad -\infty < x < +\infty, \tag{18}$$

其中 $-\infty < \mu < +\infty, 0 < \sigma < +\infty$,则称 ξ 服从参数为 μ, σ 的**正态分布**(又叫**高斯分布**),且称 ξ 为**正态变量**,记作 $\xi \sim N(\mu, \sigma^2)$.

不同的正态分布 $N(\mu, \sigma^2)$,其中参数 μ, σ 也不相同. μ, σ 的概率意义见 §6.5.

正态概率密度函数 $y = p(x)$ 的图形叫作**正态曲线**,如图 6.8 所示. 现在我们来验证由 (18) 式所给出的 $p(x)$ 的确是一个概率密度函数. 事实上,显然 $p(x) > 0$,即正态曲线在横轴的上方;又利用 §3.11 中已介绍过的

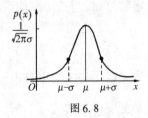

图 6.8

$$\int_0^{+\infty} e^{-x^2} \, dx = \frac{\sqrt{\pi}}{2},$$

经变量代换容易推得

$$\int_{-\infty}^{+\infty} \mathrm{e}^{-\frac{x^2}{2}} \mathrm{d}x = \sqrt{2\pi}, \tag{19}$$

于是

$$\int_{-\infty}^{+\infty} p(x)\mathrm{d}x = \frac{1}{\sqrt{2\pi}\sigma} \int_{-\infty}^{+\infty} \mathrm{e}^{-\frac{(x-\mu)^2}{2\sigma^2}} \mathrm{d}x \quad (\diamondsuit\ t = \frac{x-\mu}{\sigma})$$

$$= \frac{1}{\sqrt{2\pi}\sigma} \int_{-\infty}^{+\infty} \mathrm{e}^{-\frac{t^2}{2}} \sigma \mathrm{d}t = \frac{1}{\sqrt{2\pi}\sigma} \times \sqrt{2\pi}\sigma = 1.$$

通常称由(19)式表示的积分为欧拉-泊松积分.

利用极限和导数方法对正态曲线 $y = p(x)$ 进行研究,可知它具有如下性质:

① 曲线关于 $x = \mu$ 为轴对称;

② 曲线以 x 轴为其渐近线;

③ $p(x)$ 在 $x = \mu$ 处达到最大值 $\dfrac{1}{\sqrt{2\pi}\sigma}$;

④ 曲线依赖于两个参数 μ 和 σ:

若固定 σ 值而改变 μ 的值,则曲线沿 x 轴平行移动而不改变形状(见图6.9).可见正态曲线的位置完全由参数 μ 所确定,此时称 μ 为 $p(x)$ 的位置参数.

若固定 μ 值而改变 σ 的值,则由 $p(x)$ 的最大值为 $p(\mu) = \dfrac{1}{\sqrt{2\pi}\sigma}$ 以及曲线与横轴之间的平面图形面积为1可知,当 σ 减小时,$p(\mu)$ 增大,曲线越尖陡;当 σ 增大时,$p(\mu)$ 减小,曲线越低平(见图6.10).可见正态曲线的形状完全由参数 σ 所确定,此时称 σ 为 $p(x)$ 的形状参数.进而知 ξ 的取值落在 μ 附近的概率随 σ 的增大而减小.

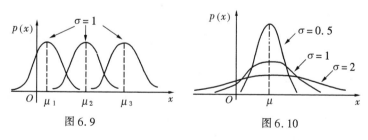

图6.9   图6.10

由上述正态概率密度的性质可知,正态曲线形如钟形,其特点是中间成一高峰,由高峰向两侧逐渐下降,先向内弯,(经过拐点 $x = \mu \pm \sigma$ 后)向外弯,降低速度先慢后快,以后又减慢,曲线向两端无限延伸,越来越接近底线,但永远不与底线相接,形成一个单峰的对称的钟形形状.

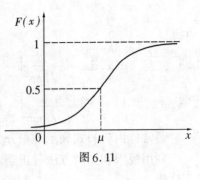

若 $\xi \sim N(\mu,\sigma^2)$,则 ξ 的分布函数为

$$F(x) = \frac{1}{\sqrt{2\pi}\sigma} \int_{-\infty}^{x} e^{-\frac{(t-\mu)^2}{2\sigma^2}} \, dt,$$

$$-\infty < x < +\infty, \quad (20)$$

其图形如图 6.11 所示.

图 6.11

(2) 标准正态分布

定义 10 称参数为 $\mu=0,\sigma=1$ 的正态分布为**标准正态分布**,即如果随机变量的概率密度为

$$\varphi(x) = \frac{1}{\sqrt{2\pi}} e^{-\frac{x^2}{2}}, \; -\infty < x < +\infty, \quad (21)$$

则称 ξ 服从**标准正态分布**,记作 $\xi \sim N(0,1)$.

当 $\xi \sim N(0,1)$ 时,其分布函数为

$$\Phi(x) = \frac{1}{\sqrt{2\pi}} \int_{-\infty}^{x} e^{-\frac{t^2}{2}} \, dt, \; -\infty < x < +\infty, \quad (22)$$

通常称之为**概率积分**,其值可通过查附录表 2 标准正态分布函数数值表而得到.

显然,当 $x=0$ 时,由对称性立得 $\Phi(0)=0.5$. 当 $x>0$ 时,由 $\Phi(x)$ 的几何意义可以看出(见图 6.12)

$$\Phi(-x) = 1 - \Phi(x), \quad (23)$$

故附录表 2 只列出了 $x \geqslant 0$ 时的标准正态分布函数 $\Phi(x)$ 的数值.

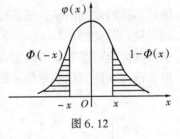

图 6.12

利用刚刚引入的记号 $\Phi(x)$ 知,若 $\xi \sim N(0,1)$,则

$$P(a \leqslant \xi < b) = \Phi(b) - \Phi(a). \quad (24)$$

(3) 一般正态分布与标准正态分布之间的关系

定理 3 若 $\xi \sim N(\mu,\sigma^2)$,则

$$\eta = \frac{\xi - \mu}{\sigma} \sim N(0,1). \quad (25)$$

证 由于 η 的概率分布函数为

$$F_\eta(x) = P(\eta < x) = P\left(\frac{\xi - \mu}{\sigma} < x\right)$$

$$= P(\xi < \mu + \sigma x) = F_\xi(\mu + \sigma x),$$

运用(12)式及复合函数求导公式便得 η 的概率密度函数为

$$p_\eta(x) = F_\eta{}'(x) = \frac{\mathrm{d}}{\mathrm{d}x} F_\xi(\mu + \sigma x) = F_\xi{}'(t)\mid_{t = \mu + \sigma x} (\mu + \sigma x)'$$

$$= \sigma p_\xi(t)\mid_{t = \mu + \sigma x} = \sigma p_\xi(\mu + \sigma x) = \sigma \cdot \frac{1}{\sqrt{2\pi}\sigma} e^{-\frac{[(\mu + \sigma x) - \mu]^2}{2\sigma^2}}$$

$$= \frac{1}{\sqrt{2\pi}} e^{-\frac{x^2}{2}} = \varphi(x),$$

即 η 的概率密度函数正是标准正态概率密度函数,所以 $\eta \sim N(0,1)$.

定理 3 叫作正态随机变量的标准化定理.

(4) 一般正态分布的概率计算公式

定理 4 若 $\xi \sim N(\mu, \sigma^2)$,则

$$P(a \leqslant \xi < b) = \Phi\left(\frac{b - \mu}{\sigma}\right) - \Phi\left(\frac{a - \mu}{\sigma}\right), \tag{26}$$

其中 $\Phi(x)$ 如(22)式所示.

证 记 $\eta = \frac{\xi - \mu}{\sigma}$,由定理 3 知 $\eta \sim N(0,1)$,于是运用(24)式有

$$P(a \leqslant \xi < b) = P\left(\frac{a - \mu}{\sigma} \leqslant \frac{\xi - \mu}{\sigma} < \frac{b - \mu}{\sigma}\right) = P\left(\frac{a - \mu}{\sigma} \leqslant \eta < \frac{b - \mu}{\sigma}\right)$$

$$= F_\eta\left(\frac{b - \mu}{\sigma}\right) - F_\eta\left(\frac{a - \mu}{\sigma}\right) = \Phi\left(\frac{b - \mu}{\sigma}\right) - \Phi\left(\frac{a - \mu}{\sigma}\right).$$

如果视 $\left[\frac{a - \mu}{\sigma}, \frac{b - \mu}{\sigma}\right)$ 为区间 $[a, b)$ 的标准化区间,则公式(26)式表明,一般正态变量取值落在某区间上的概率,等于标准正态分布函数 $\Phi(x)$ 在相应的标准化区间上的增量.

由(26)式还易知,若 $\xi \sim N(\mu, \sigma^2)$,则

$$P(\xi < x) = \Phi\left(\frac{x - \mu}{\sigma}\right). \tag{27}$$

例 9 已知 $\xi \sim N(0,1)$,求 $P(\xi < 1.45), P(-1 < \xi < 2)$.

解 首先有

$$P(\xi < 1.45) = \Phi(1.45) = 0.9265.$$

运用(24)式有

$$P(-1 < \xi < 2) = \Phi(2) - \Phi(-1) = \Phi(2) - [1 - \Phi(1)]$$
$$= \Phi(2) + \Phi(1) - 1 = 0.9773 + 0.8413 - 1$$
$$= 0.8186.$$

例 10 已知 $\xi \sim N(2.5, 4)$,求 $P(2.8 < \xi < 4.2)$,$P(1.5 < \xi < 3.8)$ 以及 $P(\xi < 3.2)$.

解 此时 $\mu = 2.5$,$\sigma = 2$,由 (26) 式得

$$P(2.8 < \xi < 4.2) = \Phi\left(\frac{4.2 - 2.5}{2}\right) - \Phi\left(\frac{2.8 - 2.5}{2}\right)$$
$$= \Phi(0.85) - \Phi(0.15) = 0.8023 - 0.5596$$
$$= 0.2427.$$

$$P(1.5 < \xi < 3.8) = \Phi\left(\frac{3.8 - 2.5}{2}\right) - \Phi\left(\frac{1.5 - 2.5}{2}\right)$$
$$= \Phi(0.65) - \Phi(-0.5)$$
$$= \Phi(0.65) - [1 - \Phi(0.5)]$$
$$= \Phi(0.65) + \Phi(0.5) - 1$$
$$= 0.7422 + 0.6915 - 1 = 0.4337.$$

由 (27) 式得

$$P(\xi < 3.2) = \Phi\left(\frac{3.2 - 2.5}{2}\right) = \Phi(0.35) = 0.6368.$$

例 11 某地区一种公共汽车车门的高度是按照控制男乘客与车门顶碰头的机会低于 1% 的要求来设计的. 设该地区男子身高服从 $\mu = 170(\text{cm})$,$\sigma = 9(\text{cm})$ 的正态分布,试确定车门的高度.

解 设车门的设计高度为 $h(\text{cm})$. 记 ξ 为该地区男子的身高,由题设知 $\xi \sim N(170, 9^2)$. 按照设计要求,所求的 h 是满足

$$P(\xi \geqslant h) \leqslant 0.01 \quad 即 \quad P(\xi < h) > 0.99$$

的最小值. 由 (27) 式有

$$\Phi\left(\frac{h - 170}{9}\right) > 0.99.$$

查标准正态分布函数数值表知

$$\Phi(2.33) = 0.9901 > 0.99,$$

再注意到 $\Phi(x)$ 单调递增,于是 h 应近似满足

$$\frac{h - 170}{9} \geqslant 2.33, \quad h \geqslant 170 + 2.33 \times 9 = 190.97,$$

因此确定车门高度为 $h = 191(\text{cm})$,即能达到设计要求.

（5）3σ 原则

例 12　设 $\xi \sim N(\mu, \sigma^2)$，求 ξ 的取值分别落在$(\mu-\sigma, \mu+\sigma)$，$(\mu-2\sigma, \mu+2\sigma)$，$(\mu-3\sigma, \mu+3\sigma)$ 内的概率.

解　由（26）式知此时

$$P(|\xi-\mu|<k\sigma)=P(\mu-k\sigma<\xi<\mu+k\sigma)$$
$$=\Phi\left(\frac{(\mu+k\sigma)-\mu}{\sigma}\right)-\Phi\left(\frac{(\mu-k\sigma)-\mu}{\sigma}\right)$$
$$=\Phi(k)-\Phi(-k)=2\Phi(k)-1,$$

令 $k=1,2,3$，分别有

$$P(|\xi-\mu|<\sigma)=2\Phi(1)-1=2\times0.841325-1\approx68.27\%,$$
$$P(|\xi-\mu|<2\sigma)=2\Phi(2)-1=2\times0.977250-1\approx95.45\%,$$
$$P(|\xi-\mu|<3\sigma)=2\Phi(3)-1=2\times0.998650-1\approx99.73\%.$$

计算结果表明，在一次试验中，正态变量 ξ 几乎不在区间 $(\mu-3\sigma, \mu+3\sigma)$ 之外取值，ξ 的取值几乎必然地落在 $(\mu-3\sigma, \mu+3\sigma)$ 内. 因此在实际应用中，常常认为 ξ 的取值满足 $|\xi-\mu|<3\sigma$，这就是正态分布的 **"3σ 原则"**（参见图 6.13）.

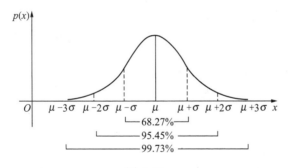

图 6.13

正态分布是概率论理论研究中最重要的一种概率分布，也是实际应用中最常见的一种概率分布. 相当广泛的一类随机变量的取值具有"中间多，两边少，左右基本对称"的特征，可以用正态分布或近似地用正态分布来刻画，诸如：测量的误差，人的身高、体重等医学上各种生理性状的测量指标以及某项智力测量指标，工业产品的尺寸、重量以及某种性能（如青砖的抗压强度、螺丝的口径、纤维的强力、飞机材料的疲劳应力、炼钢厂每炉钢水的含碳量）等度量指标，小麦的亩产量、千粒重等作物的度量指标，一片森林中树的高度、胸径等植物的度量指标，海洋波浪的高度，射击时命中点的横、纵坐标,正常情况下一门课程考试的成绩,等等,均服从或近似服从正态分布.这些量有一个共同的特点,即它们都可以看作是许多独立随机因素作用的总结果,而每一个随机因素所起的影响都很小.理论上可以证明,只要某个随机变量是由大量相互独立的随机因素的总和所构成,而每一个个别因素对总和的影响都是均匀微小的,那么就可以断定该随机变量近似地服从正态分布.

习 题 6.4

1. 设随机变量 ξ 的概率函数为

$$P(\xi = k) = c\left(\frac{2}{3}\right)^k, k = 0, 1, 2, 3.$$

(1) 求常数 c;

(2) 求 ξ 取值落在 $(0, 3)$ 内的概率.

2. 求一个袋中装有五只同样规格、编号分别为 $1, 2, 3, 4, 5$ 的球,现从中同时取出三只球,求其中最小号码数的分布列.

3. 在 10 件产品中有 8 件正品、2 件次品,现从中随机抽取 2 件,求取得次品数的分布列.

4. 某学生参加一项智力竞赛,共回答了四个问题,若该生对每个问题回答正确与否是等可能的,求该生答对题数的分布列.

5. 某学生单凭猜测做五道是非题,每做对一题得 2 分,求该生所得分数的分布列.

6. 在一批同种规格的电子元件中,规定使用寿命超过 6000 小时的为一等品.已知这批产品的一等品率为 0.3,现随机抽检 20 只,求其中含有一等品数的概率分布,并写出其概率函数.

7. 某寻呼台在 1 分钟内接到的呼唤次数服从参数 $\lambda = 5$ 的泊松分布,求

(1) 在 1 分钟内接到 6 次呼唤的概率;

(2) 在 1 分钟内接到呼唤不超过 10 次的概率.

8. 某商场一种商品的月销售量可用参数为 $\lambda = 6$ 的泊松分布来描述.假定每个月进的货都销完,问商场在月初至少应进多少件这种商品,才能保证当月以 99.9% 的把握不脱销?

*9. 为确保设备正常运转,需要配备适当数量的维修工人.现有同类型设备 300 台,各台工作相互独立,每台发生故障的概率都是 0.01,在正常情况下,一台设备出

故障时一人即能处理. 问至少应配备几个维修工人, 才能以 99% 的把握保证设备出故障时不致因维修工人不足不能及时处理故障而影响生产?

10. 设随机变量 ξ 的概率密度为

$$p(x) = \begin{cases} A\cos x, & |x| < \dfrac{\pi}{2}, \\ 0, & |x| \geqslant \dfrac{\pi}{2}. \end{cases}$$

(1) 求常数 A;

(2) 求 ξ 取值落在 $\left(-\dfrac{\pi}{4}, \dfrac{\pi}{4}\right)$ 内的概率;

(3) 求 ξ 的分布函数.

11. 设随机变量 ξ 的分布函数为

$$F(x) = \begin{cases} 0, & x < 0, \\ cx^2, & 0 \leqslant x < 1, \\ 1, & x \geqslant 1. \end{cases}$$

(1) 求常数 c;

(2) 求 ξ 取值落在 $(0.25, 0.75)$ 内的概率;

(3) 求在四次独立试验中, 有三次取值恰好落在 $(0.25, 0.75)$ 内的概率.

12. 设某种电阻 R(单位: 欧姆)在 $(900, 1100)$ 内服从均匀分布, 求 R 取值于 $(950, 1000)$ 内的概率.

13. 设舍入误差 ε 在 $(-0.5 \times 10^{-6}, 0.5 \times 10^{-6})$ 内服从均匀分布, 求 ε 取值于 $(-0.2 \times 10^{-6}, 0.1 \times 10^{-6})$ 内的概率.

14. 某种型号日光灯管的使用寿命(单位: 小时)服从参数 $\lambda = \dfrac{1}{2000}$ 的指数分布.

(1) 任取一只这种灯管, 求它能正常使用 1500 小时以上的概率;

(2) 已知该灯管已经使用了 1500 小时, 求它还能使用 500 小时以上的概率.

15. 设 $\xi \sim N(\mu, \sigma^{-2})$, 问随着 σ 的增大或减小, 概率 $P(|\xi - \mu| < \sigma)$ 是如何变化的?

16. 设 $\xi \sim N(0, 1)$, 求 $P(0.02 < \xi < 2.37)$, $P(-2.1 < \xi < 1.9)$, $P(-2.53 < \xi < -1.21)$, 并求满足 $P(|\xi| < x) = 0.7850$ 的 x 值.

17. 设 $\xi \sim N(3, 4^2)$, 求 $P(\xi < 2)$, $P(2 < \xi \leqslant 10)$, $P(-2 \leqslant \xi \leqslant 8)$, $P(|\xi| > 4)$.

18. 由某机器生产的螺栓的长度(单位: cm)服从参数 $\mu = 10.05, \sigma = 0.06$ 的正态分布, 规定长度在范围 10.05 ± 0.12 内为合格品, 求一螺栓为不合格品的概率.

19. 某高等师范学校一年级高等数学的考试成绩可以用参数 $\mu = 75$(分), $\sigma = 8$(分)的正态分布来描述, 学院规定 85 分及其以上的为"优秀", 求该年级高等数学成绩为"优秀"的学生占全年级总人数的百分数.

*20. 某市从南郊某地乘车前往北区火车站乘火车有两条路线可行驶: 一条路线

是经过市区行驶,路程较短,但易受交通拥挤的影响,所需时间 ξ(单位:分钟)近似服从正态分布 $N(50,100)$;另一条路线是沿环城公路行驶,路程较长,但意外阻塞少,所需时间 η 近似服从正态分布 $N(60,16)$.

(1) 假如有 70 分钟可用,问选择哪条路线行驶,能以较大的把握按时到达?

(2) 假如只有 65 分钟可用,又应选择哪一条路线行驶?

§6.5 随机变量的数字特征

在上一节中我们已经看到,随机变量的概率分布完整地描述了该随机变量取值的统计规律.但是在许多实际问题中,要确定一个具体随机变量的概率分布有时很困难,而往往只需要知道随机变量在某些方面的特征就够了.例如,为了比较两个班级学生某门课程的考试成绩,仅看记录每个学生考试成绩的记分册还不够,还应在记分册的基础上进行一些统计分析.通常的做法是把两个班级的平均分数分别计算出来,看哪个班的平均分数高.此外,我们还关心每个班级学生成绩的差异状况,这就需要对每个班级考察各学生得分关于该班级平均分数的偏离程度.显然,从整体上来看,平均分数越高,关于平均分数的偏离程度越小的班级,学习成绩就越好.像这些能够用简洁形式刻画随机变量某种特征的量,就叫作**随机变量的数字特征**.随机变量有很多数字特征,本节仅介绍最常用的两种数字特征——数学期望与方差,它们分别刻画了随机变量取值的统计平均状况和分散程度;而一些常用概率分布正是由这两种数字特征所唯一确定的,所以它们在理论上和应用上都十分重要.

一、数学期望

1. 离散型随机变量的数学期望

例1 甲、乙两射手在同样条件下进行射击,经统计,这两名射手命中环数 ξ,η 的分布列分别为

$$\xi \sim \begin{pmatrix} 8 & 9 & 10 \\ 0.1 & 0.4 & 0.5 \end{pmatrix}, \qquad \eta \sim \begin{pmatrix} 8 & 9 & 10 \\ 0.2 & 0.1 & 0.7 \end{pmatrix},$$

试评定这两个射手的成绩.

解 如果在分布列中,对 ξ 与 η 的取值个别地进行比较,我们难以立

即得出合理的结论. 现在通过考察他们平均命中的环数来进行评定. 若让甲、乙各射击 N 次,记甲命中 $8,9,10$ 环的次数分别为 m_1,m_2,m_3,乙命中 $8,9,10$ 环的次数分别为 n_1,n_2,n_3,这里 $m_1+m_2+m_3=N,n_1+n_2+n_3=N$,则甲平均命中的环数为

$$\bar{\xi} = \frac{1}{N}(8m_1+9m_2+10m_3) = 8\times\frac{m_1}{N}+9\times\frac{m_2}{N}+10\times\frac{m_3}{N},$$

乙平均命中的环数为

$$\bar{\eta} = \frac{1}{N}(8n_1+9n_2+10n_3) = 8\times\frac{n_1}{N}+9\times\frac{n_2}{N}+10\times\frac{n_3}{N}.$$

上面 $\bar{\xi}$ 表达式中的 $m_1/N,m_2/N,m_3/N$ 是甲在 N 次射击中分别命中 $8,9,10$ 环的频率; $\bar{\eta}$ 表达式中的 $n_1/N,n_2/N,n_3/N$ 是乙在 N 次射击中分别命中 $8,9,10$ 环的频率. 由于概率是频率的稳定值,所以随着 N 的增加,由条件知 $m_1/N,m_2/N,m_3/N$ 分别稳定于 $0.1,0.4,0.5$; $n_1/N,n_2/N,n_3/N$ 分别稳定于 $0.2,0.1,0.7$. 进而知

$\bar{\xi}$ 稳定于 $8\times0.1+9\times0.4+10\times0.5=9.4$(环),

$\bar{\eta}$ 稳定于 $8\times0.2+9\times0.1+10\times0.7=9.5$(环).

因此从平均每次射击命中的环数来看,乙射手的射击成绩略优于甲射手.

上述 $\bar{\xi},\bar{\eta}$ 的稳定值 9.4(环), 9.5(环)实际上分别是甲、乙射手每次射击命中环数的统计平均值.

定义1 设离散型随机变量 ξ 的概率函数为 $P(\xi=x_k)=p_k,k=1,2,\cdots,n,\cdots$,若级数 $\sum\limits_{k=1}^{\infty}x_kp_k$ 绝对收敛,即 $\sum\limits_{k=1}^{\infty}|x_k|p_k<+\infty$,则称 $\sum\limits_{k=1}^{\infty}x_kp_k$ 为随机变量 ξ 的**数学期望**,记作 $E(\xi)$,即

$$E(\xi) = \sum_{k=1}^{\infty}x_kp_k. \tag{1}$$

应该指出的是:

(1) $E(\xi)$ 由 ξ 的概率分布唯一确定,所以又称它为某概率分布的数学期望.

(2) $E(\xi)$ 刻画了 ξ 的统计平均值,是 ξ 取值环绕的中心,是代表集中性的特征数,它与普通的算术平均值有着本质的差别.

(3) $E(\xi)$ 是一个实数,它与 ξ 的取值具有相同的单位.

(4) 定义中要求(1)式右端级数绝对收敛的条件必不可少,这是因为对同一个随机变量,它的取值 $x_k(k=1,2,\cdots)$ 的排列次序可以有所不同,因此刻画一个随机变量的数字特征只能与其概率分布有关,不应受 $x_k(k=1,2,\cdots)$ 的排列次序的影响,而数学上要求(1)式右端级数绝对收

敛就能保证该级数不致因变更被加项的次序而影响其收敛性及和. 如果级数 $\sum_{k=1}^{\infty} |x_k| \, p_k$ 发散, 则称随机变量 ξ 的数学期望不存在. 由此可知, 若 ξ 只取有限个值, 则 $E(\xi)$ 一定存在. 即

$$\text{若 } \xi \sim \begin{pmatrix} x_1 & x_2 & \cdots & x_n \\ p_1 & p_2 & \cdots & p_n \end{pmatrix}, \text{则 } E(\xi) = \sum_{k=1}^{n} x_k p_k. \tag{2}$$

(5) 在实际应用中, 可通过独立地取 ξ 一定次数的观测值 $x_1, x_2, \cdots, x_n$, 用它们的算术平均值 $\bar{x} = \dfrac{1}{n} \sum_{k=1}^{n} x_k$ 作为 $E(\xi)$ 的近似估计值.

(6) 对于例 1, 有

$$E(\xi) = 8 \times 0.1 + 9 \times 0.4 + 10 \times 0.5 = 9.4 (\text{环}),$$
$$E(\eta) = 8 \times 0.2 + 9 \times 0.1 + 10 \times 0.7 = 9.5 (\text{环}),$$

由于 $E(\eta) > E(\xi)$, 所以乙射手的射击成绩略优于甲射手. 由该例可见, 利用数学期望, 可在一定程度上对同一性质的两种结果进行比较.

例 2　设随机变量 ξ 服从参数为 p 的贝努利分布, 求 $E(\xi)$.

解　此时 $\xi \sim \begin{pmatrix} 0 & 1 \\ q & p \end{pmatrix}$, 故

$$E(\xi) = 0 \times q + 1 \times p = p.$$

例 3　设随机变量 ξ 服从参数为 n, p 的二项分布, 求 $E(\xi)$.

解　由 $\xi \sim B(n, p)$ 知其概率函数为

$$P(\xi = k) = C_n^k p^k q^{n-k}, \quad k = 0, 1, 2, \cdots, n,$$

于是

$$E(\xi) = \sum_{k=0}^{n} k C_n^k p^k q^{n-k} = \sum_{k=1}^{n} \frac{n!}{(k-1)!(n-k)!} p^k q^{n-k}$$
$$= np \sum_{k=1}^{n} C_{n-1}^{k-1} p^{k-1} q^{(n-1)-(k-1)} = np \sum_{l=0}^{n-1} C_{n-1}^l p^l q^{(n-1)-l}$$
$$= np(q+p)^{n-1} = np.$$

例如, 某人独立进行 20 次射击, 若命中率为 0.8, 则平均命中 $20 \times 0.8 = 16$ 次.

又如, 对 §6.4 中的例 4, 某学生单凭猜测回答四道四选一的选择题, 他答对的题数 $\xi \sim B\left(4, \dfrac{1}{4}\right)$, 于是他所答对的平均题数为 $4 \times \dfrac{1}{4} = 1$.

例 4　设随机变量 ξ 服从参数为 λ 的泊松分布, 求 $E(\xi)$.

解　由 $\xi \sim P(\lambda)$ 知其概率函数为

$$P(\xi = k) = \frac{\lambda^k}{k!}\mathrm{e}^{-\lambda}, \quad k = 0,1,2,\cdots,$$

于是

$$E(\xi) = \sum_{k=0}^{\infty} k \cdot \frac{\lambda^k}{k!}\mathrm{e}^{-\lambda} = \lambda \mathrm{e}^{-\lambda} \sum_{k=1}^{\infty} \frac{\lambda^{k-1}}{(k-1)!}$$

$$= \lambda \mathrm{e}^{-\lambda} \sum_{l=0}^{\infty} \frac{\lambda^l}{l!} = \lambda \mathrm{e}^{-\lambda}\mathrm{e}^{\lambda} = \lambda.$$

结果表明,泊松分布由其数学期望唯一确定.

2. 连续型随机变量的数学期望

为了对连续型随机变量的数学期望给出一个合理的定义,我们采用将"连续型问题"作为"离散化问题"的极限这种思想方法来处理.

设 ξ 是连续型随机变量,其概率密度函数 $p(x)$ 只在 $[a,b)$ 上取非零值,即

$$p(x) = \begin{cases} f(x), & a \leqslant x < b, \\ 0, & \text{其他.} \end{cases}$$

今对区间 $[a,b)$ 作任一分割,设其分点为 $a = x_0 < x_1 < x_2 < \cdots < x_n = b$,并记分割的第 k 个小区间 $[x_k, x_{k+1})$ 的长度为 Δx_k. 现在引进一个新的随机变量 ξ^*,规定

$$\xi^* \text{ 取值 } x_k \Leftrightarrow \xi \text{ 取值于} [x_k, x_{k+1}), \quad k = 0,1,\cdots, n-1,$$

于是

$$P(\xi^* = x_k) = P(x_k \leqslant \xi < x_{k+1}) = \int_{x_k}^{x_{k+1}} f(x)\mathrm{d}x = f(x_k')\Delta x_k,$$

其中 $x_k' \in [x_k, x_{k+1})$,从而 ξ^* 的数学期望为

$$E(\xi^*) = \sum_{k=0}^{n-1} x_k P(\xi^* = x_k) = \sum_{k=0}^{n-1} x_k f(x_k')\Delta x_k.$$

容易看出,当分割的细度 $\max_k\{\Delta x_k\} \to 0$ 时,上式左端趋于原随机变量 ξ 的数学期望,而右端积分和趋于定积分 $\int_a^b x f(x)\mathrm{d}x$. 再注意到 $p(x)$ 只在 $[a,b)$ 上取非零的 $f(x)$,当 $x \notin [a,b)$ 时,$p(x) = 0$,因此,$\int_a^b x p(x)\mathrm{d}x = \int_{-\infty}^{+\infty} x p(x)\mathrm{d}x$. 可见将 $\int_{-\infty}^{+\infty} x p(x)\mathrm{d}x$ 作为 ξ 的数学期望是合理的.

当 ξ 在 $(-\infty, +\infty)$ 上取值时,完全可以作出类似的分析,因此对连

续型随机变量的数学期望有下面的定义 2.

定义 2 设 ξ 为连续型随机变量,其概率密度函数为 $p(x)$,若积分 $\int_{-\infty}^{+\infty} xp(x)\mathrm{d}x$ 绝对收敛,即 $\int_{-\infty}^{+\infty} |x| p(x)\mathrm{d}x < +\infty$,则称 $\int_{-\infty}^{+\infty} xp(x)\mathrm{d}x$ 为随机变量 ξ 的**数学期望**,记作 $E(\xi)$,即

$$E(\xi) = \int_{-\infty}^{+\infty} xp(x)\mathrm{d}x. \tag{3}$$

对该定义完全可以作出类似于对定义 1 的分析和说明.

例 5 设随机变量 ξ 在 (a,b) 内服从均匀分布,求 $E(\xi)$.

解 由 $\xi \sim U(a,b)$ 知其概率密度为

$$P(x) = \begin{cases} \dfrac{1}{b-a}, & a < x < b, \\ 0, & \text{其他}, \end{cases}$$

于是

$$E(\xi) = \int_{-\infty}^{+\infty} xp(x)\mathrm{d}x = \int_a^b x \cdot \frac{1}{b-a}\mathrm{d}x = \frac{1}{b-a} \cdot \frac{x^2}{2}\Big|_a^b = \frac{a+b}{2}.$$

例 6 设随机变量 ξ 服从参数为 λ 的指数分布,求 $E(\xi)$.

解 由 $\xi \sim E(\lambda)$ 知其概率密度为

$$p(x) = \begin{cases} \lambda \mathrm{e}^{-\lambda x}, & x > 0, \\ 0, & x \leqslant 0, \end{cases}$$

于是

$$E(\xi) = \int_{-\infty}^{+\infty} xp(x)\mathrm{d}x = \int_0^{+\infty} x \cdot \lambda \mathrm{e}^{-\lambda x}\mathrm{d}x = \int_0^{+\infty} x\mathrm{d}(-\mathrm{e}^{-\lambda x})$$

$$= x(-\mathrm{e}^{-\lambda x})\Big|_0^{+\infty} + \int_0^{+\infty} \mathrm{e}^{-\lambda x}\mathrm{d}x = -\frac{1}{\lambda}\mathrm{e}^{-\lambda x}\Big|_0^{+\infty} = \frac{1}{\lambda}.$$

在电子工业产品其"寿命"ξ 服从 $E(\lambda)$ 的"寿命分布"问题中,若某类产品的平均寿命 $E(\xi) = \dfrac{1}{\lambda} = 10^k$(小时),则 $\lambda = 10^{-k}$,此时称该类产品属于"k 级".

例 7 设随机变量 ξ 服从参数为 μ, σ 的正态分布,求 $E(\xi)$.

解 由 $\xi \sim N(\mu, \sigma^2)$ 知其概率密度为

$$p(x) = \frac{1}{\sqrt{2\pi}\sigma}\mathrm{e}^{-\frac{(x-\mu)^2}{2\sigma^2}}, \quad -\infty < x < +\infty,$$

310   于是

$$E(\xi) = \int_{-\infty}^{+\infty} x \cdot \frac{1}{\sqrt{2\pi}\sigma} e^{-\frac{(x-\mu)^2}{2\sigma^2}} \, dx \quad (\diamondsuit\ t = \frac{x-\mu}{\sigma})$$

$$= \frac{1}{\sqrt{2\pi}\sigma} \int_{-\infty}^{+\infty} (\sigma t + \mu) e^{-\frac{t^2}{2}} \sigma dt$$

$$= \frac{\sigma}{\sqrt{2\pi}} \int_{-\infty}^{+\infty} t e^{-\frac{t^2}{2}} \, dt + \frac{\mu}{\sqrt{2\pi}} \int_{-\infty}^{+\infty} e^{-\frac{t^2}{2}} \, dt$$

$$= 0 + \frac{\mu}{\sqrt{2\pi}} \cdot \sqrt{2\pi} = \mu.$$

计算结果表明,正态分布中的第一参数 μ 正是其数学期望.

3. 随机变量函数的数学期望

在实际中,还经常遇到求随机变量函数的数学期望问题.

设 ξ 是随机变量,$y = f(x)$ 为分段连续函数,则 $\eta = f(\xi)$ 也是随机变量,其数学期望可按下述公式计算:

(1) 若 $\xi \sim \begin{pmatrix} x_1 & x_2 & \cdots & x_n \\ p_1 & p_2 & \cdots & p_n \end{pmatrix}$, 则

$$E(\eta) = E[f(\xi)] = \sum_{k=1}^{n} f(x_k) p_k; \tag{4}$$

(2) 若 $\xi \sim \begin{pmatrix} x_1 & x_2 & \cdots & x_n & \cdots \\ p_1 & p_2 & \cdots & p_n & \cdots \end{pmatrix}$, 则

$$E(\eta) = E[f(\xi)] = \sum_{k=1}^{\infty} f(x_k) p_k; \tag{5}$$

(3) 若 ξ 的概率密度函数为 $p(x)$,则

$$E(\eta) = E[f(\xi)] = \int_{-\infty}^{+\infty} f(x) p(x) \, dx. \tag{6}$$

要注意运用公式(5)与(6)的前提都是要求其右端绝对收敛.

求随机变量函数的数学期望公式的作用在于,为求 $\eta = f(\xi)$ 的数学期望,不必先求 η 的概率分布,只需知道 ξ 的概率分布,按这三个公式直接计算就行了.

4. 数学期望的性质

在下面的讨论中,对所遇到的数学期望都假定存在.

从数学期望的定义出发,容易证明数学期望具有下列三条性质:

(1) 若 c 为常数,则 $E(c) = c$.

(2) 若 $a \leqslant \xi \leqslant b$,则 $a \leqslant E(\xi) \leqslant b$,其中 a, b 为常数,$a < b$.

(3) $E(a\xi+b) = aE(\xi)+b$,其中 a,b 为常数.

数学期望运算还具有如下的线性运算性质:

(4) 设 $\xi_1,\xi_2,\cdots,\xi_n$ 是同一随机试验中的任意 n 个随机变量,则对任意常数 $a_1,a_2,\cdots,a_n$ 及 b,成立

$$E\left(\sum_{k=1}^{n}a_k\xi_k+b\right) = \sum_{k=1}^{n}a_kE(\xi_k)+b. \tag{7}$$

二、方差

1. 方差的概念

随机变量的数学期望反映了随机变量取值的集中位置,但在许多实际问题中,仅仅知道这一个数字特征是不够的. 例如有甲、乙两种型号的手表,经统计,它们的日走时误差(单位:秒)ξ,η 的分布列分别为

$$\xi\sim\begin{pmatrix} -1 & 0 & 1 \\ 0.1 & 0.8 & 0.1 \end{pmatrix}, \quad \eta\sim\begin{pmatrix} -2 & -1 & 0 & 1 & 2 \\ 0.1 & 0.2 & 0.4 & 0.2 & 0.1 \end{pmatrix}.$$

易算得 $E(\xi) = E(\eta) = 0$,表明单以日走时误差的统计平均值来看,分不出这两种型号手表的准确度. 但是从这两个分布列可以大致看出,乙种型号手表的日走时波动较大,不如甲种型号手表日走时稳定. 为了定量地刻画这种取值波动状况,还需要引入新的数字特征. 既然随机变量的取值是围绕它的数学期望在波动,所以自然想到考虑比较偏差 $\xi-E(\xi)$ 与 $\eta-E(\eta)$. 但是不能用它们的数学期望来衡量,这是因为正负偏差会相抵消,事实上

$$E[\xi-E(\xi)] = E(\xi)-E(\xi) = 0,$$
$$E[\eta-E(\eta)] = E(\eta)-E(\eta) = 0.$$

为避免这种情形,又想到比较 $|\xi-E(\xi)|$ 与 $|\eta-E(\eta)|$ 的统计平均值,然而绝对值运算不便处理. 因此最后想到考虑比较 $E\{[\xi-E(\xi)]^2\}$ 与 $E\{[\eta-E(\eta)]^2\}$.

定义 3 设 ξ 是一个随机变量,若 $E\{[\xi-E(\xi)]^2\}$ 存在,则称 $E\{[\xi-E(\xi)]^2\}$ 为 ξ 的**方差**,记作 $D(\xi)$,即

$$D(\xi) = E\{[\xi-E(\xi)]^2\}; \tag{8}$$

而称与 ξ 具有相同单位的量

$$\sigma_\xi = \sqrt{D(\xi)} \tag{9}$$

为 ξ 的**均方差**或**标准差**.

应该指出的是:

(1) 显然 $D(\xi)$ 是一个非负实数. $D(\xi)$ 由 ξ 的概率分布唯一确定,所

以又称它为某概率分布的方差.

(2) $D(\xi)$ 刻画了 ξ 取值关于其数学期望 $E(\xi)$ 的偏离程度,是代表分散性的特征数. $D(\xi)$ 越小, ξ 的取值越集中; $D(\xi)$ 越大, ξ 的取值越分散.

(3) 在实际应用中,可通过独立地取 ξ 一定次数的观测值 $x_1, x_2, \cdots,$ x_n,用 $s^2 = \dfrac{1}{n-1} \sum\limits_{k=1}^{n} (x_k - \bar{x})^2$ 来作为 $D(\xi)$ 的近似估计值.

2. 方差的计算公式

运用随机变量函数的数学期望公式(4),(5),(6)与方差的定义式(7),可以得到方差的下列计算公式:

(1) 若 $\xi \sim \begin{pmatrix} x_1 & x_2 & \cdots & x_n \\ p_1 & p_2 & \cdots & p_n \end{pmatrix}$,则

$$D(\xi) = \sum_{k=1}^{n} [x_k - E(\xi)]^2 p_k; \tag{10}$$

(2) 若 $\xi \sim \begin{pmatrix} x_1 & x_2 & \cdots & x_n & \cdots \\ p_1 & p_2 & \cdots & p_n & \cdots \end{pmatrix}$,则

$$D(\xi) = \sum_{k=1}^{\infty} [x_k - E(\xi)]^2 p_k; \tag{11}$$

(3) 若 ξ 的概率密度函数为 $p(x)$,则

$$D(\xi) = \int_{-\infty}^{+\infty} [x - E(\xi)]^2 p(x) \mathrm{d}x. \tag{12}$$

对于前面引入方差定义的实例,运用(10)式有

$$\begin{aligned}
D(\xi) &= E\{[\xi - E(\xi)]^2\} = E(\xi^2) \\
&= (-1)^2 \times 0.1 + 0^2 \times 0.8 + 1^2 \times 0.1 = 0.2, \\
D(\eta) &= E\{[\eta - E(\eta)]^2\} = E(\eta^2) \\
&= (-2)^2 \times 0.1 + (-1)^2 \times 0.2 + 0^2 \times 0.4 \\
&\quad + 1^2 \times 0.2 + 2^2 \times 0.1 \\
&= 1.2.
\end{aligned}$$

由于 $D(\xi) < D(\eta)$,故甲种型号手表较乙种型号走时准确. 这里的定量分析与直观分析结果一致. 结果表明,若 $E(\xi) = E(\eta)$,则一般方差较小者,其描述的随机现象所具有的性质就比较理想.

为便于计算随机变量 ξ 的方差,经常利用以下公式:

$$D(\xi) = E(\xi^2) - [E(\xi)]^2. \tag{13}$$

事实上,利用数学期望的运算性质,有

$$D(\xi) = E\{[\xi - E(\xi)]^2\} = E\{\xi^2 - 2\xi E(\xi) + [E(\xi)]^2\}$$

$$= E(\xi^2) - 2E(\xi)E(\xi) + [E(\xi)]^2 = E(\xi^2) - [E(\xi)]^2.$$

公式(13)中的 $E(\xi^2)$ 可以利用公式(4),(5)或(6)来计算.

例8 设随机变量 ξ 服从参数为 n,p 的二项分布,求 $D(\xi)$.

解 例3中已算得 $E(\xi)=np$,于是运用公式(13)及(4)得

$$
\begin{aligned}
D(\xi) &= E(\xi^2) - [E(\xi)]^2 \\
&= E[\xi(\xi-1) + \xi] - (np)^2 \\
&= E[\xi(\xi-1)] + E(\xi) - n^2 p^2 \\
&= \sum_{k=0}^{n} k(k-1)C_n^k p^k q^{n-k} + np - n^2 p^2 \\
&= n(n-1)p^2 \sum_{k=2}^{n} C_{n-2}^{k-2} p^{k-2} q^{(n-2)-(k-2)} + np - n^2 p^2 \\
&= n(n-1)p^2 \sum_{l=0}^{n-2} C_{n-2}^{l} p^{l} q^{(n-2)-l} + np - n^2 p^2 \\
&= n(n-1)p^2 (q+p)^{n-2} + np - n^2 p^2 \\
&= npq.
\end{aligned}
$$

例如对 §6.4 中的例4,某学生单凭猜测回答四道四选一的选择题,他

所答对的函数 $\xi \sim B\left(4, \dfrac{1}{4}\right)$,他的平均答对题数为1,他答对题数的方差为

$$D(\xi) = 4 \times \frac{1}{4} \times \frac{3}{4} = 0.75,$$

从而他答对题数的标准差为

$$\sigma_{\xi} = \sqrt{D(\xi)} = \sqrt{0.75} \approx 0.87.$$

例9 设随机变量 ξ 服从参数为 μ,σ 的正态分布,求 $D(\xi)$.

解 例7中已算得 $E(\xi)=\mu$,于是由(12)式得

$$
\begin{aligned}
D(\xi) &= E(\xi-\mu)^2 \\
&= \int_{-\infty}^{+\infty} (x-\mu)^2 \frac{1}{\sqrt{2\pi}\sigma} e^{-\frac{(x-\mu)^2}{2\sigma^2}} dx \quad \left(\Leftarrow t = \frac{x-\mu}{\sigma}\right) \\
&= \frac{\sigma^2}{\sqrt{2\pi}} \int_{-\infty}^{+\infty} t^2 e^{-\frac{t^2}{2}} dt \\
&= \frac{\sigma^2}{\sqrt{2\pi}} \int_{-\infty}^{+\infty} t d(-e^{-\frac{t^2}{2}}) \\
&= \frac{\sigma^2}{\sqrt{2\pi}} \left[t(-e^{-\frac{t^2}{2}}) \Big|_{-\infty}^{+\infty} + \int_{-\infty}^{+\infty} e^{-\frac{t^2}{2}} dt \right]
\end{aligned}
$$

$$= \frac{\sigma^2}{\sqrt{2\pi}}(0 + \sqrt{2\pi})$$

$$= \sigma^2.$$

计算结果表明,正态分布中第二参数 σ 正是其标准差. 因此,正态分布由它的数学期望与方差唯一确定.

3. 方差的性质

容易证明方差具有下列两条性质:

(1) 若 c 为常数,则 $D(c) = 0$.

(2) $D(a\xi + b) = a^2 D(\xi)$,其中 a, b 为常数.

例 10 设 ξ 是任一随机变量,$E(\xi) = \mu, D(\xi) = \sigma^2$,求 $\eta = \dfrac{\xi - \mu}{\sigma}$ 的数学期望与方差.

解 利用数学期望与方差的运算性质得

$$E(\eta) = \frac{1}{\sigma} E(\xi - \mu) = \frac{1}{\sigma}[E(\xi) - \mu] = 0,$$

$$D(\eta) = D\left(\frac{1}{\sigma}\xi - \frac{\mu}{\sigma}\right) = \left(\frac{1}{\sigma}\right)^2 D(\xi) = 1.$$

通常称 $\eta = \dfrac{\xi - \mu}{\sigma}$ 为随机变量 ξ 的**标准化随机变量**.

在进一步介绍方差还具有可加性之前,我们先简单介绍关于随机变量的独立性概念.

定义 4 设 $\xi_1, \xi_2, \cdots, \xi_n$ 为同一随机试验下的 n 个随机变量,若对于任意 n 个实数 $x_1, x_2, \backslash:, x_n$,都有

$$P(\xi_1 < x_1, \xi_2 < x_2, \cdots, \xi_n < x_n)$$
$$= P(\xi_1 < x_1)P(\xi_2 < x_2)\cdots P(\xi_n < x_n), \tag{14}$$

则称随机变量 $\xi_1, \xi_2, \cdots, \xi_n$ 是**相互独立**的.

(14)式左端表示 n 个事件 $\{\xi_1 < x_1\}, \{\xi_2 < x_2\}, \cdots, \{\xi_n < x_n\}$ 同时发生的概率.

方差还具有如下的运算性质:

(3) 若随机变量 $\xi_1, \xi_2, \cdots, \xi_n$ 相互独立,则成立

$$D\left(\sum_{k=1}^{n} \xi_k\right) = \sum_{k=1}^{n} D(\xi_k). \tag{15}$$

习　题　6.5

1. 甲、乙两台机床生产同一种零件,在全面质量管理考核中,统计出甲、乙机床每天出现次品数 ξ,η 的分布列分别为

$$\xi \sim \begin{pmatrix} 0 & 1 & 2 & 3 \\ 0.4 & 0.3 & 0.2 & 0.1 \end{pmatrix}, \qquad \eta \sim \begin{pmatrix} 0 & 1 & 2 \\ 0.3 & 0.4 & 0.3 \end{pmatrix},$$

试比较它们的生产质量.

2. 设随机变量 ξ 的分布列为

$$\xi \sim \begin{pmatrix} -1 & 0 & \dfrac{1}{2} & 1 & 2 \\[2mm] \dfrac{1}{3} & \dfrac{1}{6} & \dfrac{1}{6} & \dfrac{1}{12} & \dfrac{1}{4} \end{pmatrix},$$

求 $E(\xi),E(-\xi+1),E(\xi^2),D(\xi)$.

3. 设随机变量 $\xi \sim P(\lambda)$,求 $D(\xi)$.

*4. 从写有 $0,1,2,\cdots,n$ 这 $n+1$ 个数字的卡片中任取两张,求这两张卡片上数字差之绝对值的数学期望.

5. 设随机变量 $\xi \sim U(a,b)$,求 $D(\xi)$.

6. 设随机变量 ξ 的概率密度为

$$p(x) = \begin{cases} 2(1-x), & 0 < x < 1, \\ 0, & 其他, \end{cases}$$

求 $E(\xi),D(\xi)$.

7. 设随机变量 ξ 的概率密度为

$$p(x) = ce^{-|x|}, \qquad -\infty < x < +\infty.$$

(1) 求常数 c;　　　　　　(2) 求 ξ 取值落在 $(-1,1)$ 内的概率;

(3) 求 $E(\xi)$;　　　　　　(4) 求 $D(\xi)$.

8. 设随机变量 ξ 服从参数 $\lambda=1$ 的指数分布 $E(1)$.

(1) 求 $\eta=3\xi-2$ 的数学期望;　　(2) 求 $\eta=e^{-2\xi}$ 的数学期望.

9. 设一种球的直径的测量值在 (a,b) 内服从均匀分布,求该种球体积的数学期望.

*10. 利用数学期望与方差的运算性质,求 $\xi \sim B(n,p)$ 的数学期望与方差.

§6.6　正态分布在教育研究中的应用

在教育测验(包括考试)工作中,经常利用正态分布这一概率模型来

估计、推算一些问题. 事实上, 影响教育、教学效果和人的能力的因素很多, 于是反映教育、教学效果和人的能力的数据间存在差异. 经统计分析, 发现这些数据的分布状况一般是居于中间的数量多, 过大、过小的数量少且大致相等, 即在直观上呈现为"中间多, 两边少, 左右基本对称"的特点, 因此被测验对象的学习成绩和某种能力指标的测验结果 ξ 可以近似地用正态分布 $N(\mu, \sigma^2)$ 来描述.

本节通过具体例子介绍正态分布在教育研究中的五种应用.

在具体应用时, 如在上一节中所指出的, 若记 $x_1, x_2, \cdots, x_n$ 为被测验对象的学习成绩或某种能力指标, 我们用 $\bar{x} = \dfrac{1}{n} \sum\limits_{k=1}^{n} x_k$ 来作为正态分布 $N(\mu, \sigma^2)$ 中的数学期望 μ, 用 $s^* = \sqrt{\dfrac{1}{n-1} \sum\limits_{k=1}^{n} (x_k - \bar{x})^2}$ 来作为正态分布 $N(\mu, \sigma^2)$ 中的标准差 σ.

一、利用正态分布确定超前百分位数, 排定名次

所谓超前百分位数, 是指列于某一个数值之后的人在全体人员中所占的百分数, 据此可以衡量每个学生的学习成绩或某种能力指标在班级成绩或班级某种能力指标中的相对地位.

例 1 某市一次全市高三数学会考的平均成绩为 $\mu = 75$（分）, 标准差为 $\sigma = 8$（分）. 如果一考生考得 80 分, 求其超前百分位数.

解 记 ξ 为参加这次数学会考的考生成绩, 由题意知, 可以认为 $\xi \sim N(75, 8^2)$, 于是当某考生考得 80 分时, 其超前百分位数即名列该考生之后的考生人数在全体考生中所占的百分数为

$$P(\xi < 80) = \Phi\left(\frac{80-75}{8}\right) = \Phi(0.625) \approx 0.734 = 73.4\%.$$

这表明有 73.4% 的考生名列得 80 分的某考生之后, 而有 26.6% 的考生成绩在 80 分以上.

二、利用正态分布求各种分数段内的百分比和人数

例 2 某师范大学文学院一年级有学生 200 人, 他们的高等数学的考试成绩可以用正态分布来描述, 其平均成绩为 $\mu = 78$（分）, 标准差为 $\sigma = 7$（分）, 试在理论上计算学生成绩分别在 90 分以上、80 分至 90 分之

间、70 分至 80 分之间、60 分至 70 分之间以及不及格的人数.

解 记 ξ 为学生考高等数学的得分,则 $\xi \sim N(78,7^2)$,于是学生成绩在由高到低的各种分数段内的百分比分别为

$$P(90 \leqslant \xi \leqslant 100) = \Phi\left(\frac{100-78}{7}\right) - \Phi\left(\frac{90-78}{7}\right) \approx \Phi(3.14) - \Phi(1.71)$$
$$= 0.9992 - 0.9564 = 0.0428 = 4.28\%,$$

$$P(80 \leqslant \xi < 90) = \Phi\left(\frac{90-78}{7}\right) - \Phi\left(\frac{80-78}{7}\right) \approx \Phi(1.71) - \Phi(0.29)$$
$$= 0.9564 - 0.6141 = 34.23\%,$$

$$P(70 \leqslant \xi < 80) = \Phi\left(\frac{80-78}{7}\right) - \Phi\left(\frac{70-78}{7}\right)$$
$$\approx \Phi(0.29) - \Phi(-1.14)$$
$$= \Phi(0.29) - [1 - \Phi(1.14)]$$
$$= 0.6141 - (1 - 0.8729) = 48.70\%,$$

$$P(60 \leqslant \xi < 70) = \Phi\left(\frac{70-78}{7}\right) - \Phi\left(\frac{60-78}{7}\right)$$
$$\approx \Phi(-1.14) - \Phi(-2.57)$$
$$= [1 - \Phi(1.14)] - [1 - \Phi(2.57)]$$
$$= \Phi(2.57) - \Phi(1.14)$$
$$= 0.9949 - 0.8729 = 12.20\%,$$

$$P(\xi < 60) = \Phi\left(\frac{60-78}{7}\right) = \Phi(-2.57) = 1 - \Phi(2.57)$$
$$= 1 - 0.9949 = 0.51\%.$$

进而由

$$200 \times 4.28\% = 8.56, 200 \times 34.23\% = 68.46, 200 \times 48.70\% = 97.40,$$
$$200 \times 12.20\% = 24.40, 200 \times 0.51\% = 1.02$$

知学生成绩在各种相应分数段内的人数分别约为 9 人、69 人、97 人、24 人、1 人.

三、利用正态分布进行能力分组或评定成绩的等第

例 3 一所中学的高一年级有 300 名学生,他们的某种能力指标可以用正态分布来描述.现在将他们按能力分成 A,B,C,D,E 五个组参加一项测试,求各组的人数.

解 记 ξ 为学生的该种能力指标,则 $\xi \sim N(\mu,\sigma^2)$.由于

$$P(\mu - 3\sigma < \xi < \mu + 3\sigma) = 0.9973,$$

所以根据"3σ原则",为了按照能力把学生分成五组,可以将区间$(\mu-3\sigma,\mu+3\sigma)$分成五段,规定各段的长度相等. 如此可得每个小区间的长度为$\dfrac{6\sigma}{5}=1.2\sigma$,如图 6.14 所示. 因此各组人数占这所中学全体高一年级学生总数的百分数分别约为

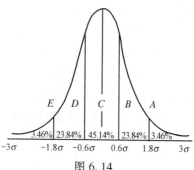

图 6.14

$$P(\mu-3\sigma<\xi<\mu-1.8\sigma)$$
$$=\Phi\left(\frac{(\mu-1.8\sigma)-\mu}{\sigma}\right)-\Phi\left(\frac{(\mu-3\sigma)-\mu}{\sigma}\right)$$
$$=\Phi(-1.8)-\Phi(-3)=\Phi(3)-\Phi(1.8)$$
$$=0.9987-0.9641=3.46\%,$$

$$P(\mu-1.8\sigma<\xi<\mu-0.6\sigma)$$
$$=\Phi\left(\frac{(\mu-0.6\sigma)-\mu}{\sigma}\right)-\Phi\left(\frac{(\mu-1.8\sigma)-\mu}{\sigma}\right)$$
$$=\Phi(-0.6)-\Phi(-1.8)=\Phi(1.8)-\Phi(0.6)$$
$$=0.9641-0.7257=23.84\%,$$

$$P(\mu-0.6\sigma<\xi<\mu+0.6\sigma)$$
$$=\Phi\left(\frac{(\mu+0.6\sigma)-\mu}{\sigma}\right)-\Phi\left(\frac{(\mu-0.6\sigma)-\mu}{\sigma}\right)$$
$$=\Phi(0.6)-\Phi(-0.6)=2\Phi(0.6)-1$$
$$=2\times0.7257-1=45.14\%,$$

$$P(\mu+0.6\sigma<\xi<\mu+1.8\sigma)$$
$$=P(\mu-1.8\sigma<\xi<\mu-0.6\sigma)=23.84\%,$$
$$P(\mu+1.8\sigma<\xi<\mu+3\sigma)$$
$$=P(\mu-3\sigma<\xi<\mu-1.8\sigma)=3.46\%.$$

进而,将这些百分数乘以年级人数 300,即知 A,B,C,D,E 各组人数分别约为 10 人、72 人、136 人、72 人、10 人.

四、利用正态分布预测录取分数线和考生考试名次

例 4 某公司为适应市场经济的发展需要,决定招收一批有一定技术专长的职工 60 名,其中正式职工 50 名、临时职工 10 名;规定进行三门课程(英语、计算机应用以及一门专业课)的考试,每门满分 100 分,总计

满分 300 分. 实际报考的有 503 人, 考试总平均成绩为 174 分, 270 分以上的高分仅有 5 人.

(1) 预测最低录取分数线;

(2) 若按总分高低排名次, 今有一考生考试总分为 226 分, 试分析他被录取为正式职工的可能性.

解 记 ξ 为报考者的成绩, 则对一次规范的考试来说, 可以认为 ξ 服从正态分布. 由题意知近似地有 $\xi \sim N(174, \sigma^2)$, 其中标准差 σ 待定.

由条件 "270 分以上的高分仅有 5 人" 以及概率的试验度量法知

$$P(\xi > 270) \approx \frac{5}{503},$$

即

$$1 - \Phi\left(\frac{270 - 174}{\sigma}\right) \approx 0.01, \qquad \Phi\left(\frac{96}{\sigma}\right) \approx 0.99.$$

查标准正态分布函数数值表知 $\Phi(2.33) \approx 0.99$, 所以应有

$$\frac{96}{\sigma} \approx 2.33, \qquad \sigma \approx 41.$$

因此近似地有

$$\xi \sim N(174, 41^2).$$

(1) 设最低录取分数线为 c, 按照从 503 人中录取 60 名职工的要求, c 应满足

$$P(\xi > c) \approx \frac{60}{503},$$

即

$$P(\xi \leqslant c) \approx \frac{443}{503}, \qquad \Phi\left(\frac{c - 174}{41}\right) \approx 0.88.$$

查标准正态分布函数数值表知 $\Phi(1.17) \approx 0.88$, 于是应有

$$\frac{c - 174}{41} \approx 1.17, \qquad c \approx 174 + 41 \times 1.17 \approx 222.$$

计算结果表明, 理论上预测最低录取分数线为 222 分.

(2) 当考生总分为 226 分时, 503 位报考者中超过 226 分的概率为

$$P(\xi > 226) = 1 - \Phi\left(\frac{226 - 174}{41}\right)$$
$$\approx 1 - \Phi(1.27) = 1 - 0.8980$$
$$= 0.102,$$

即成绩高于该考生的人数大约占全体报考者的 10.2%,从而成绩高于该考生的人数大约有 503×10.2%≈51 人. 计算结果表明,该考生总分大约排在第 52 名,故若严格地按总分从高到低录取,他被录取为正式职工的可能性不大.

五、利用正态分布将原始分数转换为标准分数而加以应用

1. 转换原理

分数是教育和心理测试的一种量化标志. 原始分数又称粗分,是根据评分标准或测验(包括考试)说明书的规定对应试者的答案或行为反应所评定的分数. 由于各次、各门学科受其试题难易程度不同,其评分标准也不同的影响,分值是不同的. 例如,甲题难度较大,全对得 10 分,乙题难度较小,全对也得 10 分,这两题各得 10 分的价值显然不等,因而两个 1 分的价值也不相同. 又如,在得分普遍高的学科中,1 分的价值低;而在得分普遍低的学科中,1 分的价值就高. 可见用实际得分判断成绩的优劣只是相对比较而言的.

从数学观点来分析,原始分数有两个特点:一是原始分数的单位没有普遍意义,一般不等距,即单位不相等,因而不具有可加性,即不能对原始分数进行加减运算. 严格地讲,把几种分测验的得分相加作为应试者的测验总分(例如高考后把各学科得分相加作为该生的高考总分,评定奖学金时把各次、各学科得分相加作为学生的学习总成绩)这样做是欠科学的. 二是原始分数的参照点一般不同,而且参照点都不是绝对零点,所以不能对原始分数进行乘除运算,因而不能作比率的刻画. 严格地讲,以几种测验之原始分数的算术平均值来衡量总的成绩状况也是不合理的. 由上面的分析可见,对不同测验的原始分数不能用代数方法处理,不能进行相互比较,因而单凭原始分数也就不能确定学生(学员)成绩的优劣和在集体中的相对地位. 总之,原始分数的作用有一定的局限性. 为了衡量学生成绩的优劣,仅仅知道学生测验的实际得分是不够的,还需要根据所属团体全体考生分数的分布情况,把原始分数转换为有一定参照点和单位的导出分数,才能作出合理的判断. 在教育统计中,行之有效的方法是将原始分数转换成便于进行统计分析的标准分数来处理.

定义 1 设原始分数 ξ 可以用正态分布 $N(\mu,\sigma^2)$ 来描述,则称 ξ 的标准化

$$\eta = \frac{\xi - \mu}{\sigma} \tag{1}$$

为标准分数.

标准分数具有以下性质和特点:

(1) 由 §6.4 定理 3 知, 此时 $\eta \sim N(0,1)$. 可见, 将原始分数转换成标准分数, 就得到了以平均分数为参照点、以标准差作为统一单位的导出分数.

(2) 实际上, 标准分数既考虑了每门学科不同分值与其各自平均分数的差异, 又用其标准差作为统一单位, 故用标准分数来衡量学生成绩的相对地位是科学的, 具有可比性. 由于 $E(\eta) = 0, D(\eta) = 1$, 每门学科的标准分数的数学期望和方差都一样, 表明各门学科所处的相对地位是平行的, 因而可对各门学科的标准分数用代数方法处理, 得出科学的结论.

(3) 标准分数是原始分数的线性变换, 对于原始分数在整体中所处的位置具有"保序性".

(4) 根据 $N(\mu, \sigma^2)$ 所具有的"3σ 原则"性质, 标准分数 η 满足 $P(-3 < \eta < 3) = 99.73\%$.

2. 应用方法

定义 2 在教育统计学中, 若记 x 为应试者在被试科目中的原始分数, $\bar{x}$ 与 s 分别为该被试科目原始分数的平均分数与标准差, 则称标准分数

$$Z = \frac{x - \bar{x}}{s} \tag{2}$$

为 Z 分数.

以平均分数为参照点、标准差为单位的标准分数, 精确地刻画出每个应试者在整批分数中的相对位置, 克服了原始分数的缺点. 考虑到 Z 分数会出现负值以及常带有多位小数这些不自然的情况, 为了消除负值, 并尽可能使标准分数与原始分数相近, 以被一般人理解接受, 特对标准分数 Z 进行线性变换

$$Z' = \alpha Z + \beta,$$

其中 α 起着放缩作用, 用来消除原有 Z 值的小数; 截距 β 起平移作用, 用来消除原有 Z 值的负值. 每取一组不同的 α, β 值, 即得出一种不同的以标准分数为基础的实用标准分数. 但不管怎样处理, 各种实用标准分数在排序中所起的作用与标准分数相同.

(1) 通常满分为 100 分考试科目的实用标准 T 分数: 取 $\alpha = 10, \beta =$

60,此时变换公式记为

$$T_{100}=10Z+60,$$

称之为 **T 分数.**

（2）满分为 150 分的考试科目的实用标准 T 分数：宜取 $\alpha=12,\beta=60$ 而采用变换公式

$$T_{150}=12Z+60,$$

其平均分数为 60，与百分制的及格分数相同，标准差为 12；它几乎必然地在 24 至 96 范围内变化，比较符合一般人的习惯.

下面通过举例来说明标准分数的两种主要用途.

1. 运用标准分数来比较某个学生不同次测验、不同学科测验成绩的优劣

例 5 对一所中学初三年级进行数学和英语测验，经统计，数学的平均成绩为 $\bar{x}_{\text{数学}}=78$（分），标准差为 $s_{\text{数学}}=7$（分）；英语的平均成绩为 $\bar{x}_{\text{英语}}=62$（分），标准差为 $s_{\text{英语}}=6$（分）. 某学生数学考得 84 分，英语考得 70 分，试问该生哪一学科的成绩在全年级相对更好？

解 将该生的两个原始分数转换为标准分数，得

$$Z_{\text{数学}}=\frac{84-\bar{x}_{\text{数学}}}{s_{\text{数学}}}=\frac{84-78}{7}\approx 0.857,$$

$$Z_{\text{英语}}=\frac{70-\bar{x}_{\text{英语}}}{s_{\text{英语}}}=\frac{70-62}{6}\approx 1.333.$$

比较这两科的标准分数可知，尽管该生数学的原始分数高于英语的原始分数，但与年级平均分数和标准差联系起来看，该生英语的标准分数高于数学的标准分数，因此该生在全年级的英语成绩比数学成绩好.

2. 运用标准分数来比较不同学科测验分数合成时的总成绩

例 6 某省参加理科高考的甲、乙两位考生的成绩（各科满分均为 150 分）为

	语文	数学	英语	物理	化学
甲	109	121	83	113	102
乙	124	117	100	97	95

又经统计，该省理科考生这五门学科的平均分数分别为 105 分、112 分、91 分、108 分、99 分，标准差分别为 13 分、8 分、11 分、9 分、7 分，试运用标准分数来比较这两位考生高考总分的前后顺序.

解 先按照计算标准分数的公式列成如表 6-5 所示的格式进行计算.

由表 6－5 可以看出，若从各科考试原始分数的总分数来看，乙生比甲生多 5 分，乙排名在前，甲排名在后；而从标准分数来看，甲生在该省全体理科考生中的成绩排名在乙之前．如果这两位考生同时填报某大学本科第二批录取的同一志愿，那么，当按原始分数定下录取分数为 530 分后，应录取乙，不录取甲；而一旦转换成标准分数定下录取分数线后，就可能录取甲，而不录取乙．

表 6－5

科目	原始分数		全体考生		标准分数 Z		$T=12Z+60$	
	甲	乙	平均分数 $\bar{x}$	标准差 s	甲	乙	甲	乙
语文	109	124	105	13	0.308	1.462	63.70	77.54
数学	121	117	112	8	1.125	0.625	73.50	67.50
英语	83	100	91	11	−0.727	0.818	51.28	69.82
物理	113	97	108	9	0.556	−1.222	66.67	45.34
化学	102	95	99	7	0.429	−0.571	65.15	53.15
总和	528	533			1.691	1.112	320.30	313.35

例 6 解答所显示的运用标准分数来计算各门学科测验的总成绩，进而确定每位考生成绩在团体或总体中相对地位的方法，值得提倡．

习　题　6.6

1. 某市一次全市初三英语会考的考试成绩可以用正态分布来描述，其平均成绩为 $\mu=70$（分），标准差为 $\sigma=9$（分）．一考生考得 75 分，求其超前百分位数．

2. 某校有 600 个学生参加计算机应用课程的考试，他们的考试成绩可以用正态分布来描述，其平均成绩为 $\mu=75$（分），标准差为 $\sigma=8$（分），试计算学生成绩分别在 90 分以上、80 分至 90 分之间、70 分至 80 分之间、60 分至 70 分之间以及不及格的人数．

3. 某中学高二年级有学生 200 人，其体育成绩可以用正态分布来描述．今欲将学生的体育成绩定为优秀、良好、中等、及格、不及格五个等第，求各组的人数．

4. 某中学初一年级有 500 名学生，他们的某种能力指标可以用正态分布来描述. 现按能力将他们分成 A,B,C,D 四组参加一项测试,求各组的人数.

*5. 某大学非英语专业学生 CET(大学英语考试)4 级成绩(百分制)可以用正态分布来描述,已知其平均成绩为 $\mu=72$(分),96 分以上的约占 2.3%,求考生的 CET4 级成绩在 60 分到 84 分之间的概率.

*6. 某公司在一次招工考试中,计划招工 100 名,其中正式工 80 名,临时工 20 名;规定进行三门课程的考试,每门满分 100 分,总计满分 300 分. 实际报考的有 692 人,考试总平均成绩为 198 分,265 分以上的有 14 人.

(1) 预测最低录取分数线;

(2) 若按总分高低排名次,今有一考生考试总分为 237 分,试分析他被录取为正式工的可能性.

7. 对一所高等师范学校的毕业年级进行英语和计算机应用两门课程的测验,经统计,英语的平均分数为 80 分,标准差为 6 分;计算机应用的平均分数为 70 分,标准差为 9 分. 某学生英语考得 85 分,计算机应用考得 80 分,试问该生哪门课程的成绩在全年级相对更好?

8. 某中学高二甲、乙两位学生五门课程的测验成绩(每门课程满分均为 100 分)为

	语文	数学	英语	物理	化学
甲	75	87	62	78	70
乙	89	82	80	60	65

又经统计,这次测验该年级五门课程的平均分数分别是 70 分、80 分、65 分、75 分、68 分,标准差分别是 9 分、6 分、11 分、8 分、10 分,试运用标准分数来比较甲、乙这次测验总分的前后顺序.

§6.7 总体的估计

随机变量及其概率分布全面地描述了很多随机现象的统计规律性. 在概率论的许多问题中,概率分布通常被假定为是已知的,事实上,概率论中随后的讨论是在随机变量的概率分布为已知的前提下进行的;然而,在实际问题中,我们往往只能依据某些理由判断描述问题的随机变量 ξ 所服从的分布类型,对这些分布中有一定概率意义的参数如何估计的问题尚有待解决. 通常采用的方法是对研究对象多次随机地进行观测或试验,将 ξ 的每次取值记录下来,这种做法就是人们所说的抽样或取样. 例如:各地气象台为了掌握所管地区的天气变化规律,每天都要把诸如气

压、风向、风力、气温、湿度等各种气象要素记录下来；各城市公安局交警部门为了掌握主干道上和主要十字路口汽车通行的规律，以便合理地设计交通信号灯的控制方案，就需要在一段时间内对各十字路口汽车的流向、流量进行实测记录；水电部门为了掌握大江、大河水位、流量的统计规律性，以便合理地设计出兼顾防洪、航运、发电的江河大坝，就需要按水文观测要求记录下水位、流速和流量；等等. 有了这些记录下来的 ξ 的实测值之后，又如何推断出 ξ 的分布函数 $F(x)$ 或者确定其中待定的参数呢？这正是数理统计要研究并解决的问题.

一般地说，数理统计是一门以概率论为基础，研究如何有效地收集、整理与分析受随机性影响的数据资料，从中提取有用信息，由此作出推断和预测，为采取决策和行动提供科学依据的学科。本节只介绍对总体分布以及总体数字特征进行简单、初步估计的方法.

一、总体、样本及抽样方法

数理统计所考虑的问题及采用的方法不同于一般的资料统计，它更侧重于运用随机现象本身的规律性来考虑数据资料的收集、整理与分析，从而找出相应的随机变量的分布或数字特征. 由于大量重复试验一般能呈现出统计规律性，因而从理论上讲，只要进行足够多次的观测或试验，被研究的随机现象的统计规律性就会清楚地显示出来. 但是，实际上所允许的观测或试验次数只能是有限的，有时甚至是少量的，因此我们所关心的问题是如何有效地利用所获得的有限数据资料，排除由于数据资料不足所引起的干扰，把实质性的内涵揭示出来. 本段介绍这种有限数据资料的由来及其特性.

1. 总体与样本的概念

定义 1 在一个统计问题中，我们称研究对象的全体为**总体**或**母体**，而称组成总体的每一个考察对象即成员为**个体**.

例如，要研究某一城市居民的年龄(或身高、体重等)及其在各个年龄区段(或身高区段、体重区段)的人口比例，那么该市全体市民的年龄(或身高、体重)就构成了问题的总体，而每一个市民的年龄(或身高、体重)即是问题的一个个体；要考察某高等师范学校一年级新生英语考试的成绩，则该校全体新生的英语成绩就构成了问题的总体，而每一个新生的英语成绩即是问题的一个个体；要研究某厂产品的一种性能指标，则该厂全体产品的这种性能指标就构成了问题的总体，而每一件产品的这种性能指标即是问题的一个个体.

　　总体和个体是相对的. 同样的一个事物, 在某种情况下被看作是总体, 而在另一种情形下却可能被看作个体.

　　必须指出, 在对某对象进行研究时, 我们所关心的是它的某些数量指标, 而不是对象本身, 例如某地域人的身高、体重等; 某种型号彩电的工作时数、彩色浓度等; 某灯泡厂生产一种灯泡的点时寿命等; 某小麦品种的单棵结穗数、亩产量、千粒重等. 若总体的某些属性是非数值的, 如产品的等级、新生婴儿的性别、天气预报中风力的强度等, 这时通过适当的转换可以将其数量化, 例如我们可以用"1"与"0"分别表示正品与次品(或男性与女性).

　　如上指明了总体的数量指标之后, 由于每个个体的出现是随机的, 一个总体就与一个随机变量相对应. 通常对研究的问题都是引入一个随机变量 ξ 来代表其总体; 而对总体的研究, 就归结为对 ξ 的分布及其主要数字特征的研究.

　　要了解总体的性质, 就必须测定各个个体的性质, 但把总体中所有个体都一一加以测定, 往往是不可能的. 在许多情况下, 总体中的个数太多甚至是无穷的, 这时就无法将所有的个体都加以测定; 另外, 有的指标测定具有破坏性, 这时就不能将所有的个体普遍加以测定. 因此, 为了要对总体 ξ 的某种性质进行推断, 需要进行若干次观测, 即通过随机地抽取若干个个体来获取总体的有关信息.

　　定义 2　对总体 ξ 的每次观测得到 ξ 的一个取值(数量指标), 由于这种 ξ 的取值是随观测而变化的, 因此在讨论一般问题时, 一次观测结果即每个个体的观测值就是一个随机变量, 对总体进行 n 次观测或试验的结果, 即从总体中随机抽取的 n 个个体的观测值, 就是 n 个随机变量, 依次记为 $\xi_1, \xi_2, \cdots, \xi_n$, 通常称 $(\xi_1, \xi_2, \cdots, \xi_n)$ 为总体 ξ 的一个**样本**或**子样**, 称样本中所含个体的数目 n 为**样本容量**或**子样容量**.

　　当一次抽样完成后, 称所得到的具体数据 $(x_1, x_2, \cdots, x_n)$ 为 ξ 的一个**样本观测值**, 它是 $(\xi_1, \xi_2, \cdots, \xi_n)$ 的一个取值. 通常称样本所有可能取值的全体为**样本空间**.

　　显然, 当样本容量 n 固定时, 要使得能根据样本 $(\xi_1, \xi_2, \cdots, \xi_n)$ 对总体 ξ 进行有效的判断, 应当对无论用哪种方法抽取到的样本提出一定的要求. 最基本的要求必须兼顾既在数学处理上比较方便, 又在实际抽样中比较容易实现. 通常要求样本 $(\xi_1, \xi_2, \cdots, \xi_n)$ 满足下列两个条件:

(1) 独立性:要求对总体 ξ 的观测是独立进行的,因而所抽取的 n 个个体 $\xi_1, \xi_2, \cdots, \xi_n$ 相互独立;

(2) 代表性:要求对总体的观测每次都是在同一条件下进行的,因而所抽取的每个个体 ξ_i 都与总体 ξ 同分布.

定义 3 称满足上面独立性、代表性两个条件的样本为**简单随机样本**.

在实际中获取样本,只要试验是在同样条件下进行,样本的代表性是可以被接受的. 至于样本的独立性在抽样时应倍加注意才能得到满足,且在许多场合也只能是近似地得到满足.本节中所提及的样本均指简单随机样本.

2. 抽样方法

样本来自总体,因此样本中必包含总体的信息. 既然我们是通过样本来获得有关总体分布类型或有关总体数字特征的信息并进行推断的,而样本能否真实地反映总体直接关系到统计推断的准确性,因此有必要对抽样方法进行研究. 对于不同目的的调查项目乃至统计推断问题,应采用相适应的抽样方法. 这里介绍三种常用的基本抽样方法.

(1) 简单随机抽样

定义 4 称从总体中每次以相等的概率(对所有未进入样本的个体而言)逐个不放回地抽取 n 个个体而组成样本的方法为**简单随机抽样**.

简单随机抽样通常适用于总体内部差异不是很大,或具有某种特征的个体均匀分布于总体内的情形. 例如为调查居民的某种市场需求,设计在一闹市路口随机访问遇到的人以得到样本的方法就是简单随机抽样.

简单随机抽样是所有其他抽样方法的基础.

在实际问题中,如果对有限总体的观测为独立重复试验,通常采用如下放回抽样的抽签法实施简单随机抽样:先把有限总体中每个个体编上号并对应地写在签上,将签充分混合后,从中每次随机抽取一个,然后放回,这样抽取 $n(n$ 为样本容量$)$个签,并将与被抽到的签号相应的个体作为样本的分量.

对于不放回抽样的抽签法,有人通过总结经验提出,在总体所含个体数目 N 很大,而样本容量 n 远远地小于 N 时,可近似地将不放回抽样当作放回抽样来处理,因而所得的样本可以近似地看作为简单随机样本.

这里所用的人工抽签法也可以改为采用机械摇号法来处理. 在实际

问题中,运用随机数表进行抽样也是一种获取简单随机样本的有效方法.

（2）等距抽样

定义 5 将总体中所有的个体排列成一列, 随机确定一个起点作为第一个进入样本的个体,以后每隔相等的间隔抽取一个个体进入样本,称用这种抽取个体而组成样本的方法为**等距抽样**,又叫**机械抽样**或**系统抽样**.

最简单的等距抽样可按如下步骤实施:① 先将总体中的 N 个个体随机排序;② 接着确定使得总体分成 n(样本容量)段的间隔数 k:当 N/n 是整数时,取 $k = N/n$;当 N/n 不是整数时,从原总体中剔除一些个体使得剩下的总体个数 N' 能被 n 整除,这时将剩下的总体重新编号并取 $k = N'/n$;③再在第一段中采取简单随机抽样确定起始的个体编号 l,进而将编号为 $l, l+k, l+2k, \cdots, l+(n-1)k$ 的 n 个个体抽出.

等距抽样通常适用于大样本情形,其优点是实施方便,不需要对所有个体编号进行随机抽样. 如果我们对总体排序的标志有所了解,知道其一些规律并加以利用,采用等距抽样能收到相当好的效果. 在排序是随机的情形时,等距抽样的效果与简单随机抽样的效果相当. 例如为考察某市场的日销售量,设计一年中每隔一周抽取一天以得到由 52 天日销售量组成的样本就是等距抽样.

（3）分层抽样

定义 6 将总体中的个体按相似原则分成若干层(组),视每层(组)为一个子总体,对这些子总体分别进行简单随机抽样或等距抽样,称由此而得到样本的方法为**分层抽样**,又叫**类型抽样**.

分层抽样一般按如下步骤实施:① 先将总体按某种标准分层(组);② 然后按各层(组)个体数占总体个数的比例近似地确定各层(组)应抽取的样本容量;③ 再对各层(组)进行简单随机抽样或等距抽样.

分层抽样适用于总体内部有不同类型个体集团的情形. 一般情况下,层内差异比较小,层间差异比较大,此时为推断总体的某种性质,往往先对层内进行,再将层间综合成总体目标进行. 为了实施和管理上的方便,对一些总体也常采用分层抽样而得到样本. 分层抽样可以较大幅度地提高统计推断的准确性,是一种经常采用的抽样方法. 例如为调查居民的某种意向,设计以地理位置为标准,选择一个子区域调查,进行简单随机抽样或其他抽样以得到样本就是分层抽样.

有必要指出,当总体特别大,而内部差异和分布又比较复杂时,应该选取几种方法相结合来进行抽样.

二、总体分布的估计——频率分布直方图

为了能够从样本$(\xi_1, \xi_2, \cdots, \xi_n)$大致确定总体$\xi$的概率分布,需要有足够多的观测值. 若$\xi$为离散型随机变量,则可计算样本观测值$(x_1, x_2, \cdots, x_n)$中诸分量的重复次数,从而得到$\xi$取这些值的频率. 当$n$较大时,$\xi$取这些值的频率可以作为$\xi$取这些值概率的近似估计值,这样便得到$\xi$之概率分布的近似表达式.

对于总体ξ为连续型随机变量的情形,由于它可能取某一区间上的一切值,而实际观测次数有限,同时实际读数精确度也有限(比如很难区别 5.0000 与 5.0018),这时不能计算每个观测值的次数和频率,但可按观测值所在区间适当分组,计算各组的观测次数与频率. 下面通过一个实际例子详细说明如何根据样本观测值$(x_1, x_2, \cdots, x_n)$,通过频率直方图来近似地找出总体ξ的概率密度函数$p(x)$的经验方法.

例1 某维尼纶厂在正常生产时,测得维尼纶纤度(表示纤维粗细程度的一个量)样本的 100 个观测数据如下:

1.36	1.49	1.43	1.41	1.37	1.40	1.32	1.42	1.47	1.39
1.41	1.36	1.40	1.34	1.42	1.42	1.45	1.35	1.42	1.39
1.44	1.42	1.39	1.42	1.42	1.30	1.34	1.42	1.37	1.36
1.37	1.34	1.37	1.37	1.44	1.45	1.32	1.48	1.40	1.45
1.39	1.46	1.39	1.53	1.36	1.48	1.40	1.39	1.38	1.40
1.36	1.45	1.50	1.43	1.38	1.43	1.41	1.48	1.39	1.45
1.37	1.37	1.39	1.45	1.31	1.41	1.44	1.44	1.42	1.47
1.35	1.36	1.39	1.40	1.38	1.35	1.42	1.43	1.42	1.42
1.42	1.40	1.41	1.37	1.46	1.36	1.37	1.27^*	1.37	1.38
1.42	1.34	1.43	1.42	1.41	1.41	1.44	1.48	1.55^*	1.37

上列数据中,最小值为 1.27,最大值为 1.55.

记ξ为维尼纶纤度,通常按如下步骤对这 100 个数据进行整理:

(1) 对样本进行分组

为便于研究这批数据所反映出的总体的性质,首先必须把这些分散的、显得没有次序和系统的数据加以整理并分组. 分组原则是:要使每组都有观测值落入其中,组数k的多少取决于样本容量n和被研究对象的性质,一般在 5~20 之间. 根据经验,对容量 300 左右及以上的样本可分

为 12～20 组,对容量为 200 左右的样本可分为 9～13 组,对容量为 100 左右的样本可分为 7～10 组,对容量不超过 50 的样本可分为 5～6 组. 本例中将这 100 个数据分为 10 组,即 $k=10$.

(2) 确定组距

每组区间长度可以相同也可以不同,实用上一般采取区间长度相等的等区间分组法,以便于进行比较. 此时区间的长度称为组距,组距 d 取决于 R/k,其中

$$R=\max\{x_1,x_2,\cdots,x_n\}-\min\{x_1,x_2,\cdots,x_n\}.$$

本例中 $R=1.55-1.27=0.28$,$k=10$,可以看出组距 $d=0.03$ 为宜.

(3) 确定每组组限并分组

在分组时,对于分点的选择要使它比原样本观测值的精度高一位,以确保样本观测值都能落到所定的分组区间内部. 为此,先取 a_0 略小于 $\min\{x_1,x_2,\cdots,x_n\}$,于是得分点 $a_0,a_1=a_0+d,a_2=a_0+2d,\cdots,a_k=a_0+kd$,从而得分组区间 $(a_0,a_1),(a_1,a_2),\cdots,(a_{k-1},a_k)$. 本例中,由于 $\min\{x_1,x_2,\cdots,x_n\}=1.27$,可取 $a_0=1.265$,故分组区间为

$$(1.265,1.295),(1.295,1.325),\cdots,(1.535,1.565).$$

这里注意如果出现样本最大观测值不在区间 (a_{k-1},a_k) 之内的情形,可将 a_k 调整为略大于 $\max\{x_1,x_2,\cdots,x_n\}$ 的一个数值. 分组区间确定后,通常用每组的组中值=(组上限+组下限)/2 来代表落在该组内样本观测值的变量取值.

(4) 列出频数及频率分布表

本例的频数及频率分布表见表 6-6,从表中可以了解到许多有关信息,并能够比较清楚地看出样本观测值波动变化的规律.

表 6-6

组序	分组区间	组中值	频数统计	频数 n_i	频率 $f_i=\dfrac{n_i}{n}$
1	$(1.265,1.295)$	1.280		1	0.01
2	$(1.295,1.325)$	1.310		4	0.04
3	$(1.325,1.355)$	1.340		7	0.07
4	$(1.355,1.385)$	1.370		22	0.22
5	$(1.385,1.415)$	1.400		24	0.24
6	$(1.415,1.445)$	1.430		24	0.24
7	$(1.445,1.475)$	1.460		10	0.10

续　表

组序	分组区间	组中值	频数统计	频数 n_i	频率 $f_i = \dfrac{n_i}{n}$
8	$(1.475, 1.505)$	1.490		6	0.06
9	$(1.505, 1.535)$	1.520		1	0.01
10	$(1.535, 1.565)$	1.550		1	0.01
$\sum$				$n = 100$	1

以上是对样本观测值进行数据整理的方法.

为更加直观起见,可用图形表示出来,方法如下:在平面直角坐标系的横坐标轴上标出分组点,从而横坐标就表示我们所关心的 ξ 的取值区间;再以纵坐标表示频率;然后以组距为底边,对应的频率为高,画出长方形,便得图 6.15.这种图在数理统计中叫作**频率分布直方图**.

如果将频率分布直方图中各相邻矩形上底边的中点顺次连接起来,就得到**频率分布折线图**.

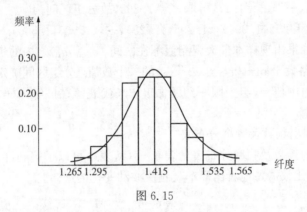

图 6.15

可以设想,如果我们加大样本的容量、缩小组距使组分得更细,那么各组的频率就稳定于某一数值,这时频率分布折线图的形状就稳定于一条曲线. 因此,当样本容量 $n \to \infty$,且组距 $d \to 0$ 时,频率分布直方图的上边缘就稳定地趋于一条光滑的曲线.

由于频率之和为 1,故如果纵坐标取为频率/组距,则这种频率分布直方图各矩形面积的总和为

$$\sum_{i=1}^{k} \frac{f_i}{d} \cdot d = \sum_{i=1}^{k} f_i = 1,$$

因而当样本容量 $n \to \infty$,且组距 $d \to 0$ 时,所得的曲线与横坐标所夹的面

积等于 1. 由此可见, 所得曲线是连续型总体 ξ 的概率密度函数 $p(x)$ 的一种近似. 事实上, 对于所抽取的样本观测值 $(x_1, x_2, \cdots, x_n)$, 在如前述确定分组区间之后, 若记

$$p_n(x) = \begin{cases} 0, & x < a_0, \\ \dfrac{n_i}{nd}, & a_i \leqslant x < a_{i+1}, \quad i = 0, 1, 2, \cdots, k-1, \\ 0, & x \geqslant a_k, \end{cases} \quad (1)$$

则当 n 充分大时, 有

$$P(a_i \leqslant \xi \leqslant a_{i+1}) = \int_{a_i}^{a_{i+1}} p(x)\mathrm{d}x \approx \frac{n_i}{n}.$$

另一方面, 当 $p(x)$ 为连续函数且 $d = a_{i+1} - a_i$ 充分小, 从而 k 充分大时, 有

$$\int_{a_i}^{a_{i+1}} p(x)\mathrm{d}x \approx p(\tilde{a}_i)d, \text{ 其中} \tilde{a}_i = \frac{1}{2}(a_i + a_{i+1}),$$

因此当 n, k 均充分大时, 有 $p(\tilde{a}_i)d \approx \dfrac{n_i}{n}$, 于是

$$p(x) \approx p(\tilde{a}_i) \approx \frac{n_i}{nd} = p_n(x), \quad a_i \leqslant x < a_{i+1},$$

这就表明 $p_n(x)$ 是总体 ξ 之概率密度函数 $p(x)$ 的一个近似估计.

在实际应用中, 一般是在画出纵坐标取为"频率/组距"的频率分布直方图后, 将各个小矩形上底边的中点顺次连接成一条光滑曲线, 然后将这条光滑曲线与概率论中的典型概率密度曲线进行比较, 就可以大致看出总体是否服从某种典型的连续型分布.

三、总体数字特征的估计

1. 总体取值平均水平的估计

（1）样本均值

定义 7 设 $(\xi_1, \xi_2, \cdots, \xi_n)$ 为取自任何总体 ξ 的样本, $(x_1, x_2, \cdots, x_n)$ 为样本观测值, 称

$$\bar{x} = \frac{x_1 + x_2 + \cdots + x_n}{n} = \frac{1}{n} \sum_{k=1}^{n} x_k \quad (2)$$

为**样本均值**.

对于样本观测值中 n 个数据分组处理的情形, 样本均值的近似计算公式为

$$\bar{x} = \frac{n_1 x_1 + n_2 x_2 + \cdots + n_k x_k}{n} = \frac{1}{n} \sum_{i=1}^{k} n_i x_i \, , \tag{3}$$

称之为**加权算术平均值**，其中 k 为组数，x_i，n_i 分别为第 i 组的组中值、频数.

在数理统计中，用样本均值来估计总体的数字期望具有优良的性质，因而在实际应用时，通常用如上定义的 $\bar{x}$ 来作为 $E(\xi)$ 的近似估计值. 例如，若 $\xi \sim B(N, p)$，其中 N 已知，则由于 $E(\xi) = Np$，就用 $\bar{x}$ 来估计 Np，从而可用 $\bar{x}/N$ 作为二项分布中未知参数 p 的近似估计值；若 $\xi \sim P(\lambda)$，则由于 $E(\xi) = \lambda$，就用 $\bar{x}$ 作为泊松分布中未知参数 λ 的近似估计值；若 $\xi \sim N(\mu, \sigma^2)$，则由于 $E(\xi) = \mu$，就用 $\bar{x}$ 作为正态分布中未知参数 μ 的近似估计值.

样本均值是代表集中性的样本数字特征，其含义通俗易懂，计算简单，具有相当的稳定性，因此样本均值在实际中应用最广泛，是用于推断总体的最主要的指标. 但是样本均值在应用中也有其不足之处，主要是它受极端值的影响较大. 例如，某城市居民小区各家庭的年收入有差异，大多数家庭处于中等水平，个别家庭收入特别高因而特别富裕，极少数家庭收入特别低因而特别困难. 若以人均年收入来分析人们生活水平是否达到小康标准，那么该数值肯定会受到样本中是否出现特别富裕或特别困难家庭的影响；从中国实际国情出发，这两种极端情形不具有代表性，一旦进入样本将导致样本均值在反映该小区居民生活水准上的失真. 一般地，如果样本数据中个别数据与其他数据的大小差异很大，计算出来的样本均值就不能准确地反映总体取值的平均水平. 因此，为了弥补这种不足情形，还需要引入其他反映总体取值平均水平的样本数字特征.

（2）样本众数

定义 8 设 $(\xi_1, \xi_2, \cdots, \xi_n)$ 为取自任何总体 ξ 的样本，其样本观测值 $(x_1, x_2, \cdots, x_n)$ 经整理后出现不同数值 $x_1', x_2', \cdots, x_l'$ 的频数分别为 n_1，$n_2, \cdots, n_l$，这里 $n_1 + n_2 + \cdots + n_l = n$，设 $n_{i_0} = \max\{n_1, n_2, \cdots, n_l\}$，则称 $m_0 = x_{i_0}'$ 为**样本众数**.

样本众数是样本观测值中出现次数最多的那个数值，在实际问题中经常发生上述 i_0 并不唯一的情形，这时只能按某种约定从多个可能的样本观测值中选定一个作为解决问题所需要的样本众数对待.

样本众数一般不受极端值的影响；在样本观测值的频率分布直方图呈现为偏态分布时，其反映总体取值平均水平的代表性较好；在某些场合具有不可替代的作用. 例如,在集贸市场里了解某种商品的交易价格时,由于无法收集到有关销售量或销售额的详细数据,工商管理人员往往通过了解市场里出现次数最多的交易价格,以这种商品的价格样本众数来反映平均价格. 再如,人们穿着的服装和鞋帽尺码对于生产厂商非常重要,但用样本均值计算出的服装和鞋帽尺码可能不在生产尺码规范之列,生产厂商通常依据各种服装和鞋帽的尺码样本众数,并兼顾其大小尺码的适当比例来安排生产计划,以满足社会需求,同时取得较好的经济效益. 样本众数的缺点是不易确定,有时不唯一,且不便于作进一步的代数处理.

（3）样本中位数

定义 9　设 $(\xi_1, \xi_2, \cdots, \xi_n)$ 为取自任何总体 ξ 的样本,$(x_1, x_2, \cdots, x_n)$ 为样本观测值,将其 n 个分量按照从小到大的次序重新排列成 $x_{(1)} \leqslant x_{(2)} \leqslant \cdots \leqslant x_{(n)}$,则称

$$m_e = \begin{cases} x\left(\frac{n+1}{2}\right), & n \text{ 是奇数}, \\ \dfrac{1}{2}\left[x\left(\frac{n}{2}\right) + x\left(\frac{n}{2}+1\right)\right], & n \text{ 是偶数} \end{cases} \tag{4}$$

为样本中位数.

对于样本观测值中 n 个数据分组处理的情形,可按如下方法求中位数 m_e:

首先确定中位数的位置,为此,设数据有 k 个取值区间,记第 i 个区间为 $[a_i, a_{i+1})$,数据落在其内的频数为 n_i,又记 $N_i = n_1 + n_2 + \cdots + n_i$ 为前 i 个区间内频数之和,于是要找出使得 $N_{l-1} < \dfrac{n}{2} \leqslant N_l$ 的 l;然后如图 6.16 所示进行线性插值,则易知求样本中位数的近似计算公式为

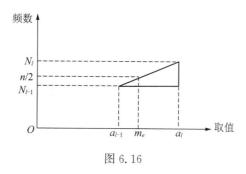

图 6.16

$$m_e = a_{l-1} + \frac{\frac{n}{2} - N_{l-1}}{n_l}(a_l - a_{l-1}). \qquad (5)$$

例 2 根据下列对某小区抽查 800 户所得人均月收入数据,求其样本中位数:

人均月收入(元)	$[600,1000)$	$[1000,1400)$	$[1400,1800)$	$[1800,2200)$	$[2200,2600)$	2600 以上
户数(户)	5	45	100	430	168	52

解 首先由 $n=800$ 知所给分组数据的中位数位置是 400,位于第 4 组 $[1800,2200)$ 内;然后运用计算分组数据中位数的近似公式,此时 $l=4$, $a_3=1800, a_4=2200, N_3=150, n_4=430$,于是得

$$m_e = a_3 + \frac{\frac{800}{2} - N_3}{n_4}(a_4 - a_3) = 1800 + \frac{400 - 150}{430}(2200 - 1800)$$
$$= 2032.56(元).$$

由于样本中位数基于一组有序数据的位置而决定,所以凡是可以排序的一组数据都可以确定其中位数,方法很简单. 又显然样本中位数不受极端值的影响,因此当样本观测值中出现极端值时,使用样本中位数比使用样本均值反映总体取值平均水平的效果更好. 样本中位数的这种抗干扰性在数理统计学中称为具有**稳健性**. 鉴于此,在描述诸如人口统计、家庭收入、商品价格、产品质量等场合,常采用样本中位数反映总体取值的平均水平;特别是从"和谐社会"的角度考虑,家庭收入的样本中位数显得相当重要. 样本中位数的缺点是只反映样本观测值中间位置的大小,并未考虑其前后观测值的影响,且不便于作进一步的代数处理.

样本均值、样本众数与样本中位数这三个样本数字特征各有其特点,用来反映总体取值的平均水平或集中趋势各有利弊. 在实际中具体应用这些样本数字特征时,应根据所表现的内容,结合观测值的不同特点,有针对性地加以选择. 此外,人们考虑问题的着眼点不同,可能采用不同的样本数字特征来分析问题. 例如,某公司的财务部门在年终按惯例将该公司职工一年 12 个月的月收入报表及其分析制作好交给公司领导,公司领导为体现民主管理精神,经研究决定将该报表公布并听取反映. 由于公司中各人的工作岗位、任务与性质不同,每人关心的角度也不尽相同. 一般情况是这样的:总经理关心职工的月工资总额,所以他更感兴趣的是

月平均工资;工会主席关心多数职工利益,因而他看重的是月工资众数;而普通职工希望了解自己收入在本公司职工群体中的位置(是"中上"还是"中下"水平),因此他更关心的是月工资中位数.

2. 总体取值分散状况的估计

定义 10 设$(\xi_1, \xi_2, \cdots, \xi_n)$为取自任何总体$\xi$的样本,$(x_1, x_2, \cdots, x_n)$为样本观测值,称

$$s^2 = \frac{1}{n-1} \sum_{k=1}^{n} (x_k - \bar{x})^2, \tag{6}$$

$$s = \sqrt{\frac{1}{n-1} \sum_{k=1}^{n} (x_k - \bar{x})^2} \tag{7}$$

分别为**样本方差**、**样本标准差**.

对于样本观测值中n个数据分组处理的情形,样本方差的近似计算公式为

$$s^2 = \frac{1}{n-1} \sum_{i=1}^{k} n_i (x_i - \bar{x})^2 = \frac{1}{n-1} \Big[\sum_{i=1}^{k} n_i x_i^2 - n (\bar{x})^2 \Big], \tag{8}$$

其中$\bar{x}$为加权算术平均值,k为组数,x_i, n_i分别为第i组的组中值、频数.

在数理统计中,用样本方差来估计总体的方差具有优良的性质,因而在实际应用时,通常分别用如上定义的s^2与s来作为总体方差$D(\xi)$与总体标准差$\sigma_X = \sqrt{D(\xi)}$的近似估计值. 例如若$\xi \sim N(\mu, \sigma^2)$,则由于$D(\xi) = \sigma^2$,就分别用$s^2$与$s$作为正态分布中未知参数$\sigma^2$与$\sigma$的近似估计值.

关于样本方差s^2表达式中的分母是$n-1$可以作出如下解释:这里的n是样本容量,在样本均值$\bar{x}$确定后,n个偏差$x_1 - \bar{x}, x_2 - \bar{x}, \cdots, x_n - \bar{x}$受一个条件$(x_1 - \bar{x}) + (x_2 - \bar{x}) + \cdots + (x_n - \bar{x}) = 0$的约束,真正能够自由变动的只有$n-1$个,故在数理统计中称$n-1$为该偏差平方和的自由度.

习 题 6.7

1. 在一本书中随机抽查18页,发现各页上的错误数分别为$4,5,6,4,7,5,3,0,2,0,3,1,4,2,5,2,1,4$,计算其样本均值、众数、中位数以及样本方差、标准差.

2. 客户在银行的等待服务时间是反映银行服务质量的一项重要指标,以下是某

调查公司对一家银行的调查资料:

等待时间(分)	[0,2)	[2,4)	[4,6)	[6,8)	[8,10)
人数(人)	7	15	8	3	1

计算客户等待时间的样本均值、中位数以及样本方差、标准差.

3. 根据下列对某小区抽查 1000 户所得人均月收入数据求其样本中位数:

人均月收入(元)	[600,900)	[900,1200)	[1200,1500)	[1500,1800)	1800 以上
户数(户)	50	200	520	150	80

*4. 根据下列对一所高等师范学校抽查 50 人所得的英语成绩数据求其样本中位数:

成绩(分)	90~94	85~89	80~84	75~79	70~74	65~69	60~64	55~59
人数(人)	3	10	15	8	5	3	4	2

5. 甲、乙两公司对顾客提供同一种货物所需天数的样本观测值分别是(11,10,10,9,11,10,9,11,10)与(8,10,7,13,11,10,15,10,8),试对这两个公司的供货时间进行比较,作出选择.

6. 某市教育局一教改项目组为研究该市初三毕业班数学成绩的分布,随机抽取了120名初三学生进行测试,得到如下数据(单位:分):

58 92 69 67 84 94 57 74 74 83 51 62 64 62 72 58 56 76 76 83
83 86 72 98 74 84 68 83 79 85 59 59 73 72 54 69 78 68 82 84
79 78 78 79 77 92 84 82 84 82 81 86 94 79 74 54 72 68 63 45
93 79 42 55 68 70 64 73 73 54 46 64 74 77 79 69 68 66 54 72
50 72 62 63 90 74 54 73 89 68 87 74 86 75 50 82 67 62 88 44
69 88 72 74 55 90 66 76 64 74 65 73 72 69 75 60 79 77 80

作出它的频率分布直方图.

数学史话六 高斯与正态分布

正态分布最早是在 1733 年被法国数学家棣莫弗作为二项分布的极限形式发现的. 高斯在对天体运动的大量观测中,对误差理论作了深入的研究,1809 年高斯发表了理论天文学名著《天体沿圆锥曲线的绕日运动理论》,其中证明了误差分布的统计规律,即现称的正态分布. 他给出了误

差曲线的方程

$$\phi(x) = \frac{h}{\sqrt{\pi}} e^{-h^2 x^2},$$

其中 h 为精确系数. 误差落在区间 (a,b) 内的概率为 $\int_a^b \phi(x)\mathrm{d}x$, 并且有 $\int_{-\infty}^{\infty} \phi(x)\mathrm{d}x = 1$. 本书 §6.4 定义 9 中给出的服从参数为 μ,σ 的正态分布概率密度 $p(x)$, 当 $\mu = 0, \sigma = \frac{1}{\sqrt{2}h}$ 时, 就是上面的 $\phi(x)$. h 反映了精确程度, 而 σ 则反映了误差程度. 高斯在 1818—1825 年间负责实施汉诺威的大地测量工作, 进一步深入研究了误差理论, 他于 1823 年出版了《最小二乘法的误差理论的基础》, 正态分布及其性质被收入书中. 因此人们又称正态分布为高斯分布.

高斯是十九世纪最伟大的数学家, 1777 年 4 月 30 日出生在德国古城不伦瑞克, 父母受教育不多, 父亲做过石匠、纤夫、小贩, 母亲出生在石匠家庭, 聪慧善良, 在贵族家当过女仆. 高斯自幼就对数字特别敏感, 3 岁时发现父亲算账时的一个错误. 9 岁那年, 老师在课上叫学生们从 1 加到 100, 高斯心算就得到结果. 成年后的高斯说, 在他学会说话之前就会计算了.

高斯

1791 年, 本地的卡洛琳学院齐默尔曼教授向费迪南德公爵引荐了天才少年高斯, 公爵接见高斯时为他的朴实和腼腆所感动, 欣然应允资助高斯的全部学业. 1792 年高斯进入卡洛琳学院, 全身心地学习和思考, 最喜欢的是数学和语言学. 三年里他阅读了牛顿、欧拉、拉格朗日、雅各布·伯努利等人的著作, 并取得了一系列重要的发现: 算术-几何平均与幂级数的联系、最小二乘法、平行公设在欧氏几何中的地位、数论中的二次互反律, 素数定理等.

1795 年, 高斯进入藏书极丰、学术环境自由的哥廷根大学. 入学初期, 高斯对做数学家还是语言学家仍未下决心, 他第一年借阅的 25 本书中有 20 本属人文学科. 转折点是在他快满 19 岁时解决了两千多年来无人攻克的难题: 只用圆规和没有刻度的直尺作正十七边形. 从此高斯决心研究数学,但未改变对语言和文学的爱好.1796 年他严格证明了二次互反律,次年发现在复数域中双纽线积分具有双周期,证明了代数基本定理.1798 年,高斯应费迪南德公爵的要求回到家乡,次年接受了海尔姆斯台特大学的博士学位.他的博士论文利用了当时尚未被数学界认可的复数概念,历史上第一次给出了代数基本定理的完满证明.

19 岁到 24 岁是高斯学术创造力最旺盛的时期,在这 6 年里,他提出的猜想、定理、证明、概念、假设和理论,平均每年不少于 25 项,其中最辉煌的两项成就都出在 1801 年,一是发表了被集合论的创始人康托称为"数论的宪章"的《算术研究》,另一是根据天文学家提供的少量观测数据准确预报了谷神星(Ceres)的运行轨道,使高斯不仅在数学界而且在科学界一举成名.

1802 年初,圣彼得堡科学院聘高斯为外籍院士,同年 9 月又邀请他出任圣彼得堡天文台台长,但高斯出于对费迪南德公爵意愿的尊重,以及因公爵计划为他在不伦瑞克修建小天文台而留在了家乡.此后,高斯的主要精力逐渐转向天文学、测地学、物理学和应用数学.

1806 年,曾任普鲁士将军的费迪南德公爵率部与法军战斗,不幸负伤去世,高斯也失去经济来源.1807 年,他携全家迁往哥廷根,出任正在建设中的哥廷根天文台台长,同时兼任哥廷根大学天文学教授.这时的哥廷根已在法国管辖之下,法国政府对大学教授征收 2000 法郎的高额赋税,高斯无力筹足,幸亏一位法国大主教匿名替他交纳了全部税金.法国入侵、公爵战死和高额赋税,加深了高斯在政治上的保守倾向.1809 年高斯爱妻在生第三个孩子时难产,不久去世,不到半年新生儿也夭亡.高斯以极大的克制力和毅力从悲伤中解脱出来,为了恢复正常的生活和工作,并使不满 4 岁的儿子和刚 2 岁的女儿得到照顾,他娶了第二任妻子,后来又有两子一女.在这一非常时期,高斯完成并发表了理论天文学名著《天体沿圆锥曲线的绕日运动理论》,阐述了他预测天体轨道的方法,首次发表他的最小二乘法,证明了误差分布的统计规律即现称的正态分布.

1815 年前后,中欧国家出于经济和军事目的,纷纷开始进行大规模的大地测量.应舒马赫之请,高斯于 1818 年同意担负将丹麦的测地工作向南延伸的任务,1820 年,汉诺威政府正式批准高斯对汉诺威全境的测量计划,并任命他负责实施.1818 年至 1825 年的八年间,高斯夏季组织野外测绘,冬季对所获数据进行分析整理.为提高测量精度,他发明了"日光反射信号器"(1820)和光度计(1821).实测数据汇集后的计算,几乎由高斯一人承担.长年的劳累损伤了高斯强壮的体魄,1825 年医生诊断他患有气喘病和心脏病,迫使他停止了野外作业,但在他的领导下,汉诺威全境的测量计划于 1847 年完成.

高斯全力关注测地工作的十年(1818—1828),是他创造活动的又一个高峰期.1822 年,哥本哈根科学院设奖征解地图制作中的难题,高斯于1823 年获得头奖,他的论文在数学史上第一次对保形映射作了一般性的论述.1828 年出版的《关于曲面的一般研究》凝聚了高斯十多年思考测地问题的心得,开创了研究曲面内在性质的内蕴几何学,成为此后一个多世纪微分几何研究的源泉.**爱因斯坦说:"高斯对于近代物理学的发展,尤其是对于相对论的数学基础所作的贡献(指曲面论),其重要性是超越一切、无与伦比的."**

1828 年,高斯结识了才华横溢的年轻实验物理学家韦伯,迅速开辟了新的研究领域,相继发表了《关于力学的一个新的普遍原理》、《论平衡状态下流体性质的一般理论原则》、《以绝对单位测定的地磁强度》;他和韦伯合作发明了有线电报,在哥廷根兴建了地磁观测站,组织了磁学会,出版了年刊,发明了双线地磁仪;1839 年高斯发表了《地磁的一般理论》;1840 年发表了《与距离平方成反比而发生作用的引力和斥力的普遍原理》,首次将位势论作为数学对象进行系统讨论,并和韦伯合作出版了不朽著作《地磁图》.

1850 年,高斯的心脏病加重,但他仍在 1851 年核准了黎曼的博士论文,1853 年为黎曼选定任职答辩题目并于次年听了他关于几何基础的答辩报告.

1855 年 2 月 23 日清晨,高斯在睡眠中故去,享年 78 岁.

高斯几乎在当时数学的每个领域都有开创性的工作.1863—1929 年间出版的《高斯全集》共 12 卷,包括数论、分析、概率论、几何、数学物理、天文、测地学、算术、代数、力学、物理学及《地磁图》.

高斯希望他留下的都是十全十美的艺术珍品,他常说:"**当一幢建筑物完成时,应该把脚手架拆除干净.**"高斯对于严密性的要求也非常苛刻,并且十分讲究体系结构.他的名言是:**宁肯少些,但要成熟.**高斯总是迟迟不肯发表他的论著,或者来不及将他的发现整理出来.他给密友 W·波尔约的信中说:"**给予我最大愉快的事不是知识本身而是学习过程,不是所取得的成就而是得出成就的过程.当我把一个问题搞清楚了并研究透彻了,我就放下不管,以便转而再去探索未知的领域.**"

341

在高斯的时代,几乎找不到什么人能够分享他的想法或向他提供新的观念. 每当他发现新的理论时,没有人可以讨论. 这种智慧上的孤独,导致了他心灵和生活上的离群索居. 高斯从不参加公开争论,他认为辩论很容易演变成愚蠢的喊叫. 高斯不喜欢上课,他认为**"对真正有天赋的学生,他们绝不会依赖课堂上的传授,而必是自修自学的"**,只需**"偶尔给他一点提示,以便他找到最近的路"**. 黎曼、狄里克雷、戴德金和艾森斯坦等著名数学家是他的学生.

高斯不喜欢浮华荣耀,但在他成名后的五十年里,获得过 75 种形形色色的荣誉,在流通最广泛的德国 10 马克纸币上印有高斯的肖像.

高斯所处的时代,正是德国浪漫主义盛行的时代. 受时尚的影响,高斯在其私函和讲述中,用了许多美丽的辞藻。他说过:"数学是科学的皇后,而数论是数学的女王."那个时代的人也都称高斯为**"数学王子"**. 高斯精通英语、法语、俄语、丹麦语,对意大利语、西班牙语和瑞典语也略知一二,他的私人日记是用拉丁文写的. 高斯很喜欢文学,他把歌德的作品遍览无遗;50 岁时高斯开始学习俄语,部分原因是为了阅读普希金的诗作;高斯爱看卢梭等人的作品,不怎么喜欢莎士比亚的悲剧,但选择了《李尔王》中的两行诗作为自己的座右铭:**大自然啊,我的女神,我愿为你献身,终身不渝**. 高斯最钦佩的英语作家是司各特,几乎阅读了他所有的作品. 有一次,他在司各特书上看到"满月是从西北方向升起来的"的错误描述,不仅在自己的书上把它纠正过来,而且跑到哥廷根书店把所有未售出的书都改了.

高斯曾被形容为**"能从九霄云外的高度按照某种观点掌握星空和深奥数学的天才"**. 过人的直觉、超强的计算、严密的推理、精细的实验能力的和谐结合使得高斯出类拔萃,他是将理论与实践、应用和发明创造紧密结合的典范. 人们通常认为,这样罕见的数学天才只有阿基米德和牛顿才能与他相提并论.

附　　录

表 1　泊松分布数值表

$$P(\xi=k)=\frac{\lambda^k}{k!}e^{-\lambda}$$

k \ λ	0.1	0.2	0.3	0.4	0.5	0.6	0.7	0.8	0.9
0	0.9048	8187	7408	6703	6065	5488	4966	4493	4066
1	0905	1637	2222	2681	3033	3293	3476	3595	3659
2	0045	0164	0333	0536	0758	0988	1217	1438	1647
3	0002	0011	0033	0072	0126	0198	0284	0383	0494
4		0001	0003	0007	0016	0030	0050	0077	0111
5				0001	0002	0004	0007	0012	0020
6							0001	0002	0003

k \ λ	1.0	1.5	2.0	2.5	3.0	3.5	4.0	4.5	5.0
0	0.3679	2231	1353	0821	0498	0302	0183	0111	0067
1	3679	3347	2707	2052	1494	1057	0733	0500	0337
2	1839	2510	2707	2565	2240	1850	1465	1125	0842
3	0613	1255	1804	2138	2240	2158	1954	1687	1404
4	0153	0471	0902	1336	1680	1888	1954	1898	1755
5	0031	0141	0361	0668	1008	1322	1563	1708	1755
6	0005	0035	0120	0278	0504	0771	1042	1281	1462
7	0001	0008	0034	0099	0216	0386	0595	0824	1044
8		0001	0009	0031	0081	0169	0298	0463	0653
9			0002	0009	0027	0066	0132	0232	0363
10				0002	0008	0023	0053	0104	0181
11				0001	0002	0007	0019	0043	0082
12					0001	0002	0006	0016	0034
13						0001	0002	0006	0013
14							0001	0002	0005
15								0001	0002

k \ λ	6	7	8	9	10	k	p	k	p
							λ=20		
0	0.0025	0009	0003	0001		5	0.0001	20	0888
1	0149	0064	0027	0011	0005	6	0002	21	0846
2	0446	0223	0107	0050	0023	7	0005	22	0769
3	0892	0521	0286	0150	0076	8	0013	23	0669
4	1339	0912	0573	0337	0189	9	0029	24	0557
5	1606	1277	0916	0607	0378	10	0058	25	0446
6	1606	1490	1221	0911	0631	11	0106	26	0343
7	1377	1490	1396	1171	0901	12	0176	27	0254
8	1033	1304	1396	1318	1126	13	0271	28	0182
9	0688	1014	1241	1318	1251	14	0382	29	0125
10	0413	0710	0993	1186	1251	15	0517	30	0083
11	0225	0452	0722	0970	1137	16	0646	31	0054
12	0113	0264	0481	0728	0948	17	0760	32	0034
13	0052	0142	0296	0504	0729	18	0844	33	0020
14	0022	0071	0169	0324	0521	19	0888	34	0012
15	0009	0033	0090	0194	0347			35	0007
16	0003	0014	0045	0109	0217			36	0004
17	0001	0006	0021	0058	0128			37	0002
18		0002	0009	0029	0071			38	0001
19		0001	0004	0014	0037			39	0001
20			0002	0006	0019				
21			0001	0003	0009				
22				0001	0004				
23					0002				
24					0001				

表 2 标准正态分布函数数值表

$$\Phi(x) = \frac{1}{\sqrt{2\pi}} \int_{-\infty}^{x} e^{-\frac{t^2}{2}} \, dt$$

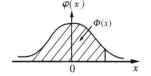

x	0.00	0.01	0.02	0.03	0.04	0.05	0.06	0.07	0.08	0.09
0.0	0.5000	0.5040	0.5080	0.5120	0.5160	0.5199	0.5239	0.5279	0.5319	0.5359
0.1	0.5398	0.5438	0.5478	0.5517	0.5557	0.5596	0.5636	0.5675	0.5714	0.5753
0.2	0.5793	0.5832	0.5871	0.5910	0.5948	0.5987	0.6026	0.6064	0.6103	0.6141
0.3	0.6179	0.6217	0.6255	0.6293	0.6331	0.6368	0.6406	0.6443	0.6480	0.6517
0.4	0.6554	0.6591	0.6628	0.6664	0.6700	0.6736	0.6772	0.6808	0.6844	0.6879
0.5	0.6915	0.6950	0.6985	0.7019	0.7054	0.7088	0.7123	0.7157	0.7190	0.7224
0.6	0.7257	0.7291	0.7324	0.7357	0.7389	0.7422	0.7454	0.7486	0.7517	0.7549
0.7	0.7580	0.7611	0.7642	0.7673	0.7703	0.7734	0.7764	0.7794	0.7823	0.7852
0.8	0.7881	0.7910	0.7939	0.7967	0.7995	0.8023	0.8051	0.8078	0.8106	0.8133
0.9	0.8159	0.8186	0.8212	0.8238	0.8264	0.8289	0.8315	0.8340	0.8365	0.8389
1.0	0.8413	0.8438	0.8461	0.8485	0.8508	0.8531	0.8554	0.8577	0.8599	0.8621
1.1	0.8643	0.8665	0.8686	0.8708	0.8729	0.8749	0.8770	0.8790	0.8810	0.8830
1.2	0.8849	0.8869	0.8888	0.8907	0.8925	0.8944	0.8962	0.8980	0.8997	0.9015
1.3	0.9032	0.9049	0.9066	0.9082	0.9099	0.9115	0.9131	0.9147	0.9162	0.9177
1.4	0.9192	0.9207	0.9222	0.9236	0.9251	0.9265	0.9279	0.9292	0.9306	0.9319
1.5	0.9332	0.9345	0.9357	0.9370	0.9382	0.9394	0.9406	0.9418	0.9430	0.9441
1.6	0.9452	0.9463	0.9474	0.9484	0.9495	0.9505	0.9515	0.9525	0.9535	0.9545
1.7	0.9554	0.9564	0.9573	0.9582	0.9591	0.9599	0.9608	0.9616	0.9625	0.9633
1.8	0.9641	0.9649	0.9656	0.9664	0.9671	0.9678	0.9686	0.9693	0.9700	0.9706
1.9	0.9713	0.9719	0.9726	0.9732	0.9738	0.9744	0.9750	0.9756	0.9762	0.9767
2.0	0.9773	0.9778	0.9783	0.9788	0.9793	0.9798	0.9803	0.9808	0.9812	0.9817
2.1	0.9821	0.9826	0.9830	0.9834	0.9838	0.9842	0.9846	0.9850	0.9854	0.9857
2.2	0.9861	0.9864	0.9868	0.9871	0.9875	0.9878	0.9881	0.9884	0.9887	0.9890
2.3	0.9893	0.9896	0.9898	0.9901	0.9904	0.9906	0.9909	0.9911	0.9913	0.9916
2.4	0.9918	0.9920	0.9922	0.9925	0.9927	0.9929	0.9931	0.9932	0.9934	0.9936
2.5	0.9938	0.9940	0.9941	0.9943	0.9945	0.9946	0.9948	0.9949	0.9951	0.9952
2.6	0.9953	0.9955	0.9956	0.9957	0.9959	0.9960	0.9961	0.9962	0.9963	0.9964
2.7	0.9965	0.9966	0.9967	0.9968	0.9969	0.9970	0.9971	0.9972	0.9973	0.9974
2.8	0.9974	0.9975	0.9976	0.9977	0.9977	0.9978	0.9979	0.9979	0.9980	0.9981
2.9	0.9981	0.9982	0.9982	0.9983	0.9984	0.9984	0.9985	0.9985	0.9986	0.9986
3.0	0.9987	0.9987	0.9987	0.9988	0.9988	0.9989	0.9989	0.9989	0.9990	0.9990
3.1	0.9990	0.9991	0.9991	0.9991	0.9992	0.9992	0.9992	0.9992	0.9993	0.9993
3.2	0.9993	0.9993	0.9994	0.9994	0.9994	0.9994	0.9994	0.9995	0.9995	0.9995
3.3	0.9995	0.9995	0.9995	0.9996	0.9996	0.9996	0.9996	0.9996	0.9996	0.9997
3.4	0.9997	0.9997	0.9997	0.9997	0.9997	0.9997	0.9997	0.9997	0.9997	0.9998

x	3.5	3.6	3.7	3.8	3.9	4.0	4.1	4.2~4.4	$\geqslant$4.5
$\Phi(x)$	0.99977	0.99984	0.99989	0.99993	0.99995	0.99997	0.99998	0.99999	1

习题答案与提示

习 题 1.1

1. (1) 2;(2) 0;(3) 3;(4)、(5) 不收敛;(6) 0.

3. (1);(2);(4) .

4. (1);(4) .

5. (1)、(2)、(3)、(4) 均为无穷小.

* 6. 1/4.

7. (1) 1/3;(2) 2;(3) 1/2;(4) 1;(5) 1/2;* (6) 1/2.

* 8. 运用不等式 $||a|-|b||\leqslant|a-b|$ 与数列极限的 ε-N 定义.

习 题 1.2

2. $f(3-0)=3,f(3+0)=8,\lim\limits_{x\to 3}f(x)$ 不存在.

* 4. 假若 $A<0$,则由题 4 的结论推得与题设相矛盾.

6. (1) 1;(2) 1;(3) 4;(4) 0;(5) 0;(6) $\sqrt{3}/6$.

7. (1) 1/4;(2) 1/2.

8. $f(0-0)=+\infty,f(0+0)=0,\lim\limits_{x\to 0}f(x)$ 不存在;$f(2-0)=f(2+0)=0,$ $\lim\limits_{x\to 2}f(x)=0(存在);\lim\limits_{x\to +\infty}f(x)=+\infty,\lim\limits_{x\to -\infty}f(x)=0.$

习 题 1.3

2. (1) 1;(2) 2/3;(3) 1/2;(4) 0;(5) 0;(6) 1/2.

3. (1) e^6;(2) e^3;(3) e^{-1};(4) e^{-2}.

* 4. $a=\ln 2$.

习 题 1.4

1. (1)、(2)、(3)、(4)是无穷小,(5)、(6)为无穷大.

3. (1) 3;(2) 2/3;(3) 2;(4) 1.

习 题 1.5

1. (1) $\Delta y=-\dfrac{\Delta x}{(x_0+1)(x_0+\Delta x+1)}$;(2) $\Delta y=\log_a\left(1+\dfrac{\Delta x}{x_0}\right)$.

3. (2)、(3)在 $x_0=0$ 处连续;(1)、(4)在 $x_0=0$ 不连续(间断).

4. (1) $x=1$;(2) $x=1,2$;(3) $x=1$;(4) $x=1$.

5. 连续.

6. 连续.

7. (1)、(2)连续.

*****8.** $a=1$.

9. (1) 9;(2) 0;(3) $\pi/2$;(4) 1/4;(5) 0;(6) 0.

11. 问题归结为 y 在$(1,2)$内至少有一个零点.

*****12.** 设 $g(x)=f(x)-x,g(x)$ 在$[0,2]$上满足根的存在定理.

<h3 style="text-align:center">习 题 2.1</h3>

1. (1) $\bar{v}=10.05g$;(2) $\bar{v}=\dfrac{1}{2}g(20+\Delta t)$;(3) $10g$.

2. 割线斜率为 5 及 4.1,切线斜率为 4.

3. (1) $y'(0)=-1,y'(1)=-\dfrac{1}{4}$;(2) $y'(0)=\dfrac{1}{2},y'(1)=\dfrac{\sqrt{2}}{4}$.

4. (1) $y'=-4x$;(2) $y'=-\dfrac{2}{x^3}$.

5. $x=0,\dfrac{2}{3}$.

6. $f(x)$在 $x=1$ 处不可导,因为 $f'_{-}(1)=2,f'_{+}(1)=3$.

7. $f(x)$在 $x=0$ 连续、可导,且 $f'(0)=0$.

8. (1) $\dfrac{3}{8}x^{-\frac{5}{2}}$;(2) $-\dfrac{15}{8}x^{-\frac{7}{2}}$.

<h3 style="text-align:center">习 题 2.2</h3>

1. (1) $a+\dfrac{b}{2\sqrt{x}}-\dfrac{2c}{x^3}$;(2) $4x^3+\sin x$;(3) $\cos x+\dfrac{2}{x}$;(4) $\dfrac{1}{3}x^{-\frac{2}{3}}$;(5) $3x^2-12x$

$+11$;(6) $1+\ln x$;(7) $\dfrac{4x}{(1-x^2)^2}$;(8) $\dfrac{1}{\sqrt{x}(1-\sqrt{x})^2}$;(9) $\sec x\tan^2 x+\sec^3 x$;

(10) $\csc x\tan^2 x$.

2. (1) $6x(x^2+1)^2$;(2) $4\left(x+\dfrac{1}{x}\right)^3\left(1-\dfrac{1}{x^2}\right)$;(3) $-\dfrac{x}{\sqrt{2-x^2}}$;(4) $\cot x$;

(5) $2(x-1)\cos(x^2-2x+1)$;(6) $\dfrac{1}{\sqrt{1+x^2}}$;(7) $\csc x$;(8) $\cos x \cdot \cos \sin x$;

(9) $\dfrac{2x}{(1+x^2)\ln a}$;(10) $2x\sin\dfrac{1}{x}-\cos\dfrac{1}{x}$.

3. (1) $\dfrac{1}{\sqrt{4-x^2}}$;(2) $\dfrac{1}{1+x^2}$;*(3) $\dfrac{2}{1+x^2}$;(4) $2\sqrt{1-x^2}$;(5) 0;

(6) $a^x\left(\ln a\ln x+\dfrac{1}{x}\right)$;(7) $2xe^{x^2}$;(8) $2^{\sin x}\ln 2 \cdot \cos x$.

4. (1) $(\ln x)^x\left[\ln \ln x+\dfrac{1}{\ln x}\right]$;(2) $(1+x)^x\left[\ln (1+x)+\dfrac{x}{1+x}\right]$;

(3) $\dfrac{1}{\cos x}\sqrt{\dfrac{1+\sin x}{1-\sin x}}$;*(4) $\dfrac{1-x-x^2}{1-x^2}\sqrt{\dfrac{1-x}{1+x}}$.

*5. $y' = \dfrac{y}{y-1}, y'' = \dfrac{-y}{(y-1)^3}$.

6. (1) 切线方程为 $y=2(x-1)$，法线方程为 $y=-\dfrac{1}{2}x+3$；(2) $(0,2)$.

7. 考虑 $y_1'(2) \cdot y_2'(2)$.

习 题 2.3

1. $\xi = \dfrac{1}{\ln 2} \in (1,2)$.

4. (1) 设 $f(x) = \sin x$，先考虑 $x_1 = x_2$，再当 $x_1 \neq x_2$ 时，对 $f(x)$ 在以 x_1, x_2 为端点的闭区间上运用拉格朗日定理；(2) 设 $f(x) = e^x$，运用拉格朗日中值定理，再分 $x<0$ 与 $x>0$ 讨论.

*5. 设 $f(x) = 2\arctan x + \arcsin \dfrac{2x}{1+x^2}$ $(x>1)$，由 $f'(x)=0$ $(x>1)$，推得 $f(x) \equiv c$(常数)，再取 x 的特殊值定 c.

*6. 方程 $f'(x)=0$ 有且仅有三个实根，且分别位于 $(1,2)$, $(2,3)$, $(3,4)$ 内.

习 题 2.4

1. (1) 5；(2) 2；(3) 1；(4) 0；(5) 0；(6) 0.

2. (1) e；(2) 1/2；(3) $+\infty$；*(4) 1；(5) 1；*(6) e^{-1}.

4. (1) $(-\infty,-1)$ 为单调递减区间，$(-1,+\infty)$ 为单调递增区间，$x=-1$ 为极小值点，极小值为 2；(2) $(-\infty,0)$ 为单调递增区间，$(0,+\infty)$ 为单调递减区间，$x=0$ 为极大值点，极大值为 -1；(3) $(-\infty,0)$ 为单调递减区间，$(0,+\infty)$ 为单调递增区间，$x=0$ 为极小值点，极小值为 0；(4) $\left(0,\dfrac{1}{2}\right)$ 为单调递减区间，$\left(\dfrac{1}{2},+\infty\right)$ 为单调递增区间，$x=1/2$ 为极小值点，极小值为 $\dfrac{1}{2}+\ln 2$.

6. (1) $x=0$ 为极大值点，极大值为 7；$x=2$ 为极小值点，极小值为 3；(2) $x=-1$ 为极小值点，极小值为 -1；$x=1$ 为极大值点，极大值为 1；(3) $x=0$ 为极小值点，极小值为 0；$x=2$ 为极大值点，极大值为 $4e^{-2}$；*(4) $x=0$ 为极大值点，极大值为 0；$x=2/5$ 为极小值点，极小值为 $-\dfrac{3}{25}\sqrt[3]{20}$.

7. (1) 极大值点 $x=7/3$，极大值 4/27；极小值点 $x=3$，极小值 0；(2) 极小值点 $x=1$，极小值 $2(1-2\ln 2)$.

8. (1) 最大值 13，最小值 4；(2) 最大值 $\ln 5$，最小值 0.

9. 剪掉的小正方形的边长为 $\dfrac{a}{6}$，方盒的容积最大值为 $\dfrac{2}{27}a^3$.

10. $\dfrac{15}{2+\dfrac{\pi}{2}}$ 米.

11. $CD=1.2$ 米.

*12. $2\sqrt{3}$米.

习 题 2.5

1. $\Delta f(1)=\Delta x+3(\Delta x)^2+(\Delta x)^3$,$\mathrm{d}f(1)=\Delta x$. $\Delta f(1)\big|_{\Delta x=1}=5$,$\mathrm{d}f(1)\big|_{\Delta x=1}=1$;

$\Delta f(1)\big|_{\Delta x=0.1}=0.131$,$\mathrm{d}f(1)\big|_{\Delta x=0.1}=0.1$;$\Delta f(1)\big|_{\Delta x=0.01}=0.010301$,$\mathrm{d}f(1)\big|_{\Delta x=0.01}$

$=0.01$. 所以,"当 Δx 越小时,两者越接近"的结论是成立的.

2. (1) $(6x+1)\mathrm{d}x$;(2) $-\dfrac{x}{\sqrt{1-x^2}}\mathrm{d}x$;(3) $\dfrac{\mathrm{d}x}{x\ln x}$;(4) $[\cos(\sin x)]\cos x\mathrm{d}x$;

(5) $\mathrm{e}^x\left(\arctan x+\dfrac{1}{1+x^2}\right)\mathrm{d}x$;(6) $\dfrac{\mathrm{d}x}{2\sqrt{x(1-x)}}$.

3. (1) $\dfrac{uu'+vv'}{\sqrt{u^2+v^2}}\mathrm{d}x$;(2) $\mathrm{e}^{u+v}(u'+v')\mathrm{d}x$.

4. 运用近似公式 $f(x_0+\Delta x)\approx f(x_0)+f'(x_0)\Delta x$.

5. (1) 1.4;(2) 9.987;(3) 1.025;(4) -0.01.

6. 精确值 30.301 m³,近似值 30 m³.

7. 精确值 2.01π cm²,近似值 2π cm².

习 题 3.2

1. $-\dfrac{1}{4x^4}+C$.

2. $\dfrac{3}{10}x^3\cdot\sqrt[3]{x}+C$.

3. $\left(\dfrac{2}{5}x^2+\dfrac{4}{3}x-2\right)\sqrt{x}+C$.

4. $x-\mathrm{e}^x+C$.

5. $\dfrac{1}{\ln 10}10^x-\tan x+x+C$.

6. $\dfrac{1}{2}(x+\sin x)+C$.

7. $\dfrac{1}{3}x^3+x^2+4x+C$.

8. $\tan x-\cot x+C$.

*9. $\dfrac{4}{11}x^{\frac{11}{4}}+C$.

*10. e^x-x+C.

习 题 3.3

1. (1) $-\dfrac{1}{4}$;(2) 2;(3) $\dfrac{1}{2}$;(4) $-\dfrac{1}{2}$;(5) -2;(6) $-\dfrac{1}{2}$.

2. (1) $\dfrac{1}{2}F(2x)+C$;(2) $\dfrac{1}{2}F(x^2)+C$;(3) $F(\ln x)+C$;(4) $F(\tan x)+C$.

3. （1）$\dfrac{1}{18}$ $(3x+2)^6+C$；（2）$-\sqrt{1-2x}+C$；（3）$-2\cos\dfrac{x}{2}+C$；

（4）$-\dfrac{1}{4}\ln|3-2u^2|+C$；（5）$-\dfrac{1}{3}\cos^3 x+C$；（6）$\ln|1+\sin t|+C$；

（7）$2\sqrt{1+\ln x}+C$；（8）$2\sqrt{x}+\dfrac{1}{2}\ln^2 x+C$；（9）$\dfrac{1}{2}u-\dfrac{1}{4}\sin 2u+C$；（10）$\dfrac{1}{3}\arctan x^3+C$；

（11）$\dfrac{1}{2}\ln(1+2\ln x)+C$；（12）$\dfrac{1}{3}\sin^3 x-\dfrac{2}{5}\sin^5 x+\dfrac{1}{7}\sin^7 x+C$；

（13）$\ln\left|\dfrac{x-3}{x-2}\right|+C$（先将被积函数分解部分分式）；（14）$-\dfrac{1}{2}\sin\dfrac{2}{x}+C$.

4. （1）$\arcsin\dfrac{x}{\sqrt{3}}+C$；*（2）$-2\cos\sqrt{x}+C$；*（3）$\sqrt{x^2+2x+2}=\sqrt{(x+1)^2+1}$，

应用例 13 的结果，得 $\ln\left|x+1+\sqrt{x^2+2x+2}\right|+C$.

习 题 3.4

1. $-x\cos x+\sin x+C$.

2. $\dfrac{1}{3}x^3\ln x-\dfrac{1}{9}x^3+C$.

3. $x\arcsin x+\sqrt{1-x^2}+C$.

4. $x\ln(1+x^2)-2(x-\arctan x)+C$.

5. $\dfrac{1}{3}xe^{3x}-\dfrac{1}{9}e^{3x}+C$.

6. $\dfrac{1}{2}(1+x^2)\arctan x-\dfrac{1}{2}x+C$.

*$**7.**$ $-e^{-x}(x^2-x+1)+C$.

*$**8.**$ $\dfrac{1}{2}(x^4\sin x^2+2x^2\cos x^2-2\sin x^2)+C$.

*$**9.**$ $2(\sqrt{x}\sin\sqrt{x}+\cos\sqrt{x})+C$.

*$**10.**$ $2(\sqrt{x}\arcsin\sqrt{x}+\sqrt{1-x})+C$.

*$**11.**$ $xf(x)+F(x)+C$.

习 题 3.5

2. （1）$\displaystyle\int_0^{\frac{\sqrt{3}}{3}}-(3x^2-1)\mathrm{d}x+\int_{\frac{\sqrt{3}}{3}}^{\sqrt{3}}(3x^2-1)\mathrm{d}x$；（2）$\displaystyle\int_0^{\pi}|\cos x|\mathrm{d}x$.

3. （1）正；（2）负；（3）负；（4）负.

4. （1）$\sin x$ 是奇函数；（2）$\cos x$ 是偶函数.

习 题 3.6

1. （1）左＞右；（2）左＜右.

2. （1）$2<\displaystyle\int_1^3(2x^2-1)\mathrm{d}x<34$；（2）$\dfrac{\pi}{2}<\displaystyle\int_{\frac{\pi}{2}}^{\pi}(1+\sin^2 x)\mathrm{d}x<\pi$；

(3) $\dfrac{\sqrt{3}}{9}\pi < \displaystyle\int_{\frac{\sqrt{3}}{3}}^{\sqrt{3}} x^2 \arctan x\,\mathrm{d}x < \dfrac{2\sqrt{3}}{3}\pi.$

3. $\dfrac{1}{3}.$

习 题 3.7

1. (1) $H(x)$ 是 $-f(x)$ 的一个原函数；(2) $f[\varphi(x)]\varphi'(x)$；

(3) $f[\varphi(x)]\varphi'(x) - f[\psi(x)]\psi'(x).$

2. 不会，因为原函数所差的常数在应用牛顿-莱布尼茨公式时消去.

3. (1) $\sqrt{1+x^2}$；(2) $\cos x^2 \ln(1+2x^2)$；(3) $-x\cos x^2$；(4) $4x\mathrm{e}^{-2x^2}\sin\sqrt{2x}.$

4. (1) $\dfrac{1}{3}$；(2) $-2.$

5. (1) $\dfrac{3}{4}(2\sqrt[3]{2}-1)$；(2) 2；(3) $\dfrac{\pi}{2}$；(4) 0；(5) $\arctan\dfrac{1}{2} + \arctan\dfrac{\sqrt{3}}{2}$；

(6) $\dfrac{1}{3}.$

习 题 3.8

1. (1) 1；(2) $2\ln 2 + 1$；*(3) 设 $\mathrm{e}^x = t$，积分等于 $\ln 3 - 3\ln 2$；*(4) 应用 § 3.3

例 13 的结果，积分等于 $\ln\left(x + \sqrt{x^2-1}\right)\Big|_{-\sqrt{2}}^{\sqrt{2}} = \ln(5 + 2\sqrt{6})$；

(5) $\dfrac{1}{6}$；*(6) 设 $t = \sqrt{x-1}$，积分等于 $4 - 2\ln 3.$

2. (1) 0；(2) 0；(3) $\pi.$

3. (1) $\dfrac{1}{2}\mathrm{e}^2 - \mathrm{e} + 1$；(2) $\dfrac{1}{2}$；*(3) $3\mathrm{e}^2 + 1$；(4) $\ln\dfrac{\sqrt{6}}{2} + \left(1 - \dfrac{\sqrt{3}}{9}\right)\pi$；

(5) $\dfrac{\sqrt{2}}{8}\pi - \dfrac{\sqrt{2}}{2} + 1$；(6) $2 - \dfrac{2}{\mathrm{e}}.$

习 题 3.9

1. $\dfrac{1}{6}.$ **2.** $1.$ **3.** $\dfrac{3}{2} - \ln 2.$

*4. 抛物线 $y = \dfrac{1}{2}x^2$ 上方面积为 $2\pi + \dfrac{4}{3}$，下方面积为 $6\pi - \dfrac{4}{3}.$

*5. $\dfrac{3}{2}\pi + \dfrac{9}{4}\sqrt{3}.$

6. (1) $\dfrac{\pi^2}{4}$；(2) $\dfrac{3}{7}\pi \times 2^9$；(3) $\dfrac{64}{3}\pi.$

7. $\dfrac{152}{27}\sqrt{19}.$

习 题 3.10

1. (1) $y = C\mathrm{e}^{\frac{1}{2}x^2 - x} - 1$；

(2) $x = Ce^{\frac{1}{y}} - 1$,还有解 $y = 0$;满足条件 $y(0) = 1$ 的解为 $x = e^{\frac{1}{y}-1} - 1$.

(3) $y^2 + C\left(\dfrac{x}{1+x}\right)^2 + 1 = 0$; (4) $\arctan\dfrac{y}{x} + \ln\sqrt{x^2+y^2} = C$;

*(5) $y = xe^{Cy-1}$; (6) $y = \dfrac{x}{2} - \dfrac{5}{4} + Ce^{-2x}$; (7) $y = \dfrac{x^2}{1+Cx}$;

(8) $y = C_1 e^{\frac{x}{2}} + C_2 e^{-\frac{x}{3}}$; (9) $y = C_1 e^x + C_2 e^{-2x}$; (10) $y = C_1 e^x + C_2 e^{2x} + \dfrac{3}{2}x + \dfrac{9}{4}$;

(11) $y = (C_1 + C_2 x)e^x + \dfrac{1}{4}e^{-x}$;

*(12) $y = e^{-x}(C_1\cos 2x + C_2\sin 2x) + \dfrac{1}{5}\cos x + \dfrac{1}{10}\sin x$.

2. 设比例常数为 k,所求函数为 $y = Cx^{k-1}$(C 为任意常数).

3. 参看教材.

习　题　3.11

1. (1) 发散;(2) 发散.

2. (1) $\dfrac{1}{a}$; (2) $\dfrac{1}{2}$; (3) $\dfrac{\sqrt{2}}{2}\pi$; (4) 1.

习　题　4.1

1. (1) $u_n = \dfrac{1}{2n-1}$; (2) $u_n = \dfrac{n}{n^2+1}$.

2. (1) 收敛于 $\dfrac{1}{2}$; (2) 发散.

3. (1) 不对,例如 $\sum\dfrac{1}{n}$; (2) 对,设 $\lim\limits_{n\to\infty} S_n = S$,则 $\lim\limits_{n\to\infty} a_n = \lim\limits_{n\to\infty}(S_n - S_{n-1}) = 0$;

(3) 不对,例如 $\sum\dfrac{1}{n}$; (4) 不一定,例如 $\sum(-1)^n$ 与 $\sum(-1)^{n-1}$.

4. (1) 发散;(2) 发散;(3) 收敛;(4) 发散.

习　题　4.2

1. (1) 发散;(2) 收敛;(3) 发散;(4) 收敛;(5) 发散;(6) 收敛.

2. (1) 收敛;(2) 收敛;(3) 发散;(4) 收敛;(5) 收敛;*(6) 收敛.

习　题　4.3

1. 条件收敛.　**2.** 绝对收敛.　**3.** 绝对收敛.　**4.** 条件收敛　**5.** 绝对收敛.

6. 绝对收敛.

习　题　4.4

1. (1) 1, $(-1,1)$; (2) 1, $[-1,1)$; (3) $+\infty$, $(-\infty, +\infty)$; (4) $\dfrac{1}{3}$, $\left[-\dfrac{1}{3}, \dfrac{1}{3}\right]$.

2. (1) $(-3, -1)$；(2) $\left(1 - \dfrac{1}{e}, 1 + \dfrac{1}{e}\right)$.

*3. (1) $\dfrac{1}{1-x}, |x| < 1$；(2) $-\ln(1-x), |x| < 1$；(3) $\dfrac{x}{1-2x^2}, |x| < \dfrac{\sqrt{2}}{2}$；

(4) $\dfrac{1}{(1-x)^2}, |x| < 1$.

习 题 4.5

1. $f(x) = \displaystyle\sum_{n=0}^{\infty} (-1)^n \dfrac{x^{2n}}{2^{2n}(2n)!}$.　**2.** $f(x) = \displaystyle\sum_{n=0}^{\infty} (-1)^n \dfrac{x^{2(n+1)}}{n!}$.

3. $f(x) = \dfrac{1}{2} + \displaystyle\sum_{n=0}^{\infty} (-1)^n \dfrac{2^{2n-1}}{(2n)!} x^{2n}$.　**4.** $f(x) = \ln 5 + \displaystyle\sum_{n=1}^{\infty} (-1)^{n-1} \dfrac{x^n}{n \cdot 5^n}$.

5. $f(x) = \ln(1+x) - \ln(1-x) = \displaystyle\sum_{n=1}^{\infty} \dfrac{2}{2n-1} x^{2n-1}$.

6. $f(x) = \dfrac{x}{2} \cdot \dfrac{1}{1 + \dfrac{x^2}{2}} = \displaystyle\sum_{n=1}^{\infty} (-1)^n \dfrac{x^{2n+1}}{2^{n+1}}$.

习 题 5.1

$\begin{pmatrix} 0 & 0 & 4 \\ -2 & -2 & 6 \end{pmatrix}$；$\begin{pmatrix} 2 & -2 & 0 \\ 2 & -4 & 0 \end{pmatrix}$；$\begin{pmatrix} 3 & -3 & 2 \\ 2 & -7 & 3 \end{pmatrix}$；$\begin{pmatrix} 9 & -1 \\ 15 & -15 \end{pmatrix}$；

$\begin{pmatrix} 1 & -16 & 17 \\ -2 & -10 & 8 \\ 3 & 0 & 3 \end{pmatrix}$；$\begin{pmatrix} -7 & 8 & 15 \\ 15 & 0 & -15 \end{pmatrix}$；$\begin{pmatrix} 2 & 3 \\ 3 & 6 \end{pmatrix}$.

习 题 5.2

1. $\begin{pmatrix} \dfrac{2}{5} & \dfrac{-3}{5} \\ \dfrac{1}{5} & \dfrac{1}{5} \end{pmatrix}$. **2.** $\begin{pmatrix} 1 & -1 & -1 \\ \dfrac{-1}{3} & \dfrac{2}{3} & \dfrac{2}{3} \\ \dfrac{2}{3} & \dfrac{-4}{3} & \dfrac{-1}{3} \end{pmatrix}$. **3.** $\begin{pmatrix} 1 & \dfrac{1}{3} & -1 \\ -1 & -1 & 2 \\ -1 & \dfrac{-2}{3} & 2 \end{pmatrix}$.

习 题 5.3

1. $9; 7; -8$.

2. $r(\boldsymbol{A}) = 2; r(\boldsymbol{B}) = 3$.

习 题 5.4

1. $x_1 = \dfrac{17}{7}, x_2 = \dfrac{9}{7}$.

2. $x_1 = 3, x_2 = 1, x_3 = -2$.

习 题 5.5

1. $x_1 = 1, x_2 = -1$.　**2.** $x_1 = -5 + 6c, x_2 = c, x_3 = -5 + 4c$.

3. $x_1 = 1, x_2 = 1, x_3 = -1$.　**4.** 只有零解.

习 题 6.1

1. (1) $\{0,1,2,\cdots,100\}$;(2) A 与 B 不互斥,A 与 C 互斥,B 与 C 互斥,$\{0,1,\cdots,9,11,12,\cdots,100\}$,$\{0,1,2,\cdots,9\}$,$\{10,11,\cdots,100\}$. **2.** (1) $\{2,3,\cdots,12\}$;(2) $\{10,11,12,\cdots\}$. **3.** ① $A_1A_2A_3$;② $A_1A_2\overline{A}_3$;③ $A_1\overline{A}_2A_3$;④ $\overline{A}_1A_2A_3$;⑤ $A_1\overline{A}_2\overline{A}_3$;⑥ $\overline{A}_1A_2\overline{A}_3$;⑦ $\overline{A}_1\overline{A}_2A_3$;⑧ $\overline{A}_1\overline{A}_2\overline{A}_3$.

*4. 记 15 件一等品分别为 $a_1,a_2,\cdots,a_{15}$,5 件二等品分别为 $b_1,b_2,\cdots,b_5$. (1) $\{(a_i,a_j)|1\leqslant i<j\leqslant 15\}\bigcup\{(a_i,b_j)|i=1,2,\cdots,15,j=1,2,\cdots,5\}\bigcup\{(b_i,b_j)|1\leqslant i<j\leqslant 5\}$;(2) $\{(a_i,b_j)|i=1,2,\cdots,15,j=1,2,\cdots,5\}$.

5. A 表示"10 次射击中至少有一次命中目标",$\overline{A}$ 表示"10 次射击皆不命中目标",$\overline{B}$ 表示"10 次射击中至多命中目标 5 次".

6. (1) $A_1A_2A_3A_4$;(2) $\bigcup\limits_{k=1}^{4}\overline{A}_k$;(3) $\overline{A}_1A_2A_3A_4+A_1\overline{A}_2A_3A_4+A_1A_2\overline{A}_3A_4+A_1A_2A_3\overline{A}_4$;(4) $A_1A_2\bigcup A_1A_3\bigcup A_1A_4\bigcup A_2A_3\bigcup A_2A_4\bigcup A_3A_4$.

7. (1) $D=A\bigcup B_1B_2\bigcup C$;(2) $D=A_1C_1\bigcup A_1BC_2\bigcup A_2C_2\bigcup A_2BC_1$.

8. (1) 当全系不具有文娱专长的学生都在二年级时;(2) 被选的一名学生为具有一定文娱专长但不在二年级的男生;(3) 当全系女生都具有一定的文娱专长,且具有一定文娱专长的学生都是女生时;(4) 当全系具有一定文娱专长的学生都在二年级的男生中时.

习 题 6.2

3. $\dfrac{1}{10^5}$. **4.** $\dfrac{1}{12}(\approx 0.0833)$. **5.** $\dfrac{100}{231}(\approx 0.4329)$. **6.** (1) $\dfrac{28}{55}(\approx 0.5091)$;(2) $\dfrac{1}{55}(\approx 0.0182)$;(3) $\dfrac{3}{11}(\approx 0.2727)$;(4) $\dfrac{8}{11}(\approx 0.7273)$. **7.** $\dfrac{1}{12}(\approx 0.0833)$.

8. $\dfrac{2197}{20825}(\approx 0.105498)$.

*9. 由概率的古典定义算得"将一粒骰子接连掷 4 次,至少出现一次 6 点"的概率为 $1-\dfrac{5^4}{6^4}\approx 0.5177$,"将两粒骰子接连掷 24 次,至少出现一对 6 点"的概率为 $1-\dfrac{35^{24}}{36^{24}}\approx 0.4914$.

*10. 竞猜者第二次应换选另一扇门,如此改变主意,他获得轿车奖品的概率为 $\dfrac{2}{3}$;若"不换选",那他获得轿车奖品的概率只是 $\dfrac{1}{3}$.

习 题 6.3

1. (1) 0.9;(2) 0.5;(3) 0.8. **3.** $\dfrac{23}{24}$. **4.** $\dfrac{2}{3}$. **5.** 0.72. **6.** (1) $\dfrac{7}{30}$;(2) $\dfrac{1}{120}$. **7.** 0.4. **8.** 0.328. **9.** (1) 0.72;(2) 0.98;(3) 0.26. **10.** 0.087424.

11. 0.6. **12.** $(1-p)^n$. ***13.** 至少应购买 7 张这种彩券. **14.** 0.6(运用全概

率公式). **15.** (1) 0.6;(2) 0.25(运用全概率公式、贝叶斯公式). **16.** (1) 0.625;
(2) 0.96(运用全概率公式、贝叶斯公式). **17.** $\dfrac{12}{19}$($\approx$0.63).

18. $C_{10}^1\left(\dfrac{1}{4}\right)\left(\dfrac{3}{4}\right)^9\approx$0.1877,$C_{10}^5\left(\dfrac{1}{4}\right)^5\left(\dfrac{3}{4}\right)^5\approx$0.0584,$C_{10}^8\left(\dfrac{1}{4}\right)^8\left(\dfrac{3}{4}\right)^2\approx$

0.0004.

***19.** $C_n^k\left(\dfrac{M}{N}\right)^k\left(1-\dfrac{M}{N}\right)^{n-k}$,$k=0,1,2,\cdots,\min(M,n)$.

***20.** 运用二项概率公式算得从这批产品中随机抽取 100 件(放回抽样),其中恰
好出现一件次品的概率约为 0.3697296,故不一定会出现一件次品.

习 题 6.4

1. (1) $\dfrac{27}{65}$;(2) $\dfrac{6}{13}$. **2.** $\xi\sim\begin{pmatrix}1 & 2 & 3\\ 0.6 & 0.3 & 0.1\end{pmatrix}$. **3.** $\xi\sim\begin{pmatrix}0 & 1 & 2\\ \dfrac{28}{45} & \dfrac{16}{45} & \dfrac{1}{45}\end{pmatrix}$.

4. $\xi\sim\begin{pmatrix}0 & 1 & 2 & 3 & 4\\ \dfrac{1}{16} & \dfrac{1}{4} & \dfrac{3}{8} & \dfrac{1}{4} & \dfrac{1}{16}\end{pmatrix}$. **5.** $\eta\sim\begin{pmatrix}0 & 2 & 4 & 6 & 8 & 10\\ \dfrac{1}{32} & \dfrac{5}{32} & \dfrac{5}{16} & \dfrac{5}{16} & \dfrac{5}{32} & \dfrac{1}{32}\end{pmatrix}$.

6. $\xi\sim B(20,0.3)$;$P(\xi=k)=C_{20}^k\times0.3^k\times0.7^{20-k}$,$k=0,1,2,\cdots,20$.

7. (1) 0.1462;(2) 0.9863.

8. 商场在月初至少应进 15 件这种商品.

***9.** 至少应配备 8 个维修工人.

10. (1) $\dfrac{1}{2}$;(2) $\dfrac{\sqrt{2}}{2}$;(3) 当 $x\leqslant-\dfrac{\pi}{2}$ 时,$F(x)=0$;当 $-\dfrac{\pi}{2}<x\leqslant\dfrac{\pi}{2}$ 时,$F(x)=$

$\dfrac{1}{2}(\sin x+1)$;当 $x>\dfrac{\pi}{2}$ 时,$F(x)=1$.

11. (1) 1;(2) 0.5;(3) 0.25. **12.** 0.25. **13.** 0.3.

14. (1) $e^{-\frac{3}{4}}$($\approx$0.4724);(2) $e^{-\frac{1}{4}}$($\approx$0.7788). **15.** 保持不变.

16. 0.4831,0.9534,0.1074,$x=1.24$.

17. 0.4013,0.5586,0.7888,0.4414.

18. 0.0456. **19.** 10.56%.

***20.** (1) 由 $P(\xi\leqslant70)=0.9772$,$P(\eta\leqslant70)=0.9938$ 知此时应选择第二条沿环
城公路行驶的路线;(2) 由 $P(\xi\leqslant65)=0.9332$,$P(\eta\leqslant65)=0.8944$ 知此时应选择第
一条经过市区行驶的路线.

习 题 6.5

1. $E(\xi)=E(\eta)=1$,$D(\xi)=1$,$D(\eta)=0.6$,$D(\eta)<D(\xi)$,故乙机床的生产质量比
甲机床稳定.

2. $\dfrac{1}{3}$,$\dfrac{2}{3}$,$1\dfrac{11}{24}$,$1\dfrac{25}{72}$. **3.** λ. ***4.** $\dfrac{n+2}{3}$. **5.** $\dfrac{1}{12}(b-a)^2$. **6.** $\dfrac{1}{3}$,$\dfrac{1}{18}$.

7. (1) $\dfrac{1}{2}$;(2) $1-\mathrm{e}^{-1}(\approx 0.6321)$;(3) 0;(4) 2.

8. (1) 1;(2) $\dfrac{1}{3}$. **9.** $\dfrac{\pi}{24}(a+b)(a^2+b^2)$.

*10. 引进 ξ_k :若第 k 次试验中 A 发生, $\xi_k=1$;若第 k 次试验中 A 不发生, $\xi_k=0$, $k=1,2,\cdots,n$,则 $\xi_k\sim B(1,p)$.视二项分布 $\xi\sim B(n,\ p)$ 为 n 个参数是 p 的贝努利分布的叠加来处理.

习 题 6.6

1. 71.2%. **2.** 18 人,140.5 人,283 人,140.5 人,18 人. **3.** 7 人,48 人,90 人,48 人,7 人. **4.** 33 人,217 人,217 人,33 人. ***5.** 0.6827.

*6. (1) 理论上预测最低录取分数线为 233 分;(2) 计算结果表明,该考生总分大约排在第 81 名,他肯定能被录取,但被录取为正式工的可能性不大.

7. 该生英语、计算机应用两门课程的标准分数为 $Z_{英语}=0.833$, $Z_{计算机应用}=1.111$,该生在全年级的计算机应用成绩比英语成绩好.

8. 按照计算标准分数的公式 $Z=\dfrac{x-\bar{x}}{s}$ 列表计算(此时实用标准 T 分数的变换公式为 $T=10Z+60$)可知,甲生、乙生标准分数的总分分别为 320.25,316.33,因此甲生在该中学高二年级学生中的测验成绩排名在乙生之前.

习 题 6.7

1. 3.22,4,3.5,4.0643,2.016.

2. 3.5882,3.33,4.0071,2.0018.

3. 1344.23.

*4. 80.5(将频数数据重新按从小到大排列,且对分散变化范围改为连续区间处理,例如把 90~94 改为 $[89.5,94.5)$,等等).

5. 计算甲、乙两个公司的样本均值和样本标准差,分别得 $\bar{x}(甲)=10.111$, $s(甲)=0.782$; $\bar{x}(乙)=10.222$, $s(乙)=2.539$.经分析,选择甲公司供货.

主要参考书

［1］复旦大学数学系陈传璋等.数学分析［M］.第 2 版.上海:上海科学技术出版社,1962.

［2］华东师范大学数学系.数学分析［M］.第 3 版.北京:高等教育出版社,2001.

［3］姚孟臣等.大学文科高等数学［M］.第 2 版.北京:高等教育出版社,2007.

［4］周明儒.文科高等数学基础教程［M］.第 2 版.北京:高等教育出版社,2009.

［5］魏宗舒等.概率论与数理统计教程［M］.北京:高等教育出版社,1983.

［6］茆诗秋主编.统计学基础［M］.上海:华东师范大学出版社,2002.

［7］戴朝寿.概率论简明教程［M］.北京:高等教育出版社,2008.

［8］戴朝寿.数理统计简明教程［M］.北京:高等教育出版社,2009.

［9］王萼芳等.高等代数［M］.第 3 版.北京:高等教育出版社,2003.

［10］卢刚.线性代数［M］.北京:高等教育出版社,2000.

［11］五年制高等师范教材·数学(一、二、三年级共六册)［M］.南京:南京大学出版社,2009.

［12］M·克莱因.古今数学思想［M］.上海:上海科学技术出版社,2002.

［13］吴文俊等.世界著名数学家传记［M］.北京:科学出版社,1995.

［14］李文林.数学史概论［M］.第 3 版.北京:高等教育出版社,2011.

［15］周明儒.从欧拉的数学直觉谈起［M］.北京:高等教育出版社,2009.

［16］周明儒.走近高斯［M］.北京:高等教育出版社,2010.

图书在版编目(CIP)数据

高等数学 / 周明儒主编. —2 版. —南京：
南京大学出版社,2013.7(2023.8 重印)
(高等学校小学教育专业教材)
ISBN 978 - 7 - 305 - 11424 - 3

Ⅰ.①高⋯　Ⅱ.①周⋯　Ⅲ.①高等数学-高等学校-
教材　Ⅳ.①O13

中国版本图书馆 CIP 数据核字(2013)第 089917 号

出版发行　南京大学出版社
社　　址　南京市汉口路 22 号　　　邮　编 210093
网　　址　http://www.NjupCo.com
出 版 人　王文军
丛 书 名　高等学校小学教育专业教材
书　　名　**高等数学(第二版)**
主　　编　周明儒
责任编辑　孙　静　吴　汀　　编辑热线　025 - 83596997
照　　排　南京紫藤制版印务中心
印　　刷　常州市武进第三印刷有限公司
开　　本　780×960　1/16　印张 22.75　字数 376 千
版　　次　2013 年 7 月第 2 版　2023 年 8 月第 8 次印刷
ISBN　978 - 7 - 305 - 11424 - 3
定　　价　48.00 元

发行热线　025 - 83594756　83686452
电子邮箱　Press@NjupCo.com
　　　　　Sales@NjupCo.com(市场部)